"十三五"江苏省高等学校重点教材
编号：2019-2-012

HUANJING CUIHUA JICHU JI YINGYONG

环境催化基础及应用

吴功德　主　编
王晓丽　张长飞　副主编

中国环境出版集团·北京

图书在版编目（CIP）数据

环境催化基础及应用/吴功德主编. —北京：中国环境出版集团，2019.10（2022.9重印）
ISBN 978-7-5111-4082-1

Ⅰ. ①环…　Ⅱ. ①吴…　Ⅲ. ①催化剂—应用—环境污染—污染防治—教材　Ⅳ. ①X505

中国版本图书馆CIP数据核字（2019）第191355号

出 版 人　武德凯
责任编辑　韩　睿
责任校对　任　丽
封面设计　艺友品牌

出版发行　中国环境出版集团
（100062　北京市东城区广渠门内大街16号）
网　　址：http://www.cesp.com.cn
电子邮箱：bjgl@cesp.com.cn
联系电话：010-67112765（编辑管理部）
发行热线：010-67125803，010-67113405（传真）
印　　刷　北京中科印刷有限公司
经　　销　各地新华书店
版　　次　2019年10月第1版
印　　次　2022年9月第2次印刷
开　　本　787×960　1/16
印　　张　21.5
字　　数　350千字
定　　价　63.00元

编 委 会

主　编：吴功德

副主编：王晓丽　张长飞

参　编：刘献锋　时焕岗　张雯娣

前 言

当今，环境污染问题的日益突出，已经威胁到人类的生存，阻碍了经济的可持续性发展。催化技术不仅能从源头上预防和杜绝污染的发生，而且可为已产生污染物的治理提供了独特而经济的解决方案，已在环境保护中显示出越来越强大的作用；但环境催化方面的本科教材建设才刚刚起步，已有的专著常常涉及较深的科学知识和较高级的实验技术。在本科教学过程中利用专著为参考教材，常出现课堂教学效果不佳，学生对知识点理解不透的现象，如果参考工业催化、催化化学方面的教材授课则不能体现环境催化的特色，不具有针对性。

本书从环境与催化的关系出发，以环境催化的基础理论、基本技术为起点，以现代工业和现实生活中所涉及的环境污染问题为主要研究对象，力求系统、全面地论述现代工业和现实生活中环境催化技术的概念、原理、特点和研究方法。介绍环境催化技术在环境污染控制和治理方面的重要应用成果；同时还详细地阐述了自然界自发存在的环境催化现象，并紧跟时代发展简述了当今环境催化领域的前沿科技成果。

本书内容涉及面广，第一、二章介绍了环境催化基础知识；第三章介绍了火电厂燃烧排放烟气的催化净化；第四章介绍了固体废物的催化处理技术；第五章介绍了挥发性有机污染物催化净化；第六章介绍了汽车排气的净化与催化技术；第七章介绍了室内空气净化与催化技术；第八章介绍了水中有机污染物的催化治理技术；第九章介绍了温室气体的催化转化技术。本书在编写时紧扣当今环境催化领域的发展前沿，将许多新技术、新工艺以及科研领域的新突破融入讲义的内容中，故在前期的教学过程中取得了很好的教学效果。

本书在编写过程中得到了中国环境出版集团的大力协作，得到了江苏省重点研发计划、“十三五”江苏省高等学校重点教材、国家自然科学基金、江苏省自然科学基金等项目的资助；书中部分研究工作得到了中国科学院上海高等研究院孙予罕研究员和魏伟研究员的关心和指导，韩睿编辑对本书的出版给与了诸多的建议、帮助和鼓励，在此一并表示衷心感谢！

由于作者水平有限，经验不足，书中难免有遗漏、偏颇乃至错误之处，恳请广大读者提出批评和建议，以便再版时加以改正和完善。

作者

2019 年 12 月于南京

目　录

第一章　绪　论

第一节　催化与环境的关系

众所周知，在化学反应体系中，加入某些物质，可以改变反应平衡的速率，而这些物质本身在反应前后，无论是质量还是化学性质，都没有变化。这种物质叫作催化剂，它的作用称为催化作用。人类对催化作用的利用和认识有一个历史过程，对催化反应的利用可追溯到公元前人们用粮食发酵酿酒，然而人们有意识地认识研究催化现象和催化剂以及催化机理却是始于 18 世纪。时至今日，人们不仅充分认识了“催化现象”这一自然规律，而且还发展和开拓了催化科学与技术，大大提高了人类的生活质量，创造了空前规模的财富，同时在新的时期赋予了催化技术新的任务。

催化技术历史上经历了三个重大的发展历程。

一、以合成氨催化剂为代表的发展时期

合成氨催化剂的开发，不但是催化化学中具有里程碑意义的事件，且从被开发成功到现在依旧对全球的农业生产和人口问题起到不可替代的作用。19 世纪末，由于人口激增，粮食出现供应不足，而粮食增产所需要的肥料，特别是氮肥供应不足引起了恐慌。而合成氨催化剂的适时成功开发及时有效地解决了这一问题。

早在 1820—1900 年，已经有很多科学工作者以铂系贵金属为催化剂进行

$N_2+3H_2 \longrightarrow 2NH_3$ 反应的研究工作，但是由于当时热力学平衡基本原理并不成熟、反应是在高温低压下进行的，因而大都以失败而告终。1904—1907 年，Nernst 及 Haber 在研究合成氨反应的热力学平衡时采用了高压的条件，终于弄清楚了这个反应体系的实质。在德国 Karlsruhe 学院的实验室里，Haber 与助手 Robert Rosotyno1（英国人）设计的高压设备中，第一次成功地将氮气和氢气合成出了较大产量的氨气，从而奠定了合成氨工业装置的基础。

Haber 在完成了高压试验之后，又从催化剂方面着手解决合成氨转化速率低的难题。1909 年 Haber 采用锇（Os）细粉在 117.5 MPa 和 600℃时获得了单程 8%的氨产率，这是当时能达到的最高水平。与 Haber 合作的 BASF 公司曾决心买下全世界锇的储存量（当时不超过 100 kg 左右）作为合成氨的催化剂，但是由于锇的价格过于昂贵（为白金价格的 10 倍）而未实现。之后，Haber 又发现了铀（U）可作为合成氨的催化剂，但铀也是十分稀缺贵重的物资。

1908 年 2 月，Haber 与德国巴登苯胺纯碱公司（以下简称巴斯夫，BASF）达成协议：Haber 应使他的结果在 BASF 公司得到有效的利用，而 BASF 公司应发展这一过程，达到工业开发的阶段。BASF 公司把这个任务交给化学家 Carl Bosch。Bosch 立即认识到他必须着手解决 3 个主要难题：设计出生产廉价氢和氮的方法；寻找一种高效且稳定的催化剂；开发适用于高压合成氨的设备和材料。

Bosch 把寻找高效且稳定的催化剂的任务交给助手 Alwin Mittasch。1909 年 2 月，Mittasch 提出了“获胜的催化剂是多组分体系”的假设，并进行了极大量的系列试验。BASF 公司为催化剂的试验制作了各种模型反应器，到 1912 年年初，在约一年半时间内，进行了 6 500 次试验，研究了 2 500 种催化剂。最终发现最好的催化剂被证明是一个多组分的混合物，其组成与 Gallivare 的磁铁矿相近。这个混合催化剂被证明非常有效，乃至现在全世界所有的氨催化剂还仍然依据这个原理制造。

Haber 在 1905 年以前曾试用过金属铁为合成氨催化剂，发现该催化剂虽对反应具有活性，但是因产量甚低，且不能重复使用而放弃。Mittasch 在早期的试验工作中亦采用过铁为催化剂，但所得结果也很不理想。纯铁的合成氨产率仅为 0.4%，而且运转很短的时间就降为零。但当时对催化剂中毒现象还没有认识，在制备过程中，往往掺入硫元素而使催化剂中毒，导致催化剂活性低、寿命短、试验重复性差。但是在大量科学试验的基础上，Mittasch 逐步认识了这些问题，并且发现在铁催化剂中加入某些特殊组分会得到很好的效果。他提出了一个重要的概念，即高效的催化剂是一种多组分的体系。

要开发一个催化剂，主要方法是依靠大量的筛选试验。这些概念和方法至今仍在催化领域中广为沿用。当时 Mittasch 在研究的铁催化剂中，加入少量的碱金属，如在纯铁中加入 1.7%的 NaOH 时，NH_3 的产率从 0.4%上升为 1.8%，加入 0.6%的 KOH 时，NH_3 的产率上升为 2.7%，而加入 3.5%的 KOH 时、铁催化剂的 NH_3 产率竟达到了 4%。1909 年 11 月 6 日 Mittasch 的助手 Wolf 博士，在一个实验柜中发现一瓶放置多年的瑞典 Gallivare 铁矿石，他以此为催化剂进行氨合成的反应，出乎意料的是 NH_3 产率达到了 3%，而且能够长时期（十多个昼夜）稳定的操作。这个结果大大地鼓舞了 Mittasch 的整个小组。Mittasch 开始时认为是铁矿石的某种结构对催化活性起了良好的作用，但不久对铁矿石进行剖析之后，发现了存在于铁矿石中的某些少量组分对催化活性具有重要的作用，为了确定这些少量杂质对反应的影响，在纯铁中分别加入这些少量组分，制成多组分催化剂，一一加以评选。不久就发现，在纯铁中加入少量 Al_2O_3 及少量 KOH 和 CaO 是合成氨的良好的催化剂，它的组成与瑞典的铁矿石十分相近，Mittasch 提出的“高效催化剂是一种多组分体系”的概念获得了圆满成功。由此，继 Haber 的锇催化剂及铀催化剂（这两种催化剂均已被工业所采用）之后，1910 年年末，多组分的铁催化剂终于诞生了，它既便宜又高效，满足了合成氨工业的需要。图 1-1-1 为合成氨反应工艺图。

Gerhard Ertl 对合成氨反应催化机理进行了研究，揭示了该反应过程中氮的解离吸附是速度控制步骤。Gerhard Ertl 还通过实验表明，合成氨反应催化剂中添加的氧化铝是结构性促进剂，它阻止小颗粒铁发生焙结而造成活性表面积和总活性减小；而添加的氧化钾为电子性促进剂，可为邻近的铁原子提供电子，使氮分子在催化剂表面的吸附更容易，吸附能提高了 10～15 kJ/mol。这也回答了工业合成氨过程关于钾的存在促使催化反应速率提高的问题。

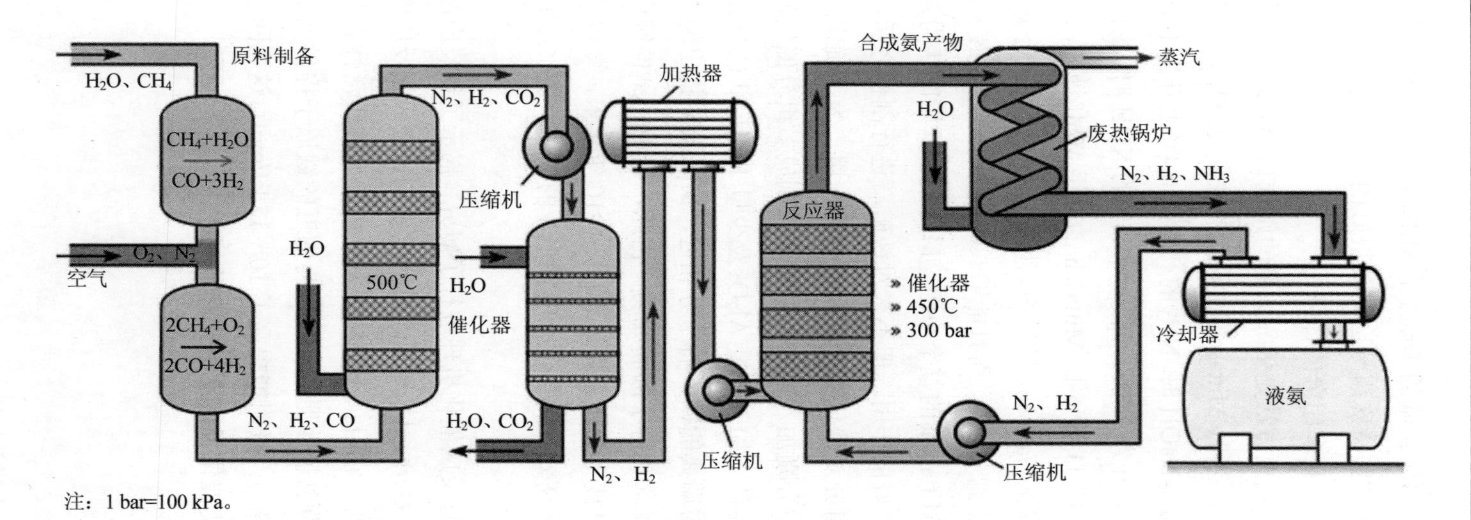

图 1-1-1 合成氨反应工艺图

Haber、Bosch、Mittasch 和 Ertl 这 4 位伟大的科学家为合成氨工业的创立和发展做出了巨大的贡献，其中，Haber、Bosch 和 Ertl 分别获得了诺贝尔化学奖（如图 1-1-2 所示）。

Fritz Haber（1868—1934），奠定合成氨理论基础，获 1919 年诺贝尔化学奖

Carl Bosch（1874—1940），实现合成氨工业过程，获 1931 年诺贝尔化学奖

Alwin Mittasch（1869—1953），合成氨熔铁催化剂主要开发者，提出混合催化剂概念

Gerhard Ertl（1936—），铁催化剂表面化学研究成就，获 2007 年诺贝尔化学奖

图 1-1-2 为合成氨工业做出巨大贡献的科学家

合成氨工业的巨大成功，改变了世界粮食生产的历史。据联合国粮农组织（FAO）的统计，化肥对粮食生产的贡献率占 40%。Haber-Bosch 发明的催化合成氨技术被认为是 20 世纪催化技术对人类的最伟大的贡献之一。从 20 世纪初该技术发明到现在，地球上的人口从 16 亿增长了 4.5 倍，而粮食的产量却增长了 7.7 倍。如果没有这项发明，地球上将有 50%的人不能生存，我国也不可能以占世界 7%的耕地养活占世界 21%的人口。然而，2010 年全球仍有 10 多亿人处于饥饿之中。

二、以石油催化裂化和重整催化剂为代表的发展时期

在石油资源开发利用中，催化裂化和催化重整催化剂的开发和利用大大提高了石油资源的利用程度和效率，在能源危机的今天依旧有着十分重要的意义。石油是当代工业的血液，石油工业的蓬勃兴起，是第二次世界大战后世界经济繁荣的主要支柱之一。1990 年，世界原油产量为 6 031.7 万桶/日。早期的石油炼制工业，从原油中分离出较轻的液态烃（汽油、煤油、柴油）和气态烃作为工业与交通的能源。早期主要用蒸馏等物理方法，以非化学、非催化过程为主。近代的石油炼制工业，为了扩大轻馏分燃料的收率并提高油品的质量，普遍发展了催化裂化、催化重整等新工艺（如图 1-1-3 所示）。催化裂化是石油深度加工的主要工艺过程，是由重馏分生产高辛烷值汽油、柴油和石油化工原料的一种重要手段。催化重整是使低辛烷值的直馏汽油在高产率的情况下，大幅提高辛烷值的有效措施，除能提供大量高辛烷值车用汽油外，还是提供芳烃原料的首要手段，为石油化工提供了所需原料。

在这些新工艺开发中，无一不伴有新催化剂的成功开发。如 1953 年德国化学家齐格勒研究有机金属化合物与乙烯的反应时发现，在常压下用 $TiCl_4$ 和 $Al(C_2H_5)_3$ 二元体系的催化剂可以使乙烯聚合成高分子量的线型聚合物。1954 年意大利化学家纳塔用 $TiCl_3$-$Al(C_2H_5)_3$ 催化剂使丙烯聚合成全同立构的结晶聚丙烯，从此开创了定向聚合的新领域，它就是齐格勒-纳塔催化剂。1963 年两人共获诺贝尔化学奖（如图 1-1-4 所示）。

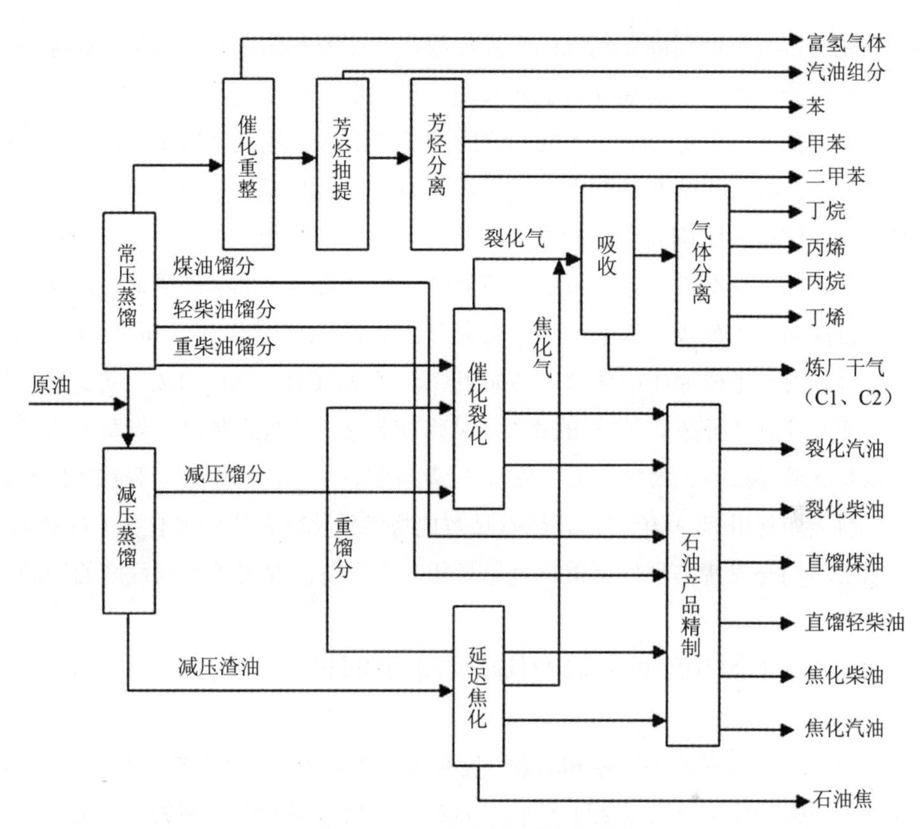

图 1-1-3 石油炼制工艺过程图

卡尔·齐格勒（1898—1973），德国化学家

居里奥·纳塔（1903—1979），意大利化学家

图 1-1-4 齐格勒-纳塔催化剂的创始人

在经历了半个世纪高能耗量的开发使用后，作为石油炼制及化学工业原料支柱的石油资源，如今已面临着日益枯竭的现状。据一些资料的粗略预测，按世界各地区平均计算，石油大约还有 50 年的可开采期。而天然气和煤炭已探明的储量和可开采期，要大得多和长得多。加之，当前世界上的煤、石油、天然气的消费结构与资源结构间比例失衡，价廉的石油消费过度。因此，在未来“石油以后”的时代里，如何获取新的产品以取代石油，以生产未来人类所必需的能源和化工原料，已成为一系列重大而紧迫的研究课题。于是，C1 化学应运而生。C1 化学主要研究含有一个碳原子的化合物（如甲烷、甲醇、CO、CO_2、HCN 等）参与的化学反应。目前已可按 Cl 化学的路线，从煤和天然气出发，生产出新型的合成燃料，以及三烯（乙烯、丙烯、丁二烯）、三苯（苯、甲苯、二甲苯）等重要的起始化工原料。如利用 Ni 基催化剂，可以高效地将二氧化碳和甲烷转化为 CO 和 H_2，这些新工艺的开发皆与环保型催化剂息息相关，目前已取得了不同程度的进展。

三、以污染防治催化剂为代表的发展时期

催化剂的应用对发展工业和农业，提高人民生活水平，甚至决定战争的胜负，都起到过巨大的作用。21 世纪，催化剂将在解决当前国际上普遍关注的地球环境问题方面，起到同等甚至更大的作用。催化研究的重点，将逐渐由过去以“取得有用物质”为目的的“石油化工催化”，逐渐转向以消灭有害物质为目标的新“环保催化”时期。

早在产业革命时期，人们就已经意识到，人类的生产实践会给环境带来污染和破坏。进入 20 世纪 70 年代，由于世界人口的迅速增长和人民生活水平的不断提高，在大大强化了人类生产活动的同时，也使地球环境的污染和破坏达到了足以威胁人类自身生存的程度。产生这个问题的原因，无疑是和人类活动向地球排放的各种污染物有着直接的关系。据统计，在工业污染物中，与石油化工有关的占到 70%。另外，化工和催化方法在解决环境保护问题上，也发挥着越来越大的作用。保护人类赖以生存的大气、水源和土壤，防止环境污染是一项刻不容缓的任务。这就要求尽快地改造引起环境污染的现有工艺，并研究无污染物排放的新工艺，以及大力开发有效治理废渣、废水和废气污染的过程

和催化剂。目前，治理环境污染的紧迫性已成为当代人类的共识，且催化方法也显示出对环境保护的有效性，因此在近年来的环境保护工作中，催化脱硫催化剂、烃类氧化催化剂、氮氧化物净化剂、汽车尾气净化剂等应用日益广泛（见表 1-1-1）。催化剂正越来越起到重要的作用，具有极大的社会效益，并且将为人类社会的可持续性发展做出重大贡献。截至 2015 年，催化剂的市场份额已达到 400 亿美元。

表 1-1-1 环境保护中的多相催化剂

过程	催化剂	反应条件
汽车尾气控制（C_xH_y，CO，NO_x）	Pt、Pd、Rh 涂层陶瓷整体 Al_2O_3，稀土氧化物助剂	400～500℃ 短期 1 000℃
燃料气净化（SCR）	Ti、W、V 混合氧化物，作蜂窝形整体催化剂	热脱销 400℃ 冷脱销 300℃
硫-硝联脱	SCR 催化剂+V_2O_5 蜂窝形催化剂	最高 450℃
废气净化	W、V、Cu、Mn、Fe 氧化物负载催化剂或整体催化剂	200～700℃

第二节 环境催化的基本概念和发展现状

一、基本概念

环境问题是人类进入 21 世纪所面临的重大问题，环境保护在社会与经济可持续发展战略中占有重要的地位，许多技术被应用到环境保护中，环境催化就是这样一种将环境工程与催化技术相结合的新技术。

环境催化（Environmental Catalysis）是一个非常重要的概念。在 Janssen 和 Van Steven 编著的书中，“Environmental Catalysis”这个概念是与可持续发展紧紧联系在一起的：“环境催化是人们为了满足当前和将来的需要而进行资源开发、投资指导、技术发展及政策改革时的关键环节之一。”在这个定义中，有几个关键词：将来、资源开发、技术发展，这些与人类的生活都是密切相关的，在人类的生存中都扮演着至关重要的角色。

环境催化是指利用催化剂来控制环境污染物排放的化学过程，它也包括那些应用催化剂生产少污染的产物及能减少污染物和不副产污染物的新的化学过程。从这一概念上来看，环境催化包括两部分内容：污染预防方面的催化技术应用以及污染末端治理方面的催化技术应用。由于催化在改造传统落后工艺中具有的独特优越性、重要性不言而喻，是新技术开发的一个推动力。

在环境催化中，催化剂的应用非常广泛。环保催化剂的概念为：“用直接或者间接的方式方法处理有毒、有害物质（通常是含有毒、有害物的气体或液体），使之无害化或减量化，以保护和改善周围环境所用的催化剂。”目前的环保催化剂按其用途一般分为汽车尾气净化催化剂和工业环保催化剂两大类。前者包括各种车用尾气净化催化剂，后者包括工厂烟气脱硫和脱硝用催化剂、硝酸尾气处理催化剂、挥发性有机化合物燃烧催化剂和废水湿式氧化处理催化剂等。

除环保催化剂之外，还存在着绿色化学工艺催化剂这种说法。这两者之间是密切联系且各有特点的。绿色化学工艺催化剂的主要特点在于，绿色化学工艺催化剂往往要求催化剂本身也必须是无毒的。故绿色化学工艺催化剂又称为绿色催化剂或环境友好催化剂。

二、发展现状

人类正面临有史以来最严重的环境危机，由于人口急剧增加，资源消耗日益扩大，人口与资源的矛盾越来越尖锐。此外，人类的物质生活随着工业化而不断改善的同时，大量排放的工业污染物及生活污染物使人类的生存环境更迅速恶化。因此，环境友好催化技术的重要性日益突出。目前，对环境催化作用的研究正在实现从降低污染向阻止污染的方向转变。

目前，环境催化技术正在广泛地应用于以下三个方面。

1. 消除已经产生的污染物

已经产生的污染主要包括大气污染物、温室气体和消耗臭氧层的有机污染物；

大气污染物主要有氮氧化物（NO_x）、二氧化硫（SO_2）、一氧化碳（CO）等化合物，温室气体主要有二氧化碳（CO_2）、甲烷（CH_4）等，消耗臭氧层的有机污染物主要是氟利昂类化合物（CFC 等）。此外，还包括消除室内气态污染物（甲醛、VOCs 等）和致病微生物（细菌）；最后也包括消除水中污染物和致病微生物。

2．减少和预防能源转化过程中有害物质的产生

利用催化剂减少化石燃料燃烧过程中排放的 CO_2、SO_2 和 NO_x，预防温室效应、酸雨、颗粒物和光化学烟雾等危害的产生。

3．将废物转化为有用之物（如CO_2的资源化再利用）

利用丰富、廉价的有机废弃物，如纤维素等生物质资源生产燃料乙醇，有望替代传统的化石燃料，从而实现能源的再生和可持续发展。最近研究表明，与传统纤维素降解方法相比，催化氢解纤维素实现了纤维素降解为多元醇的绿色过程。这些刚刚起步的研究今后很可能为生物质资源转化和资源化利用提供关键技术和解决方案。

此外，在现阶段的工业化进程中，环境催化技术发展迅速，有望短期内在以下几个领域取得突破：

（1）氮氧化物还原的贫燃汽油发动机：在大量过剩氧气存在下，具备原位 NO_x 还原能力催化剂的发展，是对下一代燃油经济型发动机的最大挑战。

（2）分解环境中臭氧的催化辐射器：含有 O_3 的空气通过辐射器或空气压缩机时，在催化剂的作用下将 O_3 转化为 O_2。

（3）OBD 催化传感器：在汽车尾气检测装置中，采用两个氧气传感器，分别固定于催化剂的前后，用以测量尾气中碳氢化合物的浓度。两个传感器信号的差值的大小警示催化剂的失活程度并传递给驾驶员。

（4）在固定动力站中直接利用碳氢化合物为原料的质子交换膜燃料电池。

（5）在选择性工艺生产过程中实现绿色化学及绿色化工，提升目标产物的产率。

环境催化是环境科学与催化科学交叉的边缘新兴学科，它既是环境化学、环境工程、催化化学、化学工程及材料化学等多学科的交叉与融合，又是环境保护和绿色化学最重要的科学与技术基础，也是催化领域发展最为迅速的学科方向之一。

第三节 污染物的来源与消除

一、大气污染物的来源及治理

大气污染来源于人类活动和自然过程，自然污染源是由于自然原因（如火山爆发、森林火灾等）而形成，人为污染源是由于人们从事生产和生活活动而形成。在人为污染源中，又可分为固定的（如烟囱、工业排气筒）和移动的（如汽车、火车、飞机、轮船）两种（如图 1-3-1 所示）。由于人为污染源普遍和经常的存在，所以比起自然污染源更为人们所密切关注，大气的人为污染源主要有五种。

图 1-3-1 大气污染的来源及危害

（1）工业污染源包括钢铁厂、火力发电厂、水泥厂和化肥厂等耗能较多的工矿企业燃料燃烧排放的大量污染物，各生产过程中的排气，如炼焦厂排放酚类、苯、烃类等有毒物质；各类化工厂向大气排放具有刺激性、腐蚀性或恶臭的有机和无机气体。

（2）生活污染源来自居民及服务行业的取暖、烧饭、沐浴等生活上的需要，而向大气排放的一氧化碳、煤烟、二氧化硫等，由于此项大气污染具有排放量大、排放高度低、分布广等特点，其造成的危害是不容忽视的。

（3）农业污染源主要来自化肥和农药的使用。

（4）交通运输污染源来自船舶、飞机、汽车、农业用车等交通工具排放的尾气。随着近年来经济发展，私家车越来越多，汽车尾气排放已构成大气污染的主要污染源。

（5）开垦烧荒、燃放烟花爆竹、餐饮油烟、路边烧烤等对大气也产生了很大的污染。例如，燃放烟花爆竹产生的二氧化氮、一氧化氮等有害气体，这些有毒有害气体是无形的杀手。

大气污染防治既是重大民生问题，也是经济升级的重要抓手。为此国务院于2013年6月14日召开常务会议，部署大气污染防治十条措施，简称“国十条”。

一是减少污染物排放。全面整治燃煤小锅炉，加快重点行业脱硫脱硝除尘改造；整治城市扬尘；提升燃油品质，限期淘汰“黄标车”。

二是严控高耗能、高污染行业新增产能，提前一年完成钢铁、水泥、电解铝、平板玻璃等重点行业“十二五”落后产能淘汰任务。

三是大力推行清洁生产，重点行业主要大气污染物排放强度到2017年年底下降30%以上。大力发展公共交通。

四是加快调整能源结构，加大天然气、煤制甲烷等清洁能源供应。

五是强化节能环保指标约束，对未通过能评、环评的项目，不得批准开工建设，不得提供土地，不得提供贷款支持，不得供电供水。

六是推行激励与约束并举的节能减排新机制，加大排污费征收力度。加大对大气污染防治的信贷支持。加强国际合作，大力培育环保、新能源产业。

七是用法律、标准“倒逼”产业转型升级。制定、修订重点行业排放标准，建议修订大气污染防治法等法律。强制公开重污染行业企业环境信息。公布重点城市空气质量排名。加大违法行为处罚力度。

八是建立环渤海包括京津冀、长三角、珠三角等区域联防联控机制，加强人口密集地区和重点大城市 $PM_{2.5}$ 治理，构建对各省（区、市）的大气环境整治目标责任考核体系。

九是将重污染天气纳入地方政府突发事件应急管理，根据污染等级及时采取重污染企业限产限排、机动车限行等措施。

十是树立全社会“同呼吸、共奋斗”的行为准则，地方政府对当地空气质量负总责，落实企业治污主体责任，国务院有关部门协调联动，倡导节约、绿色消费方式和生活习惯，动员全民参与环境保护和监督。

中国日益突出的区域性复合型大气污染问题是长期积累形成的。治理好大气污染是一项复杂的系统工程，需要付出长期艰苦不懈的努力。

二、水体污染物的来源及治理

近年来，我国水体污染日趋严重（如图 1-3-2 所示），为了能更好地解决我国水体污染的问题，根据水体污染物的来源，水体污染源可大概分为如下几类。

图 1-3-2 水体污染的来源及危害

1. 工业废水

在工业生产中，热交换、产品输送、产品清洗、选矿、除渣、生产反应等过程均会产生大量废水。产生工业废水的主要企业有初级金属加工、食品加工、纺织、造纸、开矿、冶炼、化学工业等。据报道，比长江污染更为严重的水系统还有松花江、淮河、海河、辽河水系。若不采取强有力的措施，而让目前的这种污染趋势发展下去，全国70%的淡水资源将由于受到严重污染而不能直接使用。

2. 生活污水

生活污水是来自家庭、机关、商业和城市公用设施及城市径流的污水。新鲜的城市污水渐渐陈腐和腐化使溶解氧含量下降，出现厌氧降解反应，产生硫化氢、硫醇、吲哚和粪臭素，使水具有恶臭。生活污水的成分99%为水，固体杂质不到1%，大多为无毒物质，其中无机盐有氰化物、硫酸盐、磷酸盐、铵盐、亚硝酸盐、硝酸盐和一些重碳酸盐等；有机物质有纤维素、淀粉、糖类、脂肪、蛋白质和尿素等，另外还有各种洗涤剂和微量金属，后者如锌、铜、铬、锰、镍和铅等；生活污水中还含有大量的杂菌，主要为大肠菌群。另外，生活污水中氮和磷的含量比较高，主要来源于商业污水、城市地面径流和粪便、洗涤剂等。

3. 医院污水

一般综合医院、传染病医院、结核病院等排出的污水含有大量的病原体，如伤寒杆菌、痢疾杆菌、结核杆菌、致病原虫、肠道病毒、腺病毒、肝炎病毒、血吸虫卵、钩虫、蛔虫卵等。这些病原体在外环境中往往可生存较长时间。因此，医院污水污染土壤或水后，能在较长时间内通过饮水或食物途径传播疾病。此外，水体中贝类具有浓缩病菌和病毒的能力，故水体污染后，生食水中贝类有很大的危险（如上海甲肝暴发流行）。

4. 农田水的径流和渗透

我国广大农村，习惯使用未经处理的人畜粪便、尿液浇灌菜地和农田。过去几十年来，化肥、农药的用量在迅速增加，土壤经施肥或使用农药后，通过雨水或灌溉用水的冲刷及土壤的渗透作用，可使残存的肥料及农药通过农田的径流而进入地面水和地下水。农田径流中含有大量病原体、悬浮物、化肥、农药及分解产物。农药种类繁多，性质各异，故毒性大小也不相同，有的农药无毒或基本无毒；有的可能引起急慢性中毒；有的可能致癌、致突变和致畸；有的对生殖和免疫机能有不良影响。

5．废物的堆放、掩埋和倾倒

一些暂时堆放于露天的废物可以因雨水淋湿或刮风等原因被带入水体中，一些废弃物经人为倾倒进入水体，一些难于处置的废弃物被人们掩埋在地下深层，但如果地下处置工程设置不当或不加任何处理填埋，会影响处置地区周围的地质与环境，使被处置的污染物进入水体，引起水体污染。废弃物中有毒物质由地下水通过倒虹吸进入生活饮用水系统，使当地各种疾病尤其是癌症发病率增加，有些婴儿一生下来就是畸形儿。后来由于这些掩埋地下的废弃物因雨水侵蚀而露出地面，人们才知道了事情的真相。

如何能更好地解决我国的水体污染问题？相关学者提出了水环境污染的原因及其水环境保护措施。

目前造成全国水污染十分严峻主要有三大原因：一是粗放型经济增长方式没有根本转变，污染物排放量大，超过水环境容量。二是生态用水缺乏。目前，黄河、海河、淮河水资源开发利用率都超过 50%，其中海河更是高达 95%，超过国际公认的 40%的合理限度，严重挤占生态用水。三是水污染防治立法不够健全，执法不够有力，干部群众环保和守法意识不强。

建议从以下六个方面加强水环境保护、保障水安全。

一是优先保护饮用水水源地水质。

以划定城市和农村生活饮用水水源地为重点，组织制定全国城市和农村水源地保护规划，特别是要加快广大农村集中式水源地的划定工作，防治乡镇企业和农业污染源污染水源地。在水源地保护区内严格限制各项开发活动。一级保护区内，应禁止一切排污行为和对水源地有影响的旅游和水产养殖等活动。

二是提高水污染防治水平，推进重点流域水污染防治工作。

实行污染物排放总量控制制度，依法实行排污许可，严肃查处超标和超总量排污等违法行为。加强农村环境综合整治，严格维护和努力改善农村饮用水水源的水质。加快修订《水污染防治法》，从根本上解决违法成本低、守法成本高、执法成本高的问题。

三是实行生态系统管理，重振生命之河。

水坝建设直接关系到水环境安全，流域开发规划和水坝建设都要严格执行环境影响评价制度，分析利弊得失，对严重影响水环境安全的项目坚决不准上。经过环评可以建设的，也要严格按照环评要求，实施环保措施。

四是加大环保执法力度，坚决惩处各类违法排污行为。

继续开展清理整顿违法排污企业、保障群众健康环保行动。集中力量查处小造纸、小酿造、小化工、小印染、规模化畜禽养殖场和城镇污水处理厂等排污单位的违法排污行为，重点解决一批群众反映强烈的老大难问题。

做好水环境质量信息的公开工作，落实人民群众的环境知情权。对重大流域开发规划和重大涉水项目，要举行听证，广泛征求人民群众的意见，落实群众环境监督权，坚决维护群众的环境权益。

五是大力推行清洁生产。

工业部门要加快产业结构调整，合理调整工业布局，推动资源消耗小、效益高的高新技术产业发展。结合技术改造推行以清洁原料、清洁生产过程和清洁产品为主要内容的清洁生产。要把清洁生产当作在可持续发展战略指导下的一次工业企业的全面改造，在全国所有工业企业推行清洁生产。通过加强环境管理审计，建立科学的管理体制，促进我国工业向新的技术基础转移，以集约方式提高质量，降低消耗，增加经济效益。并在此基础上逐步建立我国资源节约型生态工业生产体系。

六是加强农村面源污染的防治。

农村要推行以改善农业生态环境，加快农村经济发展为主要内容的生态农业生产体系。全面推广种植业、养殖业、加工业合理配置的“大农业”生产模式，注重农、林、牧、副、渔各业全面发展，农、工、商综合经营。把现代化科学技术和传统农业精华有机结合起来，逐步增加有机肥料的使用，减少化肥、农药的使用。开发生物农药技术，推广以菌治虫、以虫治虫的生物技术替代农药。目前，我国已有 2 000 多个生态农业试点，应当在总结经验的基础上，把推行生态农业作为农村经济发展中的一场革命，在全国广大农村普遍展开。逐步把农村富余劳动力从污染型乡镇工业转移到生态农业建设上来。县、乡两级政府要制定生态农业建设规划，国家有关部门要加强技术推广，有计划地在全国乡、村培养一批技术骨干，指导农民发展生态农业。

三、土壤污染物的来源及治理

土壤污染是指人类活动所发生的污染物经过各种路径进入土壤，其数量和速度超过了土壤的包容和净化能力，从而使土壤的性质、构成及性状等发生变化，使污染物质的堆集进程逐步占有优势，破坏了土壤的天然生态平衡，并致使土壤的天然功用失调、土壤质量恶化（如图 1-3-3 所示）。

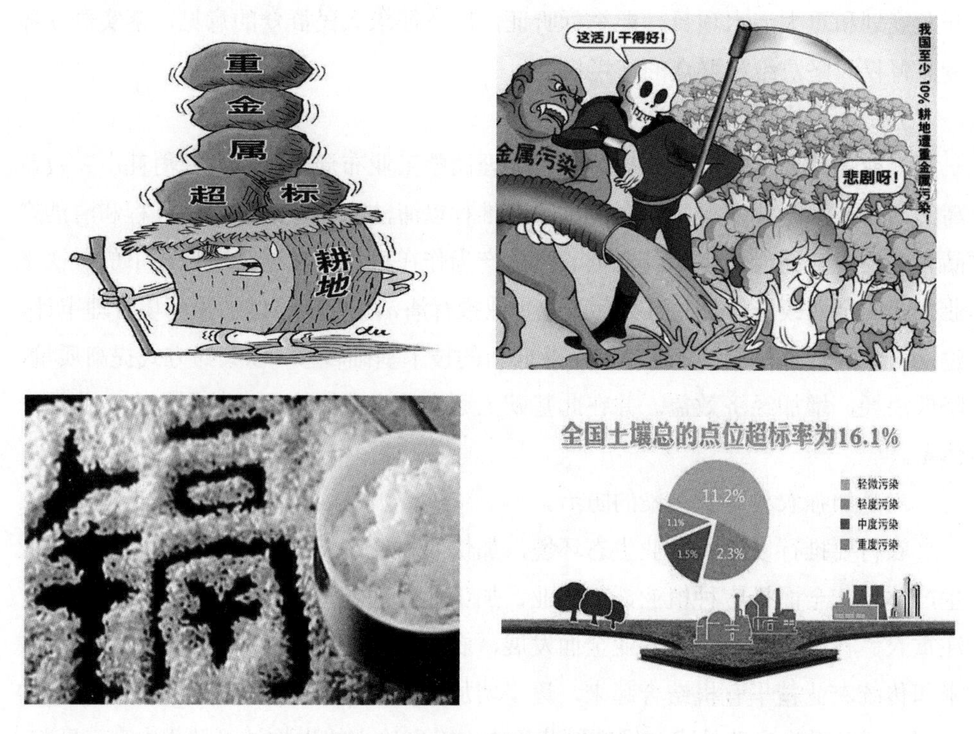

图 1-3-3　土壤污染的来源和危害

（一）土壤污染主要来源

1. 有机污染源头

土壤有机污染物首要是化学农药。当前在用的化学农药有 50 多种，主要包含有机磷农药、有机氯农药、氨基甲酸酶类、苯氧羧酸类、苯酚、胺类。此外，石油、多环芳烃、多氯联苯、甲烷、有害微生物等，也是土壤中常见的有机污染物。当前，我国农药产量居世界第二位，但商品结构不合理，质量较低，商品中杀虫剂占 70%，杀虫剂中有机磷农药占 70%，有机磷农药中高毒种类占 70%，致使很多农药残留，带来严峻的土壤污染。

2. 重金属污染源头

运用富含重金属的废水进行灌溉是重金属进入土壤的一个重要路径。重金属进入土壤的另一条路径是随大气沉降落入土壤。重金属主要有汞、铜、锌、铬、镍、钴等。因为重金属不能被微生物分解，土壤一旦被重金属污染其天然净化进程和人工管理都是十分艰难的。此外，重金属能够被生物富集，因而对人类有较大的潜在损害。

3. 放射性元素污染源头

放射性元素首先来自大气层核试验的沉降物，以及原子能和平利用进程中所排放的各种废气、废水和废渣。富含放射性元素的物质不可避免地随天然沉降、雨水冲刷和废弃物堆积而污染土壤。土壤一旦被放射性物质污染就难以自行消除，只能天然衰变为安稳元素，从而消除其放射性。放射性元素可经过食物链进入人体。

4. 病原微生物污染源头

土壤中的病原微生物，主要包含病原菌和病毒等。来自人畜的粪便及用于灌溉的污水（未经处理的日用污水，特别是医院污水）。人类若直接触摸富含病原微生物的土壤，也许会对健康带来影响；若食用被土壤污染的蔬菜、生果等则直接遭到污染。

（二）土壤污染的治理

我国土壤污染问题的防治措施包括两个方面：一是“防”，就是采取对策防止土壤污染；二是“治”，就是对已经污染的土壤进行改良、治理。

（1）污染土壤的生物修复方法。土壤污染物质可以通过生物降解或植物吸收而被净化。蚯蚓是一种能提高土壤自净能力的动物，利用它还能处理城市垃圾和工业废弃物以及农药、重金属等有害物质。因此，蚯蚓被人们誉为“生态学的大力士”和“净化器”。积极推广使用微生物降解菌剂降解农药，以减少农药残留量。

利用植物吸收去除污染：严重污染的土壤可改种某些非食用的植物如花卉、林木、纤维作物等，也可种植一些非食用的吸收重金属能力强的植物，如羊齿类铁角蕨属植物对土壤重金属有较强的吸收聚集能力，对镉的吸收率可达到10%，连续种植多年则能有效降低土壤含镉量。

（2）污染土壤治理的化学方法。对于重金属轻度污染的土壤，使用化学改良剂可使重金属转为难溶性物质，减少植物对它们的吸收。酸性土壤施用石灰，可提高土壤pH，使镉、锌、铜、汞等形成氢氧化物沉淀，从而降低它们在土壤中的浓度，减少对植物的危害。对于硝态氮积累过多并已流入地下水体的土壤，一则大幅度减少氮肥施用量；二则配施脲酶抑制剂、硝化抑制剂等化学抑制剂，以控制硝酸盐和亚硝酸盐的大量累积。

（3）增施有机肥料。增施有机肥料可增加土壤有机质和养分含量，既能改善土壤理化性质特别是土壤胶体性质，又能增大土壤容量，提高土壤净化能力。受到重金属和农药污染的土壤，增施有机肥料可增加土壤胶体对其的吸附能力，同时土壤腐殖质可络合污染物质，显著提高土壤钝化污染物的能力，从而减弱其对植物的毒害。

（4）调控土壤氧化还原条件。调节土壤氧化还原状况在很大程度上影响重金属变价元素在土壤中的行为，能使某些重金属污染物转化为难溶态沉淀物，控制其迁移和转化，从而降低污染物危害程度。调节土壤氧化还原电位即Eh值，主要通过调节土壤水、气的比例来实现。在生产实践中往往通过土壤水分管理和耕作措施来实施，如水田淹灌，Eh可降至160 mV时，许多重金属都可生成难溶性的硫化物而降低其毒性。

（5）改变轮作制度。改变耕作制度会引起土壤条件的变化，可消除某些污染物的毒害。据研究，实行水旱轮作是减轻和消除农药污染的有效措施。如DDT、六六六农药在棉田中的降解速度很慢，残留量大，而棉田改水后，可大大加速DDT和六六六的降解。

（6）换土和翻土。对于轻度污染的土壤，采取深翻土或换无污染的客土的方法。对于污染严重的土壤，可采取铲除表土或换客土的方法。这些方法的优点是改良较彻底，适用于小面积改良。但对于大面积污染土壤的改良，非常费事，难以推行。

（7）实施针对性措施。对于重金属污染土壤的治理，主要通过生物修复、使用石灰、增施有机肥、灌水调节土壤 Eh、换客土等措施，降低或消除污染。对于有机污染物的防治，通过增施有机肥料、使用微生物降解菌剂、调控土壤 pH 和 Eh 等措施，加速污染物的降解，从而消除污染。

总之，按照“预防为主”的环保方针，防治土壤污染的首要任务是控制和消除土壤污染源，防止新的土壤污染；对已污染的土壤，要采取一切有效措施，清除土壤中的污染物，改良土壤，防止污染物在土壤中的迁移转化。

本书在内容和结构的安排上，不仅注重运用必需的催化科学与技术消除已经产生的污染物，而且注重预防污染物的产生，以减少能源转化过程中有害物质的产生。

思考题

1．什么是催化？它与环境催化之间有什么区别和联系？

2．合成氨反应的意义是什么？哪些科学家分别在哪些领域为合成氨产业做出了杰出的贡献？

3．催化剂在石油化工领域的应用主要体现在哪些方面？

4．催化剂在当今环保领域发挥着怎样的作用？

5．大气污染主要来源是哪些？如何治理？

6．水体污染主要来源是哪些？如何治理？

7．土壤污染主要来源是哪些？如何治理？

第二章　环境催化的基本理论和方法

随着人类社会的不断进步和发展、工业化进程的不断推进，资源的枯竭与环境的污染已严重制约世界经济的进一步发展，甚至威胁人类的生存与发展。因此，保护环境不仅是我国现代化事业的一项基本国策，也是21世纪人类社会共同面临的重要课题。

据统计，90%以上的化学反应与催化剂有关，每一种新型催化材料的发现及新催化工艺的成功应用都会引起相关工艺的重大变革。同样，现今人类面临的环境污染、能源枯竭等问题的解决很大程度上还需要依赖催化剂及催化工艺。在过去的几十年中，各国政府和企业投入了大量的资金和人力，对环境污染的治理方法和技术开展了大量且卓有成效的研究，发展了大气污染治理技术、水处理技术、固体废物处理技术等环境保护手段，对环境生态的保护做出了重要贡献。为了提高环境污染治理的效率，越来越多地涉及各种催化反应和技术。例如，有害气体 NO_x、SO_x、VOCs 的消除、汽车尾气的处理等，这些都为催化技术的应用开辟了新的领域。事实上目前环境污染的各类问题几乎都可以从催化技术中找到解决的方法。

第一节　环保催化剂

一、环保催化剂的定义和分类

环保催化剂是指用催化作用消除或减少“三废”排放，并使之无害化，以保护和改善周围环境所用的催化剂。环保催化剂的范畴从广义上讲，可以认为是对环境保护有益的所有催化剂，包括不产生有害副产物的催化合成过程。从狭义上讲，就是温室效应、臭氧层破坏、酸雨范围的扩大化及水体污染等的改善所涉及的催化剂种类。例如，汽车尾气净化催化剂、工厂烟气脱硫和脱硝用催化剂、硝酸尾气处理催化剂、挥发性有机化合物燃烧催化剂、室内空气净化催化剂和废水湿式氧化处理催化剂等。其中，汽车尾气三效催化剂在预防环境污染方面发挥着重要作用，该环保催化剂将汽车运行过程中排放的有毒的 CO、NO_x、C_nH_m 转化为无毒的 H_2O、CO_2 和 N_2（如图 2-1-1 和图 2-1-2 所示）。

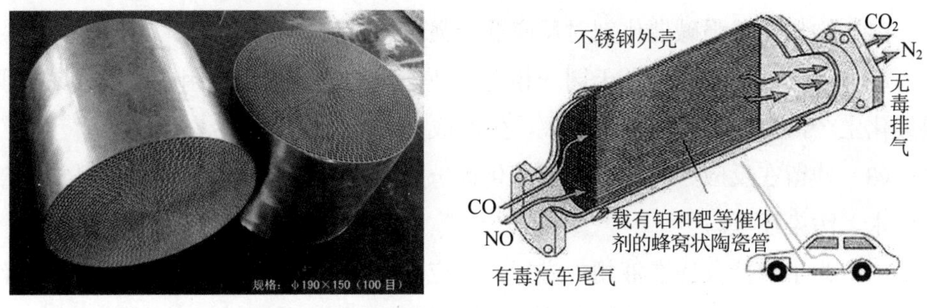

图 2-1-1　汽车尾气处理三效催化剂实物图

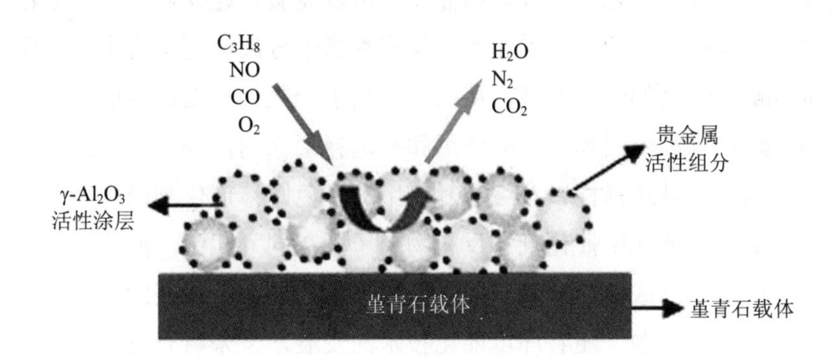

图 2-1-2　三效催化剂结构及作用示意图

在治理污染的过程中，环保催化剂既不被消耗也不会残留在环境中，因此采用环保催化剂的工艺往往较其他处理方法具有成本低、二次污染更少、工艺简单等优点。此外，为了满足不同行业或不同地域的环保要求，往往通过改进催化剂的活性和选择性就可达到目的，不必从工艺上进行大的改动，且催化工艺往往能达到其他工艺无法达到的目的。

根据催化剂和反应物所处物相的不同，催化过程可以分为均相催化（homogeneous catalyst）和非均相催化（heterogeneous catalyst）。均相催化是指催化剂和反应物处于相同的物相状态；非均相催化是指催化剂和反应物处于不同的物相状态。均相催化的催化剂一般为酸、碱、金属络合物、有机金属化合物和生物酶，催化剂和反应物分子在同一相中（一般为液相）。均相催化已经基本建立了分子水平的催化反应理论，如酸碱催化理论、酶催化理论等。均相催化剂通常表现出较高的催化性能，但其工艺缺点也是很明显的：

（1）均相强酸强碱催化剂对反应器有强烈的腐蚀作用。

（2）催化剂与反应物处于同一相态，使催化剂的分离十分困难，不容易实现连续化生产，生产规模也不易扩大，生产成本较高。

（3）残留在反应产物中的酸碱催化剂一般还需要中和和水洗，导致排放大量的污水，污染环境。

（4）为了保持反应在液相中进行，反应温度不可能很高，这就要求反应物有高的活性；当反应物之一是气相时，一般需要加压才能保证有较高的转化率。

用非均相的固体催化剂取代均相催化剂可以克服上述缺点。一般不存在固体催化剂对反应器腐蚀的问题，催化剂与反应物易于分离，便于再生，也便于连续生产，可以采用较高的反应温度，从而可应用于一些均相催化剂催化不了的催化反应。另外，可以利用固体的空间作用和孔道择形作用，提高反应的选择性。所以，寻求高活性、高选择性以及可重复使用的绿色固体催化剂已成为目前研究的热点。但因非均相催化中催化剂和反应物分子不在同一相中，催化反应机理比较复杂，至今尚未建立成熟的非均相催化反应理论。均相催化剂的非均相化也是环境催化领域的一大课题，随着环境催化技术的发展，未来将有更多高效的均相催化剂实现非均相化。在环境保护过程中，环保催化剂多采用非均相催化剂。

二、环保催化剂的组成

固体催化剂通常不是单一的物质，而是由多种物质组成的。绝大多数固体环保类催化剂的组分又可以分为三部分，即活性组分、载体、助催化剂。这三类组成部分的功能及其相互关系如图 2-1-3 所示。

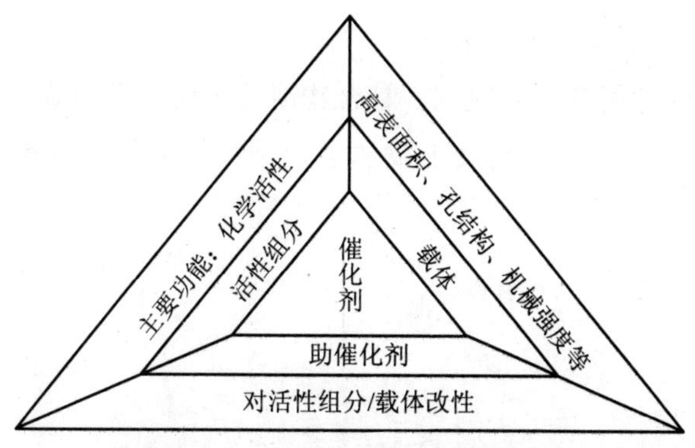

图 2-1-3　催化剂组分和功能的关系

1．活性组分

活性组分是催化剂的主要成分，有时由一种物质组成，如乙烯氧化制环氧乙烷使用的银催化剂，活性组分就是单一物质——银。有时则由多种物质组成，如丙烯氨氧化制丙烯腈使用的钼/铋催化剂，活性组分由氧化钼和氧化铋两种物质组合而成。在寻找和设计某种反应所需的催化剂时，活性组分的选择是关键问题。目前，就催化科学的发展水平来说，虽然有一些理论知识可用作选择活性组分的参考，但确切地说仍然是经验的。历史上为了方便，曾经将活性组分按导电性的不同加以分类（见表 2-1-1）。这样的分类，主要是为方便，并没有肯定导电性与催化之间存在着任何的关联。

表 2-1-1　活性组分的分类

类别	导电性	催化反应	活性组分示例
固体酸碱	半导体或绝缘体	酯化、选择性氧化、亲核环加成、脱水、烷基化	CaO、MgO、BaO 等
金属	导电体（氧化、还原反应）	选择性加氢、选择性氢解、选择性氧化	Fe、Ni、Pt、Pd、Cu、Ag 等
过渡金属氧化物	半导体（氧化、还原反应）	选择性加氢、脱氢、选择性氢解、选择性氧化	ZnO、CuO、NiO、Cr_2O_3、Fe_2O_3-MnO_2 等
非过渡金属氧化物	绝缘体（碳离子反应、酸碱反应）	聚合、异构、碳化、脱水	Al_2O_3、SiO_2-Al_2O_3、分子筛等
金属络合物	绝缘体	选择性氧化、异构化	Cr 配合物、Au 配合物等

2．载体

载体是催化活性组分的分散剂、黏合物或支撑体，是负载活性组分的骨架。将活性组分、助催化剂组分负载于载体上所制得的催化剂，称为负载型催化剂（如图 2-1-4 所示）。

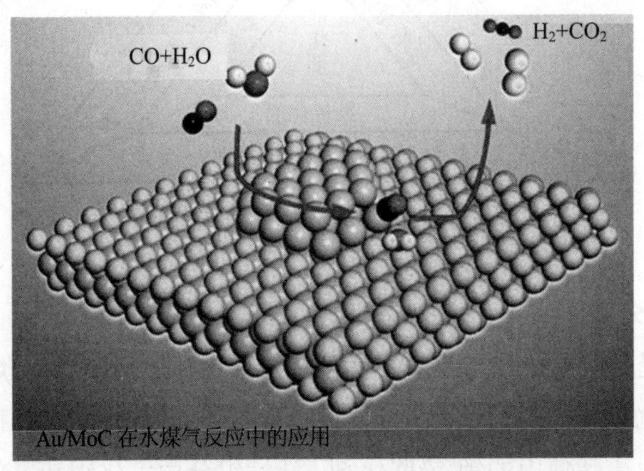

图 2-1-4　Au/MoC 负载型催化剂在水煤气反应中的应用

载体的种类很多，可以是天然的，也可以是人工合成的。为了使用上的方便，可将载体划分为低比表面积和高比表面积两大类（如图 2-1-5 所示）。常用载体见表 2-1-2。低比表面积载体，有的是由单个小颗粒组成的，也有的是平均孔径大于 2 000 nm 的粗孔物质，还有一些比表面积特别低的，如刚玉、碳化硅等是无孔的。这类载体对负载的活性组分的活性影响不大，热稳定性高，常用于高温反应和强放热反应。高比表面积载体，其比表面积在 100 m^2/g 以上而孔径小于 1 000 nm，为许多工业催化过程所需要。因为多相催化反应是在界面上进行的，且经常是催化剂的活性随比表面积的增大而增加，为了获得较高的活性，往往将活性组分负载于比表面积大的载体上。

载体不仅关系到催化剂的活性、选择性，还关系到它们的热稳定性和机械强度，关系到催化过程的传递特性，故在筛选和制造优良的工业催化剂时，需要弄清载体的物理性质及其功能。

（a）　（b）

（c）　（d）

图 2-1-5　常用催化剂载体

表 2-1-2　常用载体类型

	载体	比表面/（m^2/g）	比孔容/（mL/g）
低比表面积	刚玉	0～1	0.33～0.45
	碳化硅	<1	0.4
	浮石	0.04～1	—
	硅藻土	2～30	0.5～6.1
	石棉	1～16	—
	耐火砖	<1	—

	载体	比表面/（m^2/g）	比孔容/（mL/g）
高比表面积	氧化铝	100～200	0.2～0.3
	SiO_2-Al_2O_3	350～600	0.5～0.9
	铁矾土	150	0.25
	白土	150～280	0.3～0.5
	氧化镁	30～140	0.3
	硅胶	400～800	0.4～4.0
	活性炭	900～1 200	0.3～2.0

3．助催化剂

助催化剂是加入催化剂中的少量物质，是催化剂的辅助成分，其本身没有活性或者活性很小，但把它加入催化剂中后，可以改变催化剂的化学组成、化学结构、离子价态、酸碱性、晶格结构、表面构造、孔结构、分散状态、机械强度等，从而提高催化剂的活性、选择性、稳定性和寿命。助催化剂的功效往往很大，同一种活性组分加入不同的添加剂，其效应不同，而且助催化的含量效应常比载体的含量效果敏感得多。

助催化剂可以以元素状态加入，也可以以化合状态加入。有时加入一种，有时则加入多种，几种助催化剂之间可以发生相互作用，所以助催化剂的作用问题是比较复杂的。助催化剂的选择和研究是催化领域中十分重要的问题。有关助催化剂的资料，文献上往往是不公开的，许多研究者的探索也常常集中在这一方面。

按助催化剂的功用，常分为：结构型助催化剂、调变型助催化剂、毒化型助催化剂。

（1）结构型助催化剂，作用主要是提高活性组分的分散性和热稳定性，不显著改变催化反应总活化能的能力。通过加入这种助催化剂，使活性组分的细小晶粒间隔开来、不易烧结；也可以与活性组分生成高熔点的化合物或固熔体而达到热稳定，也可提高活性。例如，合成氨用的铁催化剂，通过加入少量的 Al_2O_3 使其活性提高，寿命大大延长。其原因是 Al_2O_3 与活性铁形成了固熔体，有效地阻止了铁催化剂的烧结。光电子能谱的研究表明，Al_2O_3 主要稳定了铁原子晶格中最活性的晶面。

（2）调变型助催化剂，能使催化反应活化能降低，依据调变型助催化剂的作用机理可以将之分为：电子型助催化剂、晶格缺陷助催化剂、选择性助催化剂、扩散助催化剂、相变助催化剂、双重作用助催化剂。

电子型助催化剂的作用是改变主催化剂的电子结构，促进催化活性及选择性。研究表明，金属的催化活性与其表面电子授受能力有关。如在合成氨反应过程中，$Fe\text{-}Al_2O_3\text{-}K_2O$ 催化剂的活性高于 $Fe\text{-}Al_2O_3$，这是因为 K_2O 把电子转给 Fe 后，增加了 Fe 的电子密度，降低 Fe 表面的电子逸出功，加速 N 在 Fe 上的活性吸附，提高催化剂的活性。

晶格缺陷助催化剂增加氧化物催化剂表面的晶格缺陷数目，提高氧化物催化剂的催化活性。这是因为氧化物催化剂的活性中心存在于靠近表面的晶格缺陷。如图 2-1-6 所示，在 Co_3O_4 催化剂加入 CeO 后，所形成的 $Co_3O_4\text{-}CeO_2$ 在−60℃下即可将 CO 完全转化。

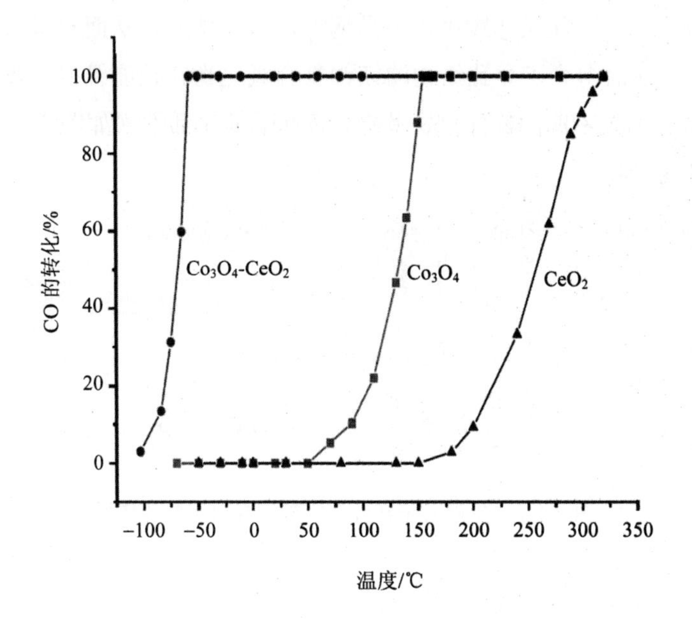

图 2-1-6　$Co_3O_4\text{-}CeO_2$ 催化剂在 CO 氧化反应中的应用

选择性助催化剂是在可能发生一种以上反映的情况中，往往需要一种选择性助催化剂去引导反应沿着一定的途径进行，或者防止产物进一步反应。如镍基催化剂以水泥为载体时，由于水泥中含有酸性氧化物的酸性中心，催化轻油裂化会导致积碳。如果在催化剂中加入K_2O或硅铝酸钾复盐，则不但可中和酸性中心，防止裂化结碳，还可使反应沿着气化方向进行。

扩散助催化剂能够改善催化剂的扩散性能，减少对扩散流的阻力，而又不损害催化剂的物理强度和其他性质。如在固定床反应器中，当使用颗粒较大催化剂时，微孔对反应介质扩散所产生的阻力，将显著影响整个反应的速率。为了提升扩散速度，可以在催化剂中加入石墨、淀粉、纤维素等有机物；此外可采用具有大孔的高孔隙率载体以降低阻力；干燥时会失去大量水分的含水氧化物也含有较高的孔隙率，可以有效地提升扩散速度。

相变助催化剂能够维持催化剂处于一种高活性的相态，尤其在高温反应条件下，催化剂通常因发生相变而失活。如镁铝类水滑石在煅烧温度超过500℃后，通常会发生相变生成尖晶石，从而失去活性。但在镁铝类水滑石的层间插入I^-离子后，因为I^-离子空间尺寸较大，不易逸出水滑石层间，从而对水滑石层板起到了支撑作用，从而得到了介孔结构的镁铝复合氧化物并且能维持在较好的氧化物相态，不发生相变生成尖晶石，故保持了较高的催化活性（如图2-1-7所示）。

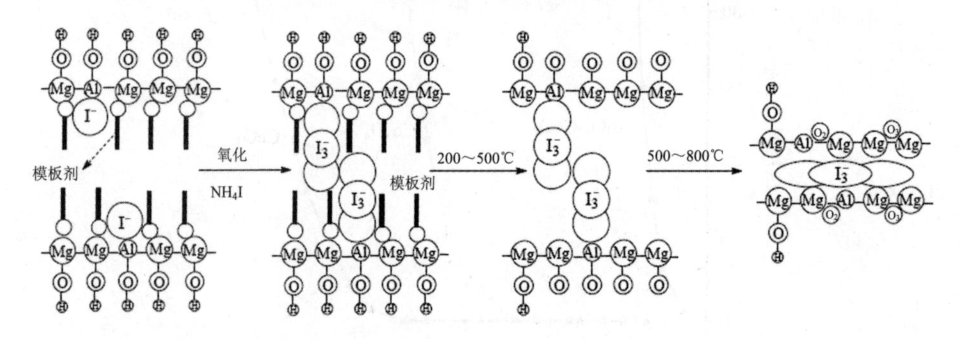

图2-1-7 多碘粒子在介孔结构形成过程中的作用

双重作用助催化剂是指助催化剂的加入不仅可以改善催化剂的结构，而且可以优化催化剂的组成。如Al_2O_3有γ体和α体等不同的物相，前者表面积大，后者表面积小，当加热到700℃的高温时，γ体便逐步转变为α体，若在Al_2O_3中加入少量SiO_2或ZrO_2（加入量仅为1%～2%），即可阻止在高温下发生这种相变。同时SiO_2或ZrO_2的加入也起到了载体的作用，故具有双重作用。

表2-1-3中列出了常见的助催化剂及其作用模式。

表 2-1-3　常见的助催化剂

活性组分或载体	助催化剂	作用功能	活性组分或载体	助催化剂	作用功能
Al_2O_3	SiO_2、ZrO_2、P、K_2O	加强载体的热稳定性，减少活性组分结焦，辅助活性组分催化	Pt/Al_2O_3	Re	减少烧结和积碳
SiO_2-Al_2O_3	HCl、MgO、Pt	间隔活性组分，减少烧结，辅助活性组分催化	MoO_2/Al_2O_3	Ni、Co等	促进活性组分的分散，辅助活性组分催化
分子筛	稀土离子	加强载体的热稳定性，辅助活性组分催化	Ni/陶瓷	K	辅助活性组分催化
			Cu-Al_2O_3	ZnO	减少烧结，辅助活性组分催化

（3）毒化型助催化剂，能使某些引起副反应的活性中心中毒（见催化剂中毒），从而提高目的反应的选择性，如在某些用于烃类转化反应的催化剂中，加入少量碱性物质以毒化催化剂中引起炭沉积副反应的中心。

三、环保催化剂的性能指标

一种良好的环保催化剂，应该具有三方面的基本要求，即活性、选择性和稳定性或者说寿命。此外，社会的发展还要求环保催化剂应满足循环经济的需要，即要求催化剂本身不对环境产生污染，催化反应后的产物和剩余物是与生态相容的。

1. 活性

催化剂的活性是指催化剂使反应达到化学平衡的速率，是衡量催化剂催化性能大小的指标。催化性能大，活性就高；否则，活性就低。表示催化活性最常使用的指标是转化率。转化率以 x 表示，其定义为反应物转化量占引入的反应物总量的百分数：

$$x=\frac{\text{反应物转化量}}{\text{引入体系的反应物总量}}\times 100\% \tag{2.1.1}$$

在用转化率比较活性时，要求反应温度、压力、原料气浓度和接触时间（停留时间）相同。若为一级反应，由于转化率与反应物浓度无关，则无须原料气浓度相同。

对于固体催化剂，从实践中得出，活性与流动相的接触面积有关。与催化剂单位表面积相对应的活性称为比活性。比活性α如式（2.1.2）表示为：

$$\alpha = \frac{k}{A} \tag{2.1.2}$$

式中，k——催化反应速率常数；

A——表面积或活性表面积。

此外，也可用反应速率、反应进度、转换频率、活化能和达到相同转化率所需温度的高低来表示催化活性的大小。一个反映在某催化剂作用下进行时如活化能高（总包反应活化能），则表示该催化剂的活性低；如活化能低，则表明该催化剂的活性高。用完成给定的转化率所需的温度表达，温度越低，活性越高。用完成给定的转化率所需的空速表达，空速越高，活性越高。在催化反应动力学的研究中，活性多用反应速率表达。

化学反应速率就是化学反应进行的快慢程度（平均反应速率），用单位时间内反应物或生成物的物质的量来表示。在容积不变的反应容器中，通常用单位时间内反应物浓度的减少或生成物浓度的增加来表示，单位：mol/（L·s）或mol/（L·min）或mol/（L·h）。

例如，在一密闭容器内，装有氮气和氢气。反应开始时，氮气的浓度为2mol/L，氢气的浓度为5 mol/L。2分钟后，测得氮气的浓度为1.6 mol/L，求这2分钟内的化学反应速率。

解：

$$v_{N_2} = \frac{2.0\ \text{mol/L} - 1.6\ \text{mol/L}}{2\ \text{min}} = 0.2\ \text{mol/(L·min)}$$

以上化学反应速率是用氮气浓度的变化来表示的，如果用氢气呢？用氨气呢？

$$N_2+3H_2=2NH_3$$

1　3　2

0.4　1.2　0.8

$$v_{H_2}=1.2\ \text{mol/L}\div 2\ \text{min}=0.6\ \text{mol/（L·min）}$$

$$v_{NH_3}=0.8\ \text{mol/L}\div 2\ \text{min}=0.4\ \text{mol/（L·min）}$$

显然，同一化学反应的速率，用不同物质浓度的变化来表示，数值不同。故在表示化学反应速率时，必须指明物质。在实际工业生产中，为了使某一反应物充分转化，通常在加料过程中过量加入另一种反应物，计算反应速率时常以不过量的反应物为研究对象。

2．选择性

化学反应可以沿着不同的反应途径进行，从而得到不同的反应产物。催化反应沿什么途径进行，与催化剂的种类和性质密切相关。如图 2-1-8 所示，乙醇在不同的条件下可以得到不同的产物。

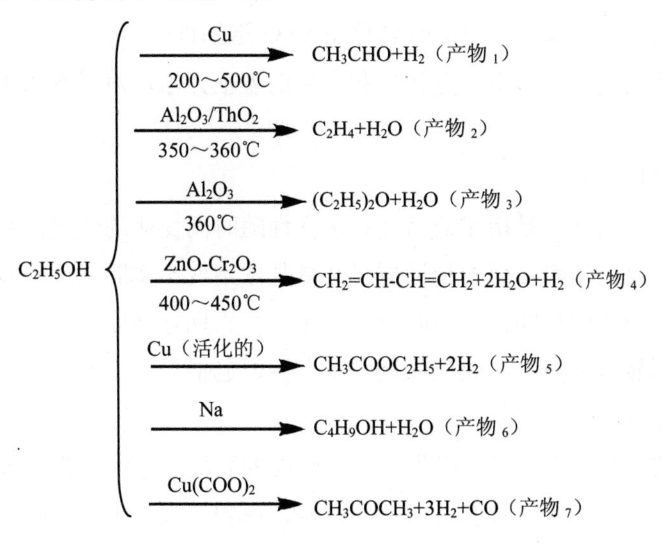

图 2-1-8　乙醇在不同催化剂下的不同产物

选择性的计算常以 s 表示：

$$s=\frac{\text{转化成目标产物消耗反应物的量}}{\text{反应物转化量}}\times 100\% \tag{2.1.3}$$

工业过程中除去主反应外，常伴有副反应，因此选择性总是小于 100%。影响选择性的因素很多，有化学的和物理的。但是就催化剂的构造来说，活性组分在表面结构上的定位和分布、微晶的粒度大小、载体的孔结构和孔容都十分重要。对于连串型的催化反应，降低内扩散阻力是很重要的，中间产物生成时的传递和扩散是导致选择性变化的重要因素。

总体来说，工业上的催化剂对选择性的要求往往超过对活性的要求。这是因为选择性不仅影响原料的消耗，还影响到反应产物的后处理。当原料比较昂贵而且副产物分离困难时，适宜选用高选择性的催化剂，如果原料便宜而且产物与副产物分离并不困难，则可以降低对选择性的要求，把注意力更多地转移到活性的提高上。

此外，目标产物的产率也是衡量反应活性的一个重要指标，通常以 Y 表示：

$$Y=\frac{\text{转化成目标产物消耗反应物的量}}{\text{引入体系的反应物总量}}\times 100\% \tag{2.1.4}$$

$$Y(\text{产率})=x(\text{转化率})\times s(\text{选择性}) \tag{2.1.5}$$

以上催化剂的反应速率、选择性和产率的表征方法，对于选用工业催化剂甚为方便。

3. 稳定性

催化剂的稳定性，是指它的活性和选择性随时间变化的情况。在理论上，催化剂可以改变反应速率，而本身性质和数量基本不变。实际上，在反应过程中，催化剂的组成、结构和物化性质时刻在变化着，长期运转后，就造成催化剂的活性或选择性的显著下降。工业催化剂的稳定性，包括热稳定性、化学稳定性和机械强度稳定性三方面。

催化剂的热稳定性一般是指催化剂在较高的温度下（因为许多催化反应是在较高的温度下进行的）能否保持原来的结构、形貌、大小等。比如一些双组分的固体氧化物，升高温度后，会引起相变、相的分离等，如镁铝复合氧化物在 800℃以下以无定型结构存在，当温度升至 950℃以上，无定型结构将向尖晶石相态转变。而对于一些中孔材料，升高温度后会引起孔结构的坍塌，从而导致有序中孔结构的消失等，而这些原因很可能导致催化性能的降低或者消失，在这种情况下，就说这些催化剂的热稳定性能不好。

催化剂的化学稳定性指的是催化剂在使用过程中要求有抗化学变化或相变引起的内聚力等。例如，多孔 SiO_2，由于其性质稳定，不与酸或碱发生作用，故在多种反应体系中得到广泛的应用。

工业催化剂的机械强度稳定性也是重要的性能指标，无论在固定床反应器还是流化床反应器中，都要求催化剂有一定的抗压、抗磨强度。

催化剂的寿命是指在工业生产条件下，催化剂的活性能够达到装置生产能力和原料消耗定额的允许使用时间。也可以指活性下降后经过再生活性又恢复的累计使用时间。催化剂寿命长短相差很大，有的有数年之久，有的只有几秒钟而已（见表 2-1-4），催化剂的活性随时间的变化可以分为 3 个阶段，如图 2-1-9 所示。

表 2-1-4　常见工业催化剂的寿命

反应式	催化剂	反应条件		寿命/a
		温度/℃	压力/MPa	
$N_2+3H_2 \longrightarrow 2NH_3$	$Fe\text{-}Al_2O_3\text{-}K_2O$	450～500	20.3～50.7	5～10
$CO+3H_2 \longrightarrow CH_4+H_2O$	负载 Ni	250～350	3.04	5～10
$C_2H_2+H_2 \longrightarrow C_2H_4$	Pd/Al_2O_3	30～100	5.07	5～10
$CO+2H_2 \longrightarrow CH_3OH$	$CuO\text{-}ZnO\text{-}Al_2O_3$	200～300	5.07～10.1	2～8
$SO_2+1/2O_2 \longrightarrow SO_3$	$V_2O_5\text{-}K_2O\text{-}SiO_2$	420～600	1.01	5～10
$C_2H_4+1/2O_2 \longrightarrow$ CH_2—CH_3（O 成环）	$Ag/\alpha\text{-}Al_2O_3$	200～270	1.01～2.03	1～4
$C_6H_6+O_2 \longrightarrow$ HC═CH、HC═CH 与 O 成环	$V_2O_3\text{-}MoO_3/\alpha\text{-}Al_2O_3$	350	0.101	1～2
$C_2H_4+H_2O \longrightarrow C_2H_5OH$	酸	230～250	7.09	3
$CO+H_2O \longrightarrow CO_2+H_2$	$CuO\text{-}ZnO\text{-}Al_2O_3$	200～250	3.04	2～6
	$Fe_3O_4\text{-}Cr_2O_3\text{-}K_2O$	350～500	3.04	2～4
HSD	$CoO\text{-}MoO_3/Al_2O_3$	350～400	1.01～4.05	2～4
$C_6H_5C_2H_5 \longrightarrow C_6H_5CH{=}CH_2+H_2$	$Fe_2O_3\text{-}K_2O\text{-}Cr_2O_3$	580～600		1～2

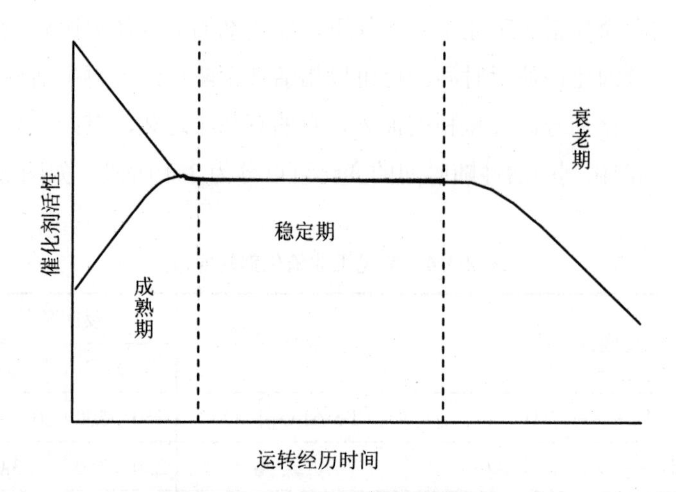

图 2-1-9 催化剂活性随时间的变化

（1）在开始时往往有一段诱导期或称成熟期，在这段时间内活性随时间的增加而增加。

（2）稳定期，活性一般保持稳定不变，这是催化剂充分发挥作用的时期，也就是工业催化剂的使用期。

（3）衰老期，催化剂经过一段时间使用后，活性出现明显的下降，直到最后活性消失。在成熟期，往往由于操作条件波动较大，难以稳定操作，所以先将高活性部位通过预处理过程后使其过渡到稳定期再进行实际操作。

催化剂在整个使用过程中，尤其是在使用的后期活性是逐渐下降的。失活后，用物理方法容易恢复活性的称为可逆性失活，不能恢复的则为不可逆性失活。影响催化剂活性衰退的原因有很多，有的是活性组分的烧结（不可逆）；有的是化学组成发生了变化（不可逆），生成了新的化合物（不可逆）或者暂时生成了化合物（可逆）；还有的是发生剥落或破碎、流失（不可逆）；也有的是吸附了反应物（可逆）及其他物质（不可逆）等。在实际中很少只有一种过程，多数情况都是几种过程同时发生，导致了催化剂活性的下降。可逆性失活的催化剂是能够再生的，能反复再生的催化剂的寿命曲线如图 2-1-10 所示。

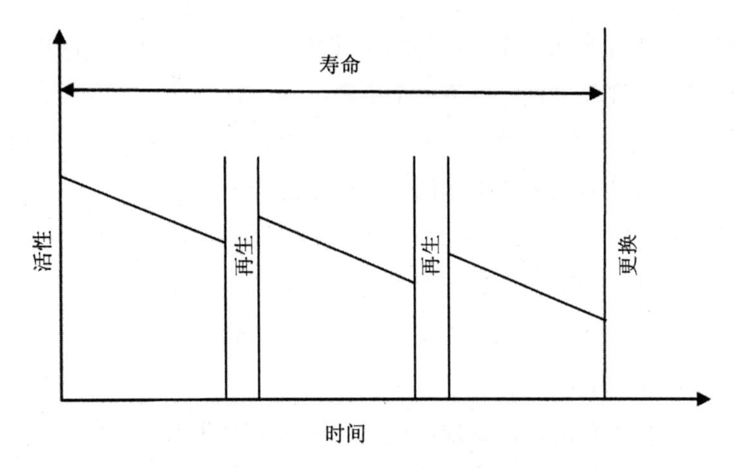

图 2-1-10　催化剂的再生与活性

第二节　环保催化剂的设计

环保催化剂设计是应用已经确立的基本概念、一般规律和已有典型催化剂的案例为某一环保难题选择一种或一类催化剂，它与一般的催化反应不同，一般催化反应是用现有的或新的理论来解释一系列的实验现象和结果；而催化剂设计却是从已确定的理论来预测试验的途径和结果。同时，环保催化剂与一般催化剂的选择不同，环保催化剂不仅要考虑活性、选择性和稳定性，而且要重点考虑催化剂本身不给环境带来新的污染。由于催化过程和催化剂的复杂性，目前的催化理论还未完善。催化剂设计的目的，是使催化剂开发中被测试的催化剂的数量尽可能地减少，以避免盲目性，提高筛选催化剂的速度，缩短开发进程，降低开发成本。

自 20 世纪 70 年代以来，催化剂的设计进入了一个蓬勃发展的时期。在此以前寻找一个对某反应有优良催化性能的催化剂主要靠经验和大量的筛选试验。如氨的合成，德国化学家进行过 2 万个催化剂配方的试验才得到铁催化剂，耗费了巨大的人力和财力。60 年代以来由于检验催化剂表面组成、结构和活性中心的状态的近代物理方法应用，揭示了催化剂活性和选择性与表面性质的关系，以及对催化剂制备各个阶段的分析表征，积累了很多有意义的资料及规律，催化剂设计从单纯的经验阶段开始向依靠一定的理论基础，按一定的科学程序进行。在催化剂的设计过程中，要反复进行以下三个步骤。

（1）常规知识和逻辑推理的联合。

（2）催化剂设计和试验验证相结合且反复进行。

（3）尽可能多地吸收、参考和采用文献资料，因为它既有理论又有实践价值。

在催化剂设计开发中，通常会面临三种情形。

第一种是开发一种以前没有的新催化过程，为此必须设计新催化剂，使这一催化过程顺利实现工业应用。

第二种是改进现有的催化过程，在已应用的工业催化过程中，由于催化剂的某些性能，如活性、选择性、稳定性等尚有欠缺之处，需要设计一种性能更好的新催化剂。

第三种主要是出现在催化剂生产厂家，由于经济效益的关系，希望在保证催化剂质量的前提下，通过改进生产工艺或采用价格较为低廉的原料来降低催化剂生产成本。

但是，无论上述哪一类开发工作都需要先进行设计，以便少走弯路，取得较好的经济效果，只不过设计的起点不同。下面介绍一种典型的催化剂设计程序框图——Dowden 建议的催化剂设计框图（如图 2-2-1 所示）。

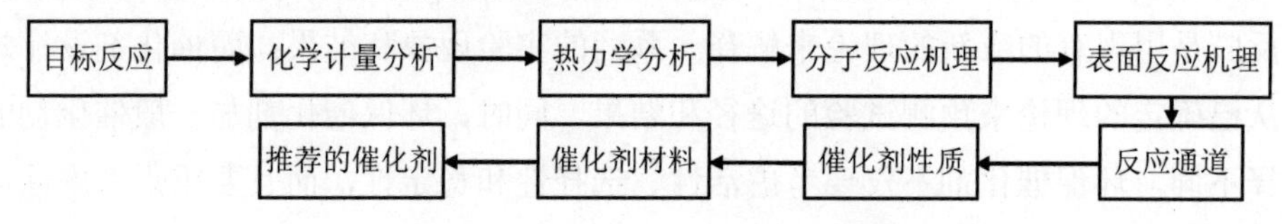

图 2-2-1　Dowden 催化剂设计框图

在为某一特定反应设计催化剂时，首先要确定选择何种元素作为活性中心。例如，在为氧化反应设计催化剂时，优先选用变价金属 Cu、Mn、Fe 等。其次，要合理地选取次要组分或助催化剂。如在合成氨反应中，为了增强催化剂的碱性，可加入 CaO、MgO、K_2O 等。再次，载体在催化剂设计中也扮演着重要角色。它不仅可以增加催化剂的接触，而且可以起到助催化剂或防止催化剂失活的作用。最后，还应考虑制备方法，欲使一个催化剂发挥其良好的催化性能，还应提出适当的反应条件，要把催化剂制备与反应器的选择综合考虑。

一、活性中心的选取与设计

固体催化剂广泛应用于化学工业中。一般认为，固体催化剂的表面并不是各处都能起催化作用的，而是在某些位置上才有催化的能力，这些位置叫作活性中心。例如，在合成氨的铁触媒表面上，有人经过计算，认为活性中心只占0.1%左右。催化剂表面活性中心的分布不是均匀的，各处的催化能力也是不一样的。反应分子与活性中心之间相互作用的结果是化学键发生改组，从而生成产物。

催化剂的催化能力一般称为催化活性。有人认为：由于催化剂在反应前后的化学性质和质量不变，如果制备出催化剂之后，便可以永远地重复使用下去。实际上许多催化剂在使用过程中，其活性从小到大，逐渐达到正常水平，这就是催化剂的成熟期。接着，催化剂活性在一段时间里保持稳定，然后再下降，一直到衰老失活而不能再使用。活性保持稳定的时间即称为催化剂的寿命，寿命长短往往与催化剂的制备方法和使用条件密切相关。

所谓主要组分就是指催化剂中最主要的活性组分，是催化剂中产生活性、可活化反应分子的部分。活性中心可以是原子、原子团、离子、离子缺位等，形式多种多样。在反应中活性中心的数目和结构往往发生变化，验明活性中心的来源或其本性是一个困难的但却是重要的研究课题。例如，在合成氨中使用的Fe基负载型催化剂，尽管催化剂中含有 Al_2O_3、K_2O，但真正产生活性的是 Fe，所以活性组分是 Fe。又如，对于 SO_2 氧化反应，在工业上是把 V_2O_5 负载于硅藻土上制成催化剂，V_2O_5 是活性组分。即使将 V_2O_5 载于像活性炭、Al_2O_3 等惰性物质上，或不负载而直接使用，依然显示活性，这一点可以用来区分活性组分和载体。

本部分将重点介绍固体催化剂中四大类常见的活性中心：酸碱活性中心、金属活性中心、金属氧化物活性中心和金属络合物活性中心。

（一）酸碱活性中心

1. 酸碱的定义与发展历程

1）酸碱古典定义

人类对酸碱的认识经历了漫长的历程。最初人们将有酸味的物质称为酸，有涩味的物质称为碱。17 世纪英国化学家波义耳提取植物汁液作为指示剂，对酸碱有了初步的认识。在大量实验的总结下，波义耳提出了最初的酸碱理论：凡物质的水溶液能溶解某些金属，与碱接触会失去原有特性，而且能使石蕊试液变红的物质叫酸；凡物质的水溶液有苦涩味，能腐蚀皮肤，与酸接触会失去原有特性，而且能使石蕊试液变蓝的物质叫碱。这个定义比以往的定义要科学许多，但仍有许多不足之处，比如一些酸和碱反应后的产物仍带有酸或碱的性质。此后，拉瓦锡、戴维、李比希等科学家对此观点进行进一步补充（如图 2-2-2 所示），逐渐触及酸碱的本质，但仍然没有能给出一个完善而全面的理论。

罗伯特·波义耳（1627—1691），英国化学家，后人誉称“波义耳把化学确立为科学”

安托万-洛朗·德·拉瓦锡（1743—1794），法国著名化学家、生物学家，人类历史上最伟大的化学家

汉弗里·戴维（1778—1829），英国化学家，1802 年开创了农业化学

尤斯图斯·冯·李比希（1803—1873），德国化学家，创立了有机化学

图 2-2-2 为酸碱古典定义做出巨大贡献的科学家

2）酸碱电离理论

阿伦尼乌斯（Arrhenius，瑞典科学家）（如图 2-2-3 所示）在总结大量事实的基础之上，于 1887 年提出了关于酸碱的本质观点——酸碱电离理论（又称 Arrhenius 酸碱理论）。在酸碱电离理论中，酸碱的定义是：凡在水溶液中电离出的阳离子全部都是 H^+的物质叫酸；电离出的阴离子全部都是 OH^-的物质叫碱，酸碱反应的本质是 H^+与 OH^-结合生成水的反应。这里的氢离子在水中呈现的形态是水合氢离子（H_3O^+），但为书写方便，在不引起混淆的情况下可简写为 H^+。

图 2-2-3　斯万特·奥古斯特·阿伦尼乌斯

（物理化学家，1859 年 2 月 19 日—1927 年 10 月 2 日，获得 1903 年诺贝尔化学奖）

（1）酸碱电离理论衡量标度

在酸碱电离理论中，水溶液的酸碱性是通过溶液中氢离子浓度$[H^+]$和氢氧根离子浓度$[OH^-]$衡量的：氢离子浓度越大，酸性越强；氢氧根离子浓度越大，碱性越强。同时，298K 下，稀溶液中始终存在

$$K_w = [H^+][OH^-] = 10^{-14}$$

所以氢离子或氢氧根离子中一者浓度增加时，另一者浓度必然下降，酸和碱是对立的。为方便书写，定义

$$pH = -\lg[H^+]$$

则 pH 越小，溶液的酸性越强；pH 越大，溶液的碱性越强。

（2）酸碱电离理论中的弱酸与强酸

酸碱电离理论指出，各种酸碱的电离度不一定相同，有的达到 90%以上，有的只有 1%，于是就有强酸和弱酸、强碱和弱碱之分，强酸和强碱在水溶液中完全电离，弱酸和弱碱则部分电离。一元强酸（碱）溶液中氢离子（氢氧根离子）浓度等于强酸自身的浓度，弱酸（碱）溶液中氢离子（氢氧根离子）浓度小于弱酸的浓度。酸中存在电离平衡，设酸的通式为 HA，则平衡常数

$$K_a = \frac{[H^+][A^-]}{[HA]}$$

$$pK_a = -\lg K_a$$

强酸的 K_a＞1，pK_a＜0，反之为弱酸。

（3）酸碱电离理论的进步性和局限性

进步性：酸碱电离理论更深刻地揭示了酸碱反应的实质；由于水溶液中 H^+ 和 OH^-的浓度是可以测量的，所以这一理论第一次从定量的角度来描写酸碱的性质和它们在化学反应中的行为，酸碱电离理论适用于 pH 计算、电离度计算、缓冲溶液计算、溶解度计算等，而且计算的精确度相对较高，所以至今仍然是一个非常实用的理论。阿伦尼乌斯还指出，多元酸和多元碱在水溶液中分步离解，能电离出多个氢离子的酸是多元酸，能电离出多个氢氧根离子的碱是多元碱，它们在电离时都是分几步进行的。

局限性：在没有水存在时，也能发生酸碱反应，例如，氨气和氯化氢气体发生反应生成氯化铵，但这些物质都不电离，电离理论不能讨论这类反应。将氯化铵溶于液氨中，溶液即具有酸性，能与金属发生反应产生氢气，能使指示剂变色，但氯化铵在液氨这种非水溶剂中并未电离出 H^+，电离理论对此无法解释。碳酸钠的水溶液中并不电离出 OH^-，但它却显碱性，电离理论认为这是碳酸根离子在水中发生了水解反应所致。在解释 NH_3 水溶液的碱性成因时，人们一度错误地认为，是先生成了 NH_4OH，而后电离出 OH^-。

要解决这些问题，必须使酸碱概念脱离溶剂（包括水和其他非水溶剂）而独

立存在。同时，酸碱概念不能脱离化学反应而孤立存在，酸和碱是相互依存的，而且都具有相对性。

3）酸碱溶剂理论

1905 年富兰克林提出了酸碱溶剂理论，该理论的内容是：凡是在溶剂中产生该溶剂的特征阳离子的溶质叫酸，产生该溶剂的特征阴离子的溶质叫碱。例如，液氨中存在如下平衡：

$$2NH_3 = NH_4^+ + NH_2^-$$

因此在液氨中电离出 NH_4^+的是酸，如 NH_4Cl，电离出 NH_2^- 的是碱，如 $NaNH_2$。液态 N_2O_4 中存在如下平衡：

$$N_2O_4 = NO^+ + NO_3^-$$

因此在液态 N_2O_4 中电离出 NO^+的是酸，如 NOCl，电离出 NO_3^- 的是碱，如 $AgNO_3$。酸碱溶剂理论中，酸和碱并不是绝对的，在一种溶剂中的酸，在另一种溶剂中可能是一种碱。

（1）酸碱溶剂理论与电离理论的联系

酸碱溶剂理论可以看作是酸碱电离理论在非水溶剂中的拓展——酸碱电离理论中由水自偶电离产生的 H^+与 OH^-，在酸碱溶剂理论中则变为溶剂自偶电离出的阴阳离子，酸碱溶剂理论进一步发展了酸碱电离理论，并且对后来的理论有一定影响。

（2）酸碱溶剂理论中溶剂的分类

按照溶剂的自偶电离情况，可将溶剂分为两类：

质子型溶剂：自偶电离过程中有质子参与的溶剂，如氟化氢、水、液氨等；

非质子型溶剂：自偶电离过程中无质子参与的溶剂，如四氧化二氮、三氧化硫等。

按照溶剂的酸碱性，可以将溶剂分为：

两性的中性溶剂：既可以作为酸，又可以作为碱的溶剂。当溶质是较强的酸时，这种溶剂呈碱性；当溶剂是较强的碱时，这种溶剂呈酸性。常见的例子有水和醇；

酸性溶剂：这种溶剂也是两性溶剂，但酸性比水大。常见的例子有乙酸、硫酸等；

碱性溶剂：这种溶剂也是两性溶剂，但碱性比水大。常见的例子有液氨、乙二胺等。

（3）酸碱溶剂理论的拉平效应与区分效应

在酸碱电离理论中，强酸的酸性强度是无法区分的，因为它们在水中的电离都相当彻底，无法分辨哪种酸更强。但是大量实验事实表明，强酸的强度依然是有区别的，例如，在乙酸作为溶剂时，可测得高氯酸、硫酸与硝酸的酸性大小是 $HClO_4 > H_2SO_4 > HNO_3$，这种某种溶剂能够区分酸或碱强度的效应称为区分效应，对应的溶剂称为被区分酸的区分溶剂。相应地，在水这种碱性相对较强的溶剂中，强酸的酸性是由水合氢离子体现的，水的碱性消除了强酸的酸性差别，这种将不同强度的酸拉平到溶剂化质子水平的效应，称为拉平效应，对应的溶剂称为被拉平酸的拉平溶剂。

（4）酸碱溶剂理论进步性与局限性

进步性：扩大了酸碱的范围，在不同的溶剂中，有对应的不同的酸和碱；适用于非水溶剂体系和超酸体系；能很好地说明以下反应：

$NH_4Cl + KNH_2 = KCl + 2NH_3$　溶剂为液态 NH_3

$SOCl_2 + Cs_2SO_3 = 2CsCl + 2SO_2$　溶剂为液态 SO_2

$SbF_5 + KF = KSbF_6$　溶剂为液态 BrF_3

局限性：只能用于自偶电离溶剂体系；不能说明形如 $CaO+SO_3=CaSO_4$ 的不在溶剂中进行的反应；不能说明在苯、氯仿、醚等不电离溶剂体系中的酸碱反应。

4）酸碱质子理论

布朗斯特（J. N. Bronsted）和劳里（Lowry）于 1923 年提出了酸碱质子理论（Bronsted 酸碱理论），对应的酸碱定义是：凡是能够给出质子（H^+）的物质都是酸；凡是能够接受质子的物质都是碱。由此看出，酸碱的范围不再局限于电中性的分子或离子化合物，带电的离子也可称为“酸”或“碱”。若某物质既能给出质子，也能接受质子，那么它既是酸，又是碱，通常被称为“酸碱两性物质”。为了区别出酸碱质子理论，有时会将该理论中的酸称作“质子酸”，该理论中的碱称为“质子碱”。

图 2-2-4　丹麦化学家布朗斯特（J. N. Bronsted）

（1）酸碱质子理论中的酸碱共轭

酸（HA）和碱（A^-）间存在以下关系：

$$HA = H^+ + A^-$$

上式中的酸碱称为共轭酸碱对，碱是酸的共轭碱，酸是碱的共轭酸，这个式子表明，酸和碱是相互依赖的。同时，易证得：在水溶液中，

$$pK_a HA + pK_b A^- = 14$$

因此，共轭酸的酸性越强，共轭碱的碱性越弱，反之，共轭酸的酸性越弱，共轭碱的碱性越强。

（2）酸碱质子理论和酸碱反应

在以下反应中：

$$HCl + H_2O = H_3O^+ + Cl^-$$

HCl 和 H_3O^+都能够释放出质子，它们都是酸；H_2O 和 Cl^-都能够接受质子，它们都是碱。上述反应称为质子传递反应，可用一个通式表示：

$$酸_1 + 碱_2 \rightarrow 酸_2 + 碱_1$$

$酸_1$和$碱_1$、$酸_2$和$碱_2$是两对共轭酸碱对。上式说明，当一种分子或离子失去质子起着酸的作用的同时，一定有另一种分子或离子接受质子起着碱的作用，

单独的一对共轭酸碱无法发生酸碱反应。形如“酸 = 碱 + H^+”的反应不可发生，称为酸碱半反应。

为了简化书写，在不引起混淆时，可以把质子传递反应中的H_3O^+简写为H^+，得到一个类似于酸碱半反应的反应式，例如：

$$HCl = H^+ + Cl^-$$

这个反应式实际上是对氯化氢与水的反应的简写，并不是酸碱半反应，虽然它和酸碱半反应看起来一模一样。具体需要区分简写式与半反应式时，联系上下文不难分析出。

由通式也可以看出，一种物质是酸还是碱，是由它在酸碱反应中的作用而定。HCO_3^-与 NaOH 反应时放出质子，此时它是一种酸，HCO_3^-与 HCl 反应时，它又接受质子，则是一种碱。又如，硝酸在水中是一种酸，而溶解在纯硫酸中时却是一种碱。由此可见，酸和碱的概念具有相对性。

（3）酸碱质子理论的进步性与局限性

进步性：扩大了酸的范围。只要能够释放出质子的物质，无论是否在水溶液中，无论是离子还是电中性分子，它们都是酸，例如NH_4^+、HCO_3^-、HSO_4^-、HS^-、HPO_4^{2-}、H_2O，扩大了碱的范围。NH_3、Na_2CO_3、F^-、Cl^-、Br^-、I^-、HSO_4^-、SO_4^{2-}等物质都能接受质子，都是碱。扩大了酸碱反应的范围。在酸碱电离理论中，酸与碱反应的产物必然是“盐”和水，然而在酸碱质子理论中则没有此要求。酸碱电离理论中的中和，强酸置换弱酸，酸碱的电离，盐类的水解，氨气与氯化氢气体的反应等，都是酸碱反应。提出了酸碱的相对性。

局限性：酸碱质子理论仍有解释不了的反应，例如有下列反应：

$$CaO + SO_3 = CaSO_4$$

在这个反应中SO_3显然具有酸的性质，但它并未释放质子；CaO 显然具有碱的性质，但它并未接受质子。又如实验证明了许多不含氢的化合物（它们不能释放质子），如$AlCl_3$、BCl_3、$SnCl_4$都可以与碱发生反应，但酸碱质子理论不认为它们是酸。再如，液态N_2O_4存在如下平衡：

$$N_2O_4 = NO^+ + NO_3^-$$

有如下反应：

$$AgNO_3 + NOCl = N_2O_4 + AgCl$$

这个反应非常类似于酸碱反应，但因为无质子转移，酸碱质子理论无法处理。因此，酸碱理论需要进一步的改进。

5）酸碱电子理论

1923年美国化学家吉尔伯特·牛顿·路易斯（Gilbert Newton Lewis）指出，没有任何理由认为酸必须限定在含氢的化合物上，他的这种认识来源于氧化反应不一定非有氧参加。路易斯是共价键理论的创建者，他用结构的观点，提出了酸碱电子理论（Lewis酸碱理论）：酸是电子的接受体，碱是电子的给予体。酸碱反应是酸从碱接受一对电子，形成配位键，得到一个酸碱加合物的过程，该理论体系下的酸碱反应被称为酸碱加合反应。其通式为：

$$A+B:=A:B$$

通常，酸碱电子理论中的“酸”称为Lewis酸，“碱”称为Lewis碱，以示区别。

（1）酸碱电子理论与质子理论的比较

Lewis碱包括全部Bronsted碱，Lewis酸则不一定包括Bronsted酸。例如，在质子酸碱理论中，HCl是一种质子酸，然而在Lewis酸碱理论中，HCl是Lewis酸——H^+与Lewis碱——Cl^-结合而成的酸碱加合物。

路易斯酸碱反应是化学中三大基本反应类型之一（另两者为氧化还原反应与自由基反应）。

（2）酸碱电子理论的进步性和局限性

进步性：进一步扩大了酸与碱的范围，能说明不含质子的物质的酸碱性，包括金属阳离子、缺电子化合物、极性双键分子（如羰基分子）、价层可扩展原子化合物（某些P区元素的配合物）、具有孤对电子的中性分子、含有C=C键分子（如蔡斯盐），应用最为广泛；扩大了酸碱反应的范围，更深刻地指出了酸碱反应的实质。

局限性：无法准确描述酸碱的强弱程度，难以判断酸碱反应的方向与限度。

6）各种酸碱理论之间的联系和区别

历史上酸碱理论各有特点，但它们并非完全不相干的，下面的维恩图展现了当前最常使用的四种酸碱理论之间的关系。

从图2-2-5中可以看出，酸碱电子理论的范围是最广的。事实上，几乎现存其他所有理论概念均被包含其中，所有酸碱反应均可用酸碱电子理论处理，但需要定量计算时，电子理论则无能为力。酸碱质子理论在处理有质子传递的酸碱反应时优势较大，因为相较于电离理论，质子理论的适用范围更宽；相较于电子理论，质子理论的定量计算更完备。

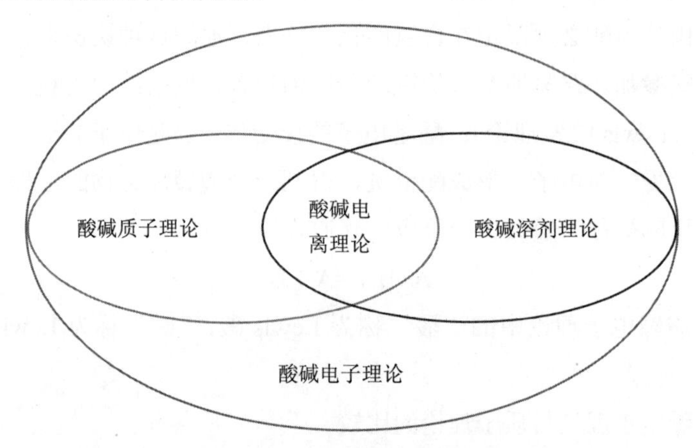

图 2-2-5 各种酸碱理论间的联系

酸碱溶剂理论可以用于处理非质子溶剂中的酸碱反应，同样可以做一些定量计算，但由于其限制条件较大，实用性相对较小，一般很少使用。酸碱电离理论则以其易于理解占有优势。在稀的水溶液中，用电离理论得出的计算结果与用质子理论完全相同，而且在处理部分计算问题上，它比质子理论简洁一些，因此在定量计算上的应用仍然较广。所以在处理酸碱问题时，要合理选择酸碱理论，才能得出正确结论，并达到优化处理过程，节约时间的目的。另外，在综合上述理论之后不难发现，在上述酸碱理论中，大部分酸碱反应都不是氧化还原反应，因为在这些理论中酸碱反应总是伴随着离子键的断裂或共价键的异裂，基本不存在电子的得失或电子对的转移。

2. 固体酸的定义和种类

一般而言，固体酸可以理解为能使碱性指示剂改变颜色的固体，或者凡能化学吸附碱性物质的固体。严格地按照布朗斯特（J. N. Bronsted）和劳里（Lowry）的定义，则固体酸是具有给出质子或接受电子对能力的固体，而固体碱则是可接受质子或给出电子对能力的固体。这些定义适于了解各种固体所显示的酸碱现象，便于清楚地描述固体酸和碱的催化作用。

1）开发固体酸的必要性

在现代化工业生产中，绝大多数化学反应（约 90%）都必须有催化剂的参与，酸催化化学反应是化学工业、医药工业都要广泛涉及的催化过程。主要分成均相酸催化过程和非均相酸催化过程。常用的是均相酸催化剂，主要包括无机酸如硫酸、氢卤酸、磷酸、氟磺酸和有机酸芳香磺酸、烷基磺酸、三氟甲基磺酸、对甲苯磺酸等，这些低分子酸在反应体系中常与反应物组成一个均相体系，有时也呈液液两相体系。在这样的体系中，由于酸与反应物之间能充分接触，以分子形态参与化学反应，因而在较低的反应温度下就具有较高的催化活性，成本比较低廉。但这类催化剂进行实际生产仍然存在着一些问题，例如，产生大量的废液、废渣和废气，这些都对环境造成污染，液体酸催化剂对生产设备的腐蚀性较为严重，需经常对设备进行检修与维护；催化剂常与原料和产物形成均相体，造成反应后处理繁杂等，而且在工业上要实现连续化生产很困难。例如，有些常用的酸，如硫酸，由于它不仅对设备有腐蚀作用而且它的强氧化性脱水性和磺化能力，往往会引起一些不希望的副产物伴随发生，使得反应转化率和选择性降低。为了实现生产过程的“原子经济”化和原料的“零排放”这一目标，非均相酸催化过程以其具有许多独特的优点，而日益受到人们的重视。而研制新型高效的固体酸催化剂也成为当前化学工作者的重要研究方向之一，人们期待着固体酸（尤其是固体超强酸）能够逐步取代传统的液体酸催化剂，使之广泛应用于化工生产的各个领域。

2）固体酸催化剂的优点

与液体酸催化剂相比，固体酸催化剂具有如下优点：容易处理和储存；对设备无腐蚀作用；反应后易与反应混合物分离；易实现生产过程的连续化；由于这类催化剂能够长期使用容易再生而且稳定性高，因此可以克服其价格较高的不利因素；可消除废酸的污染。

由于以上种种优点固体酸催化剂在实验室和工业上都得到了越来越广泛的应用。特别是随着人们环境意识的加强以及环境保护要求的日益严格，有关固体酸催化剂的研究也得到了长足的发展。

3）固体酸的种类

固体酸的种类很多，按所研究的固体酸催化剂类型来看，可分为无机固体酸和有机固体酸两大类，而每一大类之下又可细分为几类。无机固体酸包括：金属氧化物和金属硫化物、复合金属氧化物、黏土矿物、沸石分子筛（如图 2-2-6 所示）、杂多酸化合物（如图 2-2-7 所示）、金属硫酸盐、固体超强酸（如图 2-2-8 所示）、无机介孔固体酸。有机固体酸包括：阳离子交换树脂，以及新发展的有机酸改性的介孔固体酸。

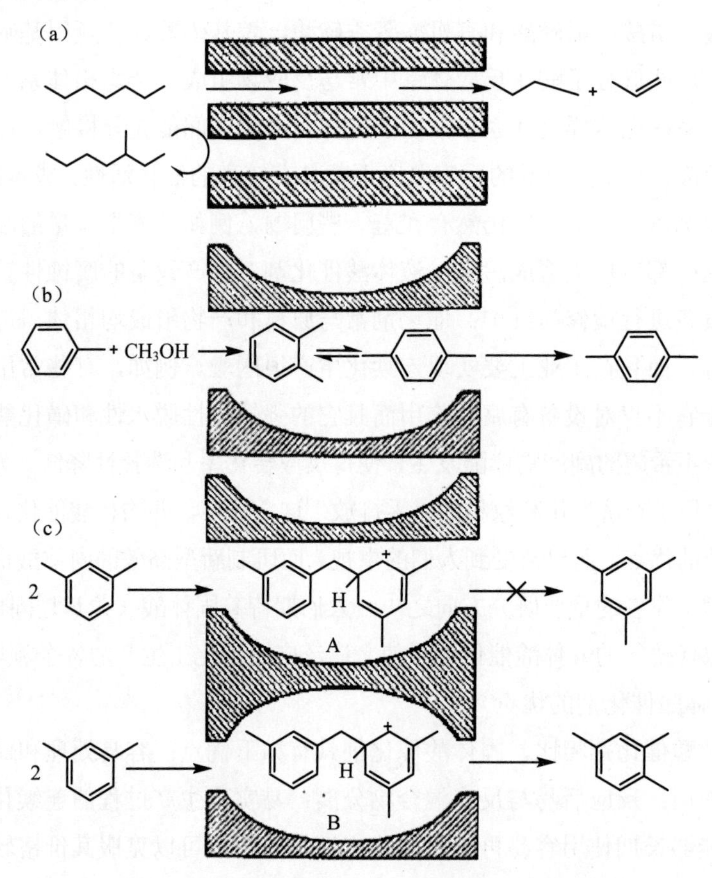

（a）反应物选择性：烃类裂解；（b）产物选择性：甲苯甲基化；

（c）限制过渡状态选择性：间二甲苯歧化

图 2-2-6 分子筛的三种形状选择性及其反应实例

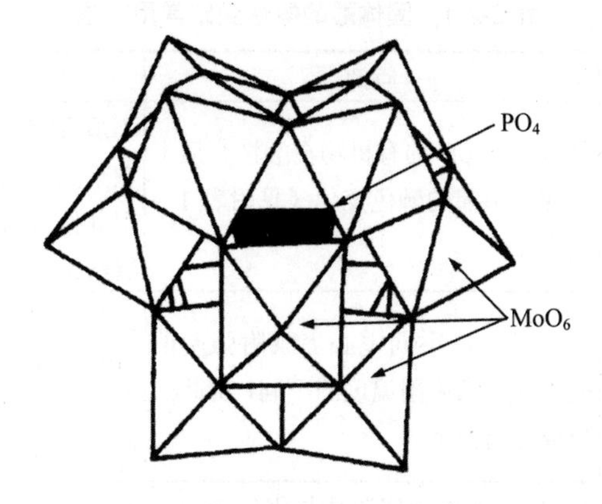

图 2-2-7　杂多酸的 Keggin 结构

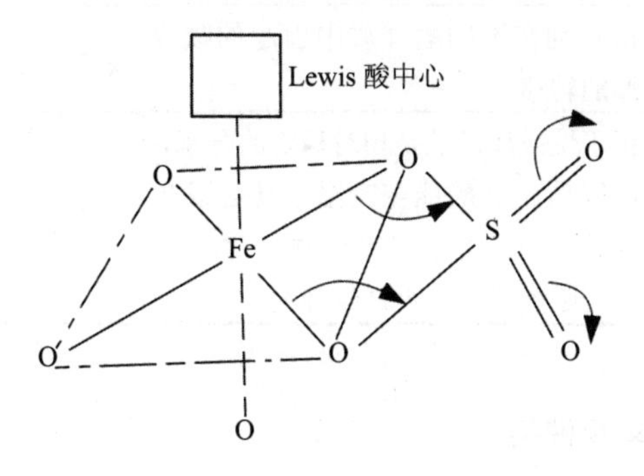

图 2-2-8　超强酸 Fe_2O_3-SO_4^{2-}的结构模型

4）固体酸酸性的测试

固体酸催化剂表面中心的酸性质会直接决定催化剂的催化性能，因此，在研究固体酸催化剂的作用原理、改进现有的固体酸催化剂、研制新型酸催化材料和研究催化剂酸性位的性质、来源及结构等方面，都离不开对表面酸性的表征。科学工作者在固体催化剂表面酸碱性质表征领域做了大量系统研究，建立了许多测定方法，如吸附指示剂滴定法、程序升温热脱附法、红外光谱法、吸附微量热法、热分析方法和核磁共振谱等（见表 2-2-1）。

表 2-2-1　固体酸的酸性测定常用方法

测定方法	原理	准确度及其他
Hammett 指示剂法	具有不同 p*K* 的有机物在酸性介质上反应而引起的颜色变化（见附表 1～附表 4）	不适宜有色催化剂的测定。该方法在某些情况下具有不确定性，必须用其他方法进行佐证，才能得出最后结论
碱性分子（如氨、吡啶、正丁胺等）的程序升温脱附（TPD）	碱性分子在不同中心上吸附强度的差异导致其脱附温度的不同，由此而形成的谱图	强酸易导致吸附质的分解，欲用 TPD 表征固体超强酸的酸性，需要找到一种抗氧化性的适当的碱性探针分子
特征吸附光谱法	利用氨、吡啶等吸附质与固体表面的酸中心作用形成特征频率的波谱，以此来区分不同类型的酸中心	红外光谱法较常用，但难于准确定量，电子自旋共振技术比较烦琐但方法准确
分光光度法	指示剂在不同酸介质中引起的吸收波的转移	该法的关键是选择适当的指示溶剂
模型反应	正丁烷或环己烷是相对稳定的分子，但固体超强酸能在室温下使之发生骨架异构，用 IR 鉴定异构产物，以此判断催化剂是否是超强酸	易行且可靠

3. 固体碱的定义和种类

催化剂在化学工业中有着重要的导向作用，化学工业发展史上因为催化剂引起环境污染的惨痛教训不胜枚举。因此，开发绿色的催化剂是现代绿色化工发展的需要。传统工业上采用的液相酸催化剂不仅对设备造成严重的腐蚀，同时对环境也产生不可低估的破坏。为了克服均相酸催化剂的诸多不足，科研工作者已开发出各种固体酸催化剂，并将其广泛地应用于工业生产。

对于均相碱催化剂而言，其工艺缺点也与固体酸类似，在生产中表现得也很明显：①氢氧化钠、氢氧化钾等均相碱催化剂对反应器有强烈的腐蚀作用。②催化剂与反应物处于同一相态，使催化剂的分离十分困难，不容易实现连续化生产，生产规模也不易扩大，生产成本较高。③残留在反应产物中的碱催化剂一般还需要酸洗和水洗，导致排放大量的污水，污染环境；有时碱催化剂的加入量较大，反应后需要用酸中和除去，将产生大量低价值产品如硫酸钠、乙酸钠等。

④为了保持反应在液相中进行，反应温度不可能很高，这就要求反应物有高的活性，因此均相碱催化剂多用于含活泼基团分子的各种反应中。当反应物之一是气相时，一般需要加压才能保证有较高的转化率。用固体碱取代均相碱可以克服上述缺点。一般不存在固体碱催化剂对反应器腐蚀问题，催化剂与反应物易于分离，便于再生，也便于连续生产，可以采用较高的反应温度，从而可应用于一些均相碱催化不了的催化反应。另外，可以利用固体的空间作用和孔道择形作用，提高反应的选择性。所以，寻求高活性、高选择性以及可重复使用的绿色固体碱催化剂已成为目前研究的热点。

1）固体碱催化剂的种类

1955 年，Pines 等发现把金属钠分散在 Al_2O_3 上对烯烃异构化有非常高的活性。这是第一篇有关固体碱的研究文章，该文一经发表便在固体碱催化领域引发了大量的研究工作。时至今日，固体碱的研究已经走过了 50 多年的历程，相继有 100 多种新型固体碱催化材料问世。在此过程中，碱催化活性位一直是固体碱催化剂研究的核心问题；因此，可以从碱活性位的材料组成、性质、构建方式和碱强度四个方面对固体碱催化材料进行分类。

按照固体碱活性位的材料组成不同，田部浩三（Kozo Tanabe）等将固体碱分为七大类：①负载碱；②阴离子交换树脂；③活性炭；④金属氧化物；⑤金属盐类；⑥金属复合氧化物；⑦各种碱金属或碱土金属离子交换的分子筛。

按照固体碱活性位的性质不同，固体碱大体可分为三大类：有机固体碱、有机无机复合固体碱以及无机固体碱。

有机固体碱主要是指端基为叔胺或叔膦基团的树脂类固体碱，如端基为三苯基膦的苯乙烯和对苯乙烯共聚物。由于氮和磷的最外层都分别有两个成对的 s 电子和三个未成对的 p 电子，因此在胺或磷分子中，氮或磷原子是 sp^3 杂化的，其中三个未成对电子分别占据三个 sp^3 轨道，每一个轨道和其他碳原子或氢原子的轨道成键，第四个 sp^3 轨道含有一对孤对电子，在棱锥型胺或磷分子的顶点。就是这一对孤对电子使有机胺或有机磷呈不同强度的碱性。这类有机固体碱的优点是碱强度均一，但热稳定性较差，只能适用于低温反应，且制备复杂，成本较高。

有机无机复合固体碱主要为负载有机胺或季铵碱的分子筛。负载有机胺分子筛的碱性位主要是能提供孤对电子的氮原子，而负载季铵碱分子筛的碱活性位主要是氢氧根离子。由于这类固体碱的活性位是通过化学键嫁接于分子筛上，所以反应过程中活性组分不易流失，而且碱强度均匀。但由于其活性位为有机碱，故而不能适用于高温反应，且无法制备出强碱性的有机无机复合固体碱。

因此，无机固体碱催化剂因其制备简单、碱强度分布范围宽、热稳定性好而成为固体碱研究的主要方向。无机固体碱主要包括金属氧化物、水滑石类阴离子黏土和负载型固体碱。

Coluccia 和 Tench 提出了完全脱水和脱碳酸盐的 MgO 表面模型，如图 2-2-9 所示。MgO 表面存在几种不同配位数的 Mg^{2+}-O^{2-}离子对，低配位数离子对存在于角、边和高 Miller 指数表面。不同配位数的离子对中三配位 Mg^{2+}-三配位 O^{2-}（Mg^{2+}-O^{2-}）离子对的反应活性最大，吸附二氧化碳和水的能力最强，不过最近也有报道称 Mg^{2+}和 O^{2-}的双空位吸附水的能力最强。为了显露出该离子对，需要最高的预处理温度。通过提高预处理温度，不同配位数的离子对根据对水和二氧化碳的吸附强度相继出现，最具反应活性的 Mg^{2+}-O^{2-}离子对出现在最高温度。最具反应活性的离子对最不稳定，高温下倾向于重排而消失。通过清除水和二氧化碳，出现这样高度不饱和的离子对，与通过重排导致离子对的消除进行竞争，引起活性随预处理温度出现最大值。

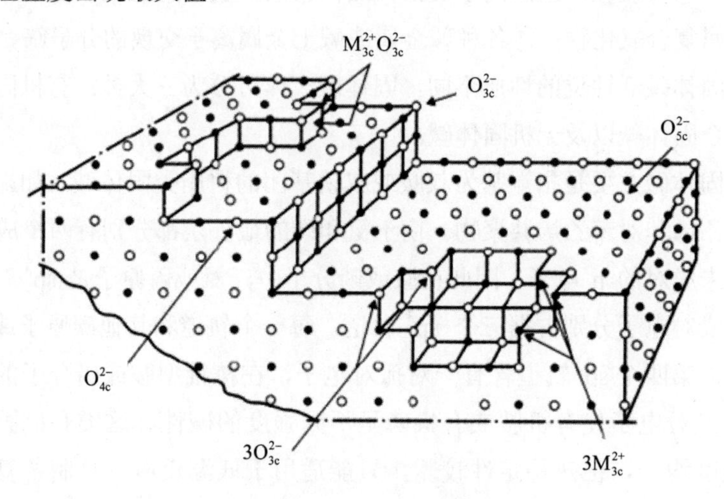

图 2-2-9 MgO 的表面模型

按照固体碱催化剂活性位的构建方式不同，可将其分为两大类：氧化物本征固体碱和负载型固体碱。氧化物本征固体碱包括碱金属或碱土金属氧化物型、稀土氧化物型和复合氧化物型固体碱。碱金属或碱土金属氧化物型固体碱的研究较早，应用也较多；我国稀土资源丰富，稀土氧化物颇具开发价值；复合氧化物型固体碱常以（类）水滑石为前驱体焙烧制得。负载型固体碱的载体有氧化铝、分子筛、氧化锆等；负载的前驱体物种主要为碱金属、碱金属氧化物、碳酸盐、氟化物、硝酸盐、醋酸盐、氨化物和碱土金属醋酸盐。这些固体碱的活性位主要是由碱金属、碱土金属或碱金属氧化物、氢氧化物等产生的，也有前驱体经高温煅烧后与载体反应而生成的，载体通常对固体碱催化剂的碱强度、碱量等有重要的影响。

以上三种分类方法，国内外从事固体碱研究的科研工作者在相关的文献中皆做了详细的论述。

本书在前人工作的基础之上，按固体碱催化剂活性位的碱强度不同，将其分为超强碱、强碱、中强碱、弱碱四大类。

（1）固体超强碱（super solid bases）

碱强度大于 $H_-=26$ 的物质被认为是超强碱。这个 H_- 值 26 是根据超强酸的定义而提出的。超强酸的 H_0 临界值大约为−12（100% H_2SO_4 的酸函数）。此临界值与中性酸碱强度值 $H_0=7$ 相差 19 个单位。与此相类似，超强碱的临界值 $H_-=26$ 与中性酸碱强度 $H_0=7$ 也相差 19 个单位。固体超强碱能够在较低的温度下催化烯烃的异构化，因为烯烃的 pK_a 较高（如丙烯的 $pK_a=38$），只有足够强的碱性位才能活化烯烃，所以这也是评价碱催化剂碱性强弱的一个通用方法。已报道的超强碱包括碱金属氧化物、碱土金属氧化物、稀土金属氧化物以及负载碱金属的碱土金属氧化物或氧化铝。

对于碱金属和碱土金属氧化物催化剂来说，其碱强度随碱金属和碱土金属的原子序数的增加而增加，其顺序为 $Cs_2O>Rb_2O>K_2O>Na_2O$，$BaO>SrO>CaO>MgO$。一般来说，Cs_2O、Rb_2O、BaO 和 SrO 都归属于固体超强碱；而对于 CaO 和 MgO 而言，只有在高温抽空的条件下才会产生超强碱性位。此外，在 873K 以下时 Y_2O_3、La_2O_3、CeO_2、Nd_2O_3 表面上存在超强碱中，超强碱中心的强度顺序为：$La_2O_3>Nd_2O_3>Y_2O_3>CeO_2>MgO$，所以稀土金属氧化物也可归属为固体超强碱。

将 KNO_3 负载于 Al_2O_3 上，当负载量低于阈值时，KNO_3 可均匀分散于 Al_2O_3 表面上；当高于阈值时，未能分散的 KNO_3 与 Al_2O_3 形成新物种而位于 Al_2O_3 的孔深处，在高温抽空条件下不仅使 KNO_3 及生成的新物种分解，而且使含钾组分从 Al_2O_3 的孔内向孔口和外表迁移，覆盖在原有单层分散的含钾化合物上而形成碱性物种如 K_2O 的多层重叠结构，从而产生碱强度达 $H_-=27$ 的超强碱性位。将碱性的 CsOH、金属钠、氨基钾等负载到 Al_2O_3 表面，经高温焙烧后，可以得到 $H_->30$ 的固体碱。而采用弱碱性 Cs 的碳酸盐或醋酸盐为前驱体浸渍负载到 Al_2O_3 表面，高温分解可产生 $H_->35$ 的超强碱位。将 $RbNH_2$、KNH_2、$NaNH_2$ 和 RbOH 分别负载于 Al_2O_3 上，−72℃（201K）下在 2,3-二甲基-1-丁烯异构化反应中表现出高的催化活性，表明它们都是固体超强碱。研究表明 K（NH_2）/Al_2O_3 对烯烃异构化的活性比用碱金属通过蒸汽法负载于 Al_2O_3 上制得的固体碱的活性更高，其催化活性受预处理温度和钾物种数量的影响，且其活性物种是 Al_2O_3 表面上形成如式（2.2.1）所示的 KNH_2。

$$K^+ + e^-(NH_3)_n \longrightarrow (n-1)NH_3 + KNH_2 + 1/2H_2 \qquad (2.2.1)$$

这类固体碱在 2,3-二甲基-1-丁烯异构化反应中是超强碱，碱强度可达 $H_-=37$。以氧化镁、氧化钙及活性炭为载体，也可以制备出超强碱，如将 Na、Li 或 Cs 的氯化物负载在 MgO 上，高温煅烧时可以制备出 $26.5 \leqslant H_- \leqslant 35.0$ 的固体超强碱，将 KC/K_2CO_3 负载于 MgO 上在一定温度下煅烧也可制得固体超强碱。

Na/NaOH/Al_2O_3 是目前所制备的最强的固体超强碱之一，其 H_- 可高达 37，该催化剂是为 5-乙烯二环-[2,2,1]-庚烯-1,1 的异构化反应而研制的，该反应的主产物为 5-亚乙基二环-[2,2,1]-庚烯-2,2。反应在 243 K 下进行时可以避免反应物分子的重排。此异构化反应不能在未经金属钠处理的 NaOH/Al_2O_3 催化剂上进行。在 Na/NaOH/Al_2O_3 催化活性位的产生过程中，Na 并非只是单纯分散在多孔 γ-Al_2O_3 载体上，而是表面的 Na_2O 与 Al_2O_3 离子化形成 γ-$NaAlO_2$，γ-$NaAlO_2$ 再与 γ-Al_2O_3 载体相互作用使 γ-$NaAlO_2$ 结构更稳定，说明 Na 使表面氧的电子密度增大而使 Na/NaOH/Al_2O_3 固体碱催化剂具有超强碱性。表 2-2-2 列出了目前典型的几种固体超强碱及其制备方法。

表 2-2-2 固体超强碱的种类与制备

催化剂	原料	预处理温度/K	H_-
CaO	$CaCO_3$	1 173（抽空）	26.5
SrO	$Sr(OH)_2$	1 123（抽空）	26.5
Rb_2O	$Rb(OH)_2$	643（抽空）	＞26.5
Cs_2O	$Cs(OH)_2$	573（抽空）	＞26.5
NaOH/MgO	浸渍 NaOH	823	26.5
20%K_2CO_3/Al_2O_3	浸渍 K_2CO_3	873	27
26%KNO_3/Al_2O_3	浸渍 KNO_3	873	27
Na/MgO	蒸发 Na	923	35
K/MgO	蒸发 K	923	35
Ca/MgO	蒸发 Ca	923	35
Na/Al_2O_3	蒸发 Na	823	35
Cs_xO/Al_2O_3	CsOAc 浸渍	973	≥35
$Na/NaOH/Al_2O_3$	浸渍 NaOH 煅烧后加 Na	773	37
$K/KOH/Al_2O_3$	浸渍 KOH 煅烧后加 K	773	37
$K/NaOH/Al_2O_3$	浸渍 NaOH 煅烧后加 K	773	37

（2）固体强碱（strong bases）

碱强度 $18.4 < H_- < 26$ 的固体催化剂一般被认为是固体强碱，主要包括碱金属和碱土金属氧化物，以及用碱金属化合物改性的 Al_2O_3 和分子筛等。碱金属氧化物中 K_2O 和 Na_2O 的碱强度较超强碱次之，因此可归属为固体强碱；而对于 CaO 和 MgO 两者来说，只有在清除了表面吸附的 CO_2 和 H_2O 后，其表面才显露出来，因而它们的碱强度随着焙烧温度的变化而变化。例如，它们的强碱性位只有经 673 K 以上的热处理时才能出现；一般来说，在空气中焙烧的 CaO 和 MgO 不会产生比 $H_-=26$ 更强的超强碱性位。

KF 负载于 Al_2O_3 上可形成 $H_- > 18.4$ 的固体强碱 KF/Al_2O_3，因其廉价易得、易后处理而被化学家们广泛地应用于有机合成中，但其碱性位的来源一直存在争议。利用红外拉曼光谱分析后可以证明起作用的是 KF 和 Al_2O_3 经下式反应生成的 KOH 或 $KAlO_2$：

$$12KF + 3H_2O + Al_2O_3 \longrightarrow 6KOH + 2K_3AlF_6 \qquad (2.2.2)$$

$$6KF + 2Al_2O_3 \longrightarrow K_3AlF_6 + 3KAlO_2 \qquad (2.2.3)$$

另有研究者认为，KF 和 Al_2O_3 所产生的 OH^- 并不足以解释 KF/Al_2O_3 所表现的强碱性。对 KF/Al_2O_3 进行表面分析知 KF 高度分散于 Al_2O_3 表面，产生了不饱和配位的 F^-。因此，部分研究者对 KF/Al_2O_3 的强碱性提出了三种可能机理：①KF 和 Al_2O_3 反应生成强碱，见式（2.2.2）、式（2.2.3）；②生成配位不饱和的 F^- 使 KF 分散度及催化剂表面积增加；③F^- 和 Al_2O_3 表面协同作用，见式（2.2.4）。

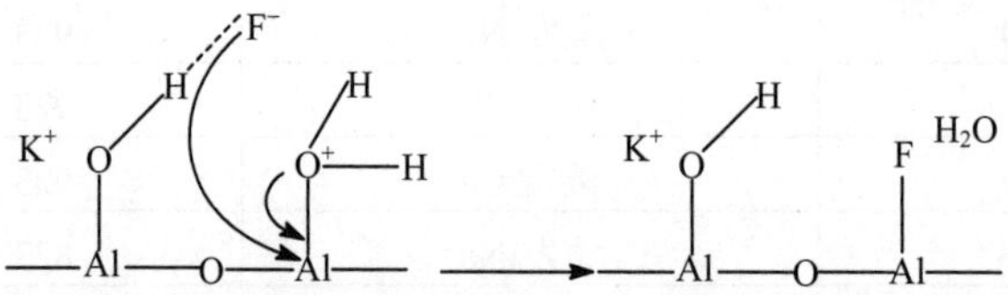

（2.2.4）

此外，Meyer 等用 CsOAc 改性的 Cs_x 分子筛催化苯甲酸甲酯和乙二醇的酯交换反应，其转化率和选择性分别达到了 82.0%和 90.7%。随着 MCM-41 中孔分子筛的出现，碱性分子筛的种类又有所增加。Kloestra 等将 CsOAc 负载在 MCM-41 上，得到孔径约为 3 nm 的强碱性中孔分子筛；在 423 K 下用于丙二酸二乙酯的 Michael 加成反应中，其转化率和选择性分别达到了 87.0%和 92.0%。

固体超强碱和强碱催化剂，由于其碱性强，故而极易被空气中的 CO_2 或 H_2O 污染而失活，因此在实际的工业应用并不十分广泛。

（3）固体中强碱（moderate bases）

碱强度 $9.3 < H_- < 18.4$ 的物质一般被认为是中强碱，主要由金属复合氧化物组成。在各类复合氧化物中，以水滑石为前驱体煅烧而得的镁铝复合氧化物是最典型的固体中强碱，Corma 等详细探讨了镁铝复合氧化物在苯甲醛和不同 pK_a 的甲基化合物发生 Knoevennagel 缩合反应中的催化性能，并发现镁铝复合氧化物的 H_- 最大不会超过 16.5，大部分集中在 $10.7 < H_- < 13.3$，因此属于中强碱。同时，673 K 空气中处理的 MgO 虽然可以使 4-硝基苯胺（pK_a=18.4）变色，但它的大部分碱性位集中在 $9.3 < H_- < 18.4$（如图 2-2-10 所示），故在催化反应中也通常被用作固体中强碱。

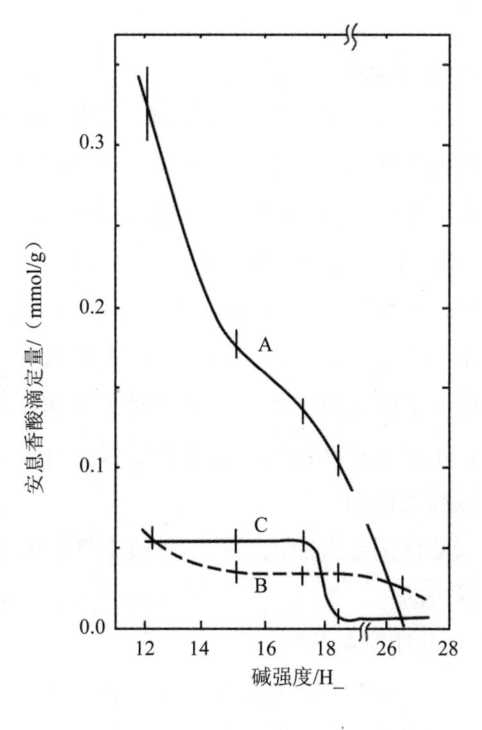

（A）MgO；（B）CaO；（C）SrO

图 2-2-10　三种固体碱的碱强度分布

CsOAc 改性的 CsX 分子筛在煅烧的过程中，CsOAc 分解产生的 CsO 会和分子筛载体骨架反应生成弱碱性硅酸盐，导致其表面强碱性减弱，最终 CsO/Cs_x 的碱强度在 17.2≤H₋≤18.4。曾报道的氨基功能化的多孔二氧化硅（TBD/SiO_2），其碱强度 H₋≈15.0，NH_2/SiO_2 和 $NH(CH_2)_2NH_2/SiO_2$ 的碱强度较弱，分别为 H₋≈9.3 和 9.3＜H_＜15.0。无定形二氧化硅和氨气在 1 373 K 的条件下也可以得到一种高比表面的中强碱性材料——Si_2N_2O。最近，Benitez 和 Massion 通过在氨气氛中加热磷酸铝合成出了磷酸铝类的氮氧化物——AlPON，该材料的碱催化活性与 AlPON 中的 N 含量密切相关，所以一致认为其碱催化活性位来源于表面的–NH_2 和–NH–基团。其他中强碱催化剂，如 AlGaPON、ZrPON 和 ValON 也都曾见于文献报道。随着 MCM-41 等介孔材料的出现，有机官能化的中强碱催化材料也不断涌现，并在生物柴油的制备、Keoevenagel 和 Aldol 缩合等碱催化反应中显示出了较高的催化活性。

（4）固体弱碱（weak bases）

碱强度 $6.8<H\_<9.3$ 物质一般被认为是弱碱，主要包括沸石分子筛、水滑石和氧化铝。沸石通常被看作酸碱催化剂，而碱金属离子交换的沸石，特别是八面沸石被看作是很好的碱性催化剂。其碱性主要来源于沸石骨架上的氧离子，且其碱强度也随着氧离子负电荷数的变化而变化。典型的水滑石 $Mg_6Al_2(OH)_{16}CO_3\cdot 4H_2O$ 是一种天然存在的矿物，与水镁石[$Mg(OH)_2$，Brucite]的结构类似，当其层板上的 Mg^{2+}部分被半径相似的阳离子（如 Al^{3+}、Fe^{3+}、Cr^{3+}）取代时，会导致层上正电荷的累积，这些正电荷被位于层间的负离子（如 CO_3^{2-}）平衡，在层间的其余空间水以结晶水的形式存在，形成层柱状结构。由于其层板上有丰富的–OH，所以在许多催化反应中充当弱碱性催化剂。

固体中强碱和弱碱催化剂最大的优点是不易被空气中的 H_2O 和 CO_2 污染，便于在空气里取放，不易失活。

2）固体碱催化剂在化工中的应用

固体酸催化剂因其在石油炼制和石油化工中广泛应用而备受关注，相比之下，固体碱催化剂的研究却相对较少。但与均相碱催化剂相比，固体碱催化剂有其自身独特的优势，故在异构化、Aldol 缩合、Knoevenagel 缩合、Michael 加成、氧化和 Si–C 键生成等反应中得到了较为广泛的应用。

（1）烯烃、炔烃异构化

烯烃异构化过程是通过固体碱吸附烯丙基上的 H^+从而形成正式或反式烯丙基负离子。由于烯烃的 pK_a 较大，故只有超强碱或强碱才能使烯烃异构化。1-丁烯双键异构化生成 2-丁烯反应被广泛应用于阐述固体碱催化剂上的反应机理及固体碱的表面性质。通常炔烃异构化过程也只能在强碱性催化剂上进行。

（2）C–C 键生成反应

C–C 的生成反应主要包括以下 6 大类反应：Aldol 缩合反应、Knoevennagel 缩合反应、Michael 加成反应、硝基 Aldol 反应、醇和苯乙炔等在固体碱催化剂上发生的亲核加成反应。甲醇、乙醇、2-丙醇与丙烯腈可以在固体碱催化剂上发生氰乙基化反应而不受 CO_2 的影响。其中，碱土金属氧化物和氢氧化物、KF/Al_2O_3 和 KOH/Al_2O_3 皆是该反应有效的碱催化剂。在以 DMF 为溶剂的条件下，苯乙炔

和苯甲醛以 $CsOH/Al_2O_3$ 为催化剂，在 343 K 下反应 20 小时，查耳酮的产率为 75%。

（3）亲核环加成反应

在温和的条件下，MgO 是一种高效的 CO_2 环加成催化剂，在 CO_2 与 *R*-苯基环氧乙烷的反应中，所生成 *R*-苯基碳酸酯的 *ee* 值高达 97%。此外，在煅烧水滑石制得的镁铝复合氧化物上，CO_2 和环氧丙烷的反应也显示了很高的催化活性。

（4）氧化反应

Fraile 等近期综述了固体碱催化剂在氧化反应中的应用。其中，以苯甲精（Benzonitrile）为溶剂时，各种烯烃可以在水滑石上被 H_2O_2 氧化。例如，1-辛烯、降冰片烯、环己烯和苯乙烯等链烯和环烯皆可被高效地氧化成其相应的产物。在这些反应过程中，反应一般分两步进行：①腈和过氧化氢形成过氧羧酸亚胺酸；②氧从过氧羧酸亚胺酸转移到烯烃上。这种机理同样适用于柠檬油精的催化氧化过程。以苯甲精为溶剂时，层间插层有叔丁醇的水滑石在烯烃的环氧化过程中比插层有 CO_3^{2-} 的水滑石显示出了更高的催化活性。Kaneda 等发现在酮的 Baeyer-Villiger 氧化反应中，当加入含叔丁醇的水滑石时，其反应活性明显提高。

（5）Si-C 键生成反应

当一个阴离子进攻 Si 时将发生亲核取代并形成 Si–C 键。在以 KNH_2/Al_2O_3 或 KF/Al_2O_3 为催化剂时，发生下面反应：$Me_3SiC\text{-}CH\text{-}Me_3SiC \rightarrow CSiMe_3 + HC\text{-}CH$。反应机理是催化剂的碱中心吸收一个 $Me_3SiC\text{-}CH$ 释放的质子，$Me_3SiC\text{-}CH$ 转变成 $Me_3SiC\text{-}C^-$，进攻另一个反应物分子中的 Si，从而形成新的含有 Si–C 键的化合物。以 KF/Al_2O_3 为催化剂时，温度控制在 303 K，发生反应：$t\text{-}BuC\text{-}CH+H_2SiEt_2 \rightarrow t\text{-}BuC\text{-}CSiHEt_2+H_2$。反应先形成 $t\text{-}BuC\text{-}C^-$，进攻另一反应物中的 Si，形成新的化合物，释放氢负离子。

（6）P–C 键生成反应

Pudovik 反应是含有一个不稳定的 P–H 键的化合物与另一不饱和化合物之间的加成反应，也是 P–C 键生成的重要反应之一。Semenzin 和他的同事们报道了 KOH/Al_2O_3 是该类反应的一个有效的催化剂。如磷酸二乙酯和 4-苯基-3-丁烯酮的加成反应：当反应温度为 293 K 时，发生第一步反应，且产物的产率达到 100%；随着温度的升高，将发生第二步反应，也可看成是通过升温使第一步反应的产物进一步转化成最终产物。

（7）杂环合成反应

Cs 负载在 ZSM-5 沸石上，可以催化 4-甲基噻唑的合成反应见式（2.2.5），研究报道该催化剂活性、选择性高，使用周期长。该反应在温度为 700 K 水汽存在的条件下进行，产物是一种很好的杀菌剂。在由锌铝水滑石煅烧制得的锌铝复合氧化物上，二氧化硫和伯铵反应可以生产 N,N-二取代硫脲。在 $RNH_2 + CS_2 \rightarrow (RNH)_2C{=}S$ 的反应中，胺亲核进攻产生的硫脲酸 RNH–C（=S）SH 可能为该反应的中间体，接着迅速转化为含硫杂环化合物。

$$(H_3C)_2C+ \equiv NCH_3 + SO_2 \longrightarrow \text{4-methylthiazole } (H_3C\text{–}C_3H_2NS) + 2H_2O \qquad (2.2.5)$$

3）固体碱催化剂的特点及表征手段

固体碱催化剂通常有以下特点：一是指示剂的变色呈碱性；二是酸性分子对催化活性位有中毒效应；三是与均相反应系统中的均相碱催化剂有相似的催化活性；四是负离子中间体参与反应过程。根据这些特点，固体碱的主要表征方法有：①滴定法。由于酸碱指示剂在特定的酸碱强度范围内将改变颜色，因而可通过如苯甲酸、三氯乙酸、Hammett 指示剂、硫酸溶液以及电位滴定法来测定固体碱的碱强度和碱量（见附表 2～附表 4）。②CO_2 程序升温脱附技术。这是目前测定固体碱碱性的一种被广泛应用的方法。通过测定预吸附在固体碱表面的 CO_2 的脱附温度和脱附量，便可知道固体碱的碱强度和碱量。③红外光谱法。固体碱吸附探针分子如 CO_2、吡咯后，通过红外技术可以探测到探针分子某种键的振动发生变化，从而可以推知分子的吸附态和碱性位的种类。④紫外与荧光光谱法。这一技术可以提供表面原子的配位状况等信息。⑤H_2 程序升温脱附技术。这一方法与上述紫外光谱法相结合，可以更加准确地知道固体碱表面离子对的配位状况。⑥XPS 法。⑦量热法。⑧反应速率法。⑨阴离子交换法。

值得注意的是，以上各种方法都有其优缺点，目前还没有一种绝对可靠的方法表征固体碱，各种方法所得的表征结果之间也存在一定程度上的争议。因此，从目前的状况看，几种方法的交叉使用将更有利于我们去了解固体碱的表面性质，从而获得更为准确的催化剂表面信息。

4）固体碱催化剂的展望和待解决的问题

从以上的叙述中我们可以看出，各种不同碱强度的固体碱催化剂层出不穷，并在各类碱催化反应中得到了广泛的应用。在化工生产中，固体碱催化剂不仅有望取代均相碱催化剂，而且将极大地拓宽碱催化剂的应用范围。首先，固体碱催化剂拓宽了溶剂的使用范围，可以不再使用高极性溶剂（溶解 KOH、NaOH 等）或相转移催化剂。其次，固体碱催化剂拓宽了反应温度，使反应可以在高温甚至在气相中进行。如在碱性沸石上，苯胺可以在气相中被碳酸二甲酯（DMC）成功地甲基化，见式（2.2.6），避免了反应相态的限制。因此，我们将会发现更多传统化工中未发现的碱催化反应。

$$\mathrm{PhNH_2 + (CH_3O)_2CO \longrightarrow PhNHCH_3 + CO_2 + CH_3OH} \tag{2.2.6}$$

固体碱也可以取代有机金属配合物催化剂如 Grigand 试剂和烷基锂来合成 C–C 和 Si–C 等。例如，在有机金属催化剂（如 Ru 和 Rh）上进行的苯乙炔的二聚反应也可以为碱催化剂所催化。可见，我们不仅能从传统的均相碱催化反应中发现新的固体碱催化反应，而且还可能从其他领域开发出更多的有“阴离子或阴离子类”中间体生成的碱催化反应。

当然，固体碱催化剂仍有许多尚待解决的问题。虽然有许多方法可以用来表征固体碱的碱量和碱强度，但目前为止还没有一个确切而统一的方法来表征固体碱。许多表征固体碱的光谱方法特别烦琐，如 XPS 测得 O_{1s} 的结合能够很好地表征沸石表面的电子云密度，但这种方法对大多数固体碱催化剂来说却是无效的，这是由于其碱性位通常只是由表面一小部分的氧负离子形成的。CO_2 程序升温脱附技术由于操作方便而常被用来测定固体碱的碱强度，但当碱性位为 Bronsted 碱时，很难用脱附温度来解释其碱强度，因为吸附 CO_2 的过程不涉及质子的转移。目前，我们还可通过异构化、Knoevenagel 缩合等模型反应来表征固体碱的碱强度，通过反应物的 pK_a 值来推测出碱强度，然而这些推测出来的碱强度和反应条件密切相关。Corma 等曾通过 Knoevenagel 缩合反应来推测碱金属离子交换的 Y-分子筛的碱强度。Na 交换的 Y-分子筛的碱强度通常被认为是 10.3，所以不能在 413 K 下活化乙基丙二酸（pK_a=13.3）。然而该催化剂却能在 533 K 下活化苯乙腈（pK_a=21.9）与甲醇反应，而且，反应速率通常与溶剂相关，说明催化剂的碱强度不能仅由特定反应条件下的碱催化活性来判断。

用典型化合物间的反应来判断催化剂的酸碱性是很有效的。如异丙醇在固体酸和碱催化剂的作用下分别生成丙酮和丙烯，2-甲基-3-丁炔-2-醇的反应对识别酸、碱以及两性催化剂也很有效。然而这种方法不适合于判别催化剂的酸碱强度。

氧化铝负载的钾化合物，如 KF、KNO_3、K_2CO_3、KNH_2 和 KOH，皆可以制备出碱性很强的催化剂，并有很好的应用前景，然而，它们的碱性中心来源一直存在争议。例如，这些化合物仅当它们负载于氧化铝上并在一定温度下煅烧才能产生催化活性位，当负载于二氧化钛和硅胶上时却基本没有催化活性位产生。在煅烧过程中含钾化合物和氧化铝之间发生了强烈的相互作用，其具体的作用机理尚待进一步研究。

对于固体碱催化材料而言，催化活性位周围的环境，诸如孔道结构和疏水性都对其碱催化性能有着重要的影响。Choudary 等尝试探索碱催化条件下对应异构体的选择性，虽然所得的目标产物百分含量不高，但这为固体碱催化剂开辟了新的挑战性领域。

（二）金属活性中心

金属催化剂是一类重要的工业催化剂，主要包括：块状催化剂，如电解银催化剂、熔铁催化剂、铂网催化剂等；分散或者负载型的金属催化剂，如 Pt-Re/Al_2O_3 重整催化剂，Ni/Al_2O_3 加氢催化剂等。

几乎所有的金属催化剂都是过渡金属，这与金属的结构、表面化学键有关。金属适合于作哪种类型的催化剂，要看其对反应物的相容性。发生催化反应时，催化剂与反应物要相互作用。除表面外，不深入到体内，此即相容性。如过渡金属是很好的加氢、脱氢催化剂，因为 H_2 很容易在其表面吸附，反应不进行到表层以下。但只有“贵金属”（Pd、Pt，也有 Ag）可作氧化反应催化剂，因为它们在相应温度下自身不被氧化。

对金属催化剂活性中心的深入认识，就要理解其吸附性能、金属和金属表面的化学键及金属的微观结构（体相结构、表面结构、晶格缺陷与位错、晶格的不规整性、晶格间距、表面金属原子分布的均匀性等）；此外，对影响金属催化剂活性的因素和合金催化剂的性能也要深入认识。

1．吸附性能

大量的探索和系统的研究使人们发现周期表中大部分元素、化合物都有吸附能力，见表 2-2-3。

表 2-2-3　金属对分子的吸附能力

	O_2	C_2H_2	C_2H_4	CO	H_2	CO_2	N_2
Ti，Zr，Hf，V，Nb，Ta，Cr，Mo，W，Fe，Ru，Os	+	+	+	+	+	+	+
Ni，Co	+	+	+	+	+	+	+
Rh，Pd，Pt，Ir	+	+	+	+	+	+	+
Mn，Cu	+	+	+	+	±	+	+
Al，Au	+	+	+	+	–	–	–
Na，K	+	+	–	–	–	–	–
Ag，Zn，Cd，In，Si，Ge，Sn，Pd，As，Sb，Bi	+	–	–	–	–	–	–

注：“+”表示有吸附能力；“–”表示无吸附能力。

气体在催化剂上吸附时，借助不同的吸附化学键而形成多种吸附态。吸附态不同，最终的反应产物亦可能不同。早期人们根据电导测定、吸附等温线、吸附等压线、程序升温脱附、闪烁脱附、动态质谱、场电子发射、场离子发射显微镜等结果对吸附态进行间接推论。这些方法被广泛地应用在金属催化剂表面关于氢、一氧化碳、烃等分子的化学吸附研究。

1）H_2 分子的吸附活化方式

H_2 分子有均匀解离活化和非均匀解离活化两种。在金属催化剂上，在–100～–50℃下，可以解离吸附。解离后的原子 H 可在金属表面上有移动自由度，可以对不饱和物催化加氢（如图 2-2-11 所示）。

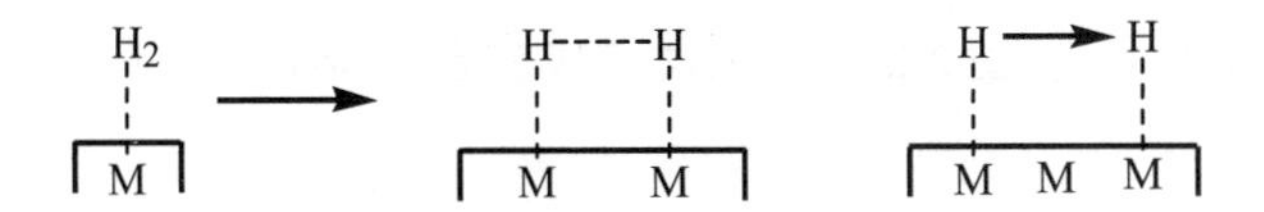

图 2-2-11　氢气在金属表面的吸附状态

2）CO 的吸附活化方式

由于 CO 是 Fischer-Tropsch 合成和羰基化反应的重要反应物，因此对 CO 吸附和活化的研究开始得较早。CO 的吸附方式主要有线式、桥式和孪生而且都是缔合吸附，如图 2-2-12 所示。从红外光谱吸收峰可以区别，线式吸附吸收峰靠近 υ_{co}=2 000～2 100 cm^{-1}，而桥式吸附吸收峰靠近 υ_{co}=1 900 cm^{-1}，CO 的络合物研究表明，一个 CO 可以和几个金属中心结合形成多桥式，结合的金属中心越多，红外波数下降得也越多。孪生 CO 吸附态一般是一个金属中心同时吸附两个（或以上），被吸附 CO 分子的红外吸收带位于 2 130 cm^{-1} 和 2 020 cm^{-1}（此时的金属中心一般要带正电）。

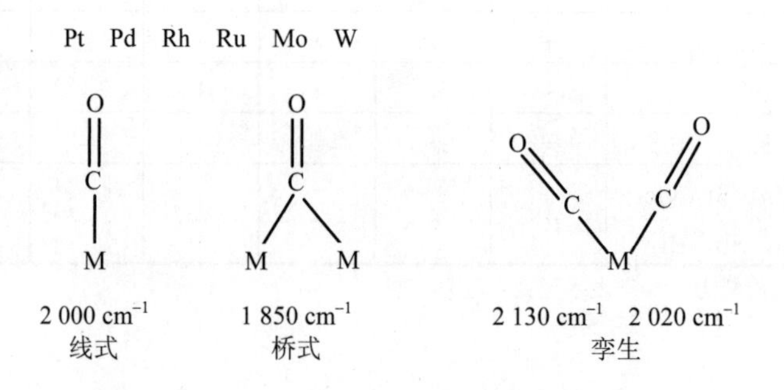

图 2-2-12　CO 在金属表面吸附活化的三种方式

3）烃分子的吸附

烷烃分子在过渡金属及其氧化物上的化学吸附类似于氢的化学吸附，总是发生解离吸附，如甲烷在金属上可按下面方式发生吸附（M 代表金属原子），在较高的温度下，甚至逐渐脱掉氢发生完全的解离吸附（如图 2-2-13 所示）。

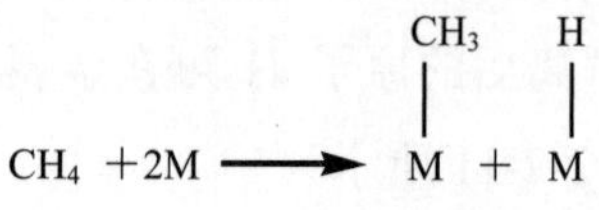

$$CH_4 + 2M \longrightarrow \underset{M}{\overset{CH_3}{|}} + \underset{M}{\overset{H}{|}}$$

图 2-2-13　CH_4 在金属表面吸附活化

对于烯烃，可以发生解离吸附，也可以发生缔合吸附。如乙烯在金属上的吸附，在解离吸附时发生脱氢（如图 2-2-14 所示）。

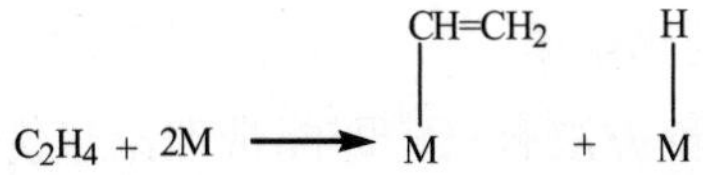

$$C_2H_4 + 2M \longrightarrow \underset{\text{M}}{\overset{\text{CH=CH}_2}{|}} + \underset{\text{M}}{\overset{\text{H}}{|}}$$

图 2-2-14 C_2H_4 在金属表面吸附脱氢

乙烯在金属上吸附时，也发现不同吸附态（如图 2-2-15 所示），这表明发生了解离吸附，并出现了自加氢。类似于烷烃，烯烃也会发生完全解离，生成 C 和 H。

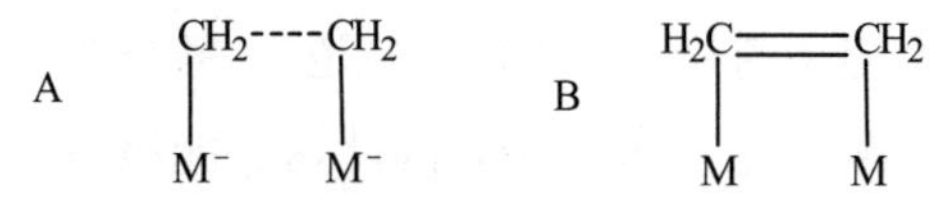

图 2-2-15 C_2H_4 在金属表面不同吸附态

在发生缔合吸附时，主要有两种方式：（A）打开 C=C 双键，碳原子由 sp^2 杂化转变为 sp^3 杂化，以 σ 键与金属键合；（B）以 π 键与金属键合。这两种吸附方式可以通过红外光谱加以识别，如乙烯的 C-C 键振动吸收为 $\upsilon_{c\text{-}c}$=1 608 cm^{-1}，而当它以 π 键与金属键合时，如乙烯在 Pd/SiO_2 上的吸附，C=C 双键振动吸收在 $\upsilon_{c\text{-}c}$=1 510 cm^{-1}。在烯烃以 π 络合方式吸附时，也发生与 CO 类似的情况，过渡金属 d 轨道的电子可能填充到烯烃空的反键上，形成反馈键，削弱和活化 C=C 双键，这在催化反应中具有重要意义。图 2-2-16 给出了人们公认的烃类分子吸附的模型，大量的化学吸附实验结果和规律为人们认识活性中心的催化性能和认知提供了丰富的依据。

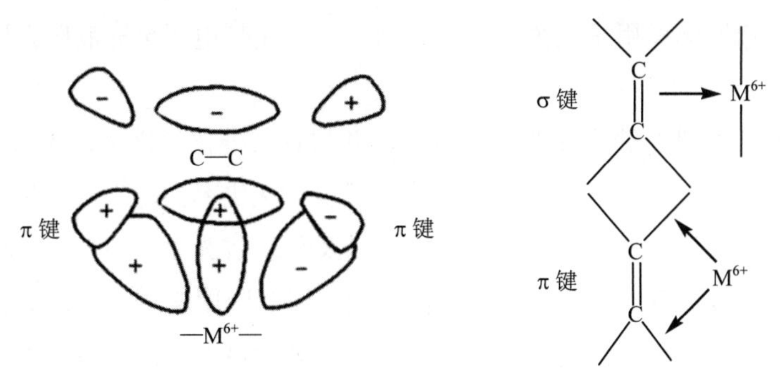

图 2-2-16 乙烯分子吸附的模型

2. 金属和金属表面的化学键

研究金属化学键的理论方法有三，即能带理论、价键理论和配位场理论，各自从不同的角度来说明金属化学键的特征，每一种理论都提供了一些有用的概念。三种理论都可用特定的参量与金属的化学吸附和催化性能相关联，它们是相辅相成的。

1）能带理论和“d带空穴”概念

金属晶格中每一个电子占用一个“金属轨道”。每个轨道在金属晶体场内有自己的能级。由于有N个轨道，且N很大，因此这些能级是连续的。由于轨道相互作用，能级一分为二，故N个金属轨道会形成2N个能级。电子占用能级时遵从能量最低原则和Pauli原则（即电子配对占用）。故在绝对零度下，电子成对从最低能级开始一直向上填充，只有一半的能级有电子，称为满带，能级高的一半能级没有电子，叫空带。空带和满带的分界处，即电子占用的最高能级称为费米（Fermi）能级。

s轨道形成s带，d轨道组成d带，s带和d带之间有交叠。这种情况在过渡金属中十分常见，对其性能也产生了重要影响。

s能级为单重态，只能容纳2个电子；d能级为5重简并态，可以容纳10个电子。如铜的电子组态为[Cu]（$3d^{10}$）（$4s^1$），故金属铜中d带电子是充满的，为满带；而s带只占用一半。镍原子的电子组态为[Ni]（$3d^5$）（$4s^2$），故金属镍的d带中某些能级未被充满，称为“d带空穴”。“d带空穴”的概念对于理解过渡金属的化学吸附和催化作用是至关重要的，因为一个能带电子全充满时，它就难于成键了。

金属能带模型提供了d带空穴概念，并将它与催化活性关联起来。d带空穴越多，d能带中未占用的d电子或空轨道越多，磁化率会越大。磁化率与金属催化活性有一定关系，随金属和合金的结构以及负载情况而不同。从催化反应的角度看，d带空穴的存在，使之有从外界接受电子和吸附物种并与之成键的能力。但也不是d带空穴越多，其催化活性就越大。因为过多可能造成吸附太强，不利于催化反应。

例如，Ni催化苯加氢制环己烷，催化活性很高。Ni的d带空穴为0.6（与磁矩对应的数值，不是与电子对应的数值）。若用Ni-Cu合金则催化活性明显下降，因为 Cu 的 d 带空穴为零，形成合金时 d 电子从 Cu 流向 Ni，使 Ni 的 d 带空穴减少，造成加氢活性下降。又如 Ni 催化氢化苯乙烯制备乙苯，有较好的催化活性。如用 Ni-Fe 合金代替金属 Ni，加氢活性下降。但 Fe 是 d 带空穴较多的金属，为 2.2。形成合金时，d 电子从 Ni 流向 Fe，增加 Ni 的 d 带空穴。这说明 d 带空穴不是越多越好。表 2-2-4 列举了某些金属 d 带空穴的计算方法和结果。

表 2-2-4 某些金属的 d 带空穴计算方法

元素	Fe	Co	Ni	Cu
原子	$3d^6 4s^2$	$3d^7 4s^2$	$3d^8 4s^2$	$3d^{10} 4s^2$
能带	$3d^{7.8} 4s^{0.2}$	$3d^{8.3} 4s^{0.7}$	$3d^{7.4} 4s^{0.6}$	$3d^{10} 4s^1$
d 带空穴	2.2	1.7	0.6	0

2）价键理论和 d 特性百分数（d%）的概念

价键理论认为，过渡金属原子与杂化轨道相结合。杂化轨道通常为 s、p、d 等原子轨道的线性组合，称为 spd 或 dsp 杂化。杂化轨道中 d 原子轨道所占的百分数称为 d 特性百分数，用符号 d%表示（见表 2-2-5）。它是价键理论用以关联金属催化活性和其他物性的一个特性参数（如图 2-2-17 所示）。

金属 d%越大，相应的 d 能带中的电子填充越多，d 带空穴就越少。d%和 d 带空穴是从不同角度反映金属电子结构的参量，且是相反的电子结构表征。它们分别与金属催化剂的化学吸附和催化活性有某种关联。就广为应用的金属加氢催化剂来说，d%在 40%～50%为宜。

表 2-2-5 某些过渡金属的 d 特性百分数

Sc	Ti	V	Cr	Mn	Fe	Co	Ni	Cu	Y	Zr	Nb	Mo
20	27	35	39	40.1	39.5	39.7	40	36	19	31	39	43
Tc	Ru	Rh	Pd	Ag	La	Hf	Ta	W	Re	Os	Ir	Pt
46	50	50	46	36	19	29	39	43	46	49	49	44

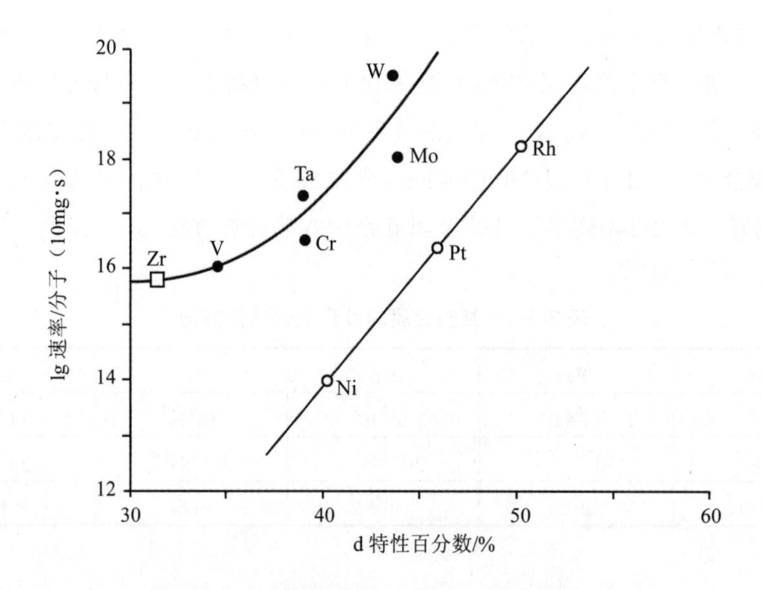

图 2-2-17　d 特性百分数和催化活性之间的关系

金属的价键模型提供了 d%的概念。d%与金属催化活性的关系，实验研究得出，各种不同金属催化同位素（H_2和 D_2）交换反应的速率常数，与对应的 d%有较好的线性关系。尽管如此，d%主要是一个经验参量。

d%不仅以电子因素关系金属催化剂的活性，而且还可以控制原子间距或格子空间的几何因素去关联。因为金属晶格的单键原子半径与 d%有直接的关系，电子因素不仅影响到原子间距，还会影响到其他性质。一般 d%可用于解释多晶催化剂的活性大小，而不能说明不同晶面上的活性差别。

3）配位场理论

借用络合物化学中键合处理的配位场概念，在孤立的金属原子中，5 个 d 轨道能级简并，引入面心立方的正八面体对称配位场后，简并能级发生分裂，分成 t_{2g} 轨道和 e_g 轨道。前者包括 d_{xy}、d_{xz} 和 d_{yz}，后者包括 d_{z2} 和 d_{x2-y2}。d 能带以类似的形式在配位场中分裂成 t_{2g} 能带和 e_g 能带。e_g 能带高，t_{2g} 能带低。

因为它们具有空间指向性，所以表面金属原子的成键具有明显的定域性。这些轨道以不同的角度与表面相交，这种差别会影响到轨道键合的有效性。用这种模型，原则上可以解释金属表面的化学吸附。不仅如此，它还能解释不同晶面之间化学活性的差别，不同金属间的模式差别和合金效应。如吸附热随覆盖度增加而下降，最满意的解释是吸附位的非均一性，这与定域键合模型的观点一致。Fe催化剂的不同晶面对 NH_3 合成的活性不同，如以（110）晶面的活性为1，则（100）晶面的活性为它的21倍；而（111）晶面的活性更高，为它的440倍。这已为实验所证实。

3. 金属的微观结构

本部分从体相结构、表面结构、晶格缺陷与位错、晶格的不规整性、晶格间距、表面金属原子分布的均匀性分别阐述其对金属催化性能的影响。

1）金属的体相结构

除少数金属外，几乎所有的金属都分属于三种晶体结构，即面心立方晶格（F.C.C.）、体心立方晶格（B.C.C.）和六方密堆晶格（H.C.P.）。三种晶格的一些结构如图2-2-18所示。

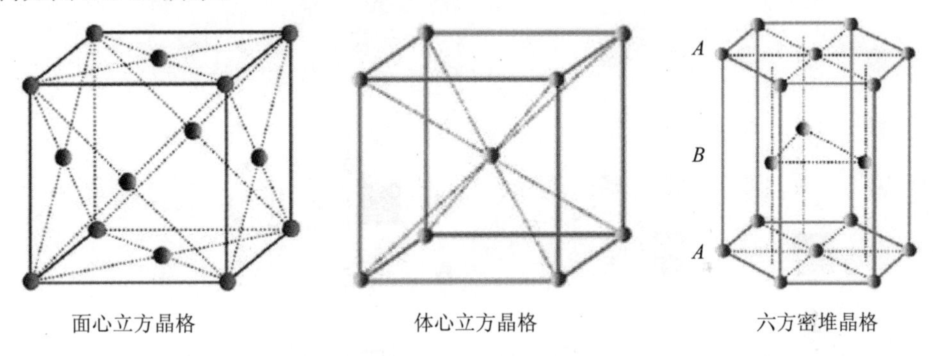

图2-2-18 三种晶格的结构

晶体可以理解成不同的晶面。例如，金属Fe的体心立方晶格，有（100）、（110）、（111）晶面。不同晶面上金属原子的几何排布是不相同的，原子间距也是不相等的，如图2-2-19所示。

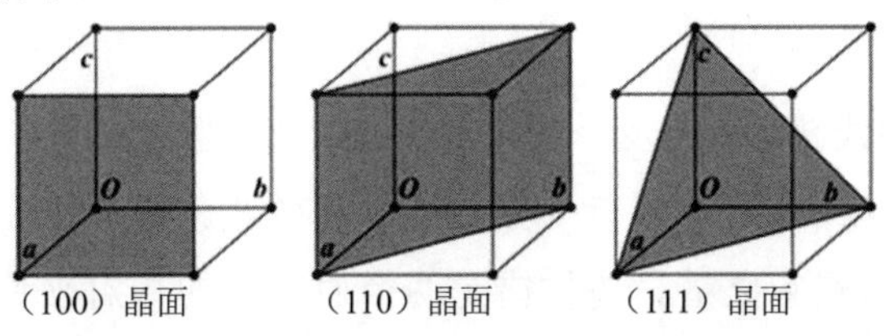

图2-2-19 金属Fe的体心立方晶格上的不同晶面

2）金属的表面结构

表面上的原子排列与体相相近，原子间距也大致相等。由于紧密堆积在热力学上最为有利，暴露于表面上的金属原子，往往形成晶面指数低的面，即表面晶胞结构为（1×1）的低指数面热力学才是稳定结构。

金属表面暴露在空气中，总会发生吸附现象。在大多数情况下，表面上总是覆盖着接近吸附层的吸附质。若气体分子与表面原子是一对一的吸附，则吸附质的排列与底层结构相同，其他吸附层在表面的排列还有更复杂的结构。

3）晶格缺陷

一个真实的晶体总有一种或多种结构上的缺陷。晶格缺陷主要有点缺陷和线缺陷，此外还有面缺陷。内部缺陷的存在不仅会引起晶格的畸变，还会引起附加能级的出现。

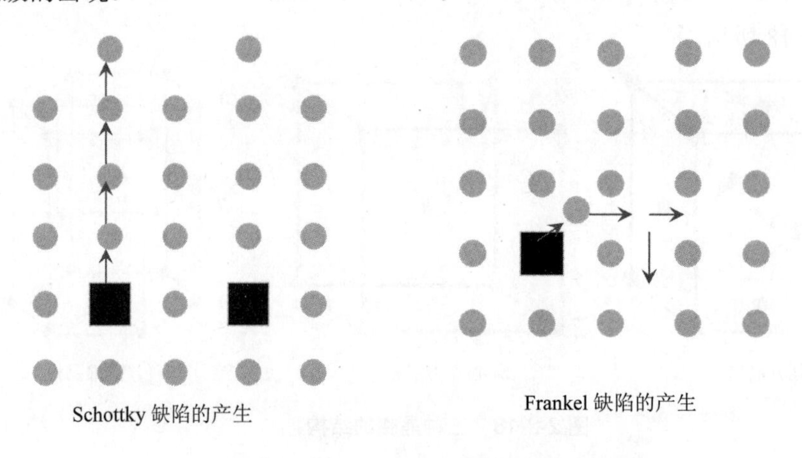

图 2-2-20 晶体中的两种点缺陷示意图

点缺陷：又可进一步区分为 Schottky 缺陷和 Frenkel 缺陷两种。前者是指一个金属原子缺位，原来的金属原子迁移到表面上去了；后者是由一个原子缺位和一个间隙原子组成。

位错：位错即线缺陷，涉及一条原子线的偏离；当原子面在相互滑动过程中，已滑动与未滑动区域之间必然有一分界线，这条线就是位错。位错有两种基本类型，即边位错和螺旋位错。边位错是两个原子面的相对平移，结果是在一个完整的晶格上附加了半个原子面。边位错线上的每个格子点（分子、原子或离子），面对一个间隙，取代了邻近的格子点。杂质原子就易于在此间隙处富集（如图 2-2-21 所示）。

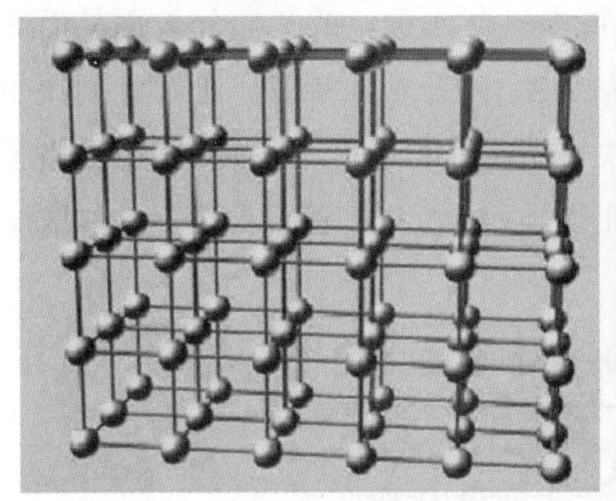

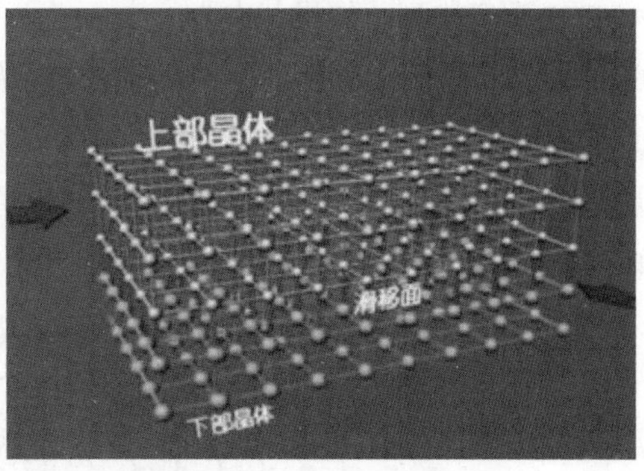

图 2-2-21　晶体中位错原子模型

螺旋位错有一螺旋轴，它与位错线相平行，是由于晶体割裂过程中的剪切力造成的（如图 2-2-22 所示）。如此一来，晶体中原来彼此平行的晶面变得参差不齐，好像一个螺旋体。真实晶体中出现的位错，多是上述两类位错的混合体，并趋向于形成环的形式。一种多物质常由许多种微晶且以不同的取向组合而成，组合的界面就是位错。

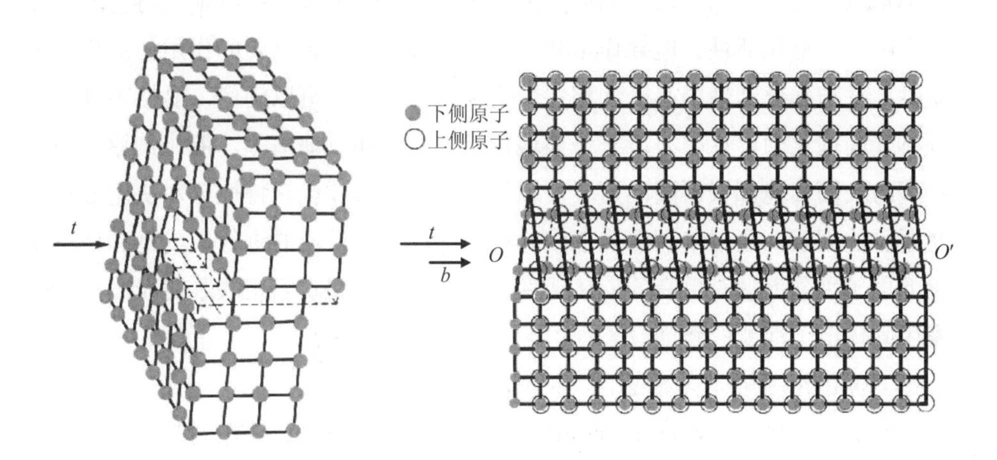

图 2-2-22　螺旋型位错原子模型

堆垛层错与颗粒边界：堆垛层错又叫面位错，是由于晶位的错配和误位所造成的（如图 2-2-23 所示）。对于一个面心立方的理想晶格，其晶面就为 ABC、ABC、ABC 的顺序排列。如果其中少一个 A 面，或多一个 A 面，或多半个 A 面从而造成面位错。对于六方密堆晶格，理想排列为 AB、AB、AB 顺序，但可能因缺面而造成堆垛层错。任何实际晶体，常由多块小晶粒拼嵌而成。小晶粒中部的格子是完整的，而界区则是非规则的。边缘区原子排列不规则，故颗粒边界常构成面缺陷。

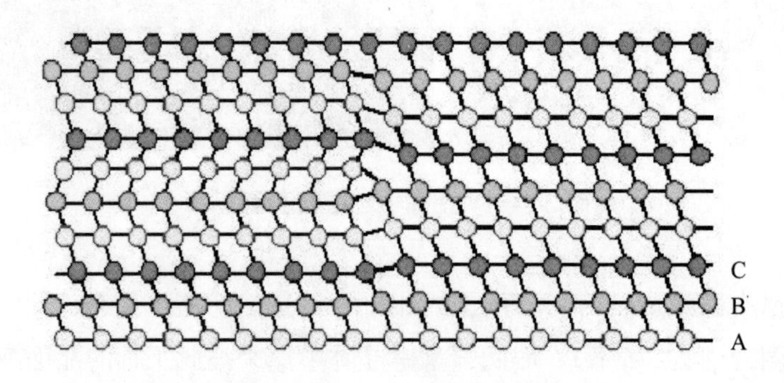

图 2-2-23　面位错原子模型

4）晶格的不规整性与多相催化中的补偿效应和“超活性”

晶格缺陷与位错都造成了晶格的多种不规整性。晶体的不规整性对金属表面的化学吸附、催化活性、电导作用和传递过程等起着极为重要的作用。晶格的不规整性往往与催化活性中心密切相关。至少有两点理由可以确信，晶格不规整性关联到表面催化的活性中心。一是显现位错处和表面点缺陷区，催化剂原子的几何排列与表面其他部分不同，而表面原子间距结合立体化学特性，对决定催化活性是重要的因素；边位错和螺旋位错有利于催化化学反应的进行。二是晶格不规整处的电子因素促使有更高的催化活性，因为与位错和缺陷相联系的表面点，能够发生固体电子性能的修饰。

（1）位错作用与补偿效应

补偿效应（The compensation effect）是多相催化中普遍存在的现象。在多相催化反应的速率方程中，随着指前因子 A 的增加，总是伴随活化能 E 的增加，这就是补偿效应。对于补偿效应的合理解释，其原因来源于位错和缺陷的综合结果，点缺陷的增加，更主要是位错作用承担了表面催化活性中心。

（2）点缺陷与金属的"超活性"

金属丝催化剂，在高温下的催化活性，与其发生急剧闪蒸后有明显的差别。急剧闪蒸前显正常的催化活性，高温闪蒸后，Cu、Ni 等金属丝催化剂显出"超活性"，约以 10^5 倍增加。这是因为，高温闪蒸后，金属丝表面形成高度非平衡的点缺陷浓度，这对产生催化的"超活性"十分重要。如果此时将它冷却加工，就会导致空位的扩散和表面原子的迅速迁移，导致"超活性"的急剧消失。

5）晶格间距与催化活性——多位理论

晶格间距对于了解金属催化活性有一定的重要性。不同的晶面取向，具有不同的原子间距。不同的晶格结构，有不同的晶格参数。实验发现，用不同的金属膜催化乙烯加氢，其催化活性与晶格间距有一定关系。Fe、Ta、W 等体心晶格金属，取（110）面的原子间距作晶格参数。活性最高的金属为 Rh，其晶格间距为 0.375nm。这种结果与以 d%表达的结果除 W 外都完全一致。

多位理论的中心思想是：一个催化剂的活性，在很大程度上取决于存在有正确的原子空间群晶格，以便聚集反应物分子和产物分子。多位理论是由苏联科学家巴兰金提出的，对于解释某些金属催化剂加氢和脱氢的反应有较好的效果。以苯加氢和环己烷脱氢为例，只有原子的排列呈六角形，且原子间距为 0.24～0.28 nm 的金属才有催化活性，Pt、Pd、Ni 金属符合这种要求，是良好的催化剂，而 Fe、Th、Ca 就不是。

应当指出的是，晶格间距表达的只是催化剂体系所需要的某种几何参数而已，反映的是静态过程。现代表面技术的研究表明，金属的催化剂活性，实际上反映的是反应区间的动态过程。低能电子衍射（LEED）技术和透射电子显微镜（TEM）对固体表面的研究发现，金属吸附气体后表面会发生重排，表面进行催化反应时也有类似现象，有的还发生原子迁移和原子间距增大等。

6）表面在原子水平上的不均匀性与催化活性——TSK 模型

随着表面技术的发展，一些用肉眼看到的表面好像很平滑，其实不然，它们在原子水平上是不均匀的，存在着各种不同类型的表面位（Sites）。所谓 TSK 模型，是指原子表面上存在着台阶（Terrace）、梯级（Step）和拐折（Kink）模型。在表面上存在的拐折、梯级、空位、附加原子等表面位，都十分活泼（如图 2-2-24

所示)。它们对表面上原子的迁移和对参与化学反应都起着重要的作用。从催化的角度讲，它们都是活性较高的部位。实验说明，单晶催化剂的催化活性和选择性随晶面而异。

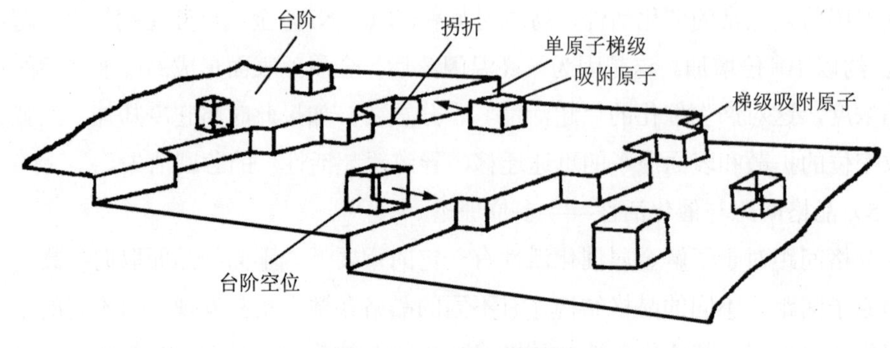

图 2-2-24 TSK 模型图

4. 影响负载型金属催化剂活性的因素

1）金属的分散度（Dispersion）

金属在载体上微细的程度用分散度 D 来表示，其定义为：因为催化反应都是在位于表面上的原子处进行，故分散度好的催化剂，一般其催化效果较好。当 D = 1 时，意味着金属原子全部暴露。

金属在载体上微细分散的程度，直接关系到表面金属原子的状态，影响到这种负载型催化剂的活性。通常晶面上的原子有三种类型：位于晶角上，位于晶棱上和位于晶面上。显然位于顶角和棱边上的原子较之位于面上的配位数要低。随着晶粒大小的变化，不同配位数位（Sites）的比重也会变，相对应的原子数也跟着要变。涉及低配位数位的吸附和反应，将随晶粒变小而增加；而位于面上的位，将随晶粒的增大而增加。

2）载体效应

（1）活性组分与载体的溢流现象（Spillover）和强相互作用

所谓溢流现象，是指固体催化剂表面的活性中心（原有的活性中心）经吸附产生出一种离子的或者自由基的活性物种，它们迁移到别的活性中心处（次级活性中心）的现象。它们可以化学吸附诱导出新的活性或进行某种化学反应。如果没有原有活性中心，这种次级活性中心不可能产生出有意义的活性物种，这就是溢流现象。它的发生至少需要两个必要的条件：①溢流物种发生的主源；②接受新物种的受体，它是次级活性中心。前者是 Pt、Pd、Ru、Rh 和 Cu 等金属原子。催化剂在使用中处于连续变化状态，这种状态是由温度、催化剂组成，吸附物种和催化环境的综合函数。据此可以认为，传统的 Langmuir-Hinshelwood 动力学模型，应基于溢流现象重新加以审定。因为从溢流现象中知道，催化加氢的活性物种不只是 H，而应该是 H^0、H^+、H_2、H^-等的平衡组成；催化氧化的活性物种不只是 O，而应该是 O^0、O^-、O^{2-}和 O_2 等的平衡组成。

氢溢流现象是 Khoobier 在 1964 年首次观察到的，后被 Sierfelt 和 Teicher 试验验证——检测气体中氢气组分的一个传统方法是将该气体通 673K 以上的 WO_3 粉末（黄色），如果该粉末变成蓝色，则说明有氢气组分存在，这时反应生成了氢与 WO_3 的非化学计量配合物，H_xWO_3（x=0.35）。他们发现，在室温下，用 H_2 和纯 WO_3 或 WO_3/Al_2O_3 时，没有反应发生，但若用 $H_2+WO_3/Pt-Al_2O_3$ 则反应迅速发生，黄色的粉末变成蓝色。他认为：H_2 在 Pt 上被解离化学吸附成活性的原子态氢，而后通过表面迁移与 WO_3 反应（如图 2-2-25 所示）。

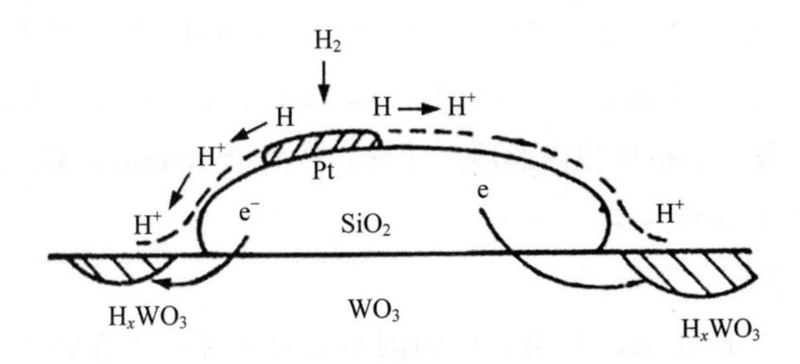

图 2-2-25　氢溢流现象示意图

通过对氢溢流现象的研究，发现了另一类重要的作用，即金属、载体间的强相互作用，常简称为 SMSI（Strong-Metal-Support-Interaction）效应。当金属负载于可还原的金属氧化物载体上，如在 TiO_2 上时，在高温下还原导致降低金属对 H_2 的化学吸附和反应能力。这是由于可还原的载体与金属间发生了强相互作用，载体将部分电子传递给金属，从而减小对 H_2 的化学吸附能力。受此作用的影响，金属催化剂可以分为两类：一类是烃类的加氢、脱氢反应，其活性受到很大的抑制；另一类是有 CO 参加的反应，如 CO + H_2 反应、CO + NO 反应，其活性得到很大提高，选择性也增强。这后面一类反应的结果，从实际应用来说，利用 SMSI 解决能源及环保等问题有潜在意义。研究的金属主要是 Pt、Pd、Rh 贵金属，目前研究工作仍很活跃，多偏重于基础研究，对工业催化剂的应用尚待开发。

（2）载体对金属还原的影响

研究发现，在氢气中，非负载的 NiO 粉末，可在 400℃下完全还原成金属，而分散在 SiO_2 或 Al_2O_3 载体上的 NiO，还原就困难多了，可见金属的还原性因分散在载体上改变了。研究还发现，非负载的较大粒度的 CuO 比高度分散在 SiO_2 或 Al_2O_3 载体上的还原温度要低。这两种相反的现象，除决定于金属氧化物的分散度外，还决定于金属与载体之间的相互作用。金属和载体之间相互作用有强弱之分。除上面提到的强相互作用外，还有中等强度的相互作用和弱相互作用。

金属与载体的相互作用有利于阻止金属微晶的烧结和晶粒长大。对于负载型催化剂，理想的情况是，活性组分既与载体有较强的相互作用，又不至于阻滞金属的还原。金属与载体相互作用的形成在很大程度上取决于催化剂制备过程中的焙烧和还原温度与时间。温度对负载型催化剂的影响是多方面的，它可能使活性组分挥发、流失、烧结和微晶长大等。大致有这样的规律：当温度为 0.3 T_m（Huttig 温度）时，开始发生晶格表面质点的迁移（T_m 为熔点）；当温度为 0.5 T_m（Tammam 温度）时，开始发生晶格体相内的质点迁移。在高于 Tammam 温度以上焙烧或还原，有些金属能形成固溶体。

3）结构敏感与非敏感反应

对金属负载型催化剂，影响活性的因素另有三种：①在临界范围内颗粒大小的影响和单晶取向；②一种活性的第Ⅷ族金属与一种较小活性的 IB 族金属，如 Ni-Cu 形成合金的影响；③从一种第Ⅷ族金属替换成同族中的另一种金属的影响。

根据对这三种影响敏感性的不同，催化反应可以区分为两大类：一类涉及 H-H、C-H 或 O-H 键的断裂或生成的反应，它们对结构的变化、合金的变化或金属性质的变化，敏感性不大，称为结构非敏感（Structrure-insensitive）反应。另一类涉及 C-C、N-N 或 C-O 键的断裂或生成的反应，对结构的变化、合金的变化或金属性质的变化，敏感性较大，称为结构敏感（Structrure-sensitive）反应。例如，环丙烷加氢就是一种结构非敏感反应。用宏观的单晶 Pt 作催化剂与用负载于 Al_2O_3

或 SiO_2 的微晶（1～1.5 nm）作催化剂，测得的转化频率基本相同。氨在负载铁催化剂上的合成，是一种结构敏感反应。因为该反应的转化频率随铁分散度的增加而增加。

造成催化反应结构非敏感性的原因可归纳为三种情况：一种是在负载 Pt 催化剂上，H_2-O_2 反应的结构非敏感性是由于氧过剩，致使 Pt 表面几乎完全为氧吸附单层所覆盖，将原来的 Pt 表面的细微结构掩盖了，造成结构非敏感，这种原因称为表面再构（Surface-construction）。另一种结构非敏感反应与正常情况相悖，活性组分晶粒分散度低的（扁平的面）较之高的（顶与棱）更活泼。例如，二叔丁基乙炔在 Pt 上的加氢就是如此。因为催化中间物的形成，金属原子是从它们的正常部位提取的，故是结构非敏感的。这种原因称为提取式化学吸附（Entractive-Chemisorption）。第三种结构非敏感性的原因是活性部位不是位于表面上的金属原子，而是金属原子与基质相互作用形成的金属烷基物种。环己烯在 Pt 和 Pd 上的加氢，就是由于这种原因造成的结构敏感反应。

5. 合金催化剂及其催化作用

金属的特性会因为加入别的金属形成合金而改变，它们对化学吸附的强度、催化活性和选择性等效应都会改变。

1）合金催化剂的重要性及其类型

炼油工业中 Pt-Re 及 Pt-Ir 重整催化剂的应用，开创了无铅汽油的主要来源。汽车废气催化燃烧所用的 Pt-Rh 及 Pt-Pd 催化剂，为防止空气污染做出了重要贡献。这两类催化剂的应用，对改善人类生活环境起着极为重要的作用。

双金属系中作为合金催化剂的主要有三大类，第一类为第Ⅷ族和 IB 族元素所组成的双金属系，如 Ni-Cu、Pd-Au 等；第二类为两种第 IB 族元素所组成的，如 Au-Ag、Cu-Au 等；第三类为两种第Ⅷ族元素所组成的，如 Pt-Ir、Pt-Fe 等。第一类催化剂用于烃的氢解、加氢和脱氢等反应；第二类曾用来改善部分氧化反应的选择性；第三类曾用于增加催化剂的活性和稳定性。

2）合金催化剂的特征及其理论解释

由于较单金属催化剂性质复杂得多，对合金催化剂的催化特征了解甚少。这主要来自组合成分间的协同效应（Synergetic-effect），不能用加和的原则由单组分推测合金催化剂的催化性能。例如，Ni-Cu 催化剂可用于乙烷的氢解，也可用于环己烷脱氢。只要加入5%的Cu，该催化剂对乙烷的氢解活性，较纯Ni的约小1 000倍。继续加入Cu，活性继续下降，但速率较缓慢。这种现象说明了Ni与Cu之间发生了合金化相互作用，如若不然，两种金属的微晶粒独立存在而彼此不影响，加入少量Cu后，催化剂的活性与Ni的单独活性相近。

由此可以看出，金属催化剂对反应的选择性，可通过合金化加以调变。以环己烷转化为例，用Ni催化剂可使之脱氢生成苯（目的产物），也可以经由副反应生成甲烷等低碳烃。当加入Cu后，氢解活性大幅下降，而脱氢影响甚少，因此造成良好的脱氢选择性。

合金化不仅能改善催化剂的选择性，也能促进稳定性。例如，轻油重整的Pt-Ir催化剂，较之Pt催化剂稳定性大为提高。其主要原因是Pt-Ir形成合金，避免或减少了表面烧结。Ir有很强的氢解活性，抑制了表面积炭的生成，维持和促进了活性。

（三）金属氧化物活性中心

与金属催化剂相比较，氧化物催化剂无论从结构还是从性能方面都要复杂得多。所以说金属氧化物是一种应用更加广泛的催化剂。这是因为它既可以和金属一样应用于许多氧化-还原型反应之中，例如，氧化（CuO、V_2O_5、NiO）、加氢（Ln_2O_3）、脱氢（Cr_2O_3、CaO、MgO）等；而且，还可以在一般不为金属所催化的酸碱型反应中使用，如裂解（Al_2O_3、SiO_2）、脱水（ZnO、Al_2O_3、ThO_2）等。显而易见，对氧化物催化剂，无论在实验方面还是在理论方面都还需要做大量的研究。文献中有许多在氧化物的晶体结构、电子结构以及各种物理化学和催化化学之间所做的关联。

通常按照氧化物的组成可以将氧化物催化剂分为简单氧化物、混合氧化物和复合氧化物三大类。简单氧化物不言而喻是指结构单一的氧化物催化剂；混合氧化物是指几种氧化物混合后依然保留各自结构，至多只在界面上形成新相的氧化物催化剂；复合氧化物则指几种氧化物混合后形成在结构上与原氧化物不同的氧化物催化剂。

许多化合物具有酸-碱或氧化-还原的催化性能，依此氧化物催化剂也可以分成氧化还原性的和酸碱性的两大类（见表2-2-6）。

表 2-2-6　氧化物催化剂的分离及举例

催化剂类型	简单氧化物	混合氧化物	复合氧化物
酸-碱型催化剂	Al_2O_3、ZnO、TiO_2、CeO_2、As_2O_3、V_2O_5、SiO_2、Cr_2O_3、MoO_3、BeO、MgO、CaO、SrO、BaO、SiO_2、Al_2O_3、ZnO、Li_2O、Ln_2O_3、Y_2O_3	BeO-SiO_2、MgO-SiO_2、CaO-SiO_2、SrO-SiO_2、Y_2O_3-SiO_2、SiO_2-MgO、SiO_2-CaO、SiO_2-SrO、SiO_2-BaO	SiO_2-Al_2O_3、Cr_2O_3-Al_2O_3、ZrO_2-SiO_2、TiO_2-ZnO、杂多酸、分子筛 SiO_2-Al_2O_3、MgO-Al_2O_3、碱阵分子筛
氧化-还原型催化剂	V_2O_5、CoO、NiO、MnO、CeO_2	V_2O_5-TiO_2、V_2O_5-SiO_2、FeO-TiO_2、V_2O_5-SrO	$LaCoO_3$、$LaMnO_3$、Co_3O_4、Fe_3O_4、$BiMoO_4$、杂多酸

（1）氧化-还原型氧化物催化剂在工业催化剂中应该说是应用最广的一种，因为由两种以上的氧化物可以组合成无数个具有催化性能和有应用价值的催化剂。自 20 世纪 50 年代末，美国 Sohio 公司成功地采用 Mo-Bi 系催化剂，由丙烯氨氧化合成丙烯腈，之后 50 年，使用这类氧化物为催化剂工业化的重要催化过程主要包括：丙烯氨氧化制丙烯腈（6 电子氧化）、丁烯氧化脱氢制丁二烯（2 电子氧化）、丙烯氧化制丙烯醛（4 电子氧化）及进一步氧化成丙烯酸（2 电子氧化）等多种催化新工艺。这类氧化物已成为一类重要的氧化物催化剂。同时由于这类催化剂在活性部位的形成以及作用机理上都比酸-碱型氧化物催化剂复杂，氧化物种类的研究以及这类选择性氧化反应的机理与控制这类催化剂的活性和选择性一直是热门课题。我们现在知道，用于这类选择性氧化反应的高效催化剂，从结构上来说都是一些复合金属氧化物，其中最有效的是铝酸盐、铁酸盐、杂多酸盐等。

1954 年 P. Mars 和 D.W. Van Krevelen 在研究氧化钒催化氧化芳烃、苯、萘、甲苯时发现：这些反应系如图 2-2-26 所示，反应物所得氧不是直接来自气相而是来自氧化钒，气相氧补充不断消耗的氧化钒的晶格氧。这一机理被称为 Mars-Van Krevelen 氧化-还原机理（MVK 机理）。如萘在 V_2O_5 催化剂上氧化会经历以下两个过程：首先是萘与氧化物反应，萘被氧化，氧化物被还原；接着被还原的氧化物与气相氧反应回到初始状态。MVK 机理认为氧化物晶格氧为活性氧物种。

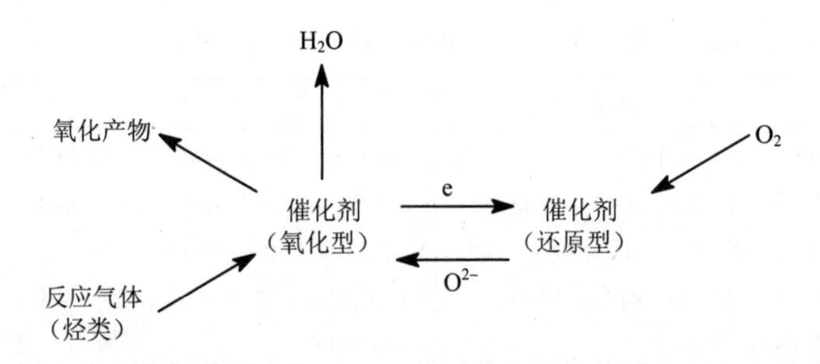

图 2-2-26 Mars-Van Krevelen 氧化-还原机理

MVK 机理对催化剂的要求：

①需要两类活性中心，其中之一能吸附反应物分子；另一个必须能转变气相氧分子为晶格氧。②必须含有可变价金属离子。通常由双金属氧化物组成，如 MoO_3-Bi_2O_3、MoO_3-SnO_2 等，也可以由可变价态的单组分氧化物构成。

（2）固体酸和固体碱型氧化物催化剂、大多数金属氧化物以及由它们组成的混合和复合氧化物，都具有酸性或者碱性，有的甚至同时具有这两种性质。所谓的固体酸催化剂和固体碱催化剂大部分就是这些氧化物。与均相酸-碱催化剂一样，固体酸也包括可以给出质子的 Bronsted 酸（B 酸）和可从反应物接受电子对的 Lewis 酸（L 酸），固体碱则刚好与此相反，是指那些能向反应物给出电子对的固体。

工业中各种实用氧化物催化剂，通常是在主催化剂中加入多种添加剂制成的多组分氧化物催化剂。金属氧化物很多是半导体，因此，能带理论被用来解释催化现象，电导率、逸出功等金属氧化物整体性质被用来解释催化活性，离子的 d 电子组态、晶格氧特性、表面酸碱性等氧化物的局部性质也被用来解释催化活性。

（四）金属络合物活性中心

络合物又称配位化合物，是一类具有特征化学结构的化合物，由中心原子（或离子，统称为中心原子）和围绕它的分子或离子（称为配位体/配体）完全或部分通过配位键结合而形成的物质。

包含由中心原子或离子与几个配体分子或离子以配位键相结合而形成的复

杂分子或离子，通常称为配位单元。凡是含有配位单元的化合物都称作配位化合物。

在配合物中，中心原子与配位体之间共享两个电子，组成的化学键称为配位键。这两个电子不是由两个原子各提供一个，而是来自配位体原子本身，中心原子为金属的可称为金属络合物，如$[Cu(NH_3)_4]SO_4$中，Cu^{2+}与NH_3共享两个电子组成配位键，这两个电子都是由N原子提供的。形成配位键的条件是中心原子必须具有空轨道，而过渡金属原子最符合这一条件。

1．金属络合物的应用

金属络合物催化剂在催化反应中的应用很广泛，其中以在氧化、加氢、硅氢加成和醛化加成反应中最多。

（1）氧化反应：二氧化硅聚苯基硅氧烷铂络合物催化甲醇氧化，可在常温下以100%收率得到甲醇，不生成甲酸，选择性和稳定性高，并且可反复使用，活性几乎不下降。此外，金属络合物催化剂也广泛应用于烷烃单加氧化（如氧化环己烷为环己醇和环己酮），烯烃环氧化（如氧化苯乙烯为苯基环氧乙烷），萘酚氧化（如氧化萘酚为2-羟基-1,4-萘醌），氧化木质素、污染物及含硫、氮等杂原子化合物，氧化DNA以判明其结构等。

（2）加氢反应：催化加氢反应是金属络合物催化剂应用最多的领域，已经合成了许多具有高活性、高选择性和稳定性的催化剂。

（3）硅氢加成反应：膦-铑络合物，能有效催化三乙氧基硅烷与己烯-1的加成，产物（正己基三乙氧基硅烷）收率达90%以上。

（4）醛化反应：烯烃经醛化反应以制备含氧化合物是石油化工重要的组成部分，这方面有机膦-铑络合物有优良的催化性能，研究得很活跃。

（5）其他反应：金属络合物催化剂催化反应还包括异构化反应、酚类的氧化聚合、醇的氢氘交换反应、聚合和齐聚反应、酮合成，氢核试剂的烯丙位加成，烯烃易位反应、固氮反应、缩合反应等。

2．几种典型的金属络合物

1）金属卟啉配合物

卟啉是卟吩外环带有取代基的衍生物的总称（如图 2-2-27 所示）。金属卟啉配合物能够有效地模拟细胞色素 P-450 单加氧酶，可在温和条件下活化分子氧，从而实现烷烃、烯烃等化合物的羟基化、环氧化等。近年来国内外研究结果表明：许多金属卟啉化合物在催化烃类选择性氧化反应中表现出较高的催化活性和选择性，且无须借助共还原剂。特别是我国开发的具有独立知识产权的环己烷仿生催化氧化新工艺 7 万 t/a 工业试验的成功运行，这些研究结果使得以金属卟啉作为催化剂的仿生催化技术日益受到重视。

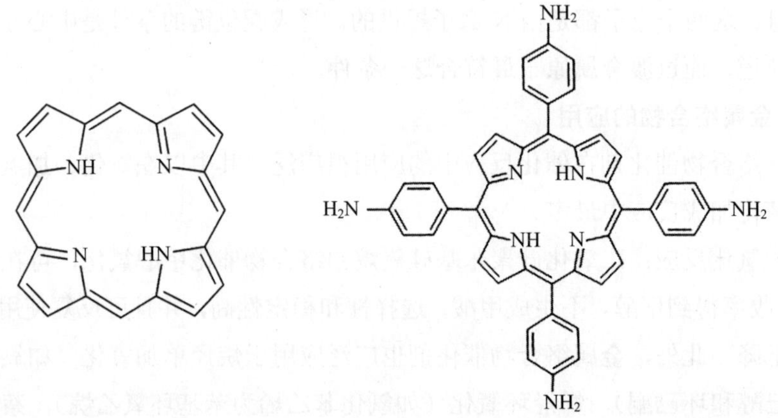

卟吩　　卟啉

图 2-2-27　卟吩和卟啉的结构示意图

2）金属酞菁配合物

金属卟啉尽管具有较高的催化活性，但合成成本较高、条件苛刻且步骤复杂，这使其应用受到了限制。因此，结构与其类似的类卟啉金属配合物逐渐受到人们的青睐。

金属酞菁就是将金属卟啉中的次甲基替换为氮原子，使四个吡咯环通过氮原子结成一个大环化合物。由于其配位时是四个氮原子与金属配位，同金属卟啉相似，故在仿生催化氧化领域受到了广泛的重视。Sehlotho 等曾报道酞菁铁、钴配合物（如图 2-2-28 所示）对 TBHP 氧化环己烯的催化性能（尤其是产物的选择性）与金属离子有关；酞菁铁配合物对环己烯醇的选择性较高，酞菁钴配合物对环己烯酮的选择性较高。

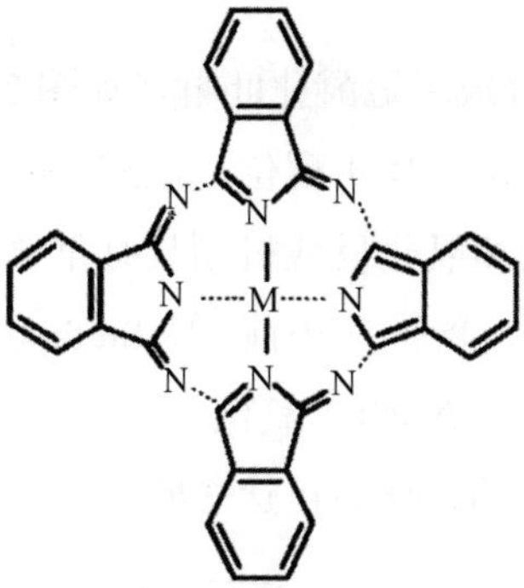

M = Fe、Co

图 2-2-28　酞菁铁、钴配合物的结构示意图

3）金属吡啶基配合物

吡啶环中含有带孤对电子的 N 原子，是一种很好的配位原子，能与大多数金属形成反馈键而增强配位能力，故在金属有机配合物中经常使用。常见含吡啶基的配体有吡啶、喹啉、联吡啶、吡咯及其衍生物等。相关研究发现高分子固载的 2,2’-联吡啶铜、钌、铁配合物在催化分子氧氧化烷基苯的反应中具有较高的活性，乙苯的转化率为 43.8%，主要产物为酮和醇。在催化分子氧氧化环己烯的反应中，氧化反应发生在 α-碳上，主要产物为烯酮和烯醇。

4）金属多胺配合物

金属多胺分为大环和线性多胺两类，配位既可发生在环内也可发生在环外。如相关研究曾报道环外配位的聚苯乙烯固载的三聚氢氨铜配合物（如图 2-2-29 所示）在常压氧气氧化乙苯和异丙苯的反应中表现出了良好的催化活性，其中异丙苯的氧化产物为 2-苯基-丙烯和对甲基-1-苯基乙醇。

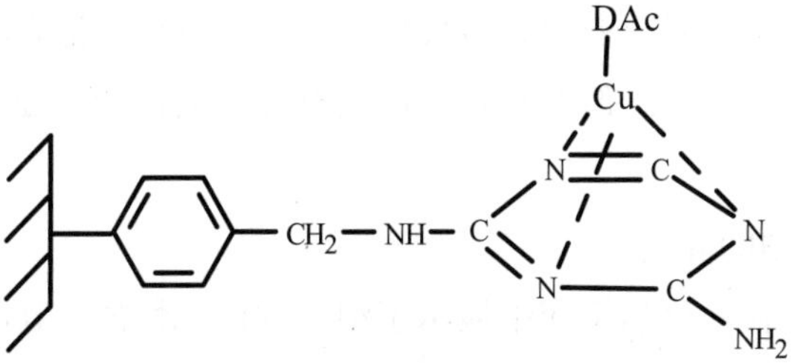

图 2-2-29　聚苯乙烯固载的三聚氢氨铜配合物的结构示意图

5）金属冠醚配合物

1977 年 Chang 等首次合成了冠醚化卟啉（如图 2-2-30 所示），它能同时与过渡金属离子和碱（或碱土）金属离子配位。冠醚仿生氧载体的研究不仅对揭示生物体内氧的可逆键合、活化和氧化反应机制具有重要的理论意义，而且在温和条件下催化氧化反应表现出了广阔的应用前景。Stefano 等曾报道在 CH_2Cl_2/H_2O 两相体系中，冠醚锰配合物催化 NaClO 氧化十二碳烯。室温下反应 60 min 后，环氧化物收率为 54%，催化剂的转化数可达 270。

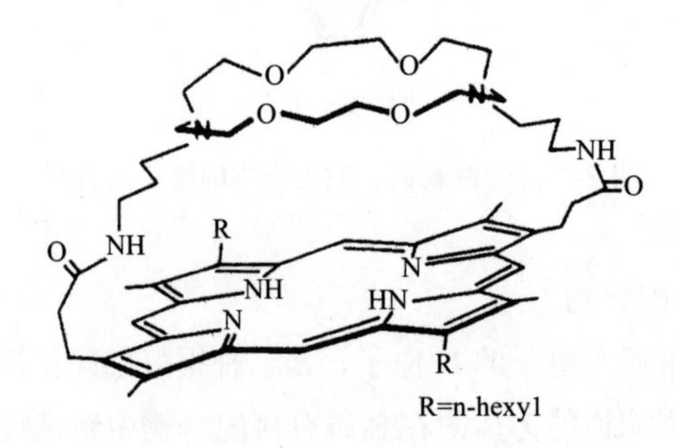

图 2-2-30　冠醚化卟啉的结构示意图

此外，羟氨酸、EDTA 和β-二酮等配体与金属形成的配合物在催化氧化领域也有广泛的应用。

6）金属 Schiff 碱配合物

金属 Schiff 碱配合物由于具有良好的配位化学性能、独特的物理、催化性能及抗菌、抗癌等生理活性，在所有类卟啉配合物中得到了最为广泛、系统、深入的研究。半个多世纪以来，已有大量有关 Schiff 碱及其金属配合物的文献报道，特别是在其合成与应用方面取得了引人注目的进展。

Schiff 碱可和元素周期表中大多数金属配位形成金属配合物，是配位化学中应用最为广泛的配体之一。但对氧化反应具有催化活性的主要是其中的过渡金属 Schiff 碱配合物。

3．均相络合物的固载

金属络合物在各种化学反应中显示了很高的催化性能，在精细化学品有机合成中发挥了重要的作用。但均相配合物不可避免地存在着产物分离和催化剂重复使用等问题。因此自 20 世纪五六十年代起，人们一直尝试将均相配合物固载到各种有机聚合物或无机载体上以实现其非均相化，并将所得的非均相配合物应用于羰基合成、加氢、氧化、硅氢化、烯烃聚合等诸多反应中。文献中出现了许多不同的词汇来描述均相配合物的非均相化，如“heterogenisation，immobilization，tethering，supporting，anchoring，hybrid phase，interphase”。

1）均相配合物非均相化的载体

固载均相配合物的载体主要分为两类：一是有机高分子载体，如有机聚合物、离子交换树脂、聚合物膜等；二是无机载体，如 SiO_2、分子筛、黏土、水滑石、氧化铝等。

有机高分子材料用作载体固载金属 Schiff 碱配合物的报道很多，有的非均相配合物也表现出了较高的催化性能。如将乙二胺缩水杨醛 Schiff 碱钼（Ⅵ）配合物固载于聚苯乙烯（PS）上，所得的非均相钼（Ⅵ）配合物（如图 2-2-31 所示）催化环己烯氧化反应，与小分子配合物 $MoO_2(acac)_2$ 相比，具有更加优良的催化活性和对环氧化物的选择性。在 80℃下反应 60 min 后，环氧环乙烷收率在 99.2% 以上，且催化剂循环使用 5 次后活性未发现明显下降。

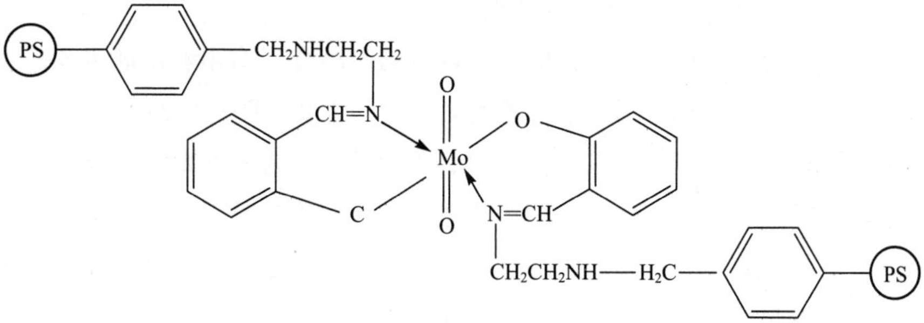

图 2-2-31　非均相钼（Ⅵ）配合物的结构示意图

相关研究合成了树状高分子固载的水杨醛 Schiff 碱锰（Ⅱ）配合物，考察了不同代数的树状配合物，在常压和无助还原剂的条件下，对 O_2 氧化环己烯反应的催化性能。结果表明，催化剂的活性随反应温度（＜80℃时）和树状高分子代数的增加而增加，该催化氧化体系经历了自由基反应历程。Kowalski 等研究了不同的导电高分子 PANI、POT 和 POA 固载的 Co（salen）配合物催化 O_2 氧化反式二苯基乙烯的环氧化反应。以异丁醛为助催化剂，室温下在乙腈中反应 3 h，环氧化物产率在 85%～93%；且催化剂的活性与高分子载体无关，仅与 Co（salen）配合物的固载量线性相关。

尽管有机高分子材料作为载体固载金属配合物的应用较为广泛，但由于其比表面积较低，热稳定性较差，抗氧化能力较差，且在有些溶剂中易溶胀，因而无机载体逐渐成为目前研究的热点。

无定型 SiO_2 是最常用的无机载体，但其比表面积也相对较小，且孔尺寸分布较宽、不均匀。传统的沸石分子筛（如 γ 沸石具有 1.3 nm 的超笼），可将金属配合物组装到超笼内，但体积较大的配合物容易堵塞孔道。对于黏土、水滑石等层状载体，孔径也相对较小，不易进行内表面的有机官能化或嵌入体积较大的金属配合物。与上述载体相比，介孔分子筛比表面积大，孔体积较高，孔分布较窄，且具有与金属配合物相适应的纳米孔道，大量的自由羟基和良好的热稳定性。这些优点使介孔分子筛容易进行有机官能化来固载金属配合物，因此目前介孔分子筛已成为均相配合物非均相化时载体的首选。介孔分子筛的出现丰富了常规的无机载体，为均相催化剂非均相化研究提供了广阔的空间。

2）均相络合物非均相化的优缺点

均相络合物非均相化后所得的催化剂，同时结合了均相催化剂和多相催化剂的优点，又在一定程度上回避了二者的缺点，其主要优势可归纳如下：

由于均相络合物催化体系中活性中心浓度较高，易相互聚合生成非活性的聚合物；均相配合物非均相化后，利用载体大比表面积的分散作用，实现了活性中心的隔离，能有效地阻止金属物种自身之间的相互接触，从而减少或避免活性物种的聚合，因此均相配合物非均相化后在理论上催化性能有升高的趋势。所得的非均相配合物易与产物分离，能重复使用。

非均相配合物的催化体系中，可以自由地选择溶剂。均相催化反应通常需要合适的溶剂来溶解催化剂，有些金属配合物受到溶解度的限制而需要大量的溶剂。而均相配合物非均相化后，无须受溶解度的限制，从而可能大大减少溶剂的用量。

有可能将不同性能的活性中心固载到同一个载体上，减少催化反应步骤。可通过对载体表面进行改性或修饰，对活性位所在的微环境进行调控，从而可设计或制备出高活性的非均相配合物。催化剂的稳定性增加，腐蚀性降低，易实现生产工艺连续化操作。当然均相配合物非均相化后，并不是在一个反应体系中会同时体现上述优点，而是在不同反应体系中会体现出不同的优势。

均相配合物非均相化后也面临着下面的问题：

均相络合物非均相化过程中存在许多不确定性。均相配合物的固载量及载体、偶联基团（对于通过配位键或共价键固载而言）的选择都可能会影响所制备的非均相配合物的结构和催化性能。因此有些均相配合物非均相化后催化性能明显提高，有些则降低；而且在催化剂制备上可能会丧失均相催化剂重复性好的优点。非均相配合物中的金属物种在反应过程中可能析出，不能完全实现重复使用。载体的引入带来扩散限制的影响，可能会使反应速度降低。可见，明确均相配合物非均相化过程中各因素对非均相配合物结构和催化性能的影响，对于制备高活性的、高稳定性的非均相配合物是至关重要的。

二、载体的选取与设计

前述我们已经提到，载体不仅能提供良好的物理性能以满足催化剂设计和生产的需要，而且能与催化活性物发生相互的化学作用而影响活性组分的性能，因此在选择载体时要充分考虑催化活性组分的理化性质、催化反应类型和反应操作条件等因素。

载体的选择主要有以下原则和依据。

1. 活性组分负载的方式及其与载体间的相互作用

载体制备的最终目的是用于制备催化剂，使所得催化剂具有高强度和稳定的结构，这就必须使活性组分牢固地黏结在载体上形成某种结构，活性组分和载体之间的黏结可以通过化学作用，也可以是物理作用。通常化学作用所得的催化剂稳定性更好，其在使用时不会因烧结或流体力学条件而发生显著变化。将活性组分附载在载体上的方法很多，有机械混合、浸渍法、共沉淀法、离子交换法、滚涂法、液相吸附等。

活性组分不同的负载方式对活性组分的负载量、催化剂的活性、寿命等均有显著的影响。例如，汽车尾气处理催化剂，反应物中所含微量的硫化物可使催化剂中毒，因此催化剂制备过程中通常采用内层负载方式，从而起到保护活性物质不受毒物毒化的作用。

载体与活性组分之间的相互作用很早就引起了人们的注意，1978 年 Tasnter 等研究了Ⅷ族贵金属与 TiO_2 之间的相互作用，并且提出了“金属-载体强相互作用”（Strong-Metal-support-interaction，SMSI）的概念来描述这种作用。近年来的大量研究工作表明：SMSI 本质上是一种化学作用。在许多情况下，SMSI 的存在可以显著地改善催化剂的性能，考虑到这种作用对于载体材料的选择的重要影响作用，有人指出：载体的选择实际上就是根据特定的反应条件、环境气氛选取适当的载体材料，使之与活性组分相结合，恰到好处地利用载体的作用，研制出活性高、选择性好、稳定寿命长的催化剂。

对于一定的反应体系来说，活性组分与载体之间的相互作用可能是需要的，也可能是不希望有的。所以，选取载体材料时，一定要先应该明确知道：该载体材料是否会与活性组分发生作用？发生相互作用的结果是对反应有利或是不利？一般可变价元素的氧化物作载体时，常常可与活性组分发生化学作用。如 TiO_2、V_2O_5、MnO、Nb_2O_5 等即是这一类载体材料。近年来，人们发现许多非变价元素的氧化物载体也能够与活性组分之间产生足以改变活性组分的催化性能的相互作用，最典型的、研究得较多的是 SiO_2。

载体与活性组分之间的作用，可使催化剂的活性、选择性提高，催化剂的抗毒能力和抗烧结能力增强。如 Baker 等用电子显微镜对 Pt/TiO_2、Pt/Al_2O_3、Pt/C、Pt/SiO_2 的研究表明，附载在 TiO_2 上的 Pt 的抗烧结性能比附载在 Al_2O_3、C、SiO_2 上的 Pt 要好得多。

载体效应的问题越来越受到人们的重视，近年来，人们在这方面做了大量的研究工作，出现了大量的关于载体效应的结果。结果表明：使用不同载体材料所得到的含有相同活性组分的催化剂，其性能可能会有很大的差别，甚至某些特性会完全相反。如用 Rh/SiO_2 作氢解催化剂时，活性组分 Rh 的分散程度越高，催化剂的活性越高。但若将 SiO_2 换成 Al_2O_3，情况则完全相反。由此可见，选择合适的载体材料的重要性非同一般。随着催化学科的发展，载体效应的问题将会越来越引起大家的注意，载体材料的选择也将会越来越趋近于合理化和最优化。

2．反应的控制步骤与传递过程对载体的要求

载体的选择取决于能被反应物利用的催化剂的表面积和催化剂的孔隙率。

催化剂比表面积（surface area）是催化剂性能的重要指标之一。1 g 催化剂或催化剂载体的内（或外）表面积 S，单位通常用 m^2/g 表示。多孔性固体颗粒由于具有极大的内表面积，而且这些内表面蕴藏在颗粒孔内，如果为细孔，这时表面积虽大，但用它作催化剂载体时，就会阻碍反应物分子向孔内扩散，影响反应进行，这样就不是所有表面都起催化作用，而只有一部分起催化作用。通常把这一起催化作用的部分表面称为有效表面，为了提高催化剂的活性应设法增加其有效表面积。

催化剂的孔隙率是指催化剂中孔隙体积与催化剂在自然状态下总体积的百分比。孔隙率包括真孔隙率、闭孔隙率和先孔隙率。与催化剂孔隙率相对应的另一个概念，是催化剂的密实度。密实度表示催化剂内被固体所填充的程度，它在量上反映了催化剂内部固体的含量，对于催化剂性质的影响正好与孔隙率的影响相反。

催化剂孔隙率或密实度大小直接反映催化剂的密实程度。催化剂的孔隙率高，则表示密实程度小。

$$P=\frac{V_0-V}{V_0}\times100\%=(1-\frac{\rho_0}{\rho})\times100\%$$

式中，P 为材料孔隙率，%；V_0 为材料在自然状态下的体积，或称表观体积，cm^3 或 m^3；ρ_0 为材料体积密度，g/cm^3 或 kg/m^3；V 为材料的绝对密实体积，cm^3 或 m^3；ρ 为材料密度，g/cm^3 或 kg/m^3。

当催化剂粒子的孔隙率和几何构型为重要因素时，总反应速率一般受传质或传热的影响；倘若催化反应速率受表面化学反应速率支配，表观活性是该催化剂的表面积的函数（比活性）。

3．反应的热效应对载体导热系数的要求

载体的导热系数又称热导率，是当两等温面间的距离为 1 m、温差为 1℃时，热传导在单位时间内穿过 1 m^2 面积的热量。催化剂的热导率对强放热反应特别重要。对大量放热的反应，要求采用导热性能好的载体。通常情况下，催化剂粒子和流体之间的最大温差为：

$$\Delta T=\frac{-D\Delta H}{K}C_s$$

式中，ΔH 为反应热；D 为扩散系数；K 为热导率；C_s 为粒子外表面上反应物浓度，这是选择载体热导率的理论根据。

4．反应器类型对载体的颗粒度、形貌、密度等的要求

大多数情况下，反应器的结构应当保证工艺所要求的最基本参数维持稳定，反应器中的基本参数如下：①反应物与催化剂的接触时间；②在反应器的反应区内不同点的温度；③反应器中的压力；④反应物向催化剂表面的传递速度；⑤催化剂的活性。

在固定床反应器中，固定床催化剂的颗粒大小是由许多因素决定的，其中主要的有催化剂内表面的利用和床层的压力降。在流化床反应器中，当反应的热效应很大，或催化剂需要周期的再生时，采用流化床反应器。催化剂载体的强度高，耐磨性能好，一般采用球形催化剂。

5．催化剂生产的经济成本与载体原料来源的难易

在选择催化剂载体时，应考虑催化反应所要求的表面积、热稳定性、化学稳定性和机械强度，化学性质符合要求的载体。同时要求载体原料来源广泛，经济成本低。

载体在操作条件下的化学稳定性，即载体在操作条件下是否会与反应物或生成物发生化学反应。例如，SiO_2 在水蒸气存在的条件下，能转化为原硅酸 $Si(OH)_4$ 转移到气相中，这会导致催化剂粉化失活。另外，温度降低后，$Si(OH)_4$ 会在设备或管道中沉积下来，造成堵塞。

三、助催化剂的选取与设计

在催化剂中添加少量的某些成分能够使催化剂的化学组成、晶体与表面结构、离子价态及分布、酸碱性等发生改变，从而使催化剂的性能（如活性、选择性、热稳定性、抗毒性和使用寿命等）得到改善。但当单独使用这些物质作催化剂时，没有催化活性或只有很低的活性，这些添加物质就被称为助催化剂。助催化剂的含量存在最适宜的值。一般选取和设计助催化剂有两种方法：

（1）运用现有的科学知识和催化理论，针对催化剂和催化反应存在的具体问题进行设计。

例如，在烃类异构化反应过程中，常发生裂解副反应，通常降低催化剂的酸性或反应温度可降低副反应程度，所以可以设计碱性助催化剂来降低催化剂的酸性，以提高主反应的选择性。

（2）对催化反应的机理进行深入研究，依据机理对催化剂做出调整。

通过对催化反应机理的深入研究，在弄清楚反应机理之后对催化剂进行调整，确定需要添加助催化剂。进行反应机理研究时，应尽可能接近催化反应的条件。

如研究发现碱金属的添加显著提高了催化剂活化表面羟基的能力，从而改变了常温催化氧化甲醛的反应机理：从甲酸盐分解氧化机理（添加前）转变为甲酸盐和羟基反应的直接氧化机理（添加后）。故通过向 Pt/TiO_2 催化剂中添加碱金属（Li、Na、K 等），实现了活性中心 Pt 在载体 TiO_2 表面上的原子级分散，在催化氧化甲醛的过程中充分发挥了每个 Pt 原子的作用，因此进一步显著提高了 Pt/TiO_2 催化剂常温催化氧化甲醛的活性。

第三节　环保催化剂的制备

一、浸渍法

浸渍法是指将载体浸入可溶的且易分解的盐溶液中，通过蒸干溶剂使溶质负载于载体上，再进行煅烧或还原处理。浸渍液中所含的活性组分应具有溶解度大、结构稳定、受热易分解的特点，一般多选用活性组分的硝酸盐、醋酸盐和铵盐等。其原理是将载体浸入浸渍液时，由于表面张力的作用，使得浸渍液浸入载体内部，活性组分再在载体内表面吸附（如图 2-3-1 所示）。多组分浸渍时，各组分会进行竞争性吸附。在制备多组分催化剂时，为防止竞争吸附所引起的表面活性组分不均匀，通常采用分步骤多次浸渍。

浸渍条件，比如浸渍时间、浸渍液浓度和浸渍前载体的干燥或湿润状态都会不同程度地影响浸渍效果。

浸渍法制备催化剂有诸多优点：①通过选择现有一定形状、尺寸的载体，可以省去催化剂的成型过程；②通过选择合适的载体，可以提供催化剂所需的质地性质，如比表面、孔分布等；③利用载体的高分散性，使得活性组分用量大大减小，利用率得以提高；④活性组分的负载量可通过调控制备条件加以控制。

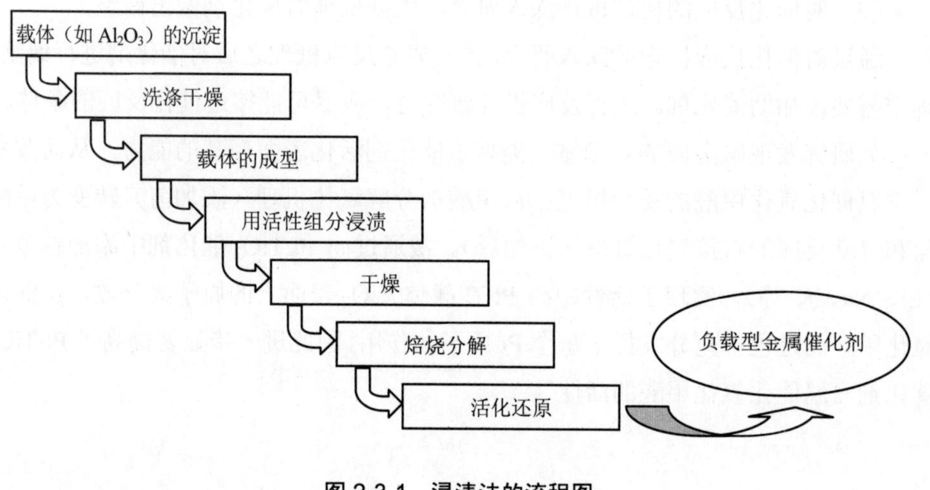

图 2-3-1 浸渍法的流程图

二、沉淀法

沉淀法可分为非负载沉淀法和负载沉淀法两类。前者是用沉淀剂将可溶性的催化剂组分转变成难溶化合物，再经分离、洗涤、干燥和煅烧成型等步骤制成催化剂；后者是先将可溶性的催化剂活性组分和载体混合均匀，然后用沉淀剂将活性组分沉淀在载体上。

环境催化剂的制备通常采用非负载沉淀法中的共沉淀法，即将催化剂中的两个或两个以上活性组分一起沉淀的一种方法。其特点是一次可以同时获得几个组分，而且各个组分之间的比例较为恒定，分布也比较均匀。如果组分之间能够形成固溶体，那么分散度和均匀性则更为理想。共沉淀法的分散性和均匀性好，这是它较之于固相混合法等的最大优势。向含多种阳离子的溶液中加入沉淀剂后，所有离子完全沉淀的方法称为共沉淀法。它又可分成单相共沉淀和混合物共沉淀。

1. 单相共沉淀

沉淀物为单一化合物或单相固溶体时，称为单相共沉淀，亦称化合物沉淀法。溶液中的金属离子是以具有与配比组成相等的化学计量化合物形式沉淀的。因而，当沉淀颗粒的金属元素之比就是产物化合物的金属元素之比时，沉淀物具有在原子尺度上的组成均匀性。如图 2-3-2 所示，在制备载体 Al_2O_3 时，向铝盐中加入 NaOH 沉淀剂将会形成 $Al(OH)_3$ 沉淀，最终煅烧可以得到 Al_2O_3。但是，对于由两种以上金属元素组成的化合物，当金属元素之比按倍比法则是简单的整数比时，保证组成均匀性是可以的；而当要定量地加入微量成分时，保证组成均匀性常常很困难。如果是利用形成固溶体的方法，就可以收到良好效果。不过，形成固溶体的系统是有限的，适用范围窄，仅对有限的草酸盐沉淀适用。

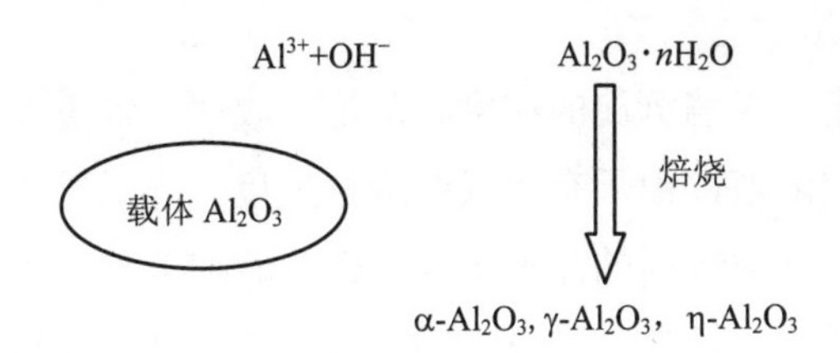

图 2-3-2 载体 Al_2O_3 的制备过程图

2. 混合物共沉淀（多相共沉淀）

沉淀产物为混合物时，称为混合物共沉淀。为了获得均匀的沉淀，通常是将含多种阳离子的盐溶液慢慢加到过量的沉淀剂中并进行搅拌，使所有沉淀离子的浓度大大超过沉淀的平衡浓度。尽量使各组分按比例同时沉淀出来，从而得到较均匀的沉淀物。但由于组分之间产生沉淀时的浓度及沉淀速度存在差异，故溶液的原始原子水平的均匀性可能部分地失去，沉淀通常是氢氧化物或水合氧化物，但也可以是草酸盐、碳酸盐等。如在制备 CuO-ZnO-Al_2O_3 三元混合氧化物时，通常向硝酸盐中加入 Na_2CO_3，以形成三种金属阳离子碳酸盐，煅烧后可以得到 CuO-ZnO-Al_2O_3 三元混合氧化物（如图 2-3-3 所示）。此法的关键在于如何使组成材料的多种离子同时沉淀。一般通过高速搅拌、加入过量沉淀剂以及调节 pH 来得到较均匀的沉淀物。

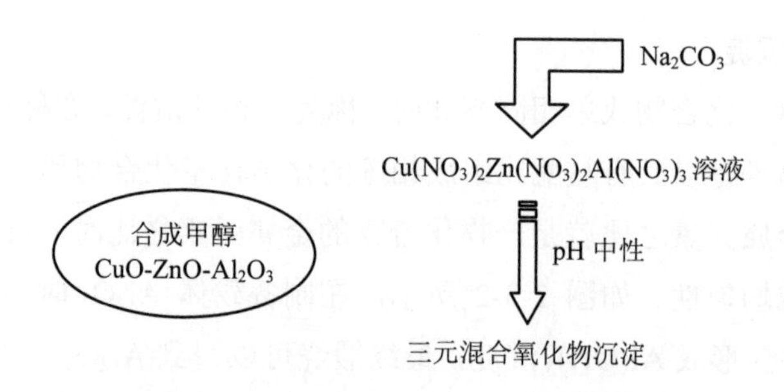

图 2-3-3 CuO-ZnO-Al_2O_3 的制备过程图

沉淀法在催化剂合成中应用最为广泛，每一个合成参数都将对所得催化剂的结构和性质产生重要的影响，故在合成中应注意以下因素对催化剂性能的影响。

1）沉淀溶液的浓度

沉淀溶液的浓度会影响沉淀的粒度、晶形、收率、纯度及表面性质。通常情况下，相对稀的沉淀溶液，由于有较低的成核速度，容易获得粒度较大、晶形较为完整、纯度及表面性质较高的晶形沉淀，但其收率要低一些，这适于单纯追求产品的化学纯度的情况；反之，如果成核速度太低，那么生成的颗粒数就少，单个颗粒的粒度就会变大，这对于微细粉体材料的制备是不利的，因此，实际生产中应根据产品性能的不同要求，控制适宜的沉淀液浓度，在一定程度上控制成核速度和生长速度。

2）合成温度

沉淀的合成温度也会影响到沉淀的粒度、晶形、收率、纯度及表面性质。在热溶液中，沉淀的溶解度一般都比较大，过饱和度相对较低，从而使得沉淀的成核速度减慢，有利于晶核的长大，得到的沉淀比较紧密，便于沉降和洗涤；沉淀在热溶液中的吸附作用要小一些，有利于纯度的提高。在制备不同的沉淀物质时，由于追求的理化性能不同，具体采用的温度应视试验结果而定。例如，在合成时如果温度太高，产品会分解而只得到黑色氧化铜；在采用易分解、易挥发的沉淀剂时，温度太高会增加原料的损失。

3）沉淀剂的加入方式及速度

沉淀剂的加入方式及速度均会影响沉淀的各种理化性能。沉淀剂若分散加入，而且加料的速度较慢，同时进行搅拌，可避免溶液局部过浓而形成大量晶核，有利于制备纯度较高、大颗粒的晶形沉淀。例如，制备白色无定形粉末状沉淀氢氧化铝，使用的原料为 $NaAlO_2$ 及碳酸氢铵，其主要杂质为碱金属，开始时以较慢的线速度将 NH_4HCO_3 加入 $NaAlO_2$ 的热溶液中，待沉淀析出大半时，再加快沉淀剂的加入速度，直至反应结束。这样得到的 $Al(OH)_3$ 颗粒较大，只需要洗涤数次，产品中碱金属杂质即可合格。如将沉淀剂浓度加大，加料速度加快、反应温度又低，这样得到的是 $Al(OH)_3$ 的胶状沉淀，即使洗涤数十次，产品中碱金属含量也不容易合格。当然，这只是从化学纯度的角度来考虑的，若要生产专用性的 $Al(OH)_3$ 产品，沉淀剂的加入方式及速度则应该根据具体要求而定。

4）加料顺序

加料方式分正加、反加、并加三种。生产中的“正加”是指将金属盐类先放于反应器中，再加入沉淀剂；反之为“反加”；而把含沉淀物阴阳离子的溶液同时按比例加入反应器的方法，称为“并加”。加料顺序与沉淀物吸附哪种杂质以及沉淀物的均匀性有密切的关系。“正加”方式的沉淀主要吸附原料金属盐的阴离子杂质；且在中和沉淀时，先后生成的沉淀，其所处的环境 pH 不同，得到的沉淀产品均匀性差。“反加”方式主要吸附沉淀的阴离子杂质中和生成沉淀时，若是在整个沉淀过程占中 pH 变化很小，产品均匀性较好。“并加”方式可避免溶液的局部过浓，沉淀过程较为稳定，且吸附杂质较少，从而可得到理化性能较好的产品。在实际生产中应视产品的具体要求而定。

5）沉淀剂

沉淀剂的选择应考虑产品质量、工艺、产率、原料来源及成本、环境污染和安全性等问题。在工艺允许的情况下，应该选用溶解度较大、选择性较高、副产物影响较小的沉淀剂，也便于除去多余的沉淀剂、减少吸附和副反应的发生。在生产碳酸盐沉淀产品时，可选择的沉淀剂有 Na_2CO_3、$NaHCO_3$、NH_4HCO_3 和其他多种可溶性碳酸盐，但一般以 NH_4HCO_3 为好，因为它的溶解度大、易洗涤、副产物易挥发、污染也较小，而且原料来源广泛、价格也低。沉淀剂的使用一般应过量，以便能获得高的收率，减少金属盐离子的污染；但也不可太过量，否则会因络合效应和盐效应等降低收率。一般过量 20%～50%就能满足要求了。

6）沉淀的陈化

陈化可释出沉淀过程带入的大部分杂质。在陈化过程中，因小颗粒沉淀的比表面积大，表面能也大；相同量大颗粒沉淀的比表面积较小，表面能就小，体系的变化有从高能量到低能量的自发趋势，因此小颗粒沉淀会逐渐溶解，大颗粒沉淀可慢慢再长大。从沉淀的溶解度来看，当体系中大小颗粒共存时，若溶液相对于大颗粒沉淀是饱和的，那么对小颗粒沉淀就不饱和，因此小颗粒沉淀溶解，而大颗粒沉淀会长大，使沉淀颗粒表面完整，减少吸湿和结块，提高沉淀的储存和使用性能。陈化过程由于小颗粒的溶解，减少了杂质的吸附和包裹夹带，起到所谓局部重结晶的作用，可以提高沉淀产品的纯度。陈化时的条件，如时间和温度等也会影响沉淀的性能，因此，应该根据产品的具体要求而确定。在实际生产中，必须注意的是陈化的时间如果超过了一定的范围就可能会引起后沉淀，反而使产品的纯度下降。

三、混合法

混合法是将两种或多种催化剂活性组分的粉状细粒子在球磨机或碾压机上机械混合，再经成型、干燥、煅烧制得催化剂。混合法分为湿法混合和干法混合。混合法设备简单，操作方便，生产能力大，是工业催化剂的主要制备方法。但容易造成活性组分分布不均，适合制备活性组分含量较高的催化剂。

例如，转化-吸收型脱硫剂的制造，是将活性组分（如二氧化锰、氧化锌、碳酸锌）与少量黏结剂（如氧化镁、氧化钙）的粉料计量连续加入一个可调节转速和倾斜度的转盘中，同时喷入计量的水、粉料滚动混合黏结，形成均匀直径的球体，此球体再经干燥、焙烧即为成品（如图 2-3-4 所示）。

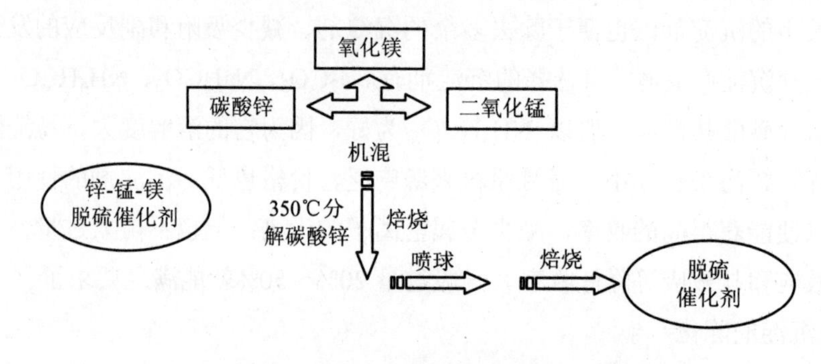

图 2-3-4 锌-锰-镁脱硫催化剂的制备过程图

如合成气制甲醇用的催化剂就是将氧化锌和氧化铬放在一起混合均匀（适当加入铬有机合成酐的水溶液和少许石墨），然后送入压片机制成圆柱形，在 100℃烘 2 h 即可。

四、化学键合法

近十年来此法大量用于制备聚合催化剂，其目的是使均相催化剂固态化。能与过渡金属络合物化学键合的载体，表面有某些官能团（或经化学处理后接上官能团），如-X、$-CH_2X$、-OH 基团。将这类载体与膦、砷或胺反应，使之膦化、砷化或胺化，然后利用表面上磷、砷或氮原子的孤电子对与过渡金属络合物中心金属离子进行配位络合，即可制得化学键合的固相催化剂。

Schiff 碱配合物广泛地应用于氧化、氢化、还原等反应中，本部分以之为例介绍几种常见的化学键合法。

1．配位键固载法

通过配位键将均相 Schiff 碱配合物固载于载体上是均相配合物非均相化过程中最常用的方法。具体来说，就是将高效的均相配合物通过其金属中心与偶联基团端基官能团上的杂原子配位而固载于载体上。这种固载方法合成步骤简单，且能确保出现在载体表面上的均相配合物的纯度，所制备的非均相配合物常具有较高的催化性能。但由于活性配合物与载体之间是通过偶联基团以相对较弱的配位键（相对于共价键）相连，因此这种方法所制备的非均相配合物常被认为存在稳定性差的缺点。因此，近年来许多学者一直致力于研究如何通过这种配位键合的方法来制备高活性、高稳定性的非均相配合物。Zhou 等曾报道将联萘 Schiff 碱铬配合物通过氨丙基偶联基团配位键合到 MCM-41 上（如图 2-3-5 所示），该非均相铬配合物在烯烃的不对称环氧化反应中表现出了很高的催化性能，而且铬配合物的流失仅为 2%～3%。近来 Agashe 及其合作者也成功地将 Cu/Co（salen）配合物通过氨丙基链配位键合到 MCM-41 和硅胶上，并发现所得的非均相配合物在液相烯烃环氧化反应中有较高的活性和稳定性。李灿等先后报道 Mn（salen）可以通过酚基和苯磺酸基而配位键合到载体上，所制备的非均相配合物在烯烃环氧化反应中也表现出了较高的活性和稳定性（如图 2-3-6 所示）。

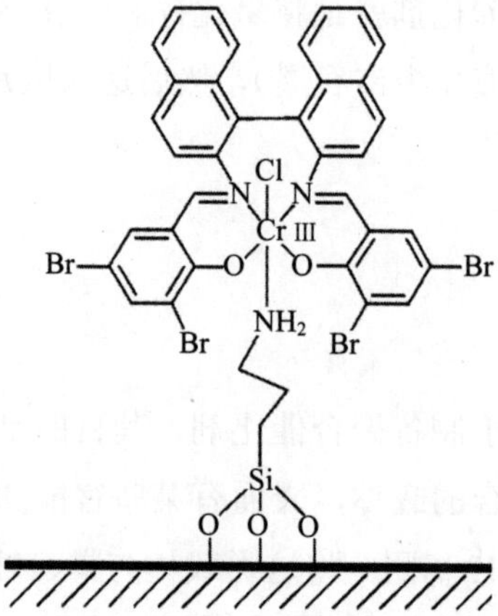

图 2-3-5 均相铬配合物非均相化过程的示意图

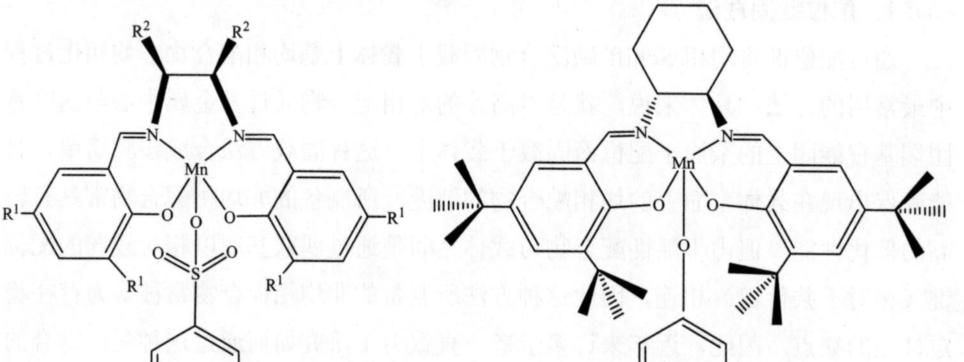

图 2-3-6 非均相 Mn（salen）配合物的结构示意图

2. 共价键固载法

通过共价键将均相 Schiff 碱配合物固载于载体上也是均相配合物非均相化过程中较常见的方法。由于共价键比配位键稳定，因此通过共价键固载的非均相配合物通常比通过配位键固载的非均相配合物具有更高的稳定性。但同时活性配合物也更易受载体的影响，使其自由度降低，因此也通常具有相对较低的催化活性。关于共价键固载 Schiff 碱金属配合物的报道也很多，如 Carvalho 等报道了 3-氨丙基三乙氧基硅烷修饰的介孔分子筛 MCM-41 与水杨醛缩合的 Schiff 碱铜、铁配合物（如图 2-3-7 所示）。在丙酮为溶剂时，该非均相配合物能有效地催化 H_2O_2 氧化环己烷，反应产物主要为环己醇和环乙酮。Louloudi 研究小组将带有硅氧烷官能团的 Schiff 碱铜配合物固载于 SiO_2 上，考察了固载前后铜配合物催化氧化双叔丁基邻苯二酚的催化性能。结果发现，两个配合物都能将双叔丁基邻苯二酚转化成相应的二醌，但非均相配合物表现出了更高的催化活性。Lau 等将 Schiff 碱锰配合物通过 3-氯丙基三乙氧基硅烷以共价键的形式固载于 MCM-41 上(如图 2-3-8 所示)，并将所得的非均相配合物应用于催化 TBHP 氧化环己烯的反应中，发现环己烯被高选择性地氧化成了双-（2 环己烯基）醚；且相对于均相配合物，非均相配合物的催化性能并无明显降低。

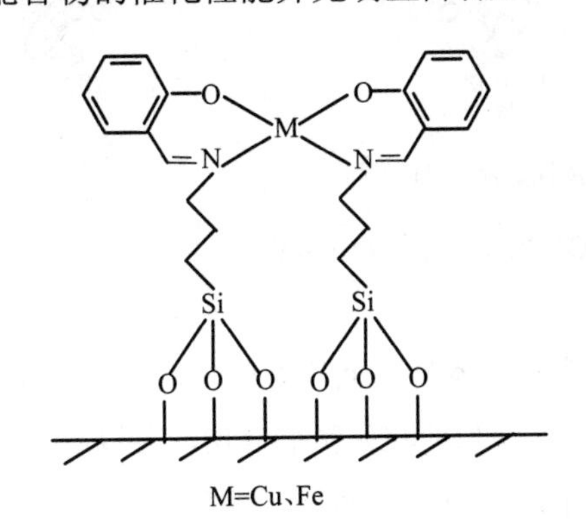

图 2-3-7　非均相铜、铁配合物的结构示意图

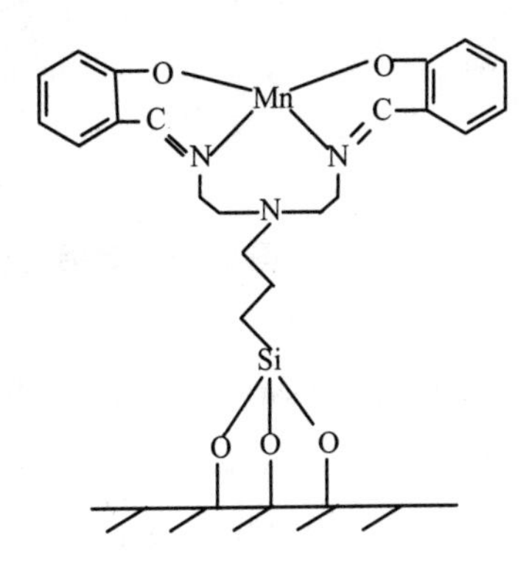

图 2-3-8　非均相锰的结构示意图

3. 离子键固载法

均相 Schiff 碱配合物还可通过阴阳离子间的相互作用而被固载于载体上。相对于配位键和共价键固载的非均相配合物，显然通过离子键固载的配合物稳定性

较差；且由于活性配合物与载体距离较近而更易受载体的影响，因此通过离子键固载的非均相配合物活性常较低。但对于黏土、水滑石等载体，由于其表面具有大量的过剩电荷，易通过离子键固载 Schiff 碱配合物。Kureshy 等采用离子交换法成功地将一系列 Mn（salen）配合物插层于蒙脱土的层间，以所得的非均相配合物为催化剂，NaClO 为氧化剂，苯乙烯、茚、2,2-二甲基-6-硝基色烯的环氧化物产率均达到了 99%以上。本书作者曾将含磺酸基的 Cr（salen）配合物通过离子交换的方法引入水滑石层间，在无溶剂、相转移催化剂和添加剂的条件下，考察了固载前后铬配合物催化 H_2O_2 氧化苯甲醇的催化性能，发现固载后铬配合物的催化性能明显升高，苯甲醇转化率最高可达 65.8%，对苯甲醛的选择性为 100%（如图 2-3-9 所示）。

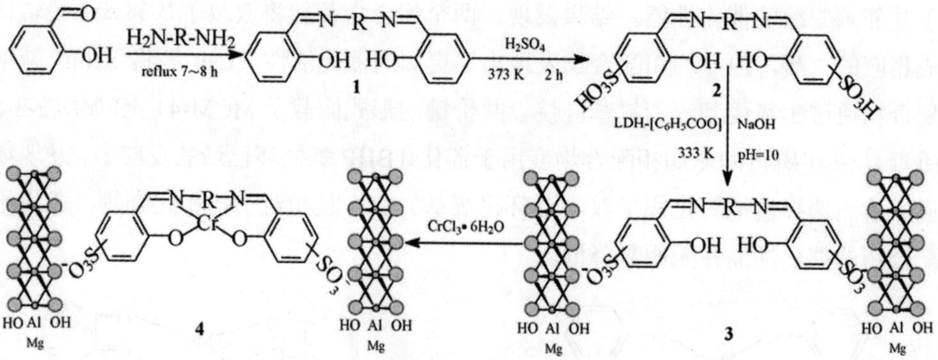

图 2-3-9 镁铝类水滑石固载 Cr Shiff 碱化合物过程图

Salavati-Niasari 等合成了 1,4-戊二酮缩邻胺基苯酚 Schiff 碱配体及其与 Mn、Co、Ni、Cu 四种金属离子配位的 NNOO 四齿 Schiff 碱金属配合物，并以物理吸附的方式将该配合物固载于氧化铝表面（如图 2-3-10 所示）。研究了均相配合物和固载后的非均相配合物对 TBHP/环己烯氧化反应的催化性能，结果表明，所有的非均相配合物都比其相应的均相配合物表现出了更高的催化性能，高转化率低的条件下得到环己烯-1-醇和环己烯-1-酮；且不同金属离子的非均相配合物的催化性能明显不同，其中非均相锰配合物催化环己烯转化率最高达 71.4%。

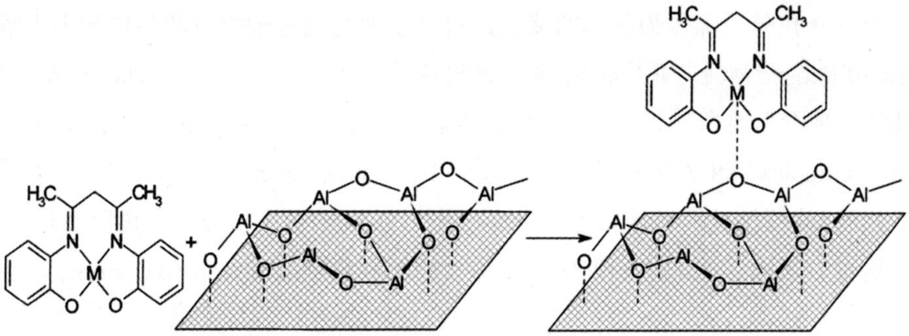

图 2-3-10　均相铬配合物通过离子键固载于 Al_2O_3 上的示意图

4．包埋固载法

通过包埋方式固载 Schiff 碱配合物，又称“ship in the bottle”，就是利用载体空间尺寸的限制将配合物嵌到空穴内。通常以沸石分子筛为载体时选择该种方式固载均相配合物，利用沸石分子筛的超笼来限域体积较大的金属配合物。Wang 等将 2,6-二氨基吡啶与间硝基水杨醛缩合的 Schiff 碱配合物分别固载于 MCM-41 介孔分子筛和 DMY 扩孔分子筛上（如图 2-3-11 所示），并研究了所得的非均相配合物催化 O_2 氧化脂肪族链端烯烃的催化性能。结果发现，分子筛孔径较大则有利于配体与金属的配位，且底物分子易于进入分子筛的孔道，因而固载于大孔径的 DMY 扩孔分子筛上的非均相配合物明显比固载于 MCM-41 上的非均相配合物对烯烃环氧化反应具有更高的催化活性。

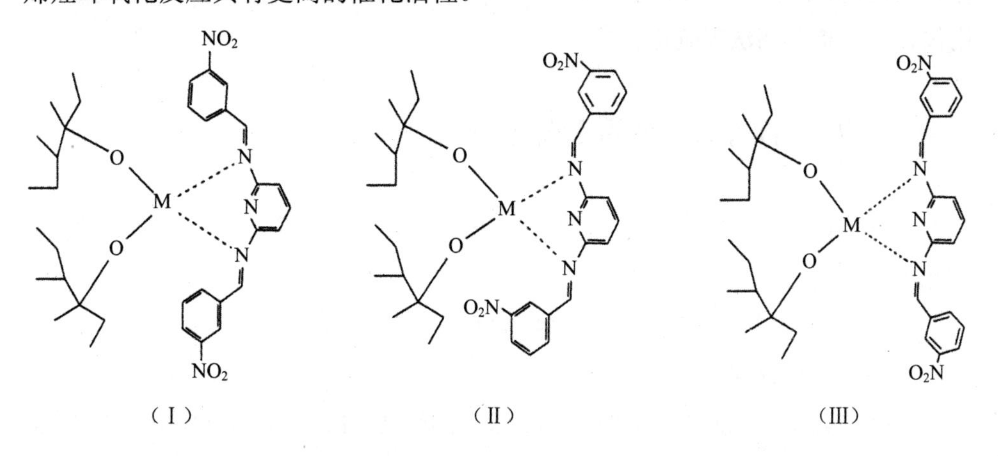

图 2-3-11　固载于 DMY 上的 Schiff 碱配合物的结构示意图

随着介孔分子筛作为载体的盛行，目前主要是通过配位键和共价键来固载均相 Schiff 碱配合物使之非均相化。对于通过这种方式制备的非均相 Schiff 碱配合物，从其结构来看主要由三部分构成，即无机载体（matrix 或 support）、催化活性中心（active complex）和连接两者的偶联基团（spacer 或 linker）。从催化剂整体结构看是多相的，从催化过程来看又是均相的，活性中心在溶液中可与反应底物充分接触，因而这种方法固载的非均相催化剂被称为相间催化剂（interphase catalyst）。

五、其他

常见的催化剂其他制备方法还有溶胶凝胶法、离子交换法、水热合成法、热熔融法、电解法、模板技法等新技术，这些催化剂制备方法为新型环保型催化剂的研发奠定了坚实的基础。

第四节 环保催化剂的表征

催化剂的表征是从综合的角度探讨工业催化剂各种理化性能间的内在联系和规律性，尤其着眼于催化剂的活性、选择性、稳定性与其理化性能间的联系和规律。催化剂的活性和选择性通常通过气相色谱、液相色谱、气质联用仪、液质联用仪、TCL 板分离法来确定。

一、催化剂结构表征的主要指标

固体催化剂理化性能通过各种表征参数来描述，与其宏观结构和微观结构密切相关。

1. 固体催化剂的宏观结构和性能表征

1）几何形状和粒度

固体催化剂的几何形状有粉末、微球、小球、圆柱体（条形或片状）、环柱体、无规则颗粒以及丝网、薄膜等，粒度小至几十微米，大到几十毫米。工业上常见的催化剂外形及其粒度如下：固定床催化剂为小球、条形、片状及其他无规则颗粒，一般直径在 4 mm 以上；移动床催化剂为小球，直径 3 mm 左右；流化床催化剂为微球，几十至几百微米。粒度可用筛析法、卡尺法直接测定，或由有关物理量间接计算。

2）密度

通常所说的密度ρ是质量 m 与其体积 v 之比，即$\rho=m/v$。然而，对于多孔性催化剂来说，因为颗粒堆集体积 v'是由颗粒间的空隙体积 v_1、颗粒内的孔隙体积 v_2 和颗粒真实的骨架体积 v_3 三项共同组成的：$v'=v_1+v_2+v_3$，所以同一个质量除以不同含义的体积，便得堆集密度、颗粒密度、骨架密度。堆集密度ρ_1是单位堆集体积的多孔性物质所具有的质量，即$\rho_1=m/(v_1+v_2+v_3)$；颗粒密度ρ_2是单位颗粒体积的物质具有的质量，即$\rho_2=m/(v_2+v_3)$；骨架密度ρ_3是单位骨架体积的物质具有的质量，即$\rho_3=m/v_3$。

测定堆集密度通常使用量筒法，颗粒密度则用汞置换法，骨架密度多用苯置换法或氦、氩、氮等置换法。

3）孔结构

许多多孔性催化剂含有大量的微孔，宛如一块疏松的海绵。要使催化反应顺利进行，反应物与产物分子必须靠扩散才能自由出入微孔。描述微孔结构的主要参数有孔隙率、比孔容积、孔径分布、平均孔径等。

催化剂的孔隙容积与颗粒体积之比称为孔隙率，单位质量催化剂具有的孔隙容积称为比孔容。孔隙率的大小与孔径、比表面积、机械强度有关，较理想的孔隙率多在 0.4～0.6。用四氯化碳吸附法测定比孔容，方法简单，操作方便，一次可同时测定几个样品。理想的孔隙结构应当孔径大小相近、孔形规整。但是，除分子筛之类的物质外，绝大部分固体催化剂的孔径范围非常宽，而且比孔容按孔径分布的曲线可能出现若干个高峰。孔径分布一般用气体吸附法与压汞法联合测绘。硅胶等物质只有一个微孔体系，大部分孔径偏离中央平均值不远，可用平均孔半径代表孔径大小。其值可由实验测得的比孔容（v_g）和比表面积（s_g）按下式计算：平均孔半径$=2v_g/s_g$。

4）比表面积

多孔性固体催化剂由微孔的孔壁构成巨大的表面积，为反应提供广阔的场地。

1 g催化剂所暴露的总表面积称为总比表面积（以下简称比表面积）。1 g催化剂中活性组分暴露的表面积称为活性组分比表面积。于是，催化剂的总表面积是活性组分、助催化剂、载体以及杂质各表面积的总和。

总比表面积可用非选择性的物理吸附法测定，其中包括BET静态滴定法、重量法和流动色谱热脱法、迎头法等。活性组分比表面常用化学吸附法测定，如氢吸附法、一氧化碳吸附法、二氧化碳吸附法等。

5）机械强度

催化剂颗粒抵抗摩擦、撞击、重力、温度和相变应力等作用的能力，统称为机械稳定性或机械强度。机械强度按催化剂床层类型分为抗压强度和抗摩强度。用于固定床的催化剂主要考虑抗压强度，用于流化床的催化剂主要考虑抗摩强度，而用于移动床的催化剂则要二者同时考虑。

测定机械强度的方法有砝码法、弹簧压力计法、油压机法、刀刃法、撞击法、球磨法、气升法、破碎最小降落高度法等。

6）热导率

又称导热系数，是当两等温面间的距离为1 m、温差为1℃时，由于热传导在单位时间内穿过1 m^2面积的热量。催化剂的热导率对强放热反应特别重要。

2. 固体催化剂微观结构和性能表征

1）表面结构

固体催化剂起催化作用的部分是表面或表面若干层的原子所组成的活性中心。固体的表面结构常与固体内部不同，最明显的区别是表面原子不再受来自外侧的原子或分子的作用，表面层原子与第二层原子的间距常有0.3%～15%的收缩。这种表面弛豫现象向下逐层减弱，直至层间距与体相的层间距完全相同。有些固体，如铂、铱、金、铜-金合金、二氧化钛、五氧化二钒等，其最外层原子还可能按与体相原子不同的对称形式排列，发生结构重排。此外，表面原子的氧化价态、电子结构和表面的化学组成也可能不同于体相。

2）结构缺陷

理想的固体表面是能量稳定的原子紧密堆积的晶面，但微观的实际表面是不规整的，存在某些缺陷和吸附原子，还存在高指数晶面特征的原子排列：晶阶和晶曲等。晶体的缺陷主要有：点缺陷（包括夫伦克耳缺陷—间隙原子、肖特基缺陷—空位）和线缺陷（主要形式是边缘位错和螺旋位错）。这些缺陷的存在使缺陷处的原子处于不平衡状态，与催化剂的活性有密切的关系。例如，烯烃聚合反应就是在催化剂的离子缺位上进行的。负载型催化剂中，活性组分常以 1～50 nm 的尺寸高度分散在载体上，因而有占较大比例的晶阶、晶曲存在。20 世纪 60 年代以来，许多实验表明，阶、晶曲处的原子表现出较大的吸附概率和较强的断裂化学键的能力，在催化过程中有特殊的意义。

3）相组成

催化剂常含有两种以上的组分。多组分催化剂在组成和结构上是不均匀的，可能是多相共存的混合物。例如，合成氨的铁催化剂是以 Fe_3O_4 添加 Al_2O_3、K_2O 等助催化剂熔融后，再用氢气还原制成的。许多实验表明，在未还原的催化剂中，Fe_3O_4 和 Al_2O_3 形成了反尖晶石型的固溶体；K_2O 则另成一相聚集在固溶体的边界。此外，还发现可能存在体心结构的 α-Fe_2O_3、FeO 等相。还原后催化剂的表面中约 40%为体心结构的 α-Fe，称为 A 相。A 相中掺杂少量助催化剂，形成难还原、耐高温的 $FeAl_2O_4$，将 α-Fe 微晶隔开，起稳定晶格的作用。除 A 相外，以助催化剂为主，形成矿渣似的、外壳包围着 α-Fe 晶粒的物质，称为 β 相。催化剂的组成对催化剂的各项性能影响很大，这些影响与催化剂组分的化学特性、原子配比和制备、活化的方式紧密相关。

二、催化剂表征的主要方法

下面从催化剂的物理结构、表面形态等方面来介绍几种常用的催化剂表征技术。

1．热分析

热分析是研究物质在加热或冷却过程中其性质和状态的变化，并将这种变化作为温度或时间的函数来研究其规律的一种技术，包括热重法、差热分析、热膨胀法等。

1）热重法（TG）

热重分析是指在程序控制温度下测量待测样品的质量与温度变化关系的一种技术，用来研究材料的热稳定性。TG 在研发和质量控制方面都是比较常用的检测手段。热重法是采用热天平进行热分析的方法，热天平与一般天平的原理相同，差别在于热天平是在受热的情况下连续称量。根据试样与天平横梁支点间的相对位置，热天平可分为下皿式、上皿式和水平式三种（如图 2-4-1 所示）。

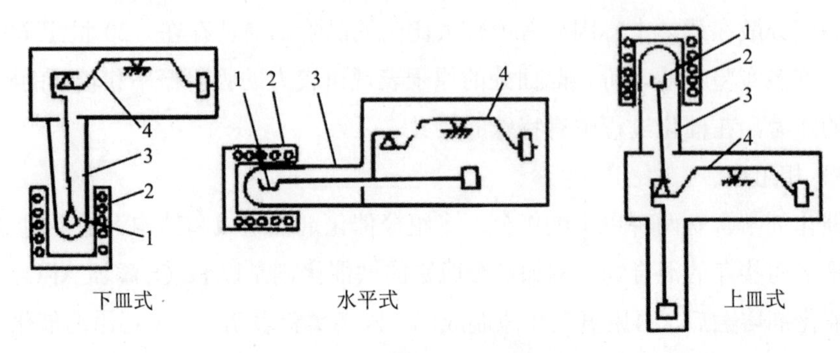

1. 坩埚支持器；2. 炉子；3. 保护管；4. 天平

图 2-4-1 各类热天平示意图

热重分析通常可分为两类：动态法和静态法。静态法包括等压质量变化测定和等温质量变化测定。等压质量变化测定是指在程序控制温度下，测量物质在恒定挥发物分压下平衡质量与温度关系的一种方法。等温质量变化测定是指在恒温条件下测量物质质量与压力关系的一种方法。这种方法准确度高，但是费时。动态法就是我们常说的热重分析和微商热重分析。微商热重分析又称导数热重分析(DTG)，它是 TG 曲线对温度(或时间)的一阶导数。以物质的质量变化速率(dm/dt)对温度 T（或时间 t）作图，即得 DTG 曲线。

TG 曲线。理想的 TG 曲线是一些直角台阶（如图 2-4-2 所示），台阶大小表示重力变化量，一个台阶表示一个热失重，两个台阶之间的水平区域代表试样稳定存在的温度范围，这是假定试样的热失重是在某一温度下同时发生和完成的，显然实际过程是不存在的。因为，试样的热分解反应不可能在某一温度下同时发生和完成，而是有一个过程。在曲线上即表现为曲线的过渡和斜坡，甚至两次失重间有重叠区。

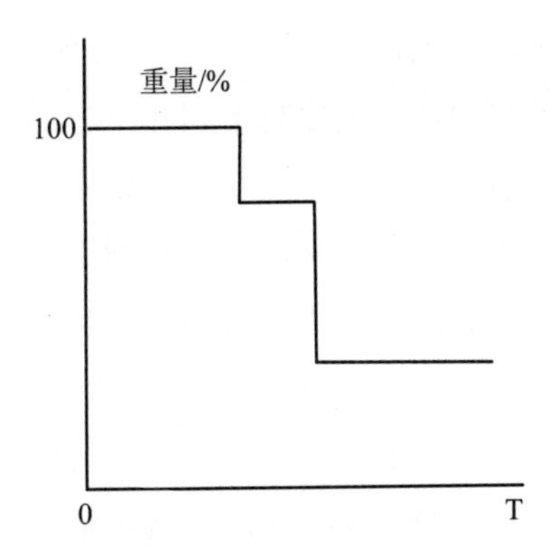

图 2-4-2 理想的 TG 曲线

实际的 TG-DTG 曲线如图 2-4-3 所示。

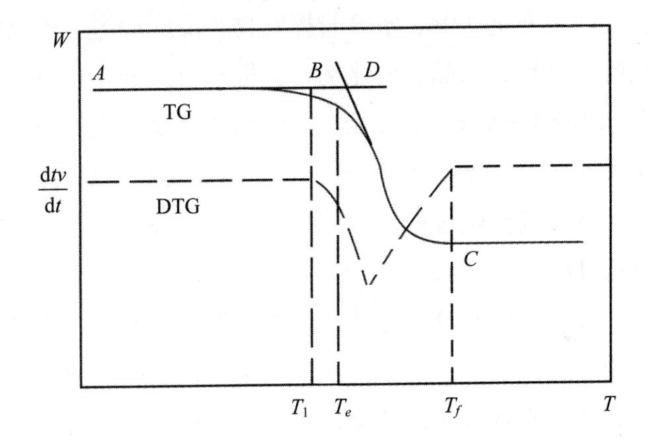

图 2-4-3 实际的 TG-DTG 曲线

AB 段：TG 曲线上质量基本不变的部分，又称热重基线。B 点：起始温度，是累积质量变化达到了热天平可以检测的温度。C 点：终止温度，累积质量变化达到了最大值的温度。

阶梯：两个平台之间的距离。阶梯高度代表重量变化的多少，由它可计算中间产物或最终产物的量、结晶水分子数或含水量等，可见，阶梯高度是进行各种参数计算的定量依据。阶梯斜度与实验条件有关，但在给定的实验条件下的阶梯斜度取决于变化过程。通常斜度越大，反应速率越快。DTG 曲线上出现的各种峰对应着 TG 线上的各个质量变化阶段。

影响热重法测定结果的因素，大致有下列几个方面：仪器因素、实验条件和参数的选择、试样的影响因素等。①升温速率。仪器的升温速率越大，热滞后越严重，易导致起始温度和终止温度偏高，甚至不利于中间产物的测出。②气氛控制。与反应类型、分解产物的性质和所通气体的种类有关。③试样因素。包括试样用量、粒度、热性质及装填方式等。用量大，因吸、放热引起的温度偏差大，且不利于热扩散和热传递。粒度细，反应速率快，反应起始和终止温度降低，反应区间变窄。粒度粗则反应较慢，反应滞后。装填紧密，要求装填薄而均匀，试样颗粒间接触好，利于热传导，但不利于扩散气体。

热重分析法可以研究晶体性质的变化，如熔化、蒸发、升华和吸附等物质的物理现象；研究物质的热稳定性、分解过程、脱水、解离、氧化、还原、成分的定量分析、添加剂与填充剂影响、水分与挥发物、反应动力学等化学现象。广泛应用于塑料、橡胶、涂料、药品、催化剂、无机材料、金属材料与复合材料等各领域的研究开发、工艺优化与质量监控。热重法的重要特点是定量性强，能准确地测量物质的质量变化及变化的速率，可以说，只要物质受热时发生重量的变化，就可以用热重法来研究其变化过程。

2）差热分析（DTA）

差热分析是一种重要的热分析方法，是指在程序控温下，测量物质和参比物的温度差与温度或者时间的关系的一种测试技术。该法广泛应用于测定物质在热反应时的特征温度及吸收或放出的热量，包括物质相变、分解、化合、凝固、脱水、蒸发等物理或化学反应。广泛应用于无机、硅酸盐、陶瓷、矿物金属、航天耐温材料等领域，是无机、有机，特别是高分子聚合物、玻璃钢等方面热分析的重要仪器。

差热曲线。物质在受热或冷却过程中，当达到某一温度时，往往会发生熔化、凝固、晶型转变、分解、化合、吸附、脱附等物理或化学变化，并伴随有焓的改变，因而产生热效应，其表现为样品与参比物之间有温度差。记录两者温度差与温度或者时间之间的关系曲线就是差热曲线（DTA 曲线，如图 2-4-4 所示）。

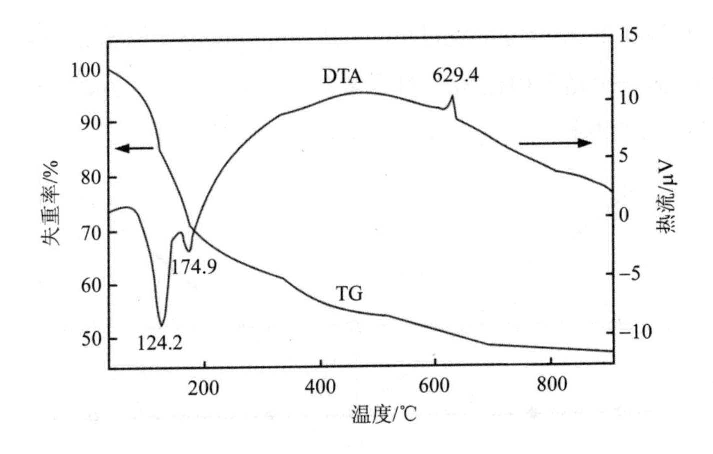

图 2-4-4　TG-DTA 曲线

从差热图上可清晰地看到差热峰的数目、高度、位置、对称性以及峰面积。峰的个数表示物质发生物理化学变化的次数，峰的大小和方向代表热效应的大小和正负，峰的位置表示物质发生变化的转化温度。在相同的测定条件下，许多物质的差热谱图具有特征性。因此，可通过与已知的差热谱图的比较来鉴别样品的种类。理论上讲，可通过峰面积的测量对物质进行定量分析，但因影响差热分析的因素较多，定量难以准确。

2．X射线衍射（XRD）

催化剂的晶型结构是影响其催化性能的重要因素之一。XRD 是表征催化剂晶型结构的重要手段。

1912 年德国物理学家劳厄（M.von Laue）曾提出，X 射线的波长和晶体内部原子面之间的间距相近，晶体可以作为 X 射线的空间衍射光栅，即一束 X 射线照射到物体上时，受到物体中原子的散射，每个原子都产生散射波，这些波互相干涉，结果就产生衍射。衍射波叠加的结果使射线的强度在某些方向上加强，在其他方向上减弱。分析衍射结果，便可获得晶体结构。1913 年，英国物理学家布拉格父子（W.H.Bragg，W.L.Bragg）在劳厄发现的基础上，不仅成功地测定了 NaCl、KCl 等晶体结构，还提出了作为晶体衍射基础的著名公式——布拉格方程。

$$2d\sin\theta = n\lambda$$

式中，n 为衍射级数；θ 为衍射角，λ为 X 射线的波长；d 为结晶面间隔。

应用已知波长的 X 射线来测量θ角，从而计算出晶面间距 d，这是用于 X 射线结构分析；另一个是应用已知 d 的晶体来测量θ角（如图 2-4-5 所示），从而计算出特征 X 射线的波长，进而可在已有资料查出试样中所含的元素。

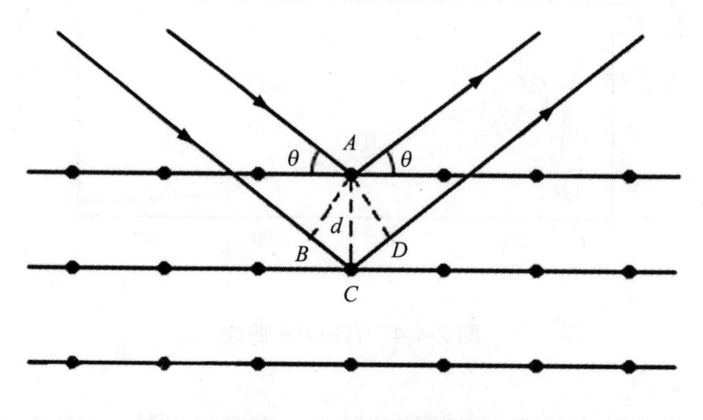

图 2-4-5 布拉格衍射示意图

对于晶体材料，当待测晶体与入射束呈不同角度时，那些满足布拉格衍射的晶面就会被检测出来，体现在 XRD 图谱上就是具有不同的衍射强度的衍射峰。对于非晶体材料，由于其结构不存在晶体结构中原子排列的长程有序，只是在几个原子范围内存在着短程有序，故非晶体材料的 XRD 图谱为一些漫散射馒头峰。

图 2-4-6 为典型的 XRD 谱图。由图可以看出，所测定的化合物都具有较高的结晶度。对照图谱库可得各种化合物的晶体类型、晶相、组成等信息。

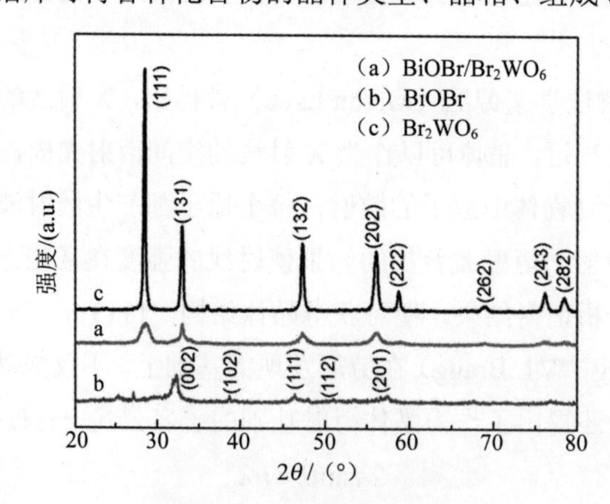

图 2-4-6 典型的 XRD 谱图

3．N_2吸脱附

1）比表面积

由于多相催化反应是在催化剂表面进行的，因此催化剂比表面积的大小是影响催化剂性能的重要因素之一。催化剂比表面积的测定方法中应用较多的是 BET 法，关键是通过实验测得一系列平衡压力 P 和平衡吸附量 V，然后将 P/V（P_0-P）对 P/P_0 作图，看得到一条直线，直线的截距是 $1/V_mc$，斜率为（c-1）$/V_mc$，此处 c 为与吸附焓相关的函数，由式（2.4.1）可求得单层饱和吸附量（V_m）。

$$V_{\mathrm{m}}=\frac{1}{\text{斜率}+\text{截距}} \tag{2.4.1}$$

若定义每克催化剂的表面积为比表面积（S_g），则计算公式见式（2.4.2）。

$$\mathrm{S_g}=\frac{V_{\mathrm{m}}}{V}NA_m \tag{2.4.2}$$

式中，V 为吸附质分子的摩尔体积；N 为阿伏伽德罗常数；A_m 为一个吸附分子所占的面积。

2）孔结构

环境催化剂多为多孔性物质，催化剂孔结构会影响反应物在其孔道内的扩散，甚至影响反应途径，进而影响催化反应的活性和选择性。另外，催化剂的孔结构还与催化剂的使用寿命、机械强度、耐热性等相关。

描述孔结构的物理量为比孔容和孔径分布。比孔容为单位质量催化剂内所有孔的体积总和，又称比容积，以 V_g 表示。常用填充介质（液氮、汞等）压入催化剂孔内，通过测定压入介质的体积而测定孔容，并由式（2.4.3）计算。

$$\mathrm{S_g}=\frac{W_2-W_1}{W_1 d} \tag{2.4.3}$$

式中，W_1 为催化剂质量；W_2 为催化剂孔内充满介质后的质量；d 为填充介质的密度。

催化剂的孔道往往由各种孔道组成，因此仅知道总孔容远远不够，还需知道各种孔所占体积百分数，即为孔径分布。IUPAC 定义：微孔，孔径＜2 nm；介孔，孔径 2～50 nm；打孔，孔径＞50 nm。常用的孔径分布的测定方法为 N_2 物理吸附法。气体吸附法测定孔径分布基于毛细凝结现象，当吸附质蒸汽与多孔固体表面接触时，在表面张力的作用下形成吸附质液膜。孔内的液膜由于孔径的不同而发生不同程度的弯曲，孔外的液膜相对较平坦。当蒸气压增加时，吸附液膜厚度增加，达到一定厚度时，弯曲液面分子间引力使蒸汽自发地由气态转变为液态，并完全充满孔道。发生凝聚现象的蒸气压 P/P_0 与孔半径 r 间的关系可由开尔文公式（2.4.4）给出：

$$r = \frac{-2rV_m \cos\theta}{RT\ln(P/P_0)} \quad (2.4.4)$$

式中，r 为吸附质液体表面张力；V_m 为吸附质液体的摩尔体积；θ 为弯月面与固体壁的接触角；P_0 为液体平面上的饱和蒸气压；P 为实验中液面上的平衡蒸气压；R 为摩尔气体常数；T 为热力学温度。

通过测定不同相对压力 P/P_0 下催化剂对蒸汽的吸附量 V，然后借助开尔文公式计算出相应的临界半径 r。再以吸附量 V 对孔径 r 作图，得到结构曲线。在结构曲线上用作图法求得当孔径增加 Δr 时液体吸附量的增加量 ΔV。再利用 $\Delta V/\Delta r$ 对 r 作图，即可得到孔径分布曲线。

4．红外光谱

红外光谱被广泛应用于环境催化的研究中，原因在于使用光子作为激发源的分子光谱技术比较容易适应环境催化所需要的原位复杂条件。

红外光谱原理：当分子吸收红外辐射后，在振动能级间发生跃迁。由于分子中原子的振动能级是量子化的，而且对于特定的基团具有特征的振动能级，从而可用于化合物结构的鉴定。

当样品受到频率连续变化的红外光照射时，分子吸收某些频率的辐射，并由其振动运动或转动运动引起偶极矩的净变化，产生的分子振动和转动能级从基态到激发态的跃迁，相应于这些区域的透射光强度减弱，记录 T%对波数或波长的曲线，即为红外光谱。

对于环保催化剂，如金属氧化物等，其特征吸收往往处于中红外区的指纹区，而大部分载体在 1 000 cm^{-1} 以下就已经不透明，这限制了红外光谱在催化剂结构表征方面的广泛应用，通常应用的红外光谱是图 2-4-7 中的中红外光谱。当前，红外光谱更多地应用于催化反应研究过程的表面吸附物种的原位表征。

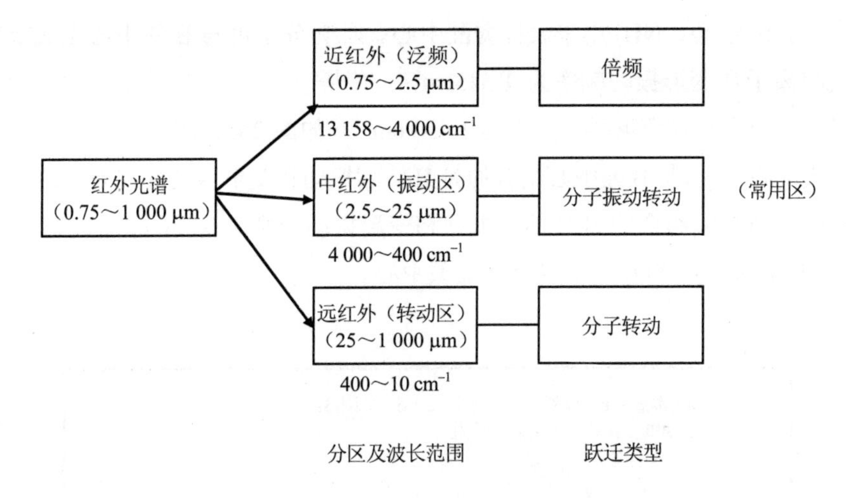

图 2-4-7　红外光谱分区、波长范围及跃迁类型

图 2-4-8 为苯酚的红外光谱图，υ_{OH} 在 3 229 cm^{-1}，是一宽峰；δ_{OH} 在 1 372 cm^{-1}，$\upsilon_{C\text{-}O}$ 在 1 234 cm^{-1}。

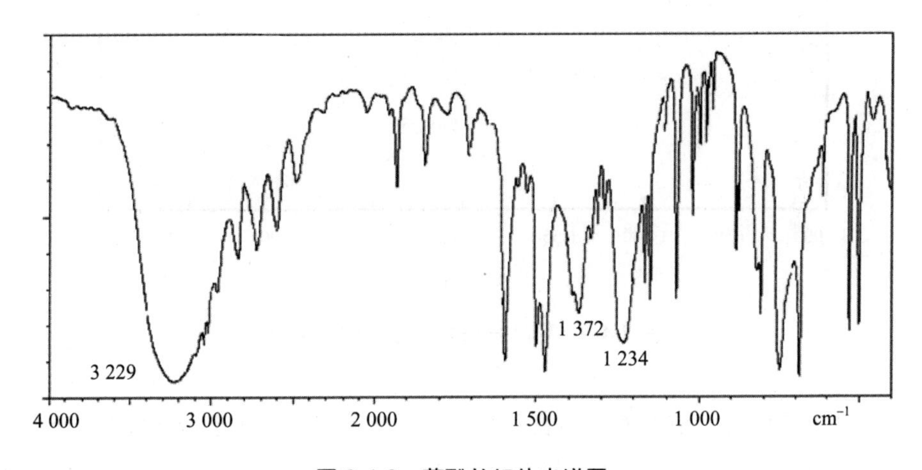

图 2-4-8　苯酚的红外光谱图

红外光谱还可应用于催化剂表面酸碱性的表征，由于探针分子吸附在催化剂表面后，吸附分子与催化剂表面不同类型的酸碱中心作用，将产生特征振动吸收峰，从而可鉴定酸碱的类型。吡啶、吡咯、NH_3 等常用作酸中心测定，其中吡啶用来表征强酸中心，NH_3用来表征弱酸中心。吡啶分子可与 B 酸中心生成吡啶离子，吡啶离子环变形振动频率为 1 545 cm^{-1}；吡啶分子可与 L 酸中心生成吡啶配合物，吡啶配合物环变形振动频率为 1 450 cm^{-1}（如图 2-4-9 所示）。NH_3也可和 B 酸和 L 酸中心作用，与 B 酸中心结合的 N-H 伸缩振动和变形振动分别为 3 230 cm^{-1}、1 430 cm^{-1}；与 L 酸结合的 N-H 伸缩振动和变形振动分别为 3 330 cm^{-1}、1 610 cm^{-1}。$CHCl_3$、CO、CO_2、SO_2等常用来表征碱中心。

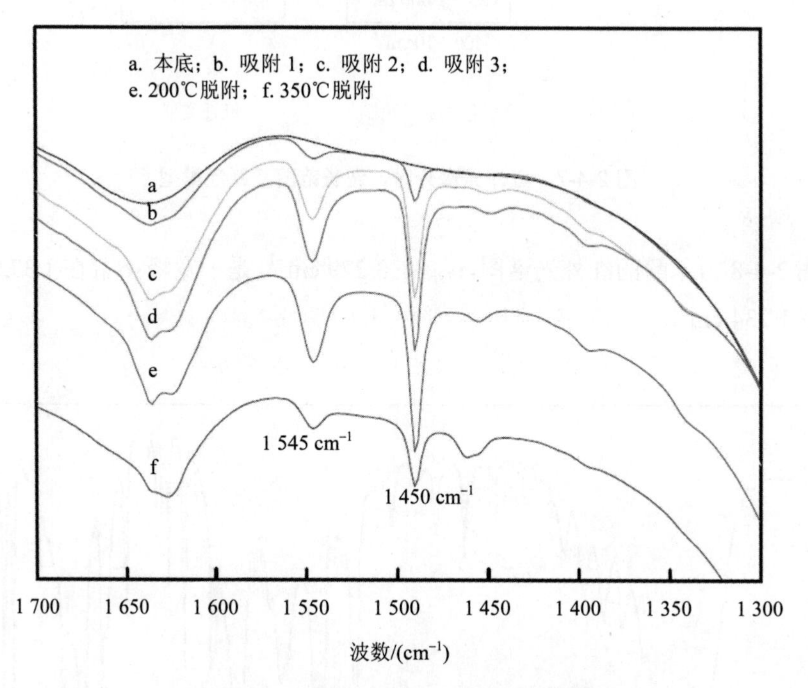

图 2-4-9 样品 HZSM-5 吸-脱附吡啶图

红外光谱还可应用于催化剂表面分子吸附态的表征，由于反应物分子吸附在催化剂表面后，吸附分子与催化剂表面不同活性位将形成不同的吸附态。图 2-4-10 为 DMC 吸附在 MgF_2上于不同温度下抽空处理所得的红外谱图。

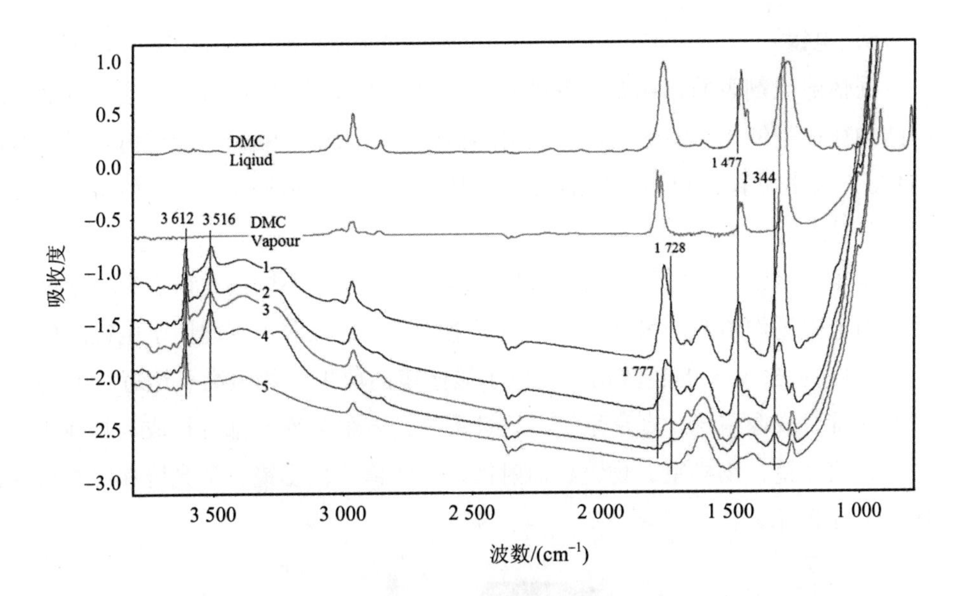

1. 298 K 下吸附 DMC 后抽空处理 30 min，然后分别在以下温度下抽空 5 min；

2. 323 K；3. 348 K；4. 373 K；5. MgF_2

图 2-4-10　DMC 在 MgF_2 上的 FTIR

与气相和液相的 DMC 相比，吸附于 MgF_2 上的 DMC 也出现了四个新的吸收峰，分别为：1 777 cm^{-1}、1 728 cm^{-1}、1 477 cm^{-1} 和 1 344 cm^{-1}。1 777 cm^{-1} 和 1 728 cm^{-1} 仍然可以归属为 DMC 在 MgF_2 上的两种不同吸附形态所产生的特征峰，见式(2.4.5)。在此实验条件下也可以观察到双齿吸附的 DMC 的活化过程；首先是 DMC 在 MgF_2 上活化生成–CH_3，并与 Mg–F 离子对（或不饱和配位的 F^-）作用生成一个–FCH_3，便可在 1 477 cm^{-1} 处出现一个新的特征峰。1 344 cm^{-1} 处的特征峰依然可以归属为 Mg 的双齿碳酸盐。

（双齿吸附态）　　（单齿吸附态）　　（2.4.5）

5. 电镜

固体催化剂表面普遍存在各种缺陷结构，如扭结、阶梯等，而这些特殊的缺陷结构往往是催化剂的活性位。利用扫描电子显微镜（SEM）和透射电子显微镜（TEM）技术可直接观测催化剂表面的形貌、结构、元素分布、活性组分的颗粒度和分散度等。

电子显微镜与光学显微镜的成像原理基本一样，不同的是前者用电子束作光源，用电磁场作透镜。另外，由于电子束的穿透力很弱，因此用于电镜的标本须制成厚度约 50 nm 的超薄切片。电子显微镜的放大倍数最高可达近百万倍，由照明系统、成像系统、真空系统、记录系统、电源系统 5 部分构成，具体包括电子枪、聚光镜、物样室、物镜、衍射镜、中间镜、投影镜、荧光屏和照相机（如图 2-4-11 所示）。

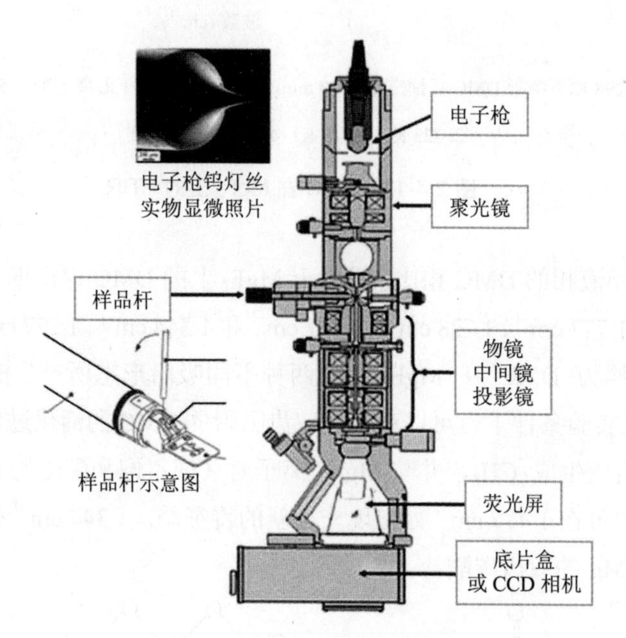

图 2-4-11 TEM 光学元件布局图

透射电镜的工作原理是：由电子枪发射出来的电子束，在真空通道中沿着镜体光轴穿越聚光镜，通过聚光镜将之汇聚成一束尖细、明亮而又均匀的光斑，照射在样品室内的样品上；透过样品后的电子束携带有样品内部的结构信息，样品内致密处透过的电子量少，稀疏处透过的电子量多；经过物镜的会聚调焦和初级放大后，电子束进入下级的中间透镜和第 1、第 2 投影镜进行综合放大成像，最终被放大了的电子影像投射在观察室内的荧光屏板上；荧光屏将电子影像转化为可见光影像以供使用者观察。

由于入射电子透射试样后，与试样内部原子发生相互作用，从而改变其能量及运动方向。显然，不同结构有不同的相互作用，因此可通过透射电子图像来了解试样内部的结构。

TEM 图片分析：应从各种文献资料中尽可能对被分析的样品有所了解，估计可能出现的结果，再与电镜照片进行对比，做出正确的解释。环境催化剂多为金属氧化物，典型的形状包括球形、条形、核形等，可根据所观察到的形状来判断样品的种类。如不好判断的晶粒形状，可借助 TEM 自带的“能谱”附件，用 X 光能谱对所分析的样品做分区元素分析，再做出正确的判断。例如，从图 2-4-12 可以得出催化剂的形貌和孔道结构。

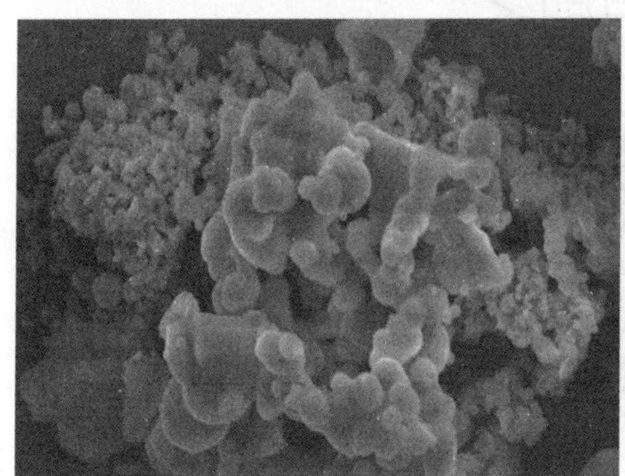

图 2-4-12　催化剂的形貌和孔道结构

扫描电镜的工作原理：具有由三极电子枪发出的电子束经栅极静电聚焦后成为直径为 50 mm 的电光源。在 2～30 kV 的加速电压下，经过 2～3 个电磁透镜所组成的电子光学系统，电子束汇聚成孔径角较小，束斑为 5～10 mm 的电子束，并在试样表面聚焦。末级透镜上边装有扫描线圈，在它的作用下，电子束在试样表面扫描。高能电子束与样品物质相互作用产生二次电子、背反射电子、X 射线等信号。这些信号分别被不同的接收器接收，经放大后用来调制荧光屏的亮度。

由于经过扫描线圈上的电流与显像管相应偏转线圈上的电流同步，因此，试样表面任意点发射的信号与显像管荧光屏上相应的亮点一一对应。也就是说，电子束打到试样上一点时，在荧光屏上就有一亮点与之对应，其亮度与激发后的电子能量成正比。换言之，扫描电镜是采用逐点成像的图像分解法进行的。光点成像的顺序是从左上方开始到右下方，直到最后一行右下方的像元扫描完毕就算完成一帧图像。这种扫描方式叫作光栅扫描（如图 2-4-13 和图 2-4-14 所示）。

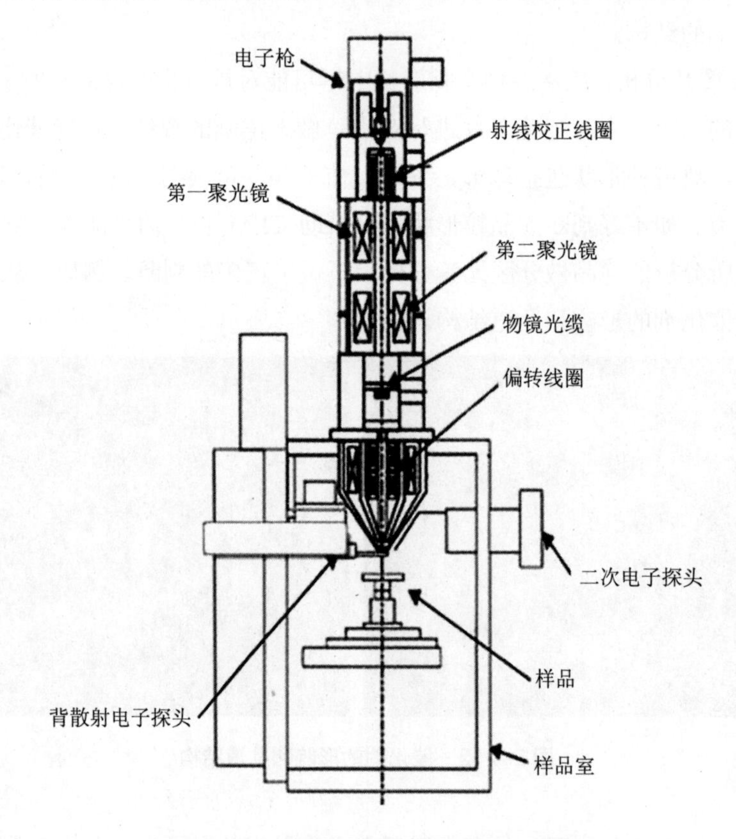

图 2-4-13　扫描电子显微镜的结构示意图

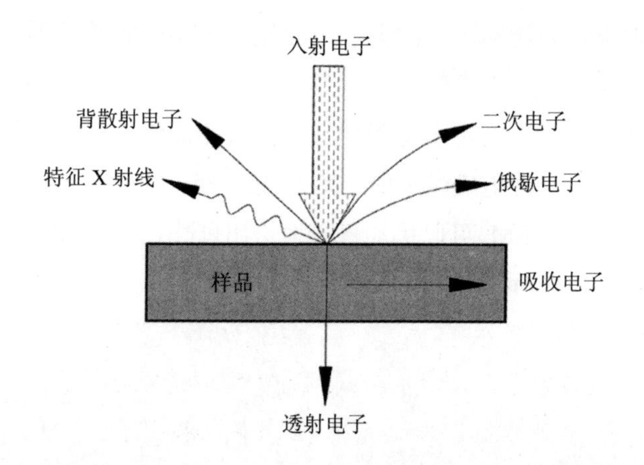

图 2-4-14 电子束与固体样品相互作用时产生的物理信号

背散射电子是指被固体样品原子反射回来的一部分入射电子，其中包括弹性背反射电子和非弹性背反射电子。弹性背反射电子是指散射角大于 90°的那些入射电子，其能量基本上没有变化（能量为数千到数万电子伏）。非弹性背反射电子是入射电子和核外电子撞击后产生非弹性散射，不仅能量变化，而且方向也发生变化。非弹性背反射电子的能量范围很宽，从数十电子伏到数千电子伏。从数量上看，弹性背反射电子远比非弹性背反射电子所占的份额多。背散射电子的产生范围在 100 nm～1 mm 深度。背散射电子束成像分辨率一般为 50～200 nm（与电子束斑直径相当）。背散射电子的产额随原子序数的增加而增加，所以，利用背散射电子作为成像信号不仅能分析形貌特征，也可以用来显示原子序数衬度，定性进行成分分析。

二次电子是指背入射电子轰击出来的核外电子。由于原子核和外层价电子间的结合能很小，当原子的核外电子从入射电子获得了大于相应的结合能的能量后，可脱离原子成为自由电子。如果这种散射过程发生在比较接近样品表层处，那些能量大于材料逸出功的自由电子可从样品表面逸出，变成真空中的自由电子，即二次电子。二次电子来自表面 5～10 nm 的区域，能量为 0～50 eV。它对试样表面状态非常敏感，能有效地显示试样表面的微观形貌。由于它发自试样表层，入射电子还没有被多次反射，因此产生二次电子的面积与入射电子的照射面积没有多大区别，所以二次电子的分辨率较高，一般可达到 5～10 nm。扫描电镜的分辨率一般就是二次电子分辨率。二次电子产额随原子序数的变化不大，它主要取决于表面形貌。

特征X射线试原子的芯电子是受到激发以后在能级跃迁过程中直接释放的具有特征能量和波长的一种电磁波辐射。X 射线一般在试样的 500 nm～5 mm 深处发出。相比于 TEM，SEM 可以更加直接地给出催化剂表面形貌、孔结构、晶相等信息（如图 2-4-15 所示）。

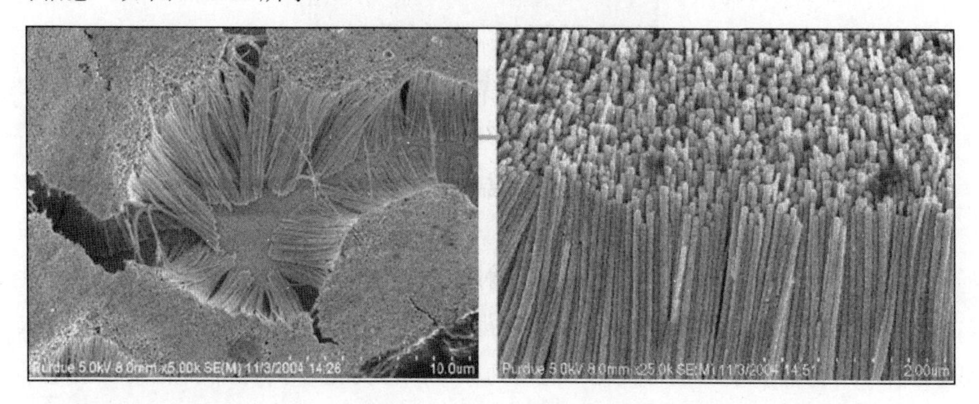

图 2-4-15　Au 纳米线的形貌

上述仅是对环境催化剂常用的表征方法进行了介绍，有时无法满足环境催化研究对复杂条件、苛刻的反应活性和选择性的要求，因此环境催化表征技术还有很长的路要走。

6. 程序升温分析法

多相催化过程是一个极其复杂的表面物理化学过程，这个过程的主要参与者是催化剂和反应分子，所以要阐述某种催化过程，首先要对催化剂的性质、结构及其与反应分子相互作用的机理进行深入研究。分子在催化剂表面发生催化反应要经历很多步骤，其中最主要的是吸附和表面反应两个步骤，因此要阐明一种催化过程中催化剂的作用本质及反应分子与其作用的机理，必须对催化剂的吸附性能（吸附中心的结构、能量状态分布、吸附分子在吸附中心上的吸附态等）和催化性能（催化剂活性中心的性质、结构和反应分子在其上的反应历程等）进行深入研究。这些性质最好是在反应过程中对其进行研究，这样才能捕捉到真正决定催化过程的信息，而程序升温分析法则是其中较为简易可行的动态分析技术之一。

程序升温分析技术在研究催化剂表面上分子在升温时的脱附行为和各种反应行为的过程中，可以获得以下重要信息：①表面吸附中心的类型、密度和能量分布；吸附分子和吸附中心的键合能和键合态。②催化剂活性中心的类型、密度和能量分布；反应分子的动力学行为和反应机理。③活性组分和载体、活性组分和活性组分、活性组分和助催化剂、助催化剂和载体之间的相互作用。④各种催化效应——协同效应、溢流效应、合金化效应、助催化效应、载体效应等。⑤催化剂失活和再生。

具体、常见的程序升温分析技术主要有：

1）程序升温脱附（TPD）

将预先吸附了某种气体分子的催化剂在程序升温下，通过稳定流速的气体（通常为惰性气体），使吸附在催化剂表面上的分子在一定温度下脱附出来，随着温度升高而脱附速度增大，经过一个最大值后逐步脱附完毕，气流中脱附出来的吸附气体的浓度可以用各种适当的检测器（如热导池）检测出其浓度随温度变化的关系，即为 TPD 技术。

如图 2-4-16 中运用 CO_2-TPD 法来测定所制备催化剂的表面碱性。由于所制备样品的 CO_2-TPD 谱图类似，因此以 F/Mg_x(Al)O（x=1.54，2.26，2.93）和 $Mg_{2.93}$(Al)O 为例，与 MgO、Al_2O_3 和 MgF_2 比较来考察催化剂的表面碱性。从图 2-4-16 中可以看出，除 Al_2O_3 外，其他的样品皆有三个 CO_2 的脱附峰，分别对应于弱碱性位、中强度碱性位Ⅰ和中强度碱性位Ⅱ。对于 MgO 来说，其弱碱性位是由 OH^-基团产生的，而中强度碱性位Ⅰ和中强度碱性位Ⅱ分别是由 Mg–O 离子对和不饱和配位的 O^{2-}离子产生的。同理，在 MgF_2 中，也可将其三种碱性位分别归因于 OH^-、Mg–F 离子对和不饱和配位的 F^-离子；同时从图中可以看出，与 MgO 的 CO_2-TPD 相比较，MgF_2 的中强度碱性位Ⅱ有向低温方向移动的趋势，而中强度碱性位Ⅰ和弱碱性位却没有明显的变化。这说明 F^-离子的碱强度要比 O^{2-}离子的碱强度弱，而 Mg–O 离子对和 Mg–F 离子对的碱强度相当。对于 $Mg_{2.93}$(Al)O 而言，其中强度碱性位Ⅰ和Ⅱ的 CO_2 脱附峰与 MgO 相比都不同程度地向低温方向移动，这就可能与 Al–O 离子对的出现有关。一方面，Al–O 离子对的出现使 Mg–O 的数量相对减少，从而导致了中强度碱性位Ⅰ的碱强度降低。另一方面，Al^{3+}比 Mg^{2+}带更多的正电荷，这从整体上减少了不饱和配位的 O^{2-}离子的负电荷密度，从而使中强度碱性位Ⅱ也向低温方向移动。值得注意的是，随着在 $Mg_{2.93}(Al)O$ 引入不饱和配位的 F^- 离子所形成的 $F/Mg_{2.93}(Al)O$ 的中强度碱性位Ⅰ和Ⅱ要比 $Mg_{2.93}(Al)O$ 的要强，这应归于 Mg–F 离子对和不饱和配位的 F^- 离子在 $F/Mg_{2.93}(Al)O$ 中的形成，两者分别增强了 $F/Mg_{2.93}(Al)O$ 的中强度碱性位Ⅰ和Ⅱ。所以对于 $F/Mg_{2.93}(Al)O$ 而言，其上存在着 6 种不同的碱性中心：OH^- 基团（弱碱性位）、Mg–O、Mg–F 和 Al–O 离子对（中强度碱性位Ⅰ）、不饱和配位的 O^{2-} 和 F^- 离子（中强度碱性位Ⅱ）。由以上 CO_2-TPD 实验结果可知，它们碱性的强弱按以下顺序排列：O^{2-}＞F^-＞Mg–O≈Mg–F＞Al–O＞OH^-。

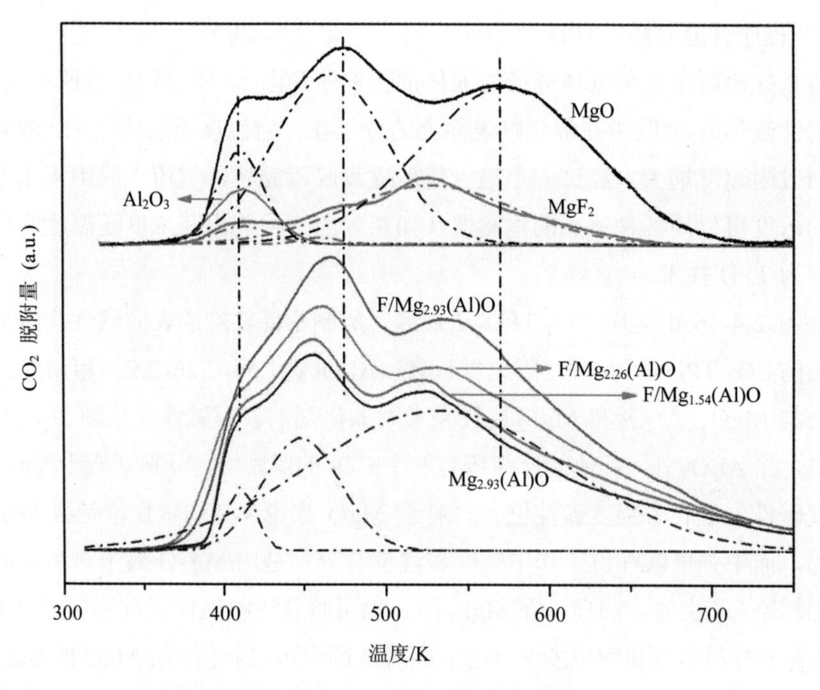

图 2-4-16　样品的 CO_2-TPD 谱图

2）程序升温还原（TPR）

程序升温还原（TPR）是在 TPD 技术的基础上发展起来的。在程序升温条件下，一种反应气体或反应气体与惰性气体混合物通过已经吸附了某种反应气体的催化剂，连续测量流出气体中两种反应气体以及反应产物的浓度则便可以测量表面反应速度。若在程序升温条件下，连续通入还原性气体使活性组分发生还原反应，从流出气体中测量还原气体的浓度而测定其还原速度，则称为 TPR 技术。

图 2-4-17 为样品 MgAlO、I/MgAlO 和 I/CuMgAlO 的 H_2-TPR 谱图。由图 2-4-17 可见，MgAlO 在 559℃和 624℃处的耗氢峰主要对应于 MgAlO 中的表面氧和晶格氧；随着碘的引入，所形成的 I/MgAlO 中氧的活性更高，故 I/MgAlO 的耗氢峰向低温方向移动；当在催化剂中添加 Cu 后，I/CuMgAlO 在 283℃处出现了将 Cu^{2+} 还原为 Cu^0 的耗氢峰。

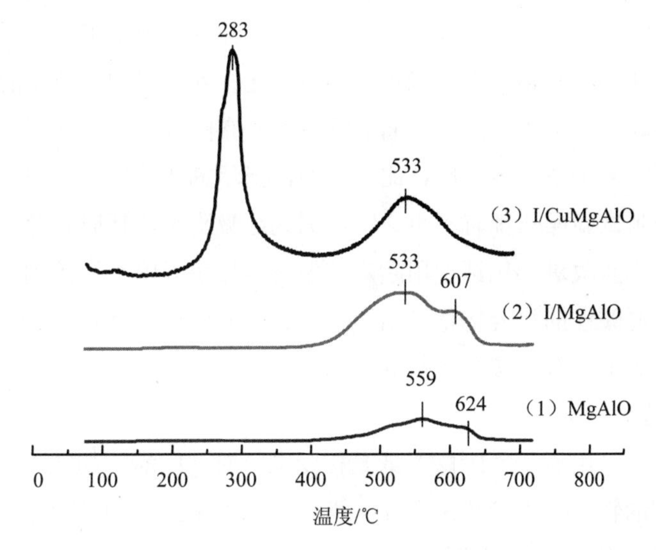

图 2-4-17　样品 MgAlO、I/MgAlO 和 I/CuMgAlO 的 H_2-TPR 谱图

3）程序升温氧化（TPO）

与 TPR 类似，连续通入的反应气若为氧气，即为程序升温氧化技术（TPO）。

4）程序升温硫化（TPS）

程序升温硫化（TPS）是一种研究催化剂物种是否容易硫化的有效和简便的方法。

5）程序升温表面反应（TPSR）

程序升温表面反应（TPSR）是指在程序升温过程中表面反应与脱附同时发生。TPSR 可通过两种不同的做法得以实现：一是首先将经过处理的催化剂在反应条件下进行吸附和反应，然后从室温程序升温至所要求的温度，使在催化剂上吸附的各种表面物种边反应边脱附；二是用作脱附的载气本身就是反应物，在程序升温过程中，载气（或载气中某组分）与催化剂表面上形成的某种吸附物种边反应边脱附。

7. Hammett指示剂法

早在20世纪50年代初，Walling提出利用吸附在固体酸表面的Hammett指示剂变色的方法来测定固体表面酸的酸强度；Tamele用对二甲氨基偶氮苯为指示剂，以正丁胺滴定悬浮在苯溶剂中的固体酸来测定酸量。随后Benesi做了重大的改进，先让催化剂样品分别与不同滴定度的正丁胺达到吸附平衡，再采用一系列不同 pK_a 值的Hammett指示剂来确定等当点。这样就可以用比较短的时间测得酸强度分布，形成了一个测定固体表面酸酸强度分布的吸附指示剂正丁胺滴定法，又称非水溶液胺滴定法。由于操作比较简便，指示剂法被广泛采用。但是这个方法从理论依据到试验操作都有不少缺陷，如到达吸附平衡耗时长等；几十年来，这个方法有了一些改进，包括使用超声波振荡器加快吸附平衡的到达，选用硝基取代苯类具更弱碱性的化合物作为指示剂测超强固体酸酸性，针对不同的样品体系选用合适的滴定用有机胺和溶剂等。

1）酸强度测定

酸强度是指给出质子（B酸）或是接受电子对（L酸）的能力。不同的测定方法采用不同的物理化学参数来表征。指示剂法用Hammett酸度函数 H_0 表示，H_0 有明确的化学概念，使用广泛。

Hammett酸度函数 H_0 将固体表面酸的酸强度定义为：固体表面的酸中心使吸附其上的中性（不带电的）碱指示剂（以B表示）转变为它的共轭酸的能力。指示剂B本身呈碱型（或中性）色，接受一个质子后转变成其共轭酸 BH^+，呈酸型色。指示剂碱性的强度用其共轭酸 BH^+ 的离解常数的负对数 pK_a 来表示。指示剂碱与其共轭酸存在以下平衡：

$$BH^+ \rightleftharpoons B + H^+$$

此平衡常数也是共轭酸 BH^+ 的离解常数：

$$K_a = \frac{a_B a_{H^+}}{a_{BH^+}} = \frac{f_B c_B a_{H^+}}{f_{BH^+} c_{BH^+}}$$

式中，a 为活度；f 为活度系数；c 为浓度。对上式两边取负对数，整理可得：

$$pK_a = -\log\frac{C_B}{C_{BH^+}} - \log\frac{a_{H^+} f_B}{f_{BH^+}}$$

其中 $pK_a=-\log K_a$

当指示剂加到酸溶液中，建立新的平衡，以上格式的关系仍成立。酸溶液使指示剂质子化的程度可通过测定酸型与碱型的浓度比 C_{BH^+}/C_B 来鉴定。对给定指示剂，pK_a 是定值，C_{BH^+}/C_B 的数值就可以按上式算出。于是定义：

$$H_o = -\log\frac{a_{H^+} f_B}{f_{BH^+}}$$

$$H_o = pK_a - \log\frac{C_{BH^+}}{C_B}$$

从上式可见，H_o 越小，则 C_{BH^+}/C_B 越大，即酸溶液使指示剂 B 质子化成 BH^+ 的程度越高，酸性越强。所以称 H_o 为酸度函数，是表征溶液酸强度的对数标度。将 H_o 推广应用到固体表面酸，这时，假设指示剂吸附到固体酸表面并达到吸附平衡，其平衡时表面的质子酸位（H^+）与指示剂（B）反应的关系仍符合以上各式。当固体表面酸与给定 pK_a 值的指示剂作用后，可能有三种情况：①固体酸表面呈酸型色，这说明 $C_{BH+}>C_B$ 称固体酸的酸度函数 $H_o<pK_a$；②呈过渡色，则这说明 $C_{BH^+}\approx C_B$，$H_o=pK_a$；③呈碱型色，则这说明 $C_{BH^+}<C_B$ 称固体酸的酸度函数 $H_o>pK_a$。

这样，便可用指示剂的 pK_a 值来表示 H_o 值。指示剂的共轭酸的 pK_a 值越小，其碱性越弱，能使其质子化成酸型的固体酸则越强。于是选用一系列碱性由强到弱，其共轭酸的 pK_a 值由大到小的指示剂与固体酸作用，通过颜色变化便可确定固体酸的酸强度范围。能用作这类碱性指示剂的指示剂物种需满足如下条件：一是其酸型色与碱型色间有明显的变化；二是酸型与碱型的活度系数之比为一常数，即

$$\frac{f_{B_1H^+}}{f_{B_1}} = \frac{f_{B_2H^+}}{f_{B_2}} = \frac{f_{B_3H^+}}{f_{B_3}}\cdots\cdots$$

式中，B_1、B_2、B_3 表示不同的指示剂。所谓 Hammett 指示剂，是指能满足上述要求的指示剂，常用 Hammett 指示剂见附表 1。

严格来说，酸度函数 H_o 只能用于表征 B 酸；虽然 L 酸也能使某些指示剂变色，但引起变色的酸强度则不一定能用该指示剂的 pK_a 值表示。对于 L 酸强度，

不仅与其内在的接受电子对形成共价键的能力有关，而且受到固有的配位能力和吸附分子空间位阻的强烈影响，所以，H_0应用于L酸强度是有一定限度的。

2）酸量

固体表面酸的酸量一般表示为固体单位重量或单位面积上所含酸中心数或毫摩尔数。按实际需要可用不同的单位，如单位质量或单位表面积样品上酸性位的量，记作mmol/g或mmol/cm^2（毫摩尔每克或毫摩尔每平方厘米），又如对沸石样品，可用单位晶胞上的酸位数表示。

3）酸强度分布

固体表面酸的酸量（酸量随酸强度的分布）通过有机胺滴定法测得：采用已知pK_a值的吸附指示剂，以碱强度比指示剂强的有机胺（最常用的是正丁胺，也可按实际需要选用别的胺，如测沸石外表面酸性用三丁基胺等）做滴定剂，对悬浮在惰性溶剂中的固体酸粉末进行滴定；吸附在固体酸表面的指示剂呈酸型色，使指示剂刚刚恢复到过渡型色时的胺的滴定度，即为酸强度H_0小于或等于该指示剂的pK_a值的酸量；用具有不同pK_a值的指示剂进行滴定可以测定出不同酸强度范围的酸量-酸强度分布。由于胺滴定法中的反应是在两相间进行的，达到反应平衡比较费时，特别是快到等当点时，每加一滴滴定剂都需等待一定时间，而要测酸量-酸强度分布耗时更多；为此发展了一种称“渐近法”的技术来测定酸强度分布，其原理如下：

称取若干份等质量的样品，依次加入滴定度成等差的正丁胺溶液，使各份样品被中和的程度不同，由不足到接近等当点到过量。经充分振荡达到平衡后，再分别取样加入指示剂，检查每份样品分别与各指示剂作用后颜色的变化，确定由不同指示剂滴定得到的等当点。当试验用样品的份数不够多时，各份样品的滴定度间隔较大，得到的等当点是比较粗的；这时，需再按需要称取若干份样品，在初测得到的等当点附近截取适当的滴定度范围，按上述方法再进行滴定，直到测得的等当点范围足够窄为止。

与普通的酸碱滴定相比，固体表面酸的滴定有以下特点：

（1）反应达到平衡比较慢，要多采取措施加快平衡的到达。

（2）固体表面酸会含有比较强的酸位需用非常弱的碱性指示剂（如$pK_a \leqslant -3$）进行滴定。这些指示剂的碱性会比H_2O（其共轭酸H_3O^+的pK_a=−1.7）弱，H_2O的存在会与指示剂发生竞争吸附，中毒酸强度 $H_0 \leqslant -1.7$ 的酸中心而干扰测定结果；所以所用试剂都需脱水干燥，操作过程中应防止样品暴露于大气中。

（3）用作滴定剂的正丁胺能与 B 酸和 L 酸反应，所测得酸量是两种酸之和。

以上简单介绍了几种环保催化剂的表达方法，详细论述在相关专业文献或书籍中有细致的分析和论述。

思考题

1．简述非均相、均相催化剂的优缺点。
2．活性中心的选择一般应该遵循哪些原则？
3．典型的分子活化方式有哪几种？
4．载体的作用有哪些？
5．简述助催化剂的作用机理和种类。
6．简述 XRD 技术的原理。
7．TG 分析的依据是什么？
8．如何计算催化剂的比表面积和孔体积？
9．SEM 和 TEM 有何区别和联系？
10．什么是催化剂？
11．什么是催化反应？
12．催化作用有哪些基本特征？
13．催化剂为什么不会改变化学平衡的位置？
14．催化剂为什么能加快反应速度？
15．按使用条件下的物态催化剂可分为几类，各是什么？
16．催化剂的组成包括哪几部分？
17．吸附和催化有什么关系？
18．物理吸附与化学吸附有什么区别？
19．真实吸附中，吸附热 q 与覆盖度的关系如何？
20．常见的固体酸催化剂有哪些？
21．常见的金属催化剂是指元素周期表中的哪些金属元素，其电子结构特征是什么？

22．常见气体在同一金属上化学吸附强弱的顺序如何？气体在金属上吸附强弱与其催化活性有什么关系？

23．金属氧化物催化剂具有半导性，按半导性可把金属氧化物催化剂分为几种？

24．什么是络合催化？按分子轨道理论，说明络合催化的本质？

25．催化剂制备过程中，母体制备好后，为什么要进行煅烧（目的）？煅烧过程中会有哪些反应发生？

26．催化剂活性组分选择的方法有哪些？

27．催化剂中助剂的作用是什么？

28．催化剂中载体的作用是什么？

29．催化剂失活的主要原因是什么？

30．金属催化剂的毒物主要有哪些，其结构特征是什么？

31．催化剂表征的内容和方法都有哪些？

第三章　火电厂燃烧排放烟气的催化净化

随着我国工业化和城镇化的快速发展，我国电力产业得到了迅速发展。截至 2014 年年底，我国发电总装机容量 136 019 万 kW，同比增长 8.7%。全国基建新增发电设备容量 10 350 万 kW，其中，水电新增 2 185 万 kW，火电新增 4 729 万 kW，核电新增 547 万 kW，并网风电新增 2 072 万 kW，并网太阳能发电新增 817 万 kW。到 2015 年年底，我国电力总装机容量将达 14.37 亿 kW，其中火电约占 74.24%。火力发电在支撑着我国电力工业发展的同时，也带来了一系列的环境问题。

大容量、高参数、高效率、低排放逐渐成为火电设备发展主流，“近零排放”即达到氮氧化物、二氧化硫、烟尘排放分别在 50 mg/m^3、35 mg/m^3、10 mg/m^3 以下。2014 年 7 月 1 日，被称为史上最严的《火电厂大气污染物排放标准》正式施行。火电占比下降，却走上了高效、清洁之路，各地燃煤机组减排改造势在必行。这既对火电设备提出了新的要求，也带动了脱硫脱硝除尘等环保设备市场的火爆。

燃煤电厂在燃烧过程中除了释放大量的二氧化碳，也产生了氮氧化物、二氧化硫、烟尘等污染物，同时发电设备在运转过程产生废水、噪声等。火电厂污染物分为固体的、液体的、气体的以及噪声，主要有以下 6 种。

1．尘粒

包括降尘和飘尘。主要是燃煤电厂排放的尘粒。中国火电厂年排放尘粒约 600 万 t。尘粒不仅本身污染环境，还会与二氧化硫、氧化氮等有害气体结合，加剧对环境的损害。其中尤以 10 μm 以下飘尘对人体更为有害。一般燃煤电厂的飞灰尘粒中，小于 10 μm 的占 20%～40%。

2．二氧化硫（SO_2）

煤中的可燃性硫经在锅炉中高温燃烧，大部分氧化为二氧化硫，其中只有 0.5%～5%再氧化为三氧化硫。在大气中二氧化硫氧化成三氧化硫的速度非常缓慢，但在相对湿度较大、有颗粒物存在时，可发生催化氧化反应。此外，在太阳光紫外线照射并有氧化氮存在时，可发生光化学反应而生成三氧化硫和硫酸酸雾，这些气体对人体和动植物均非常有害。大气中的二氧化硫是造成酸雨的主要原因。

3. 氮氧化物（NO_x）

火电厂排放的氧化氮中主要是一氧化氮，占氧化氮总浓度的90%以上。一氧化氮生成速度随燃烧温度升高而增大。它的含量百分比还取决于燃料种类和氮化物的含量。煤粉炉氧化氮排量为440～530×10^{-6}，液态排渣炉则为800～1 000×10^{-6}。二氧化氮刺激呼吸器官，能深入肺泡，对肺有明显损害。一氧化氮则会引起高铁血红蛋白症，并损害中枢神经。

4. 废水

火电厂的废水主要有冲灰水、除尘水、工业污水、生活污水、酸碱废液、热排水等。除尘水、工业污水一般均排入灰水系统。个别电厂灰水中还有氟、砷超过标准，还有部分灰水悬浮物超标。灰中的氧化钙过高还会引起灰管结垢。

5. 粉煤灰渣

粉煤灰渣是煤燃烧后排出的固体废物，主要成分是二氧化硅、三氧化二铝、氧化铁、氧化钙、氧化镁及部分微量元素。粉煤灰既是“废物”也是“资源”。如不经过处置便排入江河湖海，则会造成水体污染；乱堆放则会造成对大气环境的污染。

6. 噪声

火电厂的噪声主要有锅炉排气的高频噪声、设备运转时的空气动力噪声、机械振动噪声以及电工设备的低频电磁噪声等。其中以锅炉排气噪声对环境影响最大，最高可达130分贝。

第一节　燃煤电厂烟气脱硝

一、NO_x形成及分类

燃煤电厂排放的氮氧化物（NO_x）主要指NO、NO_2、N_2O，其余还包括N_2O_2、

N_2O_3、N_2O_4、N_2O_5等。煤粉锅炉排出的烟气中，NO＞95%，NO_2占5%～10%。N_2O约占1%。根据NO_x中氮的来源可分为燃料型NO_x、热力型NO_x和快速型NO_x。

1．热力型NO_x

指空气中的N_2与O_2在高温条件下反应生成的NO_x。热力型NO_x生成机理比较复杂，一般认为：

$$O_2 \longrightarrow 2O$$

$$N_2+O \longrightarrow NO+N \text{（t＞1 538℃）}$$

$$O_2+N \longrightarrow NO+O \text{（t＞816℃）}$$

总反应：

$$N_2+O_2 \longrightarrow 2NO \text{（吸热反应）}$$

$$2NO+O_2 \longrightarrow 2NO_2$$

影响热力型NO_x生成的主要因素为温度、氧浓度和高温区停留时间。室温条件下，几乎没有NO和NO_2生成，并且所有的NO都转化为NO_2，温度在800℃左右，NO与NO_2生成量仍然很小，但NO生成量已经超过NO_2，在燃烧温度（＞1 500℃）下，NO大量生成，但NO_2量仍然很小。控制热力型NO_x生成的主要措施包括：

（1）减少燃烧最高温度区域范围；

（2）降低燃烧峰值温度；

（3）使燃烧在远离理论空气比的条件下进行；

（4）缩短燃料在高温区的停留时间；

（5）降低局部氧气浓度。

2．燃料型NO_x

指燃料中含有的氮化合物在燃烧过程中热分解而又接着氧化而生成的NO_x。煤的燃烧过程由挥发分燃烧和焦炭燃烧两个部分组成，所以燃料型NO_x的形成由气相氮的氧化（挥发分）和焦炭中剩余氮的氧化（焦炭）两部分组成。挥发分N与焦炭N的比例与热解温度、加热速率、煤种有关。在现代的低NO_x燃烧器技术应用条件下，焦炭NO_x是主要的NO_x来源。煤粉燃烧器产生的NO_x大约80%来自焦炭氮。

主要控制途径包括：

（1）燃用氮含量低的燃料。

（2）减少过量空气系数。

（3）扩散燃烧时，抑制燃料和空气的混合。

（4）提高入炉的局部燃烧浓度。

（5）利用中间生成物反应降低 NO_x 产量。

3. 快速型 NO_x

指燃烧时空气中的氮和燃料中的碳氢原子团如 CH 等反应生成的 NO_x。对于燃煤锅炉，快速型 NO_x 与燃料型及热力型 NO_x 相比，其生成量要少得多，一般占总 NO_x 的 5%以下。通常情况下，在不含氮的碳氢燃料低温燃烧时，才重点考虑快速型 NO_x。

二、NO_x 控制方法

根据 NO_x 的生成机理，减少燃煤过程 NO_x 污染物排放的思路包括以下三点：

（1）破坏或削弱 NO_x 生成的燃烧条件，从测量、控制、运行方式的优化出发，在不影响锅炉效率和运行稳定性的基础上，实现低 NO_x 排放。

（2）营造合适的还原 NO_x 的燃烧条件，按低 NO_x 燃烧原理进行燃烧系统的重新布置，能明显降低排放烟气中 NO_x 的浓度。

（3）处理烟气中剩余的 NO_x，进行烟气处理，将其中的 NO_x 还原成 N_2 或进行氧化、洗涤。

控制氮氧化物排放的方法有十余种，这些方法大体上可以分为两大类：低 NO_x 燃烧技术（如图 3-1-1 所示）和烟气脱硝技术。

低氮氧化物燃烧技术包括燃烧系统优化和燃烧系统改造两个方面。

燃烧系统优化的手段主要有：低氧燃烧、优化配风方式、优化燃料和空气的分布，降低燃烧温度和优化燃烧器等。

燃烧系统改造的方法主要有：空气分级燃烧技术、燃料分级燃烧技术、烟气再循环技术和低 NO_x 燃烧器技术等。

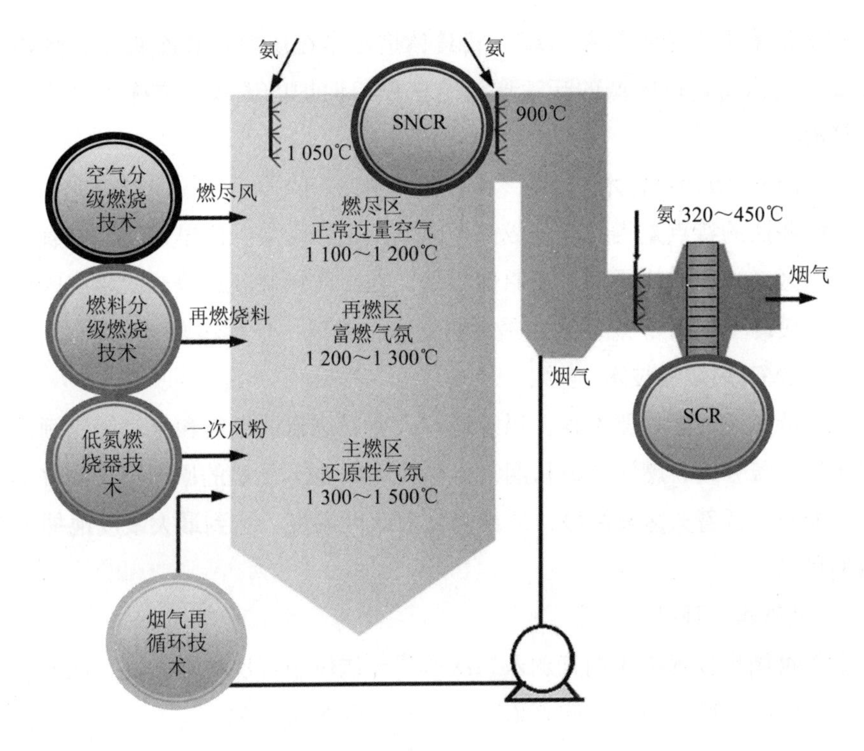

图 3-1-1　低氮燃烧技术示意图

下面主要介绍燃烧系统改造方法。

1. 空气分级燃烧技术

在第一级燃烧区，从主燃烧器供入炉膛总燃烧空气量的 70%～75%，使燃料先在缺氧的富燃料燃烧条件下燃烧，抑制了燃料 NO_x 的生成；过量空气系数小于 1，从而降低了第一级燃烧区的燃烧速度和温度水平，降低了热力型 NO_x 的生成量。其余空气通过布置在主燃烧器上方的专门空气喷口喷入炉膛，使燃料进入第二级燃烧区（空气过剩区域）燃尽。虽然这时空气量多，但由于火焰温度较低，所以在第二级燃烧区内也不利于 NO_x 的生成。

在采用空气分级燃烧时，由于在第一级燃烧区内是富燃料燃烧，氧的浓度比较低，产生还原性气氛。在还原性气氛中煤的灰熔点会比在氧化性气氛中降低 100～120℃，因而容易引起炉膛受热面的结渣，同时还原性气氛还会导致受热面的腐蚀。因此，应采取措施防止高温还原性烟气与炉壁接触，其中一项有效的技术是采用“边界风”系统，其具体措施是在煤粉炉底冷灰斗和侧墙上布置许多空气槽口，以很低的流速通过这些槽口向炉内送入一层称为“边界风”的空气流。

2. 燃料分级燃烧技术

再燃烧法的特点是将燃烧分成三个区域：主燃区（一次燃烧区）是氧化性气氛；再燃区（二次燃烧区）是还原性气氛，在二次燃烧区还原一次燃烧区内生成的 NO_x，最终生成 N_2；燃尽区，最后再送入二次风，使燃料燃烧完全。

3. 低NO_x燃烧器技术

通过特殊设计燃烧器结构，以及通过改变燃烧器的燃料和空气的比例，可以将前述的空气分级、燃料分级和烟气再循环降低 NO_x 燃烧的原理用于燃烧器，通过尽可能地降低着火区氧浓度，适当降低着火区温度，达到最大限度地抑制 NO_x 生成的目的。

4. 烟气再循环技术

烟气再循环技术将废烟气加入二次风或一次风中再次参与燃烧。能够有效降低火焰温度、降低助燃空气的氧浓度，从而降低 NO_x 排放。

三、烟气脱硝原理

烟气脱硝技术主要包括选择性非催化还原脱硝技术（SNCR）和选择性催化还原烟气脱硝技术（SCR）两种。

选择性非催化还原脱硝技术（SNCR）指高温下（850～1 100℃），没有催化剂存在的情况下，利用还原剂将烟气中的 NO_x 还原为 N_2 和 H_2O 的一种脱硝技术。脱硝效率低，通常为 30%～60%。主要反应机理如下：

$$4NH_3 + 4NO + O_2 \longrightarrow 4N_2 + 6H_2O$$

$$NO + CO(NH_2)_2 + 1/2O_2 \longrightarrow 2N_2 + CO_2 + H_2O$$

$$NH_3 + O_2 \longrightarrow NO_x + H_2O \quad (>1\ 100℃)$$

SNCR 法主要优点是不需要使用催化剂，不存在催化剂堵塞问题，设备投资少（如图 3-1-2 所示）；缺点是脱硝效率低、氨逃逸较高。

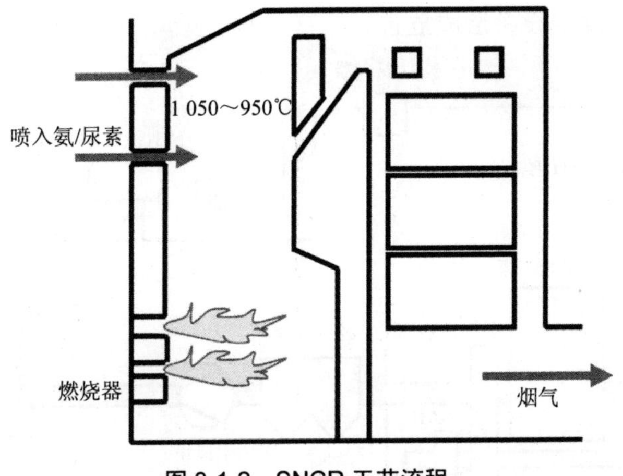

图 3-1-2　SNCR 工艺流程

选择性催化还原烟气脱硝技术（SCR）以 NH_3 为还原剂，在一定温度和催化剂条件下，有选择性地与烟气中的 NO_x 反应生成无毒无污染的 N_2 和 H_2O，而不是被氧气所氧化，理想状态下，NO_x 脱除率可达 90%以上（如图 3-1-3 和图 3-1-4 所示）。主要反应机理如下：

$$6NO+4NH_3 \longrightarrow 5N_2+6H_2O$$

$$6NO_2+8NH_3 \longrightarrow 7N_2+12H_2O$$

$$4NH_3+4NO+O_2 \longrightarrow 4N_2+6H_2O$$

$$2NO_2+4NH_3+O_2 \longrightarrow 3N_2+6H_2O$$

主要的副反应如下：

$$SO_2+1/2O_2 \longrightarrow SO_3$$

$$SO_3+H_2O \longrightarrow H_2SO_4$$

$$NH_3+SO_3+H_2O \longrightarrow NH_4HSO_4 \text{（}SO_3\text{ 过量）}$$

$$2NH_3+SO_3+H_2O \longrightarrow (NH_4)_2SO_4 \text{（}NH_3\text{ 过量）}$$

生成的 NH_4HSO_4 和$(NH_4)_2SO_4$ 均为黏性物质，会堵塞催化剂孔隙，降低其活性，同时还会对除尘设备造成危害。

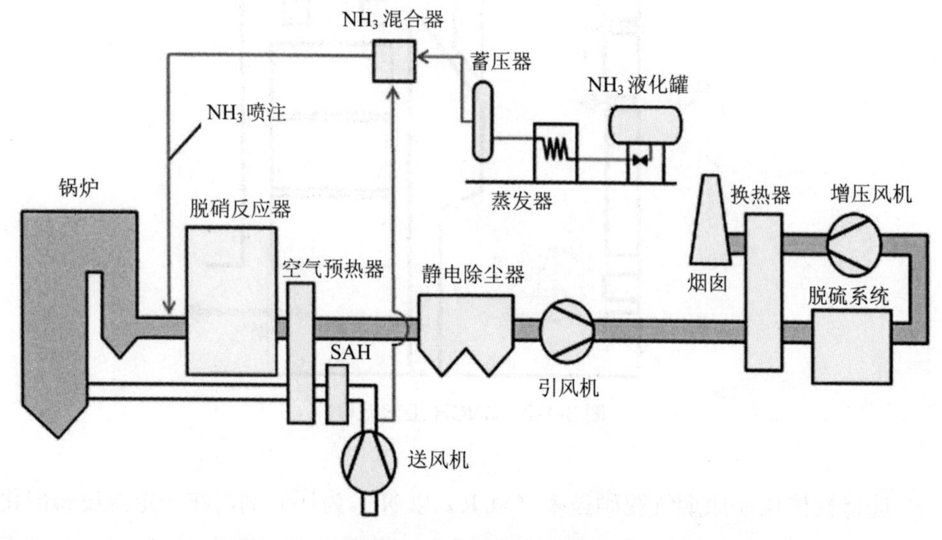

图 3-1-3 SCR 工艺流程

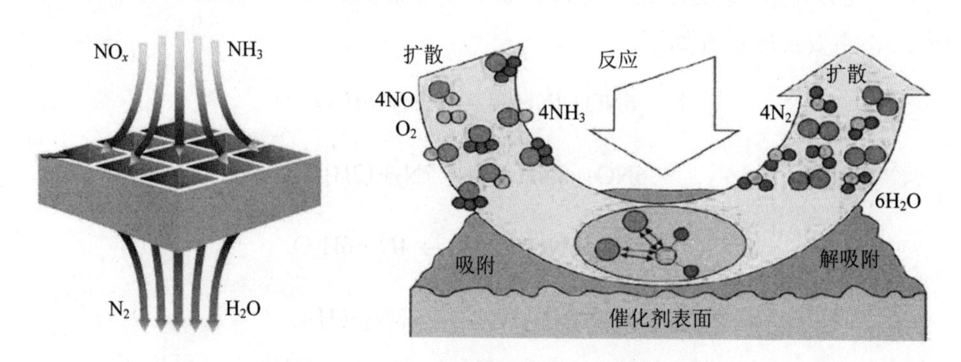

图 3-1-4 SCR 系统基本反应过程原理图

SCR 工艺脱硝（如图 3-1-3 和图 3-1-4 所示）效率主要影响因素包括以下几点：

（1）烟气温度。烟气温度是选择催化剂的重要运行参数，催化反应只能在一定的温度范围内进行，同时存在催化的最佳温度，这是每种催化剂特有的性质。

目前商用钒钛催化剂在 250～350℃范围内，随着反应温度的升高，NO 脱除率急剧增加，升至 350℃时，达到最大值 93%～95%（氨氮比为 1），随后 NO 脱除率随温度的升高而下降。在 SCR 过程中温度的影响存在两种趋势：一方面是温度升高使脱 NO 反应速率增加，NO 脱除效率升高；另一方面，随着温度的升高，NH_3 氧化反应开始发生，使 NO 脱除效率下降。因此，最佳温度是这两种趋势对立统一的结果。

同时，NH_3 与 SO_3 的反应随着烟气温度的降低而加剧，为避免在催化转换器表面生成硫酸铵和硫酸氢铵，SCR 的最低工作温度大多设定在 300～320℃。

（2）NH_3/NO 摩尔比。简称氨氮比，在一定范围内，NO 脱除率随 NH_3/NO 摩尔比的增加而增加，NH_3/NO 摩尔比小于 1 时，其影响更明显。该结果说明若 NH_3 投入量偏低，NO 脱除受到限制；若 NH_3 投入量超过需要量，NH_3 氧化等副反应的反应速率将增大，从而降低了 NO 脱除效率，同时也增加了净化烟气中未转化 NH_3 的排放浓度，造成二次污染。在 SCR 工艺中，一般控制 NH_3/NO 摩尔比在 1.2 以下。

氨氮比=1.0 时能达到 95%以上的 NO 脱除率，并能使 NH_3 的逃逸浓度维持在 5×10^{-6} 或更小。当 NH_3 逃逸量超过了允许值时，就必须额外安装催化剂或用新的催化剂替换掉失活的催化剂。

（3）接触时间。刚开始脱硝率随接触时间 t 的增加而迅速增加，t 增至 200ms 左右时，脱硝率达到最大值，随后脱硝率下降。这主要是由于反应气体与催化剂的接触时间增大，有利于反应气在催化剂微孔内的扩散、吸附、反应和产物气的解吸、扩散，从而使 NO 脱除率提高。但是，若接触时间过大，NH_3 氧化反应开始发生，脱硝率下降。

（4）催化剂性能。催化剂的活性成分：V_2O_5、WO_3、MoO_3 等的成分浓度以及结构形态。砷、碱金属、碱土金属的毒化以及水分的毒化影响等，都会对催化剂的性能产生影响。

（5）其他影响因素。SCR 催化反应需要氧气的参与，当氧浓度增加催化剂性能提高直到达到渐近值，但氧浓度不能过高，一般控制在 2%～3%；而烟气流速直接影响 NH_3 与 NO_x 的混合程度，需要设计合理的流速以保证 NH_3 与 NO_x 充分混合使反应充分进行；NO_x 脱除效率随着氨逃逸量的增加而增加；氨逃逸是影响 SCR 系统安全稳定运行的另一个重要参数，氨逃逸浓度不能太大。

SCR 与 SNCR 的比较见表 3-1-1。

表 3-1-1 SCR 与 SNCR 的比较

项目	SNCR	NH_3-SCR
基本原理	氨气与 NO 在高温下反应生成 N_2	氨气选择性催化脱除 NO
工作温度区间	850～1 100℃	200～450℃
NO_x 脱除效率	30%～60%	80%～90%
NH_3/NO_x 摩尔比	0.8～2.5	0.4～1.0
氨泄漏（ppm）	5～20	<3
初始投资费用	低	高（是 SNCR 的两倍）
氨气的消耗	高	低

四、SCR 脱硝催化剂

SCR 脱硝系统组成包括 SCR 反应器、SCR 催化剂、SCR 烟道系统、氨的储备供应系统、氨/烟气的混合（AIG 喷射系统）、控制系统等，其最核心技术主要是 SCR 催化剂。

NH_3 与 NO 反应在一个狭窄的温度范围内进行。不同催化剂的作用温度不一样，使用最广泛的温度为 300～400℃。最初的 SCR 催化剂是铂（Pt）等贵金属，20 世纪 70 年代后期，日本开始使用钒（V）、钛（Ti）、钨（W）等廉价过渡金属。80 年代，TiO_2、ZrO_2、V_2O_5 等金属化合物等开始得到应用，反应的温度窗口也得到拓宽。最新的 SCR 工业催化剂一般使用 TiO_2 为载体的 V_2O_5/WO_3 及 MoO_3 等金属氧化物。催化剂组分见表 3-1-2。

研究人员对金属氧化物进行了研究，发现以 Al_2O_3、TiO_2、活性炭、陶瓷等为载体，活性组分包括 MnO_x、CuO_x、FeO_x、V_2O_5 等，活性助剂有 Ce、Zr、La、Pd 等几种，显示出非常好的低温活性、产物选择性和稳定性。但是多数催化剂仅在短时、无硫、水条件下的活性还较理想，但在长时、含硫、水的条件下，催化剂稳定性很差，尤其是在低温反应条件下。因此，这也反映了目前国产催化剂的一些缺陷，就是在一系列综合性能上无法与国外进口的催化剂相比，除催化剂的脱硝效率、氨逃逸量及 SO_2/SO_3 转化率等表征催化活性的参数以外，催化剂的防腐、防磨、防堵塞和中毒失活、强度与热稳定性、化学寿命与机械寿命也是重要的衡量指标。

表 3-1-2　脱硝催化剂组分

化学成分	基于 WO_3	基于 MoO_3
SiO_2%	5.1	3.4
Al_2O_3%	0.65	3.9
Fe_2O_3%	0.01	0.14
TiO_2%	79.7	73.3
CaO%	0.79	0.01
MgO%	0.01	0.01
BaO%	0.01	0.01
Na_2O%	0.01	0.01
K_2O%	0.02	0.02
SO_3%	1.1	3.4
V_2O_5%	0.59	1.6
P_2O_5%	0.01	0.01
MoO_3%	0	12.9
WO_3%	11	0

催化剂的主要成分为 TiO_2，具有较高的催化选择性，可以阻碍 SO_2-SO_3 的转化，其他主要有效成分为 V_2O_5、WO_3、MoO_3 等，其中 V_2O_5 的活性最强，但对 SO_2-SO_3 的转化也存在催化作用。

催化剂的类型主要有三种：蜂窝式、板式和波纹板式。

蜂窝式催化剂（如图 3-1-5 所示）为整体挤压成型，催化剂活性成分均匀，通体具有活性，整体挤压成型，制造工艺较复杂。催化剂内均匀分布，表面积最大，活性高、体积小、节省用量、业绩及市场占有率高。

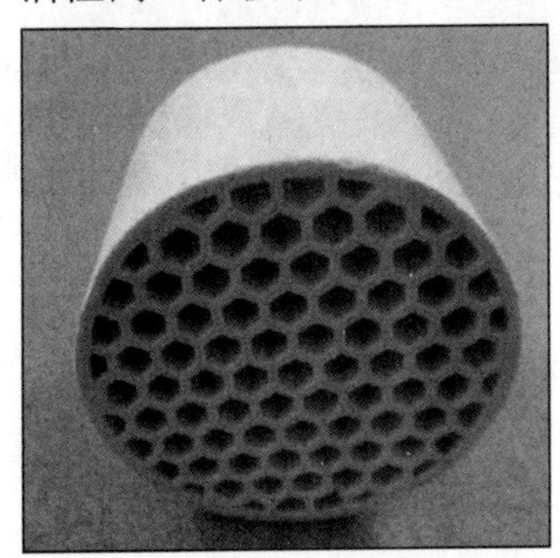
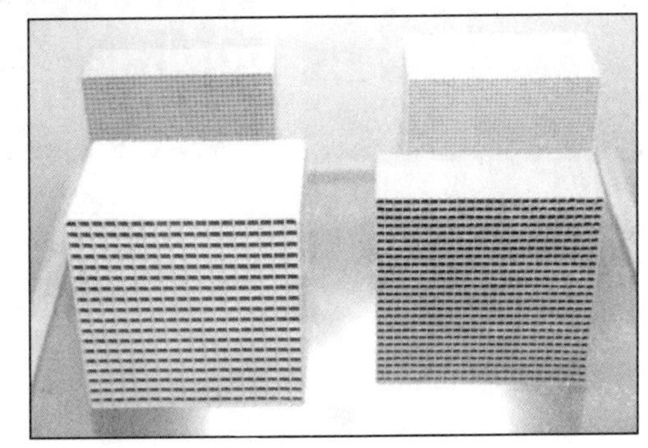

图 3-1-5　蜂窝式催化剂

板式催化剂（如图 3-1-6 所示）采用不锈钢网作为基材，载体和活性成分敷设于其上；制造工艺简单，以板式结构构成模块单元；往往具有较高的价格竞争力。

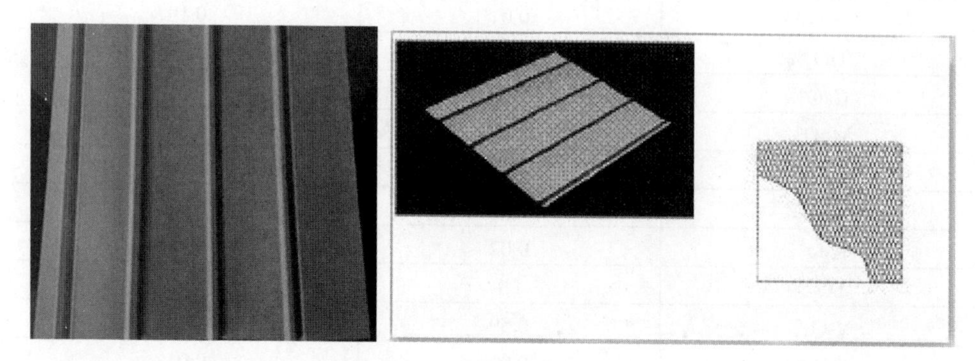

图 3-1-6 板式催化剂

波纹板式催化剂（如图 3-1-7 所示）制作玻璃纤维加固的 TiO_2 基板，再把基板放到催化剂活性液中浸泡，板式催化剂的换代兼具板式制造工艺简单和蜂窝式单位体积表面积大、催化效率高的优点，具体比较见表 3-1-3。

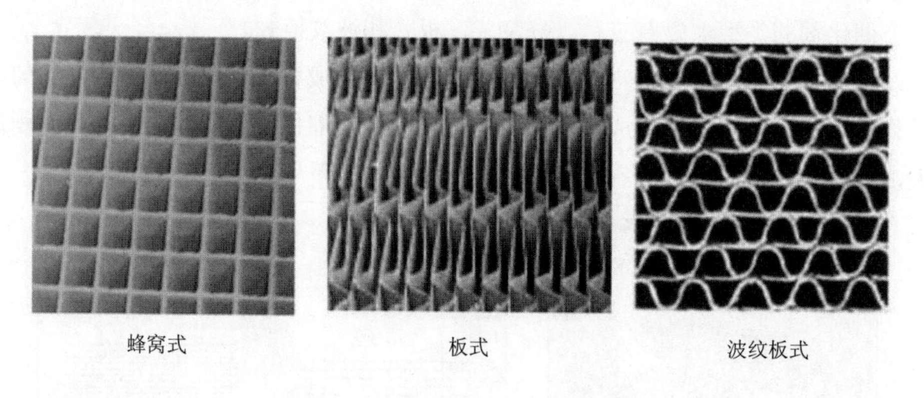

图 3-1-7 三种催化剂结构示意图

表 3-1-3　不同催化剂性能比较

性能参数	蜂窝式	板式	波纹板式
加工工艺	陶制挤压成型，整体内外材料均匀，均有活性	网状金属做载体，表面涂为活性成分	纤维做载体，表面涂为活性成分
比表面积	大	小	中
体积（同等烟气）	小	大	大
氧化率	高	高	低
压力损失	一般	小	小
抗腐蚀性	一般	高	一般
高灰烟气适应性	一般	强	强
模块重量	中	重	轻
操作性	不能叠放	可以叠放	可以叠放
烟温适应性	290～420℃	290～420℃	290～420℃

脱硝催化剂的选择主要考虑以下几点因素：烟气量、NO_x 浓度、设计脱硝效率、CaO 及其他微量元素、烟气含尘量、灰的磨损性、灰尘粒径分布等。

目前世界上主要的脱硝催化剂生产商包括：美国 Cormetech 公司（蜂窝式）、德国 Argillon 公司（蜂窝式、板式）、丹麦 Haldor Topsoe 公司（波纹板式）、奥地利 Frauenthal-Ceram 公司（蜂窝式）、日本 Babcock Hitachi 公司（板式）、韩国 SK 公司（蜂窝式）和日本 IHI 公司（蜂窝式）等。

脱硝催化剂活性降低的主要原因：

（1）热钝化，如锅炉燃烧过程中应产生的 CO 在催化剂表面遇 O_2 燃烧释放热量等。

（2）飞灰磨损：催化剂的磨损主要是由飞灰撞击引起的，磨损强度与气流速度、飞灰特性、撞击角度及催化剂本身特性有关。当烟尘 SiO_2 和 Al_2O_3 的比率大于 2 时，灰尘的磨损性将非常强。

（3）气孔堵塞：催化剂的堵塞主要是由于铵盐及飞灰的小颗粒沉积在催化剂小孔中，阻碍了 NO_x、NH_3、O_2 到达催化剂活性表面，引起催化剂钝化。

（4）运行控制（吹灰系统、预热器系统、管道磨损等）。

（5）催化剂层的气流阻力（游离的硫酸盐、石灰等低灰熔点物质和粉粒尘积）。

（6）催化剂中毒（碱金属、碱土金属、砷、钛、铅等）。Na、K 腐蚀性混合物如果直接和催化剂表面接触，会使催化剂中毒、活性降低，引起氨逃逸增加，脱硝效率下降，加速催化剂更换的速度。反应机理是在催化剂活性位置的碱金属与其他物质发生了反应。砷（As）中毒主要是由烟气中的气态 As_2O_3 引起的。As_2O_3 扩散进入催化剂表面及堆积在催化剂小孔中，然后在催化剂的活性位置与其他物质发生反应，砷在催化剂表面的堆积，引起催化剂活性降低。气态的 AsO_3 会使催化剂中毒，但被 $CaCO_3$ 固化成 $Ca_3(AsO_4)_2$ 后，就不会毒害催化剂。因此，希望有最低 2%的飞灰含 Ca 量。

催化剂的再生将活性降低后的催化剂层投入预洗池，将其完全浸入溶液中，使催化剂中的有毒物质溶解，再放入超声波池中利用超声波将催化剂表面污物去除，清理堵塞通道。接着加入活性物质进行特殊处理，进一步清洗催化剂，最后再进行干燥、减重，即可重新投入使用。

SCR 脱硝还原剂主要包括液氨、氨水和尿素三种，各种还原剂比较见表 3-1-4。

表 3-1-4 脱硝还原剂比较

项目	液氨	氨水	尿素
反应剂费用	便宜	较贵	最贵
运输费用	便宜	贵	便宜
安全性	有毒	有害	无害
存储条件	高压	常压	常压、干态
存储方式	液态	液态	微粒状
初投资费用	便宜	贵	贵
运行费用	便宜	贵，需要高热量蒸发蒸馏水和氨	贵，需要高热量水解尿素和蒸发氨
设备安全要求	有法律规定	需要	基本不需要

五、SCR 脱硝系统

根据 SCR 反应器在锅炉之后的不同位置，SCR 系统有三种工艺流程：热段/高灰布置、热段/低灰布置和冷段布置。

（1）热段/高灰布置：反应器布置在空气预热器前温度为350℃左右的位置，此时烟气中所含有的全部飞灰和 SO_2 均通过催化剂反应器，反应器的工作条件是在“不干净”的高尘烟气中（如图3-1-8所示）。由于这种布置方案的烟气温度在300～400℃的范围内，适合于多数催化剂的反应温度，因而被广泛采用。

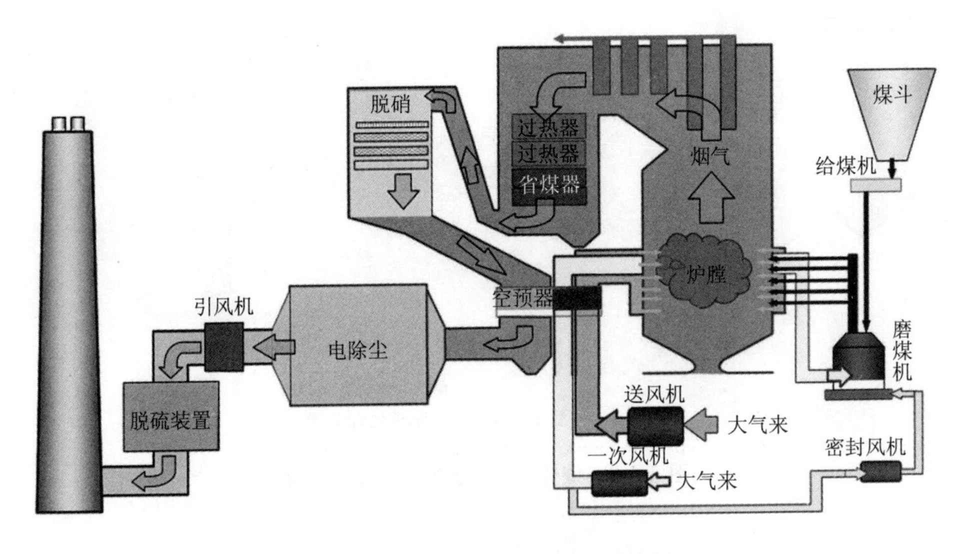

图3-1-8　催化剂反应器热段/高灰布置示意图

（2）热段/低灰布置：反应器布置在静电除尘器和空气预热器之间，这时，温度为300～400℃的烟气先经过电除尘器以后再进入催化剂反应器，这样可以防止烟气中的飞灰对催化剂的污染和将反应器磨损或堵塞，但烟气中的 SO_3 始终存在。采用这一方案的最大问题是，静电除尘器无法在300～400℃的温度下正常运行，因此很少采用。

（3）冷段布置：反应器布置在烟气脱硫装置（FGD）之后，这样催化剂将完全工作在无尘、无 SO_2 的“干净”烟气中，由于不存在飞灰对反应器的堵塞及腐蚀问题，也不存在催化剂的污染和中毒问题，因此可以采用高活性的催化剂，减少了反应器的体积并使反应器布置紧凑（如图3-1-9所示）。当催化剂在“干净”烟气中工作时，其工作寿命可达3～5年（在“不干净”的烟气中的工作寿命为2～3年）。这一布置方式的主要问题是，当将反应器布置在湿式FGD脱硫装置后，其排烟温度仅为50～60℃，因此，为使烟气在进入催化剂反应器之前达到所需要的反应温度，需要在烟道内加装燃油或燃烧天然气的燃烧器，或蒸汽加热的换热器以加热烟气，从而增加了能源消耗和运行费用。

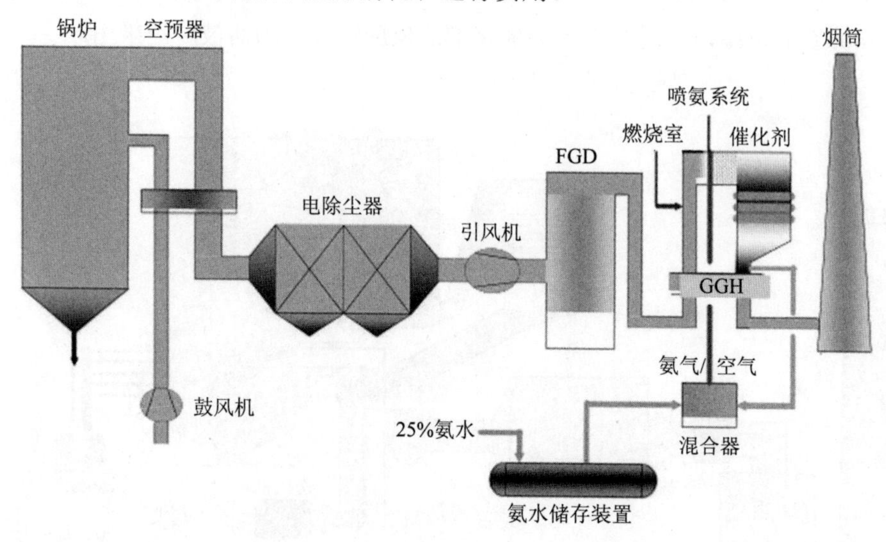

图 3-1-9 催化剂反应器冷段布置示意图

对于一般燃油或燃煤锅炉，其SCR反应器多选择安装于锅炉省煤器与空气预热器之间，因为此区间的烟气温度刚好适合SCR脱硝还原反应，氨被喷射于省煤器与SCR反应器间烟道内的适当位置，使其与烟气充分混合后在反应器内与氮氧化物反应，SCR系统商业运行业绩的脱硝效率为70%～90%。

热段/高灰布置是SCR脱硝的主要工艺形式，如图3-1-10所示其具有以下特点：

（1）SCR反应器布置在省煤器出口与空预器之间。

（2）烟气温度能满足催化剂运行需要。

（3）高尘的运行环境，催化剂考虑防磨和防堵。

（4）烟气均布可避免催化剂腐蚀和堵塞。

（5）要保证低的氨逃逸和低的SO_2/SO_3转化率，避免硫酸氢铵的形成。

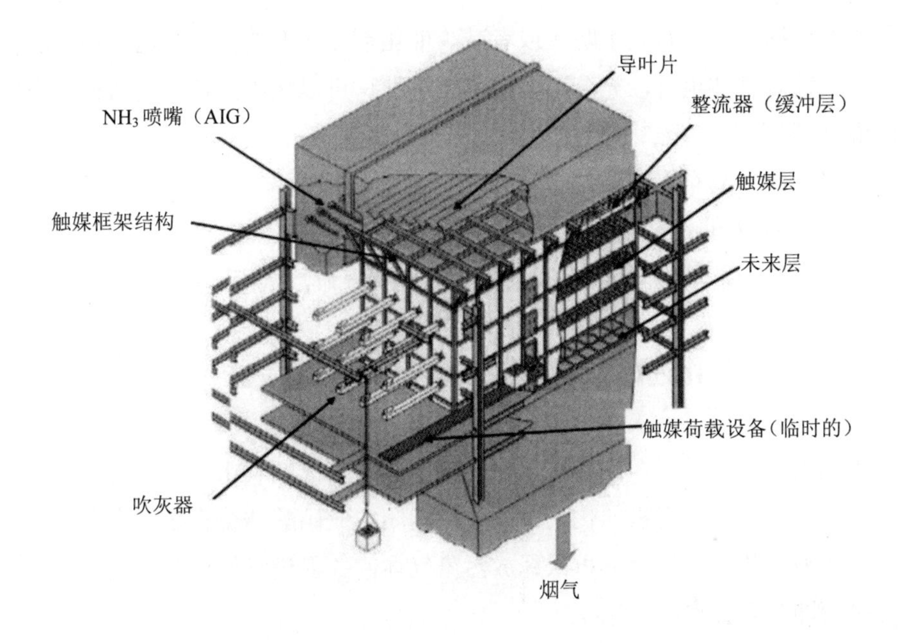

图 3-1-10　SCR 脱硝反应器总括图

高飞灰浓度对 SCR 的影响主要表现在以下几个方面：①飞灰量高，极易导致堵塞，风机压损增加；②飞灰量高，飞灰所含有毒物质量高，对催化剂的毒害概率大大增加；③催化剂价格大幅上升。

催化剂价格上升由几个原因构成：①灰量大，催化剂易腐蚀、堵塞，则需要增加催化剂的孔径，增大了催化剂总体积；②灰量大，在吹灰间隔中，大部分的催化剂被灰覆盖，这样，为了保证恶劣情况下的脱硝效率和氨逃逸率，必须增加催化剂体积，以保证随时有足够的催化剂表面裸露在外面以供吸附 NO_x、接触 NH_3；③灰量大，催化剂受到冲刷和腐蚀概率也大大增加，烟气流速也大，对催化剂冲刷也厉害。冲刷腐蚀造成的催化剂失效快，只要增加初始的催化剂体积或加快催化剂的更换速度，才能保证同样的脱硝率和氨逃逸率。

在高灰情况下，尽可能选用活性材料内外均匀的催化剂，而避免采用表面涂层的催化剂，因为在高灰下，催化剂的迎灰面以及内壁都会发生一定程度的磨蚀，表面涂层的催化剂在表面发生磨蚀后，催化剂的活性会大幅度地降低。

选用磨蚀性强的催化剂。端部硬化技术、较大的催化剂壁厚以及板式催化剂内部的不锈钢网，都有利于防止或者减少催化剂迎灰面的磨损。这三种方法各有优缺点，针对具体项目，充分考虑技术经济性，可以选用具备一到两种防磨损技术的催化剂。

高温侧低飞灰布置在传统高温高灰 SCR 系统前面，加一个高温电除尘器，可以大大减少 SCR 催化剂入口的飞灰浓度，减少所需催化剂的体积，无须防磨防毒化处理的催化剂（单价降低），延长催化剂使用寿命，减少压降和吹灰损耗。

六、烟气催化还原法脱硝及反应动力学

当加入强氧化剂时，NO 转化为易溶于水的高价氮氧化物，从而易溶于水生成亚硝酸（HNO_2），有机催化剂中的硫氧基团与亚硝酸结合成稳定络合物，有效抑制了不稳定的亚硝酸分解再次释放污染气体，并促进它们被持续氧化成硝酸，催化剂随即与之分离。

$$NO_2 + H_2O + \text{有机催化剂} \longrightarrow HNO_2$$

$$HNO_2 + \text{有机催化剂} \longrightarrow \text{稳定的复合物}$$

$$\text{稳定的复合物} + O_2 \longrightarrow HNO_3$$

通过加入氨水（碱性中和剂）与硝酸中和，制成硝酸铵（NH_4NO_3）化肥，其反应原理和过程与工业硝酸铵化肥的生产相似。

$$HNO_3 + NH_4OH = NH_4NO_3 + H_2O$$

SCR 法烟气脱硝是在催化剂作用下，向烟气中喷入还原剂，使 NO_x 还原成 N_2 的过程。对于过程动力学方程的研究因运行条件不同，研究结果也各有所异。

雷达等根据 SCR 入口气体成分对脱硝效率、氨氮比、停留时间等因素进行实验并建立脱硝反应动力学方程：

$$K = K_0 e^{\frac{-E}{RT}} C_{(NO)} \cdot C_{(NH_3)}^{0.2} \cdot C_{(O_2)}^{0.27}$$

式中，K_0 为反应速率常数；E 为反应活化能，J/mol；$C_{(NO)}$、$C_{(NH_3)}$、$C_{(O_2)}$为 NO、NH_3 和 O_2 浓度，mol/L。实验结果与 Fluent 软件模拟的结果相近，具有一定的应用价值。

第二节　燃煤电厂烟气脱硫

燃煤脱硫方法可分为三大类：燃烧前脱硫、燃烧中脱硫、燃烧后脱硫。

燃烧前脱硫利用机械力（淘汰、浮选）、强磁场、微波辐射、微生物和化学等作用，减少入炉煤中的硫含量；煤炭洗选，脱除无机硫分是煤场常用的做法，能同时除去灰分，减轻运输量，减轻锅炉的玷污和磨损，减少电厂灰渣处理量，还可回收部分硫资源。

燃烧中脱硫主要是在燃烧过程中，向炉内加入固硫剂如 $CaCO_3$ 等，使煤中硫分转化成硫酸盐，随炉渣排除。燃烧中脱硫方法一般工艺简单，投资费用低，但脱除率很难达到很高的水平，同时固硫剂的利用率也比较低，但是适用于老厂进行改造，满足环保法规的要求。

燃煤后烟气脱硫（Flue Gas Desulfurization，FGD）。世界各国研究开发的烟气脱硫技术达 200 多种，但商业应用的不超过 20 种。在 FGD 技术中，按脱硫剂的种类划分，可分为以下五种方法：①以 $CaCO_3$（石灰石）为基础的钙法；②以 MgO 为基础的镁法；③以 Na_2SO_3 为基础的钠法；④以 NH_3 为基础的氨法；⑤以有机碱为基础的有机碱法。世界上普遍使用的商业化技术是钙法，所占比例在 90%以上。按吸收剂及脱硫产物在脱硫过程中的干湿状态又可将脱硫技术分为湿法、干法和半干（半湿）法。湿法 FGD 技术是用含有吸收剂的溶液或浆液在湿状态下脱硫和处理脱硫产物，该法具有脱硫反应速度快、设备简单、脱硫效率高等优点，但普遍存在腐蚀严重、运行维护费用高及易造成二次污染等问题。干法 FGD 技术的脱硫吸收和产物处理均在干状态下进行，该法具有无污水废酸排出、设备腐蚀程度较轻、烟气在净化过程中无明显降温、净化后烟温高、利于烟囱排气扩散、二次污染少等优点，但存在脱硫效率低、反应速度较慢、设备庞大等问题。半干法 FGD 技术是指脱硫剂在干燥状态下脱硫、在湿状态下再生（如水洗活性炭再生流程），或者在湿状态下脱硫、在干状态下处理脱硫产物（如喷雾干燥法）的烟气脱硫技术。特别是在湿状态下脱硫、在干状态下处理脱硫产物的半干法，以其既有湿法脱硫反应速度快、脱硫效率高的优点，又有干法无污水废酸排出、脱硫后产物易于处理的优势而受到人们的广泛关注。

其他的脱硫方法还有以下几种：

（1）氨法脱硫用氨气吸收烟气中的 SO_2，由于氨是一种非常好的碱性吸收剂，是气—液或气—气之间的反应，反应速度快，反应完全。相对而言，具有系统简单，设备体积小，能耗低等优点，但是氨的吸收存在成本太高，腐蚀及净化后尾气中气溶胶问题，制约了氨法的发展。

（2）双碱法脱硫用石灰或石灰石将吸收 SO_2 后的溶液再生，再生后的吸收液可以循环使用。

（3）韦法（钠法）指用 NaOH、Na_2CO_3 来吸收，生成亚硫酸钠，进一步吸收生成亚硫酸氢钠，将亚硫酸氢钠过滤干燥后再生，循环使用。

（4）氧化镁法则用生成亚硫酸镁，送到流化床加热，在近 1 000℃时生成 MgO 循环利用，SO_2 可以回收利用。

（5）海水脱硫法利用海水呈碱性，具有天然的酸碱缓冲能力及吸收 SO_2 的能力，用海水洗涤烟气中的 SO_2，可以达到烟气净化的目的。

一、石灰石石膏脱硫

先将石灰石（$CaCO_3$）破碎磨细成粉状，然后直接与水混合搅拌制成吸收浆液；部分湿法工艺采用石灰（CaO）作吸收剂，吸收能力和吸收速度更强。在吸收塔内，吸收浆液与烟气接触混合，烟气中的 SO_2 溶于水，与浆液中的碳酸钙反应生成亚硫酸钙，然后在塔底与鼓入的氧化空气发生化学反应，最终反应产物为石膏。脱硫后的烟气经除雾器除去夹带的细小液滴，经烟气换热器加热升温后排入烟囱。

具体石灰石/石膏湿法脱硫工艺如图 3-2-1 所示，反应原理如下：

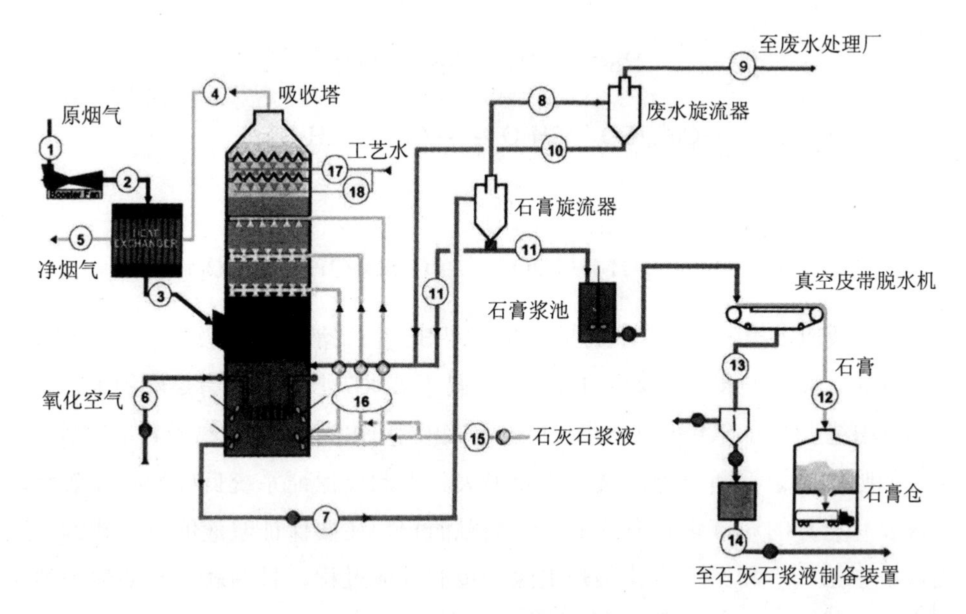

图 3-2-1　石灰石/石膏湿法脱硫工艺

1．吸收

在脱硫吸收塔内，烟气中的 SO_2 首先被浆液中的水吸收，形成亚硫酸，并部分电离：

$$SO_2+H_2O \longrightarrow H_2SO_3$$

$$H_2SO_3 \longrightarrow H^++HSO_3^-$$

$$HSO_3^- \longrightarrow 2H^++SO_3^{2-}$$

2．石灰石溶解反应

与吸收塔浆液中的 $CaCO_3$ 细颗粒反应生成 $CaSO_3 \cdot 1/2H_2O$ 细颗粒：

$$CaCO_3+2H^+ \longrightarrow Ca^{2+}+H_2O+CO_2\uparrow$$

$$Ca^{2+}+SO_3{}^{2-}+H_2O \longrightarrow CaSO_3 \cdot 1/2H_2O\downarrow$$

3．氧化并结晶

$CaSO_3 \cdot 1/2H_2O$ 被鼓入的空气中的氧氧化，最终生成石膏晶体 $CaSO_4 \cdot 2H_2O$。

$$HSO_3^- + 1/2O_2 \longrightarrow H^+ + SO_4^{2-}$$

$$Ca^{2+} + SO_4^{2+} + 2H_2O \longrightarrow CaSO_4 \cdot 2H_2O\downarrow$$

总反应式：

$$CaCO_3 + SO_2 + H_2O + 1/2O_2 \longrightarrow CaSO_4 \cdot 2H_2O\downarrow + CO_2\uparrow$$

上述反应中第一步是较关键的一步，即 SO_2 被浆液中的水吸收。根据 SO_2 的化学特性，SO_2 在水中能发生电离反应，易于被水吸收，只要有足够的水，就能将烟气中绝大部分 SO_2 吸收下来。但随着浆液中 HSO_3^- 和 SO_3^{2-} 离子数量的增加，浆液的吸收能力不断下降，直至完全消失。因此要保证系统良好的吸收效率，不仅要有充分的浆液量和充分的气液接触面积，还要保证浆液的充分新鲜。上述反应中第二步和第三步其实是更深一步的反应过程，目的就是不断地去掉浆液中的 HSO_3^- 和 SO_3^{2-} 离子，以保持浆液有充分的吸收能力，以推动第一步反应的持续进行。

石灰石湿法烟气脱硫主要影响因素包括 pH、液气比（L/G）、钙硫比（Ca/S）以及运行控制等。

SO_2 负荷决定于烟气体积流量和原烟气的 SO_2 含量。加入的 $CaCO_3$ 流量取决于 SO_2 负荷与 $CaCO_3$ 和 SO_2 的摩尔比。随着 $CaCO_3$ 的加入，吸收塔浆液将达到某一 pH。脱硫效率随液槽中 pH 的升高而提高。低的 pH 有利于石灰石的溶解、HSO_3^- 的氧化和石膏的结晶，但高的 pH 有利于 SO_2 的吸收。从化学原理分析，当碱液的浓度较低时，化学传质的速度较低。当提高碱液浓度到某一值时，传质速度达到最大值，此时的碱液浓度称为临界浓度。烟气脱硫的化学吸收过程中，以碱液为吸收剂吸收烟气中的 SO_2 时，适当提高碱液（吸收剂）浓度，可以提高对 SO_2 的吸收效率，吸收剂达到临界浓度时脱硫效率最高。但当碱液浓度超过临界浓度之后，进一步提高碱液浓度并不能提高脱硫效率。为此应控制合适的 pH，此时脱硫效率最高，Ca/S 摩尔比最合理，吸收剂量利用最佳。

液气比（L/G）是指脱硫塔内提供的脱硫剂浆液循环量与烟气体积流量的比例，是湿法烟气脱硫中另一个重要的操作参数，常用来反映吸收剂量与吸收气体量之间的关系。提高液气比加强了气液两相的扰动，增加了接触反应时间或改变了相对速度，消除了气膜与液膜的阻力，加大了 $CaCO_3$ 与 SO_2 的反应机会和吸收的推动力，从而提高了 SO_2 的去除率。烟气中的 SO_2 被吸收剂完全吸收需要不断进行循环反应，增加浆液循环量有利于促进混合浆液中 HSO_3^- 氧化成 SO_4^{2-} 形成石膏，提高脱硫效率。

钙硫比是指脱硫塔内烟气提供的脱硫剂所含钙的摩尔数与烟气中所含 SO_2 摩尔数的比例。钙硫比相当于洗涤每摩尔 SO_2 所用的石灰石的摩尔数。钙硫比高将有利于石灰石与 SO_2 的反应，提高烟气脱硫效率。但钙硫比高，则钙的利用率下降，浪费了吸收剂。一般石灰石湿法脱硫工艺的 Ca/S 为 1.01～1.05。

石灰石湿法烟气脱硫系统包括：①石灰石浆液制备系统；②吸收塔系统；③烟气系统；④石膏脱水及储存系统；⑤氧化风系统；⑥公用系统；⑦事故浆液排放系统；⑧电气与监测控制系统。

石灰石湿法烟气脱硫具有如下特点：

（1）烟气脱硫效率高，一般大于 95%。

（2）钙硫比（Ca/S）低，一般不高于 1.05，吸收剂利用率高。

（3）系统简单，装机容量大，设备利用率高，技术成熟可靠，技术进步快。

（4）适用煤种广，烟气量范围大，可与大型燃煤机组单元匹配。

（5）石灰石吸收剂来源广，资源丰富，价格便宜，破碎磨细简单。

（6）脱硫副产物为石膏，可用于生产建材产品和水泥缓凝剂等，不产生二次污染。

（7）脱硫装置比较复杂，占地面积相对较大，初投资较高。

（8）厂用电率较高（为 1%～1.8%），需要脱硫废水处理设备。

湿法烟气脱硫通常存在腐蚀及磨损、沉淀结垢及堵塞、富液难以处理等棘手的问题。

锅炉排放的烟气含有灰分及各种腐蚀性有害成分，如 SO_2、SO_3、NO_x、HCl 及盐酸雾等。这些腐蚀有害成分在水露点附近与 pH 为 5～6 的吸收剂浆液发生一系列化学反应，特别容易导致露点腐蚀。而且在脱硫过程中，又具有酸碱介质交替的特性，因此设备腐蚀严重。

在湿法烟气脱硫中，设备常常发生结垢和堵塞，已成为一些吸收设备能否正常长期运行的关键问题。脱硫系统的结垢和堵塞，可造成吸收塔、氧化槽、管道、喷嘴、除雾器以及热交换器的结垢和堵塞。其原因是烟气中的氧气将 $CaSO_3$ 氧化成为 $CaSO_4$（石膏），并使石膏过饱和。这种现象主要发生在自然氧化的湿法系统中，控制措施为强制氧化和抑制氧化。

一些常见的防止结垢和堵塞的方法有：在工艺操作上，控制吸收液中水分蒸发速度和蒸发量；控制溶液的 pH；控制溶液中易于结晶的物质不要过饱和；保持溶液有一定的晶种；严格除尘，控制烟气进入吸收系统所带入的烟尘量，设备结构要做特殊设计，或选用不易结垢和堵塞的吸收设备，例如，流动床洗涤塔比固定填充洗涤塔不易结垢和堵塞；选择表面光滑、不易腐蚀的材料制作吸收设备。

二、烟气催化氧化脱硫

催化氧化脱硫包括干式氧化法和液相氧化法。烟气中的 SO_2 在有机催化作用下与水反应形成亚硫酸（H_2SO_3），有机催化剂中的硫氧基团与之结合形成稳定的络合物，有效抑制了不稳定的亚硫酸分解再次释放污染气体，并促进它们被持续氧化成硫酸，然后催化剂与之分离。

$$SO_2 + H_2O + \text{有机催化剂} \longrightarrow H_2SO_3$$

$$\text{稳定的络合物} + O_2 \longrightarrow H_2SO_4 + \text{有机催化剂}$$

有机催化烟气综合清洁利用技术完美地实现了上述反应，并通过加入碱性中和剂（氨水）与硫酸中和，制成高品质的硫酸铵$[(NH_4)_2SO_4]$化肥，其反应原理和过程与工业硫酸铵化肥的生产相似。

$$SO_2 + xNH_3 + H_2O \longrightarrow (NH_4)_xH_{2-x}SO_3$$

$$(NH_4)_xH_{2-x}SO_3 + NH_3 + O_2 \longrightarrow (NH_4)_2SO_4$$

液相催化氧化法烟气脱硫是在催化剂作用下，在水溶液内吸收和氧化烟气中 SO_2 的脱硫工艺。日本千代田建设公司以含铁催化剂的稀硫酸溶液作吸收剂，吸收 SO_2 后副产石膏，称为千代田法，工艺包括三步：

（1）溶解于稀硫酸中的 SO_2 与 Fe^{3+} 催化剂反应使烟气中 SO_2 氧化，反应温度以 50～70℃为宜，反应结果生成 H_2SO_4，并使 Fe^{3+} 还原为 Fe^{2+}。

（2）将吸收液氧化使溶液中的Fe^{2+}氧化为Fe^{3+}，溶解于溶液中的SO_2也被氧化。

（3）当吸酸浓度达5%时，引出部分至结晶槽，加入石灰石粉末即制得石膏。

该工艺简单，运转可靠，并可副产石灰，但缺点亦突出，主要为液气比高，稀硫酸腐蚀性很强，对设备材质要求较高，日本一般采用含钼、钛的不锈钢。

千代田法工艺的主要问题包括洗涤器价格昂贵、酸浓度低和催化剂易中毒。

第三节　同步催化脱硫脱硝的原理和技术

燃煤烟气中的SO_2和NO_x是大气污染物的主要来源，给生态环境带来严重危害。近年来，由于环保要求的提高，很多燃煤锅炉都要求同时控制SO_2和NO_x的排放。若用两套装置分别脱硫脱硝，不但占地面积大，且投资、操作费用高，而使用脱硫脱硝一体化工艺则结构紧凑，投资与运行费用低、效率高。脱硫脱硝一体化技术按脱除机理的不同可分为两大类：联合脱硫脱硝技术和同时脱硫脱硝技术。联合脱硫脱硝技术是指将单独脱硫和脱硝技术进行整合后而形成的一体化技术，如SNRB、NFT、DESON-OX、活性炭脱硫脱硝技术等；同时脱硫脱硝技术是指用一种反应剂在一个过程内将烟气中的SO_2和NO_x同时脱除的技术，如钙基同时脱硫脱硝技术、NO_xSO、电子束法、电晕放电法等技术。

一、活性炭双脱法

利用活性炭巨大的比表面积吸附SO_2、氧和水产生硫酸。该系统主要由吸附、解吸和硫回收三部分组成。烟气进入活性炭移动床吸附塔，吸附塔分上下两层，烟气在吸附塔内靠重力流从上层流到下层，烟气通过上层时SO_2被吸收，进入下层前，NO_x与此处喷入氨作用去除。具体原理如下：

$$2SO_2+O_2 \longrightarrow 2SO_3$$

$$SO_3+H_2O \longrightarrow H_2SO_4$$

总反应方程式：

$$SO_2+H_2O+1/2O_2 \longrightarrow H_2SO_4$$

在吸附塔下层时，活性炭充当 SCR 工艺的催化剂。

$$4NH_3+4NO+O_2 \longrightarrow 4N_2+6H_2O$$

$$2NO_2+4NH_3+O_2 \longrightarrow 3N_2+6H_2O$$

在再生阶段，饱和态吸附剂被送到解吸塔，解析吸附的 SO_2 气，再生的活性炭送回反应器循环使用。再生过程发生如下反应：

$$H_2SO_4 \longrightarrow SO_3+H_2O$$

$$SO_3+1/2C \longrightarrow SO_2+1/2CO_2$$

若有硫酸铵生成，活性炭的损耗则会降低，反应如下：

$$(NH_4)_2SO_4 \longrightarrow SO_3+H_2O$$

$$SO_3+2/3NH_3 \longrightarrow SO_2+H_2O+1/3N_2$$

二、金属氧化物同步脱硫脱硝

以金属氧化物作为主要活性组分的一体化吸收/催化法是同时脱硫脱硝方法之一。该法利用金属氧化物与烟气中 SO_2 和 O_2 反应生成硫酸盐以达到脱硫的目的，而金属氧化物本身与脱硫反应的生成物均可作为 NO_x 催化还原反应的催化剂，从而获得同时脱硫脱硝的效果。以二价金属为例，脱硫总反应为：

$$MeO(s) + SO_2(g) + 1/2O_2(g) \longrightarrow MeSO_4(s)$$

硫化后的产物用 CH_4 进行再生：

$$MeSO_4 + 1/2CH_4 \longrightarrow Me + SO_2 + 1/2CO_2 + H_2O$$

再生后的吸收/催化剂可被送回脱硫反应器中继续使用。暴露在烟气中的金属会被迅速氧化，从而恢复脱硫功能。而金属氧化物及其脱硫反应生成的硫酸盐均可作为 NH_3 选择性催化还原 NO_x 为 N_2 的催化剂：

$$4NH_3 + 4NO + O_2 \longrightarrow 4N_2 + 6H_2O$$

$$4NH_3 + 2NO_2 + O_2 \longrightarrow 3N_2 + 6H_2O$$

负载的氧化铜是研究最多的一体化吸收/催化剂。在氧化铜干法脱硫中，吸收剂在 300～500℃时可很好地吸收 SO_2，吸收剂在 700℃时又可再生。如果以 H_2、CO 或者 CH_4 对其还原再生，还原温度几乎与吸收温度处于同一水平，使流程更为简化。为了提高脱硫剂中脱硫组分的利用率，防止铜催化剂烧结，提高其耐热性和抗毒性，通常将 CuO 分散在选定的多孔载体上。常用的载体是活性氧化铝或氧化硅，以 $CuSO_4$ 或 $Cu(NO_3)_2$ 作为氧化物的前驱体，采取浸渍法或溶胶凝胶法制备。

将易溶、易分解的铜盐通过浸渍、共沉淀、离子交换、沉积或溶凝等方法分布到高比表面积的 Al_2O_3 载体表面上，浸渍法是最常用的方法，即将多孔氧化铝浸入到铜盐溶液中，铜盐离子扩散并吸附到氧化铝微孔表面，然后经烘干、煅烧，铜盐分解成为氧化铜活性组分，并附存在载体表面上。载体的特性（氧化物的类型、化学组分、孔隙率、比表面和孔径）、活性组分的担载方法、煅烧温度等都是影响吸附-催化剂性质的重要因素。通常选用的载体为多孔球形 $\gamma\text{-}Al_2O_3$，因其在保持较高的比表面积及孔容的同时，具有良好的热稳定性及机械耐磨性能。活性组分前驱体主要采用 $Cu(NO_3)_2$、$CuSO_4$、$CuCl_2$ 等易溶性铜盐。

三、NO_x、SO_2 双脱技术

烟气在吸收塔中 SO_2 和 NO_x 同时被吸收剂脱除，吸附反应在 120℃下进行，主要反应方程式如下：

$$4Na_2O + 2NO + 3SO_2 + 3O_2 \longrightarrow 3Na_2SO_4 + 2NaNO_3$$

净化后的烟气排入烟囱，用过的吸附剂在高温下进行解析，含有解析的 NO_x 烟气再循环至锅炉，与还原性的自由基反应转化为 N_2，并释放 CO_2 和 H_2O。吸附剂上的硫化物与天然气反应生成高浓度的 H_2S 和 SO_2。

$$2Na_2SO_4 + 5/4CH_4 \longrightarrow 2Na_2O + H_2S + SO_2 + 5/4CO_2 + 3/2H_2O$$

四、氯酸氧化双脱技术

氯酸氧化工艺在一套湿式洗涤设备中同时脱除烟气中的 SO_2 和 NO_x，因为不使用催化剂，实用性较强。NO 与 $HClO_3$ 反应先生成 ClO_2 和 NO_2：

$$NO+2HClO_3 \longrightarrow 2ClO_2+H_2O+NO_2$$

ClO_2 进一步与 NO、NO_2 反应：

$$2ClO_2+H_2O+5NO \longrightarrow 2HCl+5NO_2$$

$$5NO_2+ClO_2+3H_2O \longrightarrow HCl+HNO_3$$

总反应方程式：

$$13NO+6HClO_3+5H_2O \longrightarrow 6HCl+10HNO_3+3NO_2$$

SO_2 与 $HClO_3$ 反应：

$$SO_2+2HClO_3 \longrightarrow 2ClO_2+H_2O+SO_3$$

$$H_2O+SO_3 \longrightarrow H_2SO_4$$

总反应方程式：

$$SO_2+2HClO_3 \longrightarrow 2ClO_2+ H_2SO_4$$

产生的 ClO_2 与未反应的 SO_2 在气相中反应生成 SO_3，生成的 Cl_2 进一步与 H_2O 和 SO_2 反应。

$$4SO_2+2ClO_2 \longrightarrow Cl_2+4SO_3$$

$$Cl_2+H_2O \longrightarrow HCl+HOCl$$

$$SO_2+HOCl \longrightarrow SO_3+ HCl$$

总反应方程式：

$$6SO_2+2\ HClO_3+6H_2O \longrightarrow 6H_2SO_4+2HCl$$

思考题

1．NO_x产生的机理和主要来源是什么？

2．简述 SNCR 和 SCR 法的优缺点。

3．SCR 技术中的化学反应原理是什么？

4．燃煤后烟气脱硫（FGD）的主要原理是什么？

5．千代田法的催化剂和反应原理是什么？

6．试分析石灰石湿法烟气脱硫的主要影响因素。

第四章　固体废物的催化处理技术

第一节　固体废物的定义、分类及特点

固体废物在不同国家、不同区域和不同时期有着不同的含义。我国于 1995 颁布了《固体废物环境污染防治法》，2005 年 4 月 1 日起施行修订版本。在修订版中明确规定了固体废物的定义：在生产、生活和其他活动中产生的丧失原有利用价值或者虽未丧失利用价值但被抛弃或者放弃的固态、半固态和置于容器中的气态的物品、物质以及法律、行政法规规定纳入固体废物管理的物品、物质。主要分为生活垃圾、工业固体废物和危险废物。

危险废物指在国家危险废物名录中和根据国务院环境保护部门规定的危险废物鉴别标准认定的具有危险性的废物。危险废物具有易燃性、腐蚀性、反应性、放射性、浸出毒性、急性毒性和其他毒性等特性。

固体废物主要来源于人类的生产和消费活动。按其组成分为有机固体废物、无机固体废物；按其形态分为固态固体废物、半固态固体废物；按危害性可分为一般固体废物、有毒有害固体废物和危险固体废物。

固体废物按其来源可分为矿业废物、工业废物、农业废物、放射性废物、城市垃圾和太空垃圾六类，见表 4-1-1。固体废物主要有以下三个特点：

（1）资源性：固体废物品种繁多、成分复杂，尤其是工业废渣，不仅数量大，而且具备某些天然原料、能源所具有的物理、化学特性，易于收集、运输、加工和再利用。城市垃圾含有多种可再利用的物质，世界上已有许多国家实行城市垃圾分类包装，作“再生资源”或“二次资源”。

（2）污染的“特殊性”：固体废物不仅占用土地和空间，还通过水、气和土壤对环境造成污染，并由此产生新的“污染源”，如不进行彻底治理，往复循环，会形成固体废物污染的特殊性。

（3）严重的危害性：固体废物堆积，占用大片土地，造成环境污染，严重影响生态环境。生活垃圾能滋生、繁殖和传播多种疾病，危害人畜健康，而危险废物的危害性更为严重。

在我国，随着国民经济的发展和人民生活水平的提高以及城镇人口的迅速增加，工业和生活垃圾越来越多，垃圾对环境造成的污染和“垃圾围城”的现象日益严重（如图 4-1-1 所示），成为各地政府的大难题。固体废物的环境影响见表 4-1-2。

表 4-1-1　固体废物分类及特点

固体废物分类	来源	特点
矿业固体废物	各种矿物开采以及矿物洗选过程中所排放的剥离物、废石、尾矿、沙石等（如图 4-1-2 所示）	分散在乡村和山区中，人口密度小，其危害程度相对较小。但是由于其数量和体积较大，大量堆放，既占用土地又污染土壤
工业固体废物	工业废渣主要来源于燃料渣、冶金渣、化工渣等；建筑废物主要是施工排出的废土砖石等	工业废渣不仅数量大，而且成分复杂，含有重金属及有毒物质，对环境污染威胁较大
农业固体废物	主要来源于农业生产产生的秸秆、农产品加工废料、牲畜的排泄物及农村生活废物等	再利用价值较高，含大量氮、磷物质
放射性废弃物	主要来自核工业、放射性医疗、科研部门排出的具有放射性的各种固体废物	具有潜在的“三致”效应（致畸、致癌、致突变）
城市生活垃圾	厨房菜渣、果皮、废纸及生活废物、炉灰渣、砖头瓦块、树枝落叶以及废汽车、废电视机、废罐头盒、废家具等	垃圾的数量和种类增长快，成分发生变化

图 4-1-1　城市生活垃圾

图 4-1-2　矿业固体废物

表 4-1-2　固体废物的环境影响

环境影响	污染特征
侵占土地	固体废物如不加利用处置，只能占地堆放。据估算，平均每堆积 1 万 t 废渣和尾矿，占地 670 m^2 以上。固体废物的堆积侵占了大量土地，造成了极大的经济损失，并且严重地破坏了地貌、植被和自然景观
污染土壤	固体废物长期露天堆放，其中部分有害组分很容易随渗沥液浸出，并渗入地下向周围扩散，使土壤和地下水受到污染。工业固体废物还会破坏土壤的生态平衡，使微生物和动植物不能正常地繁殖和生长
污染水体	固体废物可随天然降水和地表径流流入河流、湖泊，或将固体废物直接向临近的江河湖海等水域排放，均会造成地表水受到严重污染。破坏了天然水体的生态平衡，妨碍了水生生物的生存和水资源的利用，严重时还会阻塞航道

环境影响	污染特征
污染大气	固体废物中所含的粉尘及其他颗粒物在堆放时会随风飞扬，在运输过程中也会产生有害气体和粉尘，这些粉尘或颗粒物不少都含有对人体有害的成分，有的还是病原微生物的载体，对人体健康造成危害
直接经济损失、资源能源的浪费	资源能源利用率很低使大量的资源能源随固体废物的排放而流失。同时，废物排放和处置也要增加许多额外的经济负担。目前我国每输送和堆存1 t废物，平均能耗在10元左右，这就造成了巨大的经济损失

据不完全统计，我国目前已有300多个城市处于垃圾包围之中，泛滥成灾的城市生活垃圾已造成许多城镇出现严重的社会问题。环境恶化造成了巨大的经济损失，有的地区已经威胁到人类自身的安全和生存。泛滥成灾的垃圾，迫使人们积极采取措施，科学合理地加以处理和利用，使之减量化、资源化、无害化。然而，垃圾在污染环境的同时，也是一种潜在的资源。垃圾中含有大量可燃有机物，具有一定的热值，焚烧后可以产生一定的热量；垃圾填埋产生的甲烷，采取科学的方法可以加以利用，造福人类。总体来说，固体废物弃之为害，引发日益严重的环境问题；用之为宝，成为新的资源和能源。固体废物可以说是“错误时间放置在错误地点的资源”。许多固体废物经过处理仍有较高的利用价值，一些工业固体废物可以作为二次资源加以利用。

“减量化、资源化、无害化”是固体废物污染防治的总原则。“减量化”是通过适宜的手段减少固体废物的数量和容积；“资源化”是指采用工艺技术，从固体废物中回收有用的物质与资源；“无害化”是将不能回收利用资源化的固体废物，通过物理、化学等手段进行最终处置，使之达到不损害人体健康，不污染周围自然环境的目的。

固体废物处理技术涉及物理学、化学、生物学、机械工程等多种学科，主要处理技术有如下几方面。

（1）固体废物的预处理。在对固体废物进行综合利用和最终处理之前，往往需要实行预处理，以便于进行下一步处理。预处理主要包括固体废物的破碎、筛分、粉磨、压缩等工序。

（2）物理法处理固体废物。利用固体废物的物理和化学性质，从中分选或分离有用和有害物质。根据固体废物的特性可分别采用重力分选、磁力分选、电力分选、光电分选、弹道分选、摩擦分选和浮选等分选方法。

（3）化学法处理固体废物。通过固体废物发生化学转换回收有用物质和能源。煅烧、焙烧、烧结、溶剂浸出、热分解、焚烧、电力辐射都属于化学处理方法。

（4）生物法处理固体废物。利用微生物的作用处理固体废物，其基本原理是利用微生物的生物化学作用，将复杂有机物分解为简单物质，将有毒物质转化为无毒物质。沼气发酵和堆肥即属于生物处理法。

（5）固体废物的最终处理。没有利用价值的有害固体废物需进行最终处理。最终处理的方法有焚化法、填埋法、海洋投弃法等。固体废物在填埋和投弃海洋之前尚需进行无害化处理。预计矿业固体废物处理将有 8 000 亿元的市场，如图 4-1-3 所示。

图 4-1-3　矿业固体废物处理市场巨大

矿业固体废物处理一般按照图 4-1-4 原则进行，典型的固体废物处理方式包括卫生填埋技术、生物堆肥技术和垃圾焚烧发电技术等。

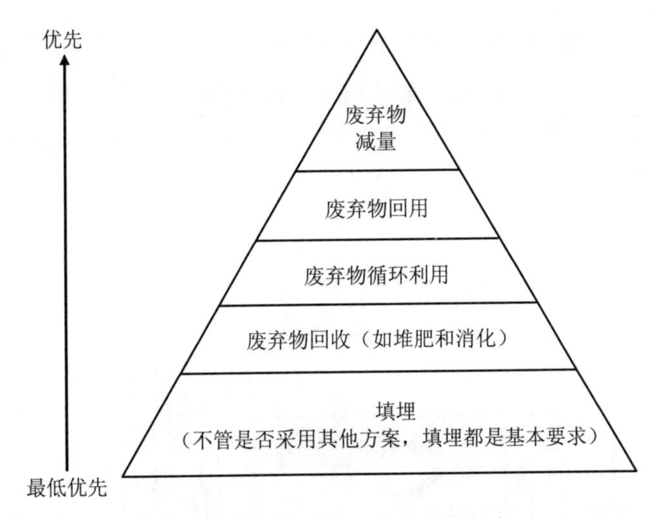

图 4-1-4　矿业固体废物处理原则

（1）卫生填埋技术指采取防渗、填埋、压实、覆盖和填埋场地气体、渗沥水治理等环境保护处理措施，它是生活垃圾最终处理的形式，其将生活垃圾集中到一个特定的地方埋起来，同时既要解决垃圾污水的渗漏及覆土，又要解决蝇蚊滋生、臭气等，并对发酵时产生的气体进行导引，以防止甲烷富集引发堆场爆炸等问题。特点：占地多、运距较远、日处理量大，单位投资少、运行费用低，是国内外普遍采用的一种方式。操作简单，抗冲击负荷大，可以处理不同种类的垃圾。二次污染严重，垃圾发酵产生的甲烷气体是火灾及爆炸隐患，排放到大气中又会产生温室效应。填埋地点也很难找。

（2）堆肥技术是在一定的工艺条件下，利用微生物的分解作用，使生活垃圾中有机组分达到稳定化的处理技术，也就是将生活垃圾堆放在特定的容器内，在缺氧或供氧的状况下，自然发酵升温降解有机物，实现垃圾无害化。分类：静态堆肥、动态堆肥以及介于两者之间的间歇式动态堆肥；按需氧情况分为好氧发酵堆肥与厌氧发酵堆肥两种。

（3）焚烧是目前世界上一些经济发达国家广泛采用的一种城市生活垃圾处理技术。焚烧是热处理的一种形式，热处理方法分成三类：焚烧、汽化、热解（如图 4-1-5 所示）。焚烧是充分燃烧，热解在绝氧状况下进行，而气化是供氧不足情况下将物料变成可燃气体后即燃烧，不充分再进行二次燃烧。焚烧在 800～1 300℃

下进行，热解是在400～600℃“低”温下进行，它是吸热反应。焚烧的优点是无害化、减量化显著，产生热能可充分利用，占地少，污染小。缺点是单位投资相对较大，运行费用较多，对焚烧后尾气处理技术要求高，对垃圾低位热值有一定要求，产生的烟气必须净化。

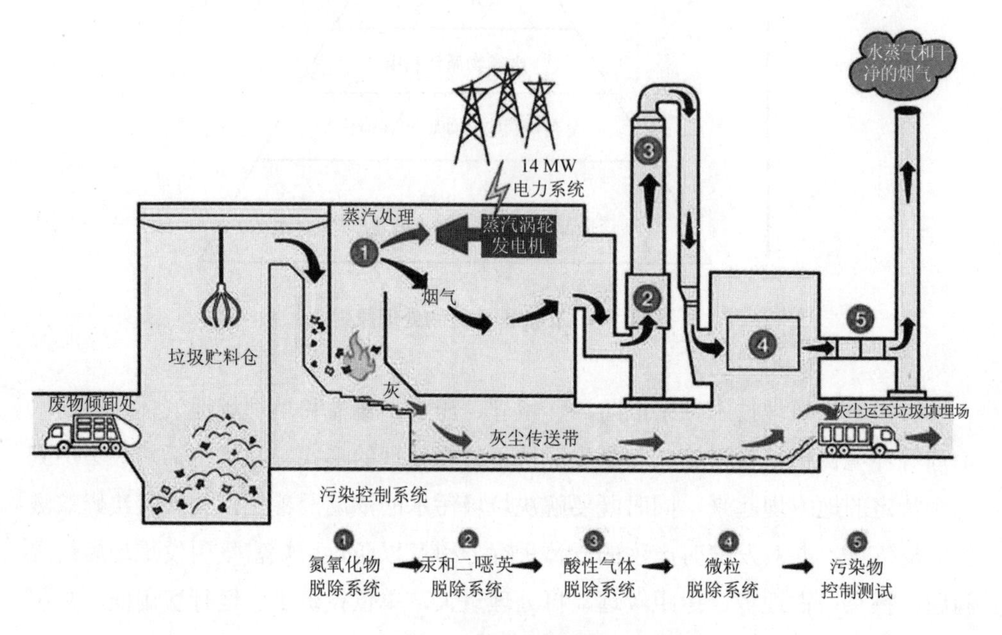

图4-1-5 垃圾焚烧处理工艺图

近年来，我国对垃圾处理主要采取综合处理的方式，以期达到垃圾处理的减量化、资源化、无害化。垃圾分类是垃圾综合处理的第一步，首先是尽可能进行回收利用，其次是尽可能对可以生物降解的有机物进行堆肥处理，再次是尽可能对可燃物进行焚烧处理，最后对不能进行其他处理的垃圾进行卫生填埋处理。随着经济发展和对环境保护的日益重视，固体废物处理技术发展的总趋势呈现如下特点：

（1）综合处理优势多，是今后城市或区域性处理固体废物的首选技术，能回收的回收，有机质做堆肥处理，可燃物则被焚烧，不可燃物被送去填埋。

（2）在分类收集基础上的再生利用越来越受到重视，比例逐渐提高。

（3）固体废物填埋标准越来越高，场地越发难选择，运距越来越远，运转费用越来越高，填埋将呈逐步下降趋势。

（4）由于固体废物中厨余垃圾含量在逐年增加，加上生物制肥技术进一步推广，堆肥综合处理技术将得到迅速发展，有利于资源循环再利用，回归大自然，有利于改良我国广大农田有机质的严重缺乏和土壤板结化。

（5）固体废物热值大幅度提高，焚烧及尾气净化技术设备进一步国产化，焚烧将稳步发展，焚烧余热综合利用（蒸汽、发电）比例将有所上升（如图 4-1-6 所示）。

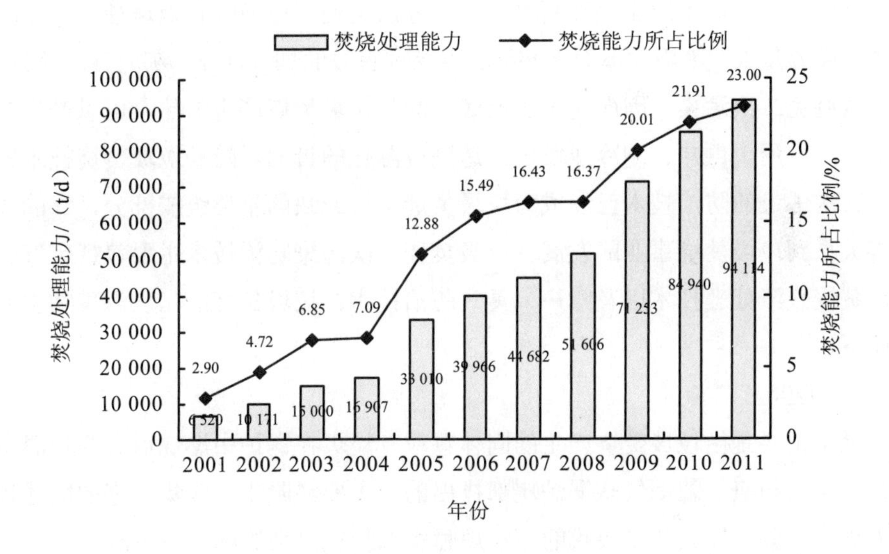

图 4-1-6　垃圾焚烧的年处理能力

固体废物资源化利用是国民经济和社会发展中一项长远的战略方针，对贯彻落实节约资源和保护环境基本国策，缓解工业化和城镇化进程中日趋强化的资源环境约束，提高资源利用效率，加快经济发展方式转变，增强可持续发展能力都具有重要意义。

第二节 垃圾电厂废物的处理与催化技术

一、垃圾焚烧发电污染物来源及形成机理

城市生活垃圾资源化处理回收热量的方法是处理垃圾的有效途径。垃圾的清洁焚烧减容量大，燃烧效率大于99%；再经过有效的烟气净化、灰渣分离等处理，可有效避免二次污染，因而无害化彻底；回收垃圾焚烧产生的热量可以产生热水或蒸汽，可用于供热、制冷或发电，达到资源化的目的。随着垃圾焚烧技术的发展，二次污染的防治技术已经成为垃圾焚烧不可或缺的重要组成部分，它的成败直接关系到垃圾焚烧事业的发展。垃圾焚烧二次污染防治技术主要包括废气、废水、焚烧残渣处理技术以及噪声、臭气防治技术。垃圾焚烧的二次污染物主要包括如下。

1. 烟尘

烟尘主要是由垃圾焚烧产生的固体颗粒。垃圾在锅炉中燃烧后有两种固态残留物——灰和渣。随烟气从锅炉尾部排出的，主要经除尘器收集下来的固体颗粒即为烟尘；颗粒较大或呈块状的，从炉膛底部收集出来的称为炉底渣。

2. 二噁英

二噁英是一族物质的总称，有剧毒，其毒性因各种异构体的不同而不同，其中毒性最强的是2,3,7,8-四氯二苯并二噁英（2,3,7,8-PCDD，如图4-2-1所示）。二噁英是一种含氯有机化合物，即多氯二苯并二噁英、多氯二苯并呋喃及其同系物（PCDDs和PCDFs）。它可以气体和固体形态存在，难溶于水，对酸碱稳定，易溶于脂肪，对人和动物产生促畸变、致突变和致癌作用，是目前已知毒性最强的有机化合物，其毒性是氰化钾的1 000倍。垃圾焚烧过程中二噁英有三种来源。

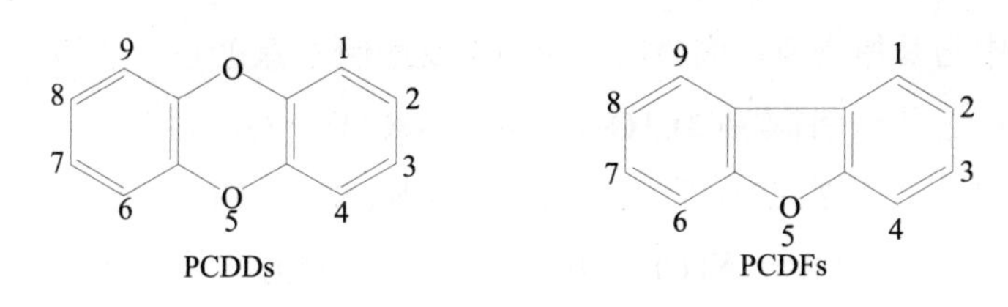

图 4-2-1　二噁英的分子结构

（1）从原生垃圾中来。原生垃圾中自身含有二噁英物质，在焚烧过程中并未发生反应而直接进入环境。

（2）在燃烧过程中产生。垃圾在干燥过程中和燃烧初始阶段，当氧气含量充足时，垃圾中低沸点的烃类汽化或燃烧生成 CO、CO_2、H_2O，但若氧气不足，就会生成二噁英前驱物［氯苯酚（Chlorophenol）、氮苯（Chlorobenzene）、PCB（Poly-chlorinated Biphenyl）等结构相近的物质］。这些前驱物与垃圾中氯化物、O_2、氧离子进行复杂的热反应，生成二噁英物质，主要有氯化二苯并二噁英（PCDD）和氯化二苯并呋喃（PCDF）。

（3）在燃烧尾部烟气中再合成。不完全燃烧产生的二噁英前驱物以及垃圾中未燃尽的环烃物质，在烟尘中的 Cu、Ni、Fe 等金属颗粒催化作用下，与烟气中的氯化物和 O_2 发生反应，生成二噁英类物质，催化反应温度为 300℃左右。由于静电除尘器中含有较多的 Cu、Ni、Fe 等金属颗粒，温度在 300℃左右时，二噁英类物质易生成。

3. 二氧化硫

SO_2 通常是由垃圾中含硫化合物焚烧时氧化所形成，在垃圾焚烧以煤助燃而使用高硫分煤时，SO_2 也会产生。SO_2 是带臭味的窒息性无色气体，是大气污染中危害性较大的一种。二氧化硫在空气和日光作用下形成三氧化硫并为雨水冲淋而形成酸雨。

反应方程式为

$$S+O_2 \longrightarrow SO_2$$

$$2SO_2+O_2 \longrightarrow 2SO_3$$

4. 氯化氢

主要来源为垃圾含氯化合物，如聚氯乙烯塑料（PVC）、厨余中的氯化钠等，

在燃烧过程中与其他物质反应会产生HCl。反应的方程式为

$$(CH_2CHCl)_n+O_2 \longrightarrow CO_2+CO+H_2O+HCl$$

$$2NaCl+1/2O_2+H_2O \longrightarrow Na_2SO_4+2HCl$$

$$2NaCl+SO_2 \longrightarrow Na_2SO_4+Cl_2$$

5. 氮氧化物

垃圾焚烧产生的NO_x主要来源于燃料中的有机氮化物。在炉内高温燃烧时，垃圾中的这些有机氮化物先热解产生 N、CN、HCN 等中间产物，再与氧气发生反应生成NO_x。NO_x主要包括热力型NO_x、燃料型NO_x、快速型NO_x。

二、垃圾焚烧发电污染物控制处理技术

1. 从源头控制二次污染

对垃圾焚烧产生的二次污染，要进行全方位的控制。首先对垃圾进行分类收集，加强资源回收利用，分选除去垃圾中的含氯成分高的物质（如 PVC 塑料等）及金属催化剂；其次垃圾储仓全密封，在垃圾卸料门装电动卷帘门，加装气幕封闭，用风机将储仓内抽成负压，把抽出的气体送到锅炉中助燃、脱臭；垃圾渗沥水收集到污水坑内，用泵打到炉膛内焚烧裂解。

2. 炉内燃烧控制技术

在垃圾焚烧发电生产过程中污染物的产生，因燃烧方式不同也各不相同。各种形式的炉排焚烧炉因其燃烧条件的限制，对污染物的炉内脱除及控制难以完全实施。循环流化床燃烧技术具有适应热值低、成分复杂多变的燃料，燃烧充分，污染物排放低等优点，在污染控制方面，流化床同时解决了充分燃烧与污染物脱除问题。

循环流化床垃圾焚烧炉采用石英砂作热载体，蓄热量大，燃烧稳定性好，燃烧温度均匀并控制在 850～950℃，过量空气系数小，NO_x生成量非常低（NO_x在燃烧温度大于 1 300℃时才会大量生成），同时能在炉内控制二噁英的生成。垃圾焚烧时二噁英产生的条件为燃烧不稳定，炉膛温度不均匀且小于 700℃，并含有催化作用的物质。而流化床燃烧温度可均匀控制在 850℃以上，烟气在炉内停留 3～5 s；掺煤燃烧不仅能提高燃烧的稳定性，而且煤燃烧产生的SO_2对二噁英的产生有抑制作用；在炉内加石灰石可有效脱硫，在 Ca/S 比为 1∶2 时，脱硫率大

于 85%。流化床焚烧垃圾燃烧充分，垃圾中有机物 100%烧掉，焚烧后垃圾减量 75%，减容 90%以上，灰渣无毒性，无臭味，可直接填埋或作铺路等用。由于有效减少 90%以上的垃圾填埋量，可大大延长垃圾填埋场的使用年限。

3. 尾气处理技术

由于垃圾焚烧后烟气中含有多种有害物质，用常规锅炉的脱硫除尘技术达不到达标排放要求，因此必须采用复合式的处理技术。

1）粉尘的处理

根据除尘机理，除尘器可分为以下几种，见表 4-2-1。

表 4-2-1　颗粒物分类方法及特点

类别	作用原理	设备	特点
机械式除尘器	利用重力、惯性力、离心力等作用，使粉尘与气流分离的装置	重力除尘器 惯性除尘器 旋风除尘器	简单、方便，但除尘效率不高
湿式除尘器	利用液滴或液膜洗涤含尘气体，使粉尘与气流分离的装置	喷淋洗涤器 文丘里除尘器 水膜除尘器	除尘效率高，但能耗高，会产生二次水污染
过滤式除尘器	使含尘气体通过织物或多孔填料层进行过滤分离的装置	袋式除尘器 颗粒层除尘器	除尘效率高，但能耗较高
静电除尘器	利用高压电场使尘粒荷电，通过静电作用力使粉尘与气流分离的装置	干式静电除尘器 湿式静电除尘器	除尘效率高，动力消耗小，钢材用量大，投资高
复合除尘器	利用高压电场使尘粒荷电去除大颗粒物，再通过布袋去除细颗粒	电袋除尘器	性能优越，除尘稳定、高效

粉尘处理目前应用最广泛的是静电除尘器、布袋除尘器以及旋风除尘器（如图 4-2-2 和图 4-2-3 所示）。一般循环流化床锅炉配备静电除尘器即可达到烟尘排放要求。垃圾焚烧循环流化床锅炉配备静电除尘器或布袋除尘器都能满足要求。在除尘效率方面，静电除尘器能达到 99%，布袋除尘器达到 99%以上，都能去除小于 1 mm 的细小粉尘。但对重金属物质，静电除尘器去除效果较差，因为尾气进入静电除尘器时的温度较高，重金属物质无法充分凝结，而且重金属物质与飞灰接触时间不足，无法充分发挥飞灰的吸附作用。当布袋除尘器与半干式洗气塔

合并使用时，未完全反应的 $Ca(OH)_2$ 粉尘附着于滤袋上，当废气经过时因增加表面接触机会，可提高废气中酸性气体的去除效率。同时布袋除尘器要求运行温度较低（250℃以下），使烟气中的重金属及含氯有机化合物（PCDDs/PCDFs）达到饱和，凝结成细颗粒而被滤布吸附去除。在除尘器前边的烟道加入定量的活性炭粉末，它对重金属离子和二噁英有很好的吸附作用，能进一步脱除烟气中重金属物质和二噁英。

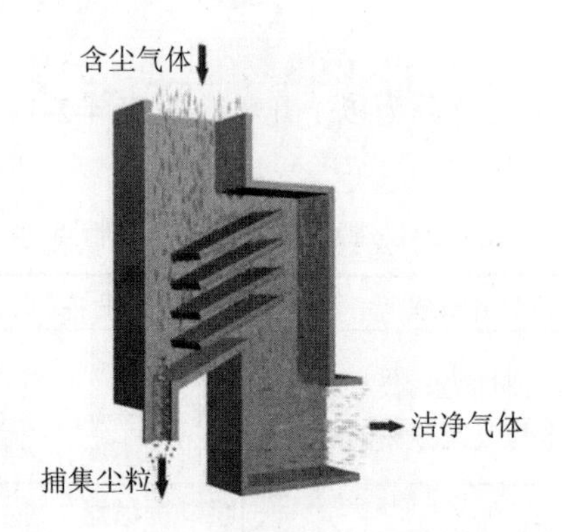

图 4-2-2　反转式惯性除尘器——百叶窗除尘示意图

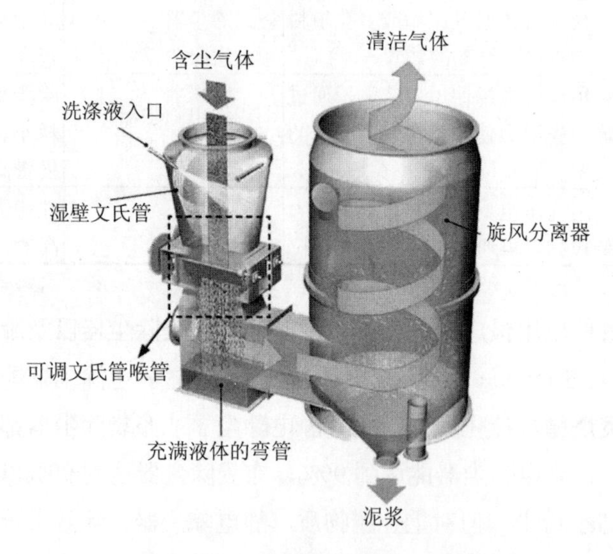

图 4-2-3　旋风除尘器除尘示意图

2）尾气中酸性气体的处理

对垃圾焚烧尾气中的 SO_2、HCl 等酸性气体的处理方法，有干式、半干式及湿式洗气技术。其净化原理为碱性固体粉末 CaO 或石灰浆 $Ca(OH)_2$ 与酸性气体发生中和反应，生成硫酸钙或氯化钙的固体物，化学反应如下：

$$CaO + SO_2 \longrightarrow CaSO_3$$

$$CaO + HCl \longrightarrow CaCl_2 + H_2O$$

$$CaO + H_2O \longrightarrow Ca(OH)_2$$

$$Ca(OH)_2 + SO_2 \longrightarrow CaSO_3 + H_2O$$

$$Ca(OH)_2 + 2HCl \longrightarrow CaCl_2 + 2H_2O$$

干式洗气法用压缩空气将石灰粉末直接喷入烟道或烟道上某段反应器内，使碱性粉末与酸性废气充分接触和反应，从而达到中和废气中的酸性气体并加以去除。此种处理方法投资少，操作维护费用低，耗水耗电少，但药剂消耗量大，去除效率较低。

湿式洗气法是建造填料吸收塔，在塔内烟气与碱性溶液对流，不断地在填料空隙及表面接触及反应，使尾气中的酸性气体被吸收并去除。湿式洗气塔的优点是去除效率高，对 SO_2 及 HCl 去除效率在 90%以上，并对高挥发性重金属物质（如汞）有去除能力。但投资多，耗水耗电量大，产生的废水需要进行处理。

半干式洗气法。普通半干法洗气塔是一个喷雾干燥装置，利用雾化器将熟石灰浆从塔顶或底部喷入塔内，烟气与石灰浆同向或逆向流动并充分接触发生中和作用。由于液滴直径小、表面积大，不仅使气液充分接触，同时水分在塔内能完全蒸发，不产生废水。这种方法综合干法和湿法的特点，较干法消耗石灰量少，较湿法耗水量低，同时免除了过多废水的产生，脱除效率高。但是制浆系统复杂，反应塔内壁容易黏结，喷嘴能耗高。

3）二噁英污染的控制措施

垃圾焚烧工艺中，控制二噁英的形成源、切断二噁英的形成途径以及采取有效的二噁英净化技术是最为关键的问题。总体来讲，垃圾焚烧过程中形成二噁英的必要条件可以归纳为如下几方面：氯源（如聚氯乙烯 PVC、氯气、HCl 等）的存在；燃烧过程以及低温烟气段中催化介质（如 Cu 及其金属氧化物）的存在；不良的燃烧工况组织；未采取严格有效的尾气净化措施。

垃圾焚烧的二噁英控制技术从“炉前、炉中和炉后”三个环节实现全面控制。在炉前去除聚氯乙烯塑料和炉中加钙脱氯控制二噁英生成，产生的残余二噁英又在炉后的尾气净化装置中被多孔介质所吸附，被吸附后的二噁英被布袋除尘设备所捕集，同时还可脱除重金属和有害气体等，达到净化的效果。常用的控制二噁英排放的方法有以下几点：

（1）选用合适的炉膛结构，使垃圾在焚烧炉内得以充分燃烧。

（2）控制炉膛及二次燃烧室内，或在进入余热锅炉前的烟道内的烟气温度不低于 850℃，烟气在炉膛及二次燃烧室内的停留时间不小于 2 s，O_2 浓度不少于6%，并合理控制助燃空气的风量、温度和注入位置，也称“三 T”控制法。

（3）缩短烟气在处理和排放过程中处于 300～500℃温度域的时间，控制余热锅炉的排烟温度不超过 250℃。

（4）选用新型袋式除尘器，控制除尘器入口处的烟气温度低于 200℃，并在进入袋式除尘器的烟道上设置活性炭等反应剂的喷射装置，进一步吸附二噁英。

（5）在生活垃圾焚烧厂中设置先进、完善和可靠的全套自动控制系统，使焚烧和净化工艺得以良好执行。

（6）通过分类收集或预分拣控制生活垃圾中氯和重金属含量高的物质进入垃圾焚烧厂。

（7）由于二噁英可以在飞灰中被吸附或生成，所以对飞灰应用专门容器收集后作为有毒有害物质送安全填埋场进行无害化处理，有条件时可以对飞灰进行低温加热脱氯处理，或熔融固化处理后再送安全填埋场处置，以有效地减少飞灰中二噁英的排放。

垃圾焚烧发电产生的二次污染，特别是焚烧中产生的二噁英是人们共同关注的问题。对尾气的处理净化是关系到垃圾能否资源化利用的关键。垃圾焚烧发电二次污染的控制必须采取全方位的措施，即从垃圾来源去除生成源和催化剂，加大力度控制燃烧过程中二噁英等的产生，最后对锅炉尾部烟气实施有效的净化处理，才能使其达标排放。

第三节 核电厂废物的处理与催化技术

2014年9月环境保护部发布《关于征求核安全导则〈核动力厂放射性废物最小化（征求意见稿）〉意见的函》，对我国核动力厂放射性废物最小化总体目标和废物产生量控制目标做出了规定。总体目标为，在核动力厂设计、建造、运行和退役过程中，通过源头控制、再循环再利用、减容处理和强化管理，使放射性废物产量（体积和活度）合理可行尽量低。其中新建滨海和内陆核电厂单台机组待放射性固体废物包预期年产生量目标值分别为50 m^3和55 m^3。此外，征求意见稿还提出了废物最小化主要原则，即核动力厂放射性废物最小化应以确保核电厂运行安全和废物安全为前提，以废物安全处置为核心，通过减少废物产生、减容处理、再循环、再利用及相应管理措施，确保核电厂正常运行产生的气、液态流出物解控排放，最终形成的废物体和废物包性能满足处置要求且废物产生量合理可行尽量低。

自放射性废物产生后对其进行的处理、处置、安全评价和有关目标、政策的制定等活动，称为放射性废物管理，包括废物的控制产生、分类收集、净化、压缩、焚烧、固化、包装盒暂存等环节，旨在尽量减小废物数量和体积，将其加工适合于最终处置的形式。放射性废物管理的一般原则包括：

（1）一切产生核废物的实践或设施，均应设立相应的废物收集系统，并控制核废物的产生量。

（2）处理活动必须按照国家有关规定进行。

（3）经适当处理后的低放废液和废气向环境常规性排放，必须事先经环境保护部门批准。

（4）每一个实践或设施都应确定向环境排放的限值，确定这些限值时应进行最优化分析，并留有余地。

（5）除低放废液和废气（其放射性浓度应低于限值）可有条件的、有控制的向环境排放外，其余核废物必须转化为不同类型的固化体，经最优分析，在确保安全与生物圈隔离条件下以固体废物形式处置，并长期管理和监测。

核电站放射性废物主要包括放射性固体废物、放射性液体废物和放射性气体废物三种。放射性固体废物包括工艺废物、技术废物和其他废物。对于固体废物处理处置流程一般包括：废物放射性级别分类，确定高危级别、中低危级别（如图 4-3-1 所示），然后通过高温焚烧压缩、固化包装、中间储存、运输安全填埋。放射性液体废物处理工艺废物一般包括：净化工艺、浓缩分离（蒸发、离子交换）、固化包装、安全填埋等工序。放射性气体废物处理工艺废物一般包括：净化、过滤吸附、固化包装、安全填埋等工序。

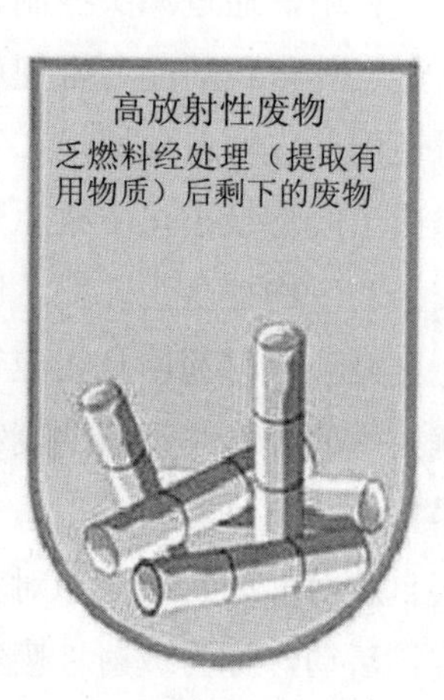

图 4-3-1 不同污染程度的废弃物

放射性废气的净化处理是指将废气有控制地排入大气之前，从中分离或去除放射性组分、化学污染物的过程。净化处理的优劣用放射性核素的去除率表征，其表示气、液相中被去除的放射性核素占原总量的百分比。按来源不同，核电站放射性废气分为工艺废气和排风废气两类。工艺废气由核设施工艺装置（如反应堆机械真空泵、稳压器、冷却剂、流水箱、减压箱、蒸汽发生器、脱气塔等）排出的放射性废气。排风废气主要指核设施中由工作场地通风排出的放射性废气。

放射性废气的主要成分为惰性气体（Kr、Xe 的同位素）、活化气体（^{13}N、^{16}N、^{19}O、^{18}F、^{37}Ar、^{41}Ar）、放射性碘（单质、有机和无机碘）、固体微粒和氚。废气中的有害组分主要为气态裂变产物和放射性气溶胶。放射性气溶胶是指含有放射性核素的固体、液体微小颗粒在空气或气体中形成的一种分散系。

放射性废气的主要处理方法包括以下几种：

（1）加压贮存衰变：将废气压缩注入衰变箱中贮存 60～100 d，将废气中的短寿命核素基本衰变完，然后将净化气体排入大气中。

（2）吸附：利用比表面积较大的吸附剂来吸附放射性废物，如活性炭吸附净化 ^{131}I，在后处理采用银分子筛、渗银天然丝沸石吸附净化 ^{129}I 等。

（3）高效过滤：放射性废气的高效过滤净化是用玻璃纤维、合成纤维等材料作过滤介质，滤除废气中 99.97%以上直径大于 0.3 μm 的气溶胶微粒，同时完全吸附碘蒸气，从而净化废气。

目前，我国环境保护部门推荐采用预过滤法和高效过滤法去除放射性微粒，采用浸渍活性炭或金属沸石吸附法去除碘，采用贮存衰变法、活性炭吸附法去除废气中的惰性气体。

浓缩、净化处理放射性废液一般采用蒸发、离子交换、凝聚沉淀、过滤、反渗透等技术，将废液浓缩减容，对浓缩残液进行固化、处置等，净化废水则被排入天然水体或复用。主要技术包括蒸发浓缩、化学沉淀、离子交换。

（1）蒸发浓缩：将废液送入蒸发器加热管中，同时将工作蒸汽通入加热管外侧空间，通过对管壁加热将管中废液加热沸腾，使水蒸发、冷却、凝结后排放或者再处理后排放，蒸发残液经固化后处置。这种技术浓缩效果较好，处理效率高，去污效果好，能够适用于高浓度、成分复杂的废液，但处理成本相对较高，不适用于含有结垢，具有起沫性、腐蚀性、爆炸性的废液。

（2）化学沉淀：将适当化学絮凝剂加进待处理废液中，经搅拌后发生水解、絮凝，使废液中放射性核素发生共结晶、共沉淀，或者被絮凝、胶体吸附后进入沉淀泥浆中，以达到分离、去污、浓缩废液的目的。化学沉淀法操作简单，费用低廉，减容效果明显，但去污效果较差，常常作为预处理单位和其他工艺结合使用。

（3）离子交换：以离子交换剂表面可交换离子与浆液相中的离子发生交换分离的方法，即用离子交换剂有选择性地去除离子态的放射性核素从而净化废液的方法。常用工艺包括间隙处理法和连续式处理法。离子交换剂分为有机离子交换剂和无机离子交换剂。有机离子交换剂中最常用的是钠离子交换树脂和磺酸型离子交换树脂，无机离子交换剂常用的是膨润土、蒙脱石、高岭土等。

第四节　塑料和橡胶的回收和催化技术

随着我国塑料行业的快速发展，塑料消费品数量呈指数式增长，“白色污染”问题日益突出，废旧塑料的回收利用和再生处理已成为限制塑料行业发展的瓶颈。废旧塑料传统处理方式通常以填埋或焚烧为主。焚烧会产生大量有毒气体造成二次污染。填埋会占用较大空间；塑料自然降解需要百年以上；析出添加剂污染土壤和地下水等问题。强化废旧塑料的回收利用是保护环境、变废为宝解决环境问题的重要途径（如图 4-4-1 所示）。

图 4-4-1　可回收橡胶和塑料废旧物

废旧塑料的再生包括物理再生和化学再生两个方面，化学再生占比更大。化学再生主要分为以下几类：解聚、气化、热分解、催化裂解、氢化、溶解再生和改性等。

1．塑料和橡胶的回收技术

1）分离分选技术

废旧塑料和橡胶回收利用的关键环节之一是废弃塑料的收集和预处理。由于不同树脂的熔点、软化点相差较大，为使废塑料得到更好的再生利用需预处理。

（1）人工分选法：适用于种类相对单一的少量的塑料回收，分选效率低，人工成本较高。

（2）仪器检测分选：根据塑料制品的化学性质借助现代检测设备，如 X 射线、荧光光谱仪、热源识别技术、红外线技术等分离常见塑料（PE、PP、PS、PVC、PET 等）。

（3）物理分选法：根据塑料制品密度、容重低的特点，利用快速浮选技术、水力旋分技术和跳汰床技术实现塑料制品的分离。

（4）低温分选技法：利用低温下塑料制品的脆化温度不同，分阶段改变破碎温度，选择性地分选塑料制品。

（5）电分离技术：用摩擦生电的方法分离混合塑料。其原理是两种不同的非导电材料摩擦时，它们通过电子得失获得相反的电荷，其中介电常数高的材料带正电荷，介电常数低的材料带负电荷。塑料回收混杂料在旋转锅中频繁接触而产生电荷，然后被送往另一只表面带电的锅中而被分离。常用技术包括电磁分选、静电分选等。

2）焚烧处理技术

塑料制品的热值含量较高，挥发分较高，灰分低，能够快速燃烧放热。但燃烧会产生氯化氢，腐蚀锅炉和管道，并且废气中含有呋喃、二噁英等。优点是处理数量大，成本低，效率高。弊端是产生有害气体，需要专门的焚烧炉，设备投资、损耗、维护、运转费用较高。

3）熔融再生技术

熔融再生是将废旧塑料加热熔融后重新塑化。根据原料性质，可分为简单再生和复合再生两种。简单再生主要回收树脂厂和塑料制品厂的边角废料以及那些易于挑选清洗的一次性消费品。回收后其性能与新料差不多。复合再生的原料则是从不同渠道收集到的废弃塑料，有杂质多、品种复杂、形态多样、脏污等特点，因此再生加工程序比较繁杂，分离技术和筛选工作量大。一般来说，复合回收的塑料性质不稳定，易变脆，常被用来制备较低档次的产品。

4）热解回收技术

热解是一种热化学处理技术，利用固体废物中有机组分的热不稳定性，在没有空气、二氧化碳、水蒸气等汽化剂的条件下加热固体废物，使其产生热分解，包含大分子的键断裂、异构和小分子的聚合等，最终转化成小分子的可燃气体（包括 H_2、CH_4、CO、NH_3、H_2S、HCN 和其他烃类化合物）、液体（多种有机酸、甲醇、丙酮、芳香烃、低分子脂肪烃和沥青状物质等）和固体燃料（主要为炭黑，也称热解炭）。常用热解技术包括热裂解和催化裂解两种。裂解产物主要分为两种：一种是回收化工原料（如乙烯、丙烯、苯乙烯等）；另一种是得到燃料（汽油、柴油、焦油等）。虽然都是将废旧塑料转化为低分子物质，但工艺路线不同。制取化工原料是在反应塔中加热废塑料，在沸腾床中达到分解温度（600～900℃），一般不产生二次污染，但技术要求高，成本也较高。

2．废旧塑料和橡胶的催化回收技术

废旧塑料的催化裂解是在催化剂存在条件下的热分解反应，包括高温裂解、催化裂解和加氢裂解，催化产物主要是汽油、柴油、燃气和焦炭，应用范围主要是聚烯烃类塑料。图 4-4-2 是废轮胎的催化热解（裂解）示意图。

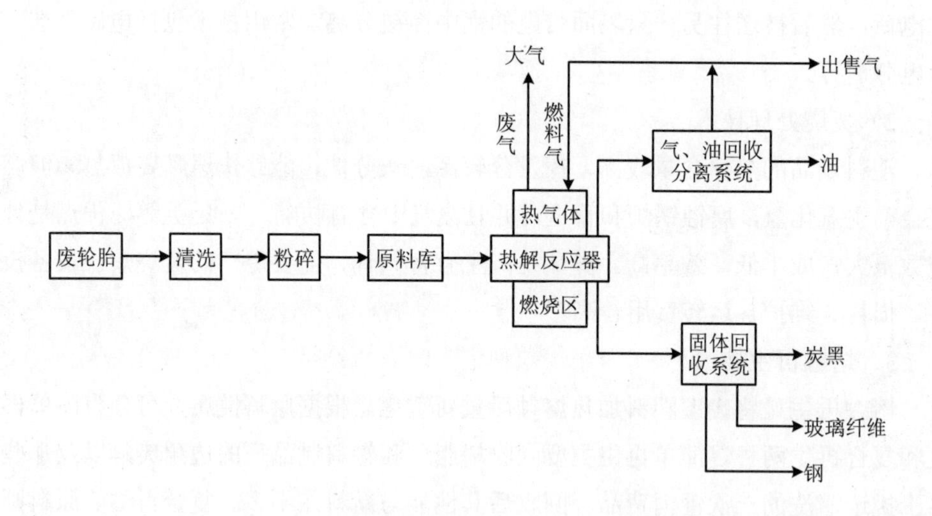

图 4-4-2 废轮胎的催化热解（裂解）示意图

由于塑料中可能存在 Cl、N 以及无机填充剂和杂质的毒化作用，需要一定的前处理。催化剂是反应的关键，常用催化剂包括 ZMS-5 沸石催化剂、H-Y 催化剂、REY 沸石催化剂等。以 PVC 为例，PVC 中含有近 60%的 Cl，裂解时聚乙烯支链先于主链断裂，产生大量的氯化氢气体，HCl 气体会对设备造成腐蚀并容易使催化剂中毒，影响裂解产生的质量。因此在 PVC 裂解时需要脱除氯化氢，常用的方法包括：裂解反应前脱除 HCl、裂解反应中脱除 HCl 和裂解反应后脱除 HCl。

（1）裂解反应前脱除 HCl，在不同的温度条件下，PVC 裂解会发生变化。在 350℃以下时，PVC 脱除 HCl 的活化能为 54～67 kJ/mol。在 350℃以上时，PVC 脱除 HCl 的活化能为 12～21 kJ/mol，但此时主要是碳碳键断裂，裂解机理发生变化。所以一般在较低的温度下先脱除大部分 HCl，然后再升温进行裂解。

（2）裂解反应中脱除 HCl，在裂解物料中加入碱性物质如碳酸钙、氧化钙、氢氧化钙等，使裂解产生的 HCl 与上述碱性物质发生化学反应。减少 HCl 对设备的腐蚀和催化剂的破坏。

（3）裂解反应后脱除 HCl，PVC 裂解后收集产生的氯化氢气体，以碱液喷淋或水膜方式吸收加以中和。

一般来说，催化裂解过程既发生催化裂化反应，也发生热裂化反应，是碳正离子和自由基两种反应机理共同作用的结果，但是具体的裂解反应机理随催化剂的不同和裂解工艺的不同而有所差别。在 Ca-Al 系列催化剂上的高温裂解过程中，自由基反应机理占主导地位；在酸性沸石分子筛裂解催化剂上的低温裂解过程中，碳正离子反应机理占主导地位；而在具有双酸性中心的沸石催化剂上的中温裂解过程中，碳正离子机理和自由基机理均发挥着重要的作用。

催化裂解主要的化学反应包括：烷烃（分解反应）、烯烃（分解反应、异构化反应、氢转移反应、芳构化反应）、环烷烃（分解反应、异构化反应、氢转移反应）、芳香烃（脱烷基反应、侧链异构化、多环缩合反应）等。

催化裂解的特点包括以下三个方面：①催化裂解是碳正离子反应机理和自由基反应机理共同作用的结果，其裂解气体产物中乙烯所占的比例要大于催化裂化气体产物中乙烯的比例。②在一定程度上，催化裂解可以看作是高深度的催化裂化，其气体产率远大于催化裂化，液体产物中芳烃含量很高。③催化裂解的反应温度很高，分子量较大的气体产物会发生二次裂解反应；另外，低碳烯烃会发生氢转移反应生成烷烃，也会发生聚合反应或者芳构化反应生成汽油、柴油。

催化裂解化学反应的特点包括：①烷烃断键在正构中间，异构在叔C原子的化学键。②烯烃很活泼，反应速率快，催化主要反应。分解反应速率是烷烃的2倍，规律与烷烃相似异构有骨架异构、双键位移异构、几何异构三种。③氢转移造成汽油饱和和催化剂失活。氢转移反应比分解反应慢得多。低温高活性有利于氢转移反应，高温相对抑制氢转移，生产高辛烷值汽油。④环烷烃断键成烯烃和断侧链叔C原子的化学键，速率较快。氢转移生成大环和芳烃。⑤芳核在催化裂解条件下极稳定。脱烷基反应在侧链C—C之间，侧链长易断裂。

催化裂解化学反应分解速率一般顺序：烯烃＞环烷烃、异构烷烃＞正构烷烃＞芳烃。辛烷值大小顺序：芳烃、异构烯烃＞异构烷烃、烯烃＞环烷烃＞正构烷烃。

同催化裂化类似，影响催化裂解的因素也主要包括以下四个方面：原料组成、催化剂性质、操作条件和反应装置。

（1）原料油性质的影响。一般来说，原料油的H/C比和特性因数K越大，饱和分含量越高，BMCI值越低，则裂化得到的低碳烯烃（乙烯、丙烯、丁烯等）产率越高；原料的残炭值越大，硫、氮以及重金属含量越高，则低碳烯烃产率越低。各族烃类作裂解原料时，低碳烯烃产率的大小次序一般是：烷烃＞环烷烃＞异构烷烃＞芳香烃。

（2）催化剂的性质。催化裂解催化剂分为金属氧化物型裂解催化剂和沸石分子筛型裂解催化剂两种。催化剂是影响催化裂解工艺中产品分布的重要因素。裂解催化剂应具有高的活性和选择性，既要保证裂解过程中生成较多的低碳烯烃，又要使氢气和甲烷以及液体产物的收率尽可能低，同时还应具有高的稳定性和机械强度。对于沸石分子筛型裂解催化剂而言，分子筛的孔结构、酸性及晶粒大小是影响催化作用的三个最重要因素；而对于金属氧化物型裂解催化剂而言，催化剂的活性组分、载体和助剂是影响催化作用的最重要因素。

（3）操作条件的影响。操作条件对催化裂解的影响与其对催化裂化的影响类似。原料的雾化效果和气化效果越好，原料油的转化率越高，低碳烯烃产率也越高；反应温度越高，剂油比越大，则原料油转化率和低碳烯烃产率越高，但是焦炭的产率也变大；由于催化裂解的反应温度较高，为防止过度的二次反应，油气停留时间不宜过长；而反应压力的影响相对较小。从理论上分析，催化裂解应尽量采用高温、短停留时间、大蒸汽量和大剂油比的操作方式，才能达到最大的低碳烯烃产率。

（4）反应器是催化裂解产品分布的重要影响因素。反应器型式主要有固定床、移动床、流化床、提升管和下行输送床反应器等。针对 CPP 工艺，采用纯提升管反应器有利于多产乙烯，采用提升管加流化床反应器有利于多产丙烯（如图 4-4-3 所示）。

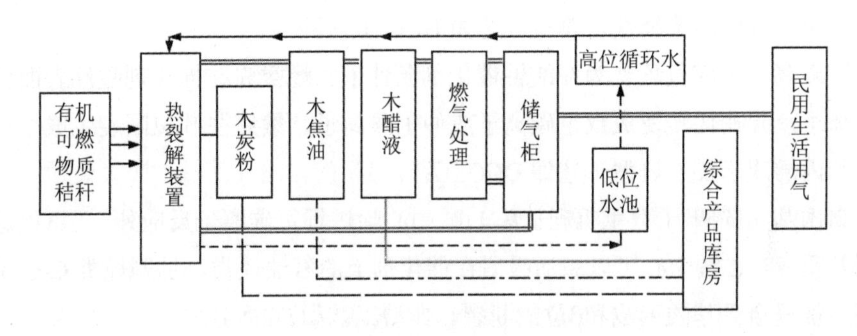

图 4-4-3 生物质催化热裂解（CPP）工艺流程图

催化裂解工艺流程与常规催化裂化基本相似，包括反应-再生、分馏以及吸收稳定三个系统。原料油经蒸汽雾化后送入提升管加流化床（DCC-Ⅰ型，最大量丙烯操作模式）或提升管（DCC-Ⅱ，最大量丙烯＋异构烯烃操作模式）反应器中，与热的再生催化剂接触进行催化裂解反应。反应产物经分馏后再进一步进行分离。沉积了焦炭的待生催化剂经蒸汽汽提后送入再生器中，与空气接触进行催化剂烧焦再生。热的再生催化剂以适宜的循环速率返回反应器循环使用并提供反应所需热量，进行反应-再生系统热平衡操作。

国外催化裂解工艺主要包括催化-蒸汽裂解工艺（欧美、俄罗斯）、THR 工艺（日本）、Superflex 工艺（KBR 公司）等，国内的主要工艺包括 DCC 工艺、CPP 工艺、HCC 工艺、RSCC 工艺等。

催化裂解反应催化剂主要包括以下几种：

（1）金属氧化物型：一般在氧化铝等载体上负载碱金属、碱土金属和稀土金属的氧化物，或者是几种氧化物的复合物，催化裂解反应温度一般较高。

（2）沸石分子筛型：一般用金属交换沸石分子筛作为裂解催化剂的活性组分，如丝光沸石、HASM-5沸石分子筛、HZSM-5沸石分子筛、ZRP沸石分子筛和ZSM-5沸石分子筛。此类催化剂的反应温度一般较低。

催化裂解的反应机理在学术上主要有三种观点：自由基反应机理、正碳离子反应机理和自由基-正碳离子双重机理。

自由基反应机理认为催化剂不能改变烃类裂解的自由基反应机理，仅提高了系统中自由基的浓度，促进自由基的初始反应，增加了自由基的选择反应，进而会增加裂解反应的选择性。典型工艺如HCC工艺。

正碳离子反应机理认为在酸性催化剂条件下，烃类先在催化剂酸性表面生成正碳离子，异构化转变成叔正碳离子或仲正碳离子，然后在β位断裂生成小正碳离子和丙烯或丁烯。典型工艺如DCC工艺。

自由基-正碳离子双重机理认为L酸中心除进行正碳离子反应外，还可以进行自由基反应。L酸中心可以激活吸附在催化剂上的石油烃类，加剧烃类C-C键的均裂，加速自由基的形成和β位的断裂。典型工艺如CPP工艺。

思考题

1．固体废物的特点有哪些？

2．固体废物有哪些处理方式，其中最科学的处理方式是什么？

3．垃圾焚烧的二次污染物包含哪些，如何处理这些二次污染物？

4．核电站放射性废物主要包含哪些级别，如何处理？

5．塑料回收利用技术中较为科学的方法包含哪些？

6．催化剂在固体废物中起到了哪些关键作用，试举例说明。

第五章　挥发性有机污染物的催化净化

近年来，大气污染已成为全球性的环境问题，给社会和经济带来了严重的负面影响。污染物的浓度达到一定程度后对人类的健康造成巨大伤害，其中，挥发性有机污染物破坏大气臭氧层，产生光化学烟雾并导致大气酸性化，治理挥发性有机物污染是大气污染治理的重要组成部分，其净化脱除技术的研究迫在眉睫。

第一节　概　述

一、定义

关于挥发性有机污染物——VOCs（Volatile Organic Compounds）的定义有多种形式，例如，美国 ASTM D3960—98 标准将 VOCs 定义为任何能参加大气光化学反应的有机化合物；美国国家环境保护局（EPA）将 VOCs 定义为除 CO、CO_2、H_2CO_3、金属碳化物、金属碳酸盐和碳酸铵外任何参加大气光化学反应的碳化合物。而更为普遍接受的是世界卫生组织（WHO）对 VOCs 的定义。

根据世界卫生组织（WHO）的定义，VOCs 是指沸点在 50～260℃、室温下饱和蒸气压超过 133.32 Pa 的一系列易挥发性化合物，成分为烃类、氧烃类、含卤烃类、氮烃、硫烃类等。不同国家或地区对 VOCs 的定义也各有不同，见表 5-1-1。常见的 VOCs 包括：甲苯（Toluene）、二甲苯（Xylene）、对-二氯苯（Para-dichlorobenzene）、乙苯（Ethyl benzene）、苯乙烯（Styrene）、甲醛（Formaldehyde）、乙醛（Acetaldehyde）等。

表 5-1-1 不同国家或地区对 VOCs 的定义

国家或地区	定义
中国	在 101.3 kPa 标准压力下，任何初沸点低于或等于 250℃的有机化合物
美国	除了一氧化碳、二氧化碳、碳酸、金属碳化物或碳酸盐以及碳酸铵外任何参加大气光化学反应的碳化合物
加拿大	参加大气光化学反应的碳化合物。但排除甲烷、乙烷及 44 种列入光化学反应可忽略不计的物质
欧盟	293.15 K 下蒸气压等于或大于 0.01 kPa，或在特定环境下有相应挥发度的任何有机化合物
澳大利亚	在 21℃下蒸气压大于 0.01 mmHg，或在 101.3 kPa 标准压力下沸点小于 250℃的有机化合物

二、来源

在室外，VOCs 主要来源于燃料燃烧和交通运输产生的工业废气、汽车尾气、光化学污染等；而在室内则主要来源于燃煤和天然气等燃烧产物，吸烟、采暖和烹调等产生的烟雾，以及建筑和装饰材料、家具、家用电器、清洁剂和人体本身的排放等。在室内装饰过程中，VOCs 主要来自油漆、涂料和胶黏剂，一般油漆中 VOCs 含量在 0.4～1.0 mg·m^3。由于 VOCs 具有强挥发性，一般情况下，油漆施工后的 10 小时内，可挥发出 90%，而溶剂中的 VOCs 在油漆风干过程中只释放总量的 25%（如图 5-1-1 所示）。

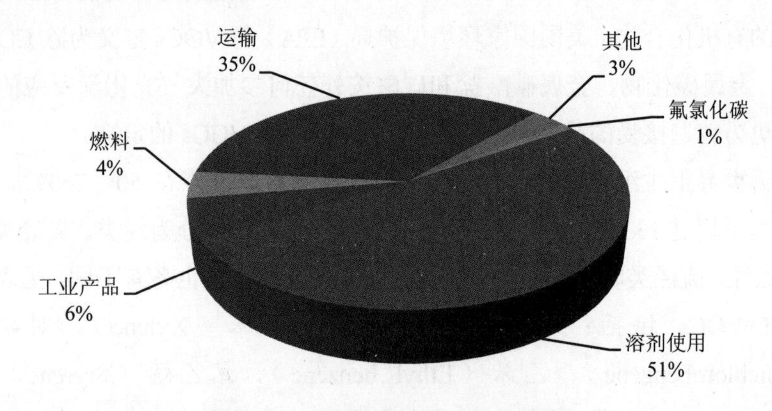

图 5-1-1 VOCs 的来源及分布情况

上述污染源可归结为化学品、化学溶剂、汽车尾气和燃烧废气四类。化学品主要存在于石油、化工、加油站等生产和销售单位，而化学溶剂则同每个人的生活密切相关，无论是油漆、室内和车内装饰，还是电子电气等设备都可能含有VOCs。

三、危害

VOCs 对人类的影响主要涉及两个方面：一是本身的毒性、致癌性和恶臭，危害动植物生长和人的生命健康；并易通过血液—大脑的屏障，从而导致中枢神经系统受到抑制，因此当 VOCs 达到一定浓度时，会引起头痛、恶心、呕吐、乏力等症状，严重时甚至引发抽搐、昏迷，伤害肝脏、肾脏、大脑和神经系统，造成记忆力减退等严重后果。二是在太阳光照射下，污染物吸收光子而使该物质分子处于某个电子激发态，而引起与其他物质发生的化学反应。如光化学烟雾形成的起始反应是二氧化氮（NO_2）在阳光照射下，吸收紫外线（波长 2 900～4 300A）而分解为一氧化氮（NO）和原子态氧（O，三重态）的光化学反应，由此开始了链反应，导致了臭氧及与其他有机烃类化合物的一系列反应而最终生成了光化学烟雾的有毒产物，如光氧乙酰硝酸酯（PAN）等。

由于 VOCs 的危害越来越引起人们的重视，相应的法规要求也越来越严格。美国和欧盟都制定了较为严格的排放限制，1990 年美国清洁空气法（CAA）甚至要求 VOCs 减排 70%～90%。严格的法规促进了 VOCs 控制技术的发展。

四、控制标准

大气污染物排放标准是为了控制污染物的排放量，使空气质量达到环境质量标准，对排入大气中的污染物数量或浓度所规定的限制标准。经有关部门审批和颁布，具有法律约束力。除国家颁布的标准外，各地、各部门还根据当地的大气环境容量、污染源的分布和地区特点，在一定经济水平下实现排放标准的可行性，制定适用于本地区、本部门的排放标准。从 1974 年开始，中国实行的《工业“三废”排放试行标准》中规定了二氧化硫、一氧化碳、硫化氢等 13 种有害物质的排放标准。

在我国现有的国家大气污染物排放标准体系中，按照综合性排放标准与行业性排放标准不交叉执行的原则，锅炉执行《锅炉大气污染物排放标准》（GB 13271—2014）、工业炉窑执行《工业炉窑大气污染物排放标准》（GB 9078—1996）、火电厂执行《火电厂大气污染物排放标准》（GB 13223—1996）、炼焦炉执行《炼焦炉大气污染物排放标准》（GB 16171—1996）、水泥厂执行《水泥厂大气污染物排放标准》（GB 4915—1996）、恶臭物质排放执行《恶臭污染物排放标准》（GB 14554—93）、汽车排放执行《汽车大气污染物排放标准》（GB 14761.1～14761.7—93）、摩托车排气执行《摩托车排气污染物排放标准》（GB 14621—93），其他大气污染物排放均执行 1996 年《大气污染物综合排放标准》（GB 16297—1996）。

第二节　VOCs 的处理技术

VOCs 的处理技术分为回收技术和消除技术（如图 5-2-1 所示）。前者用物理法，在一定温度、压力下，用选择性吸收剂、吸附剂或选择性渗透膜等分离 VOCs；后者通过生化反应，在光、热、催化剂和微生物等作用下将有机物转化为 H_2O 和 CO_2。下面分别予以介绍。

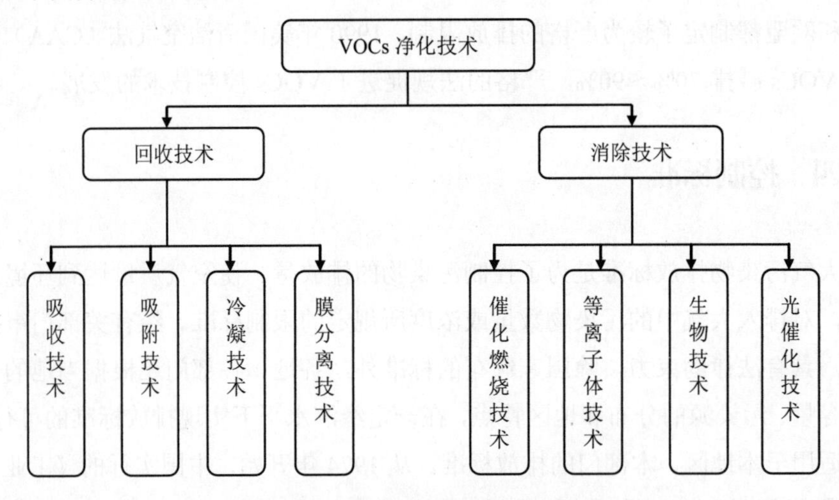

图 5-2-1　常用 VOCs 处理技术的分类

一、吸收法

在环境工程中，吸收法是控制大气污染的重要手段之一。该方法是以液体溶剂作为吸收剂，使废气中的有害成分被液体吸收，从而达到净化的目的。吸收法治理气态污染物技术成熟，设计及操作经验丰富，适用性强，而且能将污染物转化为有用的产品，不足在于吸收剂后处理投资大，对有机成分选择性大，易出现二次污染。吸收法的关键是吸收剂的选择，根据有机物种类及生产工艺条件的不同，选择溶解度大、不易挥发、价廉的吸收剂。利用柠檬酸钠为吸收剂脱除甲苯废气，吸收率高达 88%～93%。以苯甲酸钠、柠檬酸钠、酒石酸钠为吸收剂，辅以有机酸、硅酸盐为助剂，考察了对可挥发性有机污染物——甲苯废气的吸收效能，甲苯的吸收率可以达到 88.0%。另外可以使用汽油、柴油、机油等吸收苯、甲苯、二甲苯、乙酸乙酯等有机污染物，结果表明，不同的油类吸收剂对不同的有机污染物的吸收率差别显著。在传统吸收法的基础上采用复方液（水、无苯柴油、邻苯二甲酸二丁酯和多肽）吸收低浓度苯类污染物，吸收率可到 87.5%（如图 5-2-2 所示）。

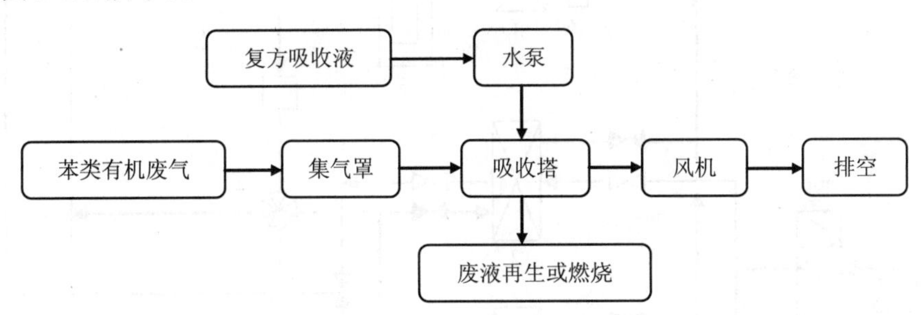

图 5-2-2　复方液吸收法处理低浓度苯类废气工艺流程示意图

二、吸附法

在处理有机废气的方法中，吸附法也是控制大气污染的重要手段之一，被广泛应用于低浓度、高通量的 VOCs 处理。吸附法是利用某些具有吸附能力的物质如活性炭、硅胶、沸石分子筛、活性氧化铝等吸附有害成分而达到消除有害污染的目的。优点是去除效率高、能耗低、工艺成熟、脱附后溶剂可回收等；缺点是设备庞大、流程复杂，投资后运行费用较高且有二次污染产生。其吸附效果主要取决于吸附剂性质、气相污染物种类和吸附系统工艺条件（如操作温度、湿度、压力等因素）。研究人员将黏胶基活性炭纤维用于VOCs的脱除中，结果表明，具有不同比表面积和表面化学的活性炭纤维对非极性苯和极性丁酮展现了不同的吸附特征。活性炭纤维中的含氧官能团增强了对极性丁酮的吸附，而当吸附剂比表面积低的时候，吸附质的极性对吸附的影响更为显著。此外，研究表明微波活性炭对甲苯具有较高的吸附能力，且吸附过程是一个自发的吸附过程。

对于吸附大气量挥发性有机化合物废气时，常将以活性炭纤维为吸附剂的吸附法与催化燃烧法结合起来，可充分发挥这两种工艺的突出优点，避免并弥补了各自的缺点和不足。其特点是将吸附和催化燃烧设备组合在一起形成净化系统，工艺流程如图5-2-3所示。

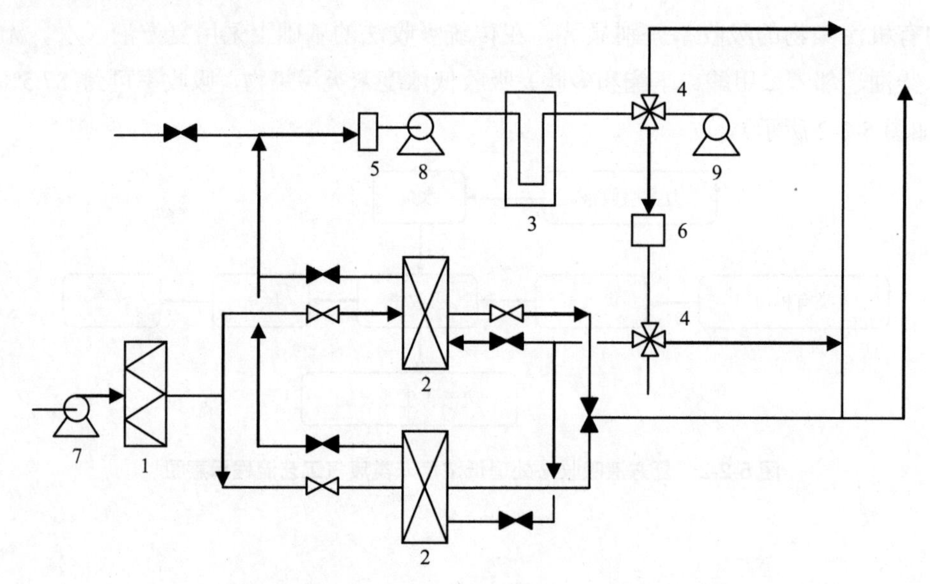

1. 预滤器；2. 吸附床；3. 催化燃烧设备；4. 四通阀；5. 阻火器；

6. 温度缓冲器；7. 排风机；8. 脱附风机；9. 补冷风机

图5-2-3 吸附-催化燃烧净化工艺流程图

排放的 VOCs 废气先通过吸附床，此气体中的有机物被吸附剂吸附后排出净化了的气体。吸附床一般配置 2 台以上，轮流使用，当 1 台吸附床吸附的有机物达到规定的吸附量时，换到另 1 台吸附床进行吸附净化操作，同时对前面 1 台吸附床进行脱附再生。脱附是在脱附风机的驱动下，使吸附床与催化燃烧设备成为 1 个循环系统。先由催化燃烧设备送出热气流引入待脱附的吸附床，使吸附的有机物脱附，再引入催化燃烧设备，在催化燃烧室进行催化氧化，以消除气流中的有机物。有机物催化燃烧后释放出的热量足以维持催化剂床层所要求的温度，保证有机物高效净化。由尾气放出的热气流大部分用于吸附床吸附剂的脱附再生，达到余热的利用。通过控制，可使脱附后气流中的有机物浓度较吸附操作前提高 10 倍以上，气体流量仅为总排风量的 1/20～1/10。通过两种净化工艺设备的组合，使大气量、低浓度的 VOCs 废气排放变为小风量、中高浓度的有机废气净化处理，同时有效利用了有机物在催化燃烧时产生的热能，运行费用较低。

虽然活性炭纤维存在着造价比活性炭高等缺点，影响了活性炭纤维目前的广泛使用。但是活性炭纤维凭着自身显著的优点，在吸附挥发性有机化合物方面会具有很大的潜力。当然，从活性炭纤维吸附 VOCs 的理论研究走向实际应用还有比较长的路要走，如何最终将其应用于实际中是今后的重要任务。

三、冷凝法

冷凝是利用 VOCs 在不同温度和压力条件下具有不同的饱和蒸气压这一性质，采用提高系统压力或降低系统温度的方法，使处于蒸汽状态的污染物从气相中分离的过程。该法特别适用于处理废气体积分数在 10^{-2} 以上的有机废气。一般典型的带制冷的冷凝系统工艺流程如图 5-2-4 所示。

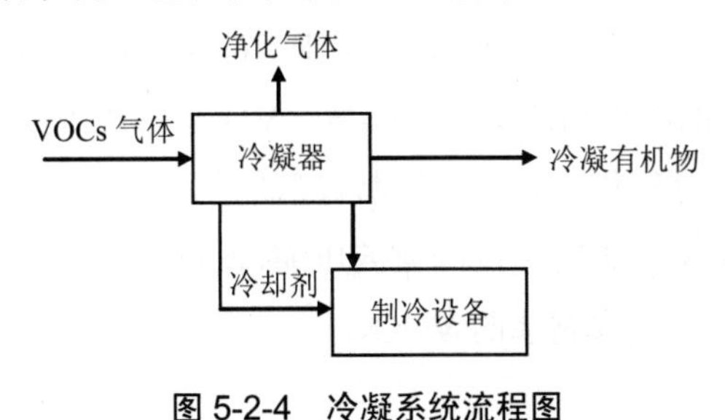

图 5-2-4　冷凝系统流程图

冷凝法需要较高的压力和较低的温度才能保证较高的回收效率，因此，运行费用高，适用于高沸点和高浓度 VOCs 的回收。该方法一般不单独使用，常与吸附、吸收、膜分离法等联合使用，不仅能降低设备的运行条件和运行成本，而且各工艺可以充分利用各自的特点，达到优势互补。例如，冷凝-吸附处理工艺，既发挥冷凝法在冷凝高浓度 VOCs 时稳定、高效的优势，又利用吸附法在吸附低浓度 VOCs 时可以将 VOCs 浓度控制在很低范围的特点。目前，针对不同的 VOCs、专用制冷剂和吸附剂的筛选和开发、集成工艺及结构的优化成为今后的研究重点。此外，节能环保的要求促进了低能耗的 VOCs 治理技术的研究。

四、膜分离法

膜分离原理与渗透汽化工艺类似，依靠膜材料对进料组分的选择性来达到分离的目的。采用膜分离技术处理废气中的 VOCs，具有流程简单、VOCs 回收率高、能耗低、无二次污染等优点。近 10 年来，随着膜材料和膜技术的进一步发展，国外已有许多成功应用范例。常用的处理废气中 VOCs 的膜分离工艺包括：蒸汽渗透法（VP）、气体膜分离法（GMS/VMP）和膜基吸收法等。

1．蒸汽渗透法（VP）

20 世纪 80 年代末出现的 VP 工艺是一种气相分离工艺，其分离原理与渗透汽化工艺类似，依靠膜材料对进料组分的选择性来达到分离的目的。由于没有高温过程和相变的发生，因此 VP 比渗透汽化更有效、更节能；同时，VOCs 不会发生化学结构的变化，便于再利用。据报道，德国 GKSS 研究中心开发出了用于回收空气中 VOCs 的膜，图 5-2-5 列出了该膜对 N_2 中混入的一些常见的少量 VOCs 的选择性。

据报道，当膜的选择性大于 10 时，用于 VOCs 的回收具有很好的经济效益，一个膜面积为 30 m^2 的组件与冷凝集成系统，VOCs 的回收率可达到 99%。VP 过程常常与冷凝或压缩过程集成，其与冷凝过程的集成系统如图 5-2-6 所示。从反应器中出来的含 VOCs 的废气通过冷凝或压缩，回收部分 VOCs 返回到反应器中，余下的气体进入膜组件回收剩余的 VOCs。

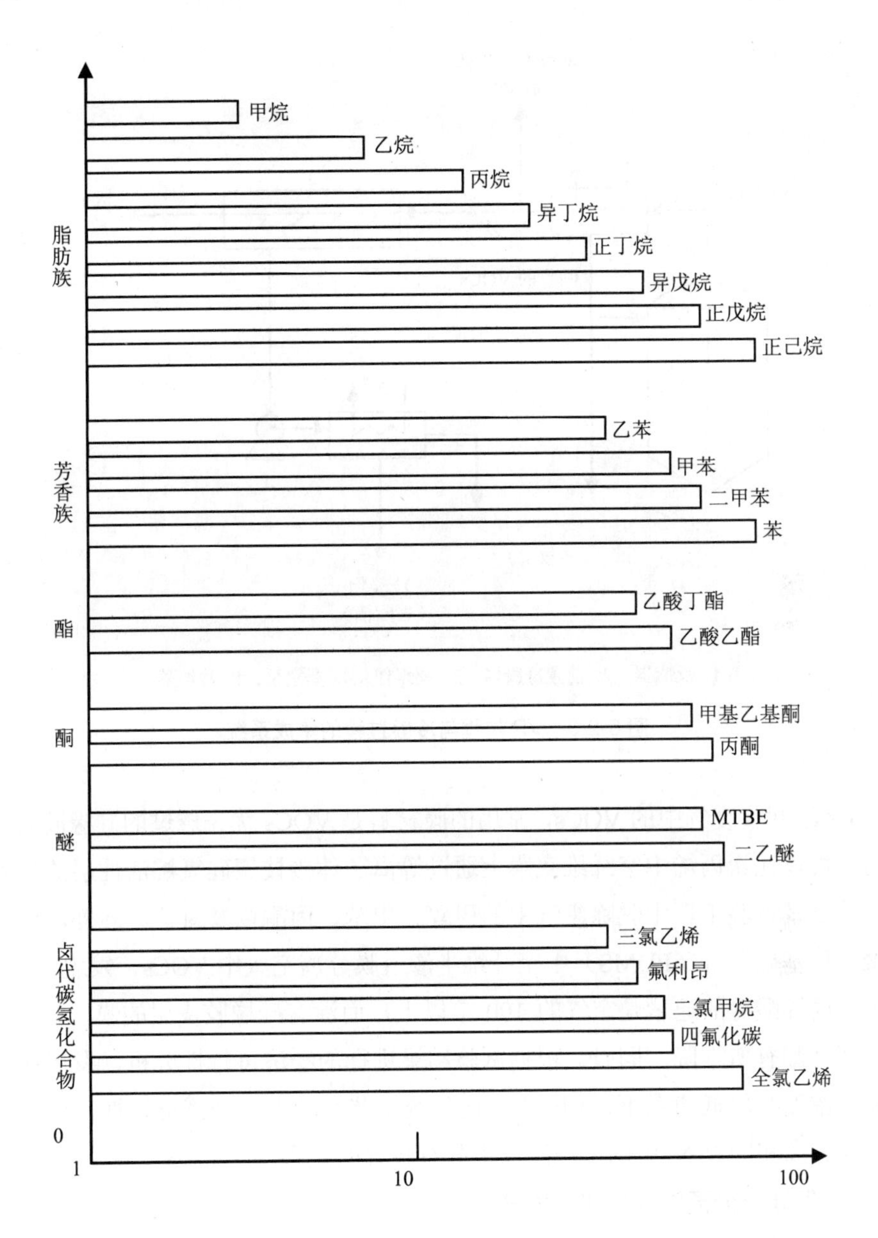

图 5-2-5 GKSS 膜对 N_2 中一些常见的少量 VOCs 的选择性

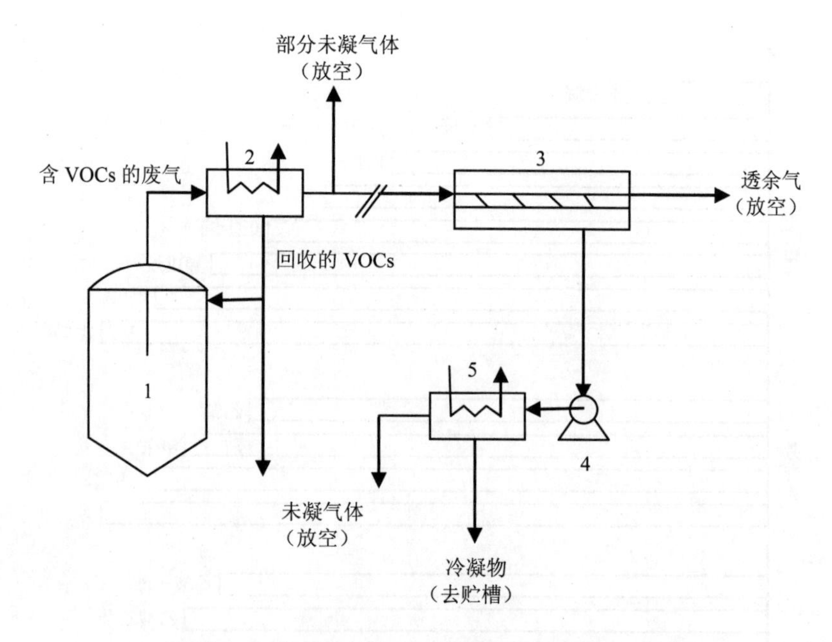

1. 反应器；2. 前置冷凝器；3. 膜组件；4. 真空泵；5. 冷凝器

图 5-2-6　VP 过程与冷凝过程的集成系统

VP 法回收废气中的 VOCs，常用的膜材料是 VOCs 优先透过的硅橡胶膜。据报道，可以在聚丙烯中空纤维底膜上通过等离子体接枝聚硅氧烷活性层的装置，在实验室及试验工厂中脱除废气中的甲醇、甲苯、丙酮以及氯仿。此外，可以采用聚二甲基硅氧烷（PDMS）中空纤维半渗透膜分离空气中 VOCs，发现二甲苯、甲苯及丙烯酸等的通量是空气的 100 倍以上，而涂有硅橡胶皮层的膜，对 VOCs 的选择性却有所下降。同时，根据试验结果进行的经济可行性分析，发现在较高 VOCs 浓度和较低通量下，VP 工艺比传统工艺有较大的经济可行性。还可以用 PDMS 分离和回收 N_2 中的苯甲醇，也具有较好的效果。

2．气体膜分离法（GMS/VMP）

目前，气体膜分离技术已经被广泛应用于空气中富氧、浓氮以及天然气的分离等工业中。近年来，GKSS、日东电工以及 MTR 公司已经开发出多套用于 VOCs 回收的气体分离膜。K.Ohlrogge 等采用 GKSS 膜——平板膜来回收汽车加油站加油过程中挥发的汽油，当膜面积大于 12 m^2 时，汽油的回收率大于 99%。利用相转化法制得不对称聚醚亚酰胺（PEI）膜，可以用于 VOCs/N_2 混合体系的分离，发现该膜对甲苯/N_2 和甲醇/N_2 体系具有很好的分离效果，渗透选择性（JV/JN）分别达到 1 024.3 和 1 147.1，远远大于硅橡胶膜的渗透选择性（分别为 46.4 和 30.4）。

此外，利用开发出的各种功能化的膜，采用压缩、冷凝与气体膜分离集成系统回收废气中的 VOCs，其流程如图 5-2-7 所示。采用该工艺回收的 VOCs 包括苯、甲苯、丙酮、三氯乙烯、CFC-11/12/113 和 HCFC-123 等 20 种左右。工业生产中产生的 HCFC-123 体积分数为 6.3%的气体经过此装置处理后，排入大气的尾气中 HCF1-123 体积分数为 0.01%。

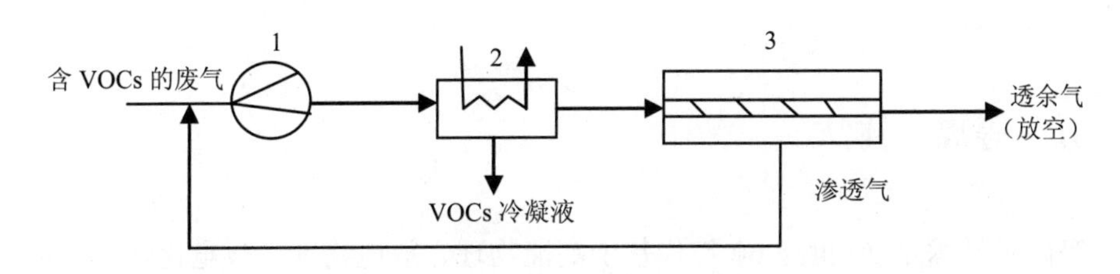

1. 压缩机；2. 冷凝器；3. 膜组件

图 5-2-7　压缩、冷凝与气体膜分离集成系统

3. 膜基吸收法

膜基吸收法是一种气/液或液/液接触的传统操作方式，是通过塔、柱或混合澄清器来实现的。这些操作方式需要两相直接接触，这样就容易出现乳化、泡沫化、液泛及液漏等现象。膜基吸收是采用合适的膜（如中空纤维微孔膜）使需要发生接触的两相分别在膜的两侧流动，两相的接触发生在膜孔内或膜表面的界面上，从而避免了乳化等现象的发生。与传统的膜分离技术相比，膜基吸收的选择性取决于吸收剂，且膜基吸收只需要用低压作为推动力，使两相流体各自流动，并保持稳定的接触界面。

可以利用硅酮油作为吸收剂，采用中空纤维膜组件脱除废气中的 VOCs。含有 VOCs 的废气走中空纤维膜内，吸收剂走壳程，两相在微孔内发生接触，大量的 VOCs 被吸收剂吸收；吸收剂进入另一个中空纤维膜组件，通过气提脱附、再生，气提组件的膜外侧涂上 VOCs 易透过的硅氧烷皮层，以防吸收剂在低压下流失；同时可以将变压吸附理论用于膜基辅助吸收，由于壳程的 VOCs 分压远远小于管程的压力，让废气间歇式进入膜管内，当管内压力降到与壳程分压相近时，再次通入废气，这样操作会提高 VOCs 的吸收效率。浙江大学开发出的聚丙烯、聚偏氟乙烯（PVDF）中空纤维膜，用于处理空气中的 CO_2 时可将其降低到体积分数为 0.3%以下，在脱除废气中苯、甲苯、二甲苯等有机蒸气方面也取得了一定的研究进展。

蒸气渗透、气体膜分离和膜基吸收技术及其集成工艺可以用于挥发性有机蒸气的回收，具有很高的经济效益和良好的社会效益。同时，摆在我们面前的处理 VOCs 废气的任务还很艰巨，需要我们共同努力，把这项技术推广到工业生产和环保领域中去。

五、等离子体法

等离子技术是 20 世纪 60 年代基于高能物理、放电物理、放电化学、反应工程学、高压脉冲技术领域形成的一门交叉科学。该技术作为一种高效率、低能耗、使用范围广、处理量大、操作简单的环保处理技术，近年来逐渐显示出良好的技术优势，应用范围不断拓宽。根据体系能量状态、温度和离子密度，等离子体通常可分为高温等离子和低温等离子。其中，低温等离子体处于热力学非平衡状态，各种离子温度不相同。低温等离子体可通过前沿陡、脉宽窄的高压脉冲放电在常温常压下获得，其中的高能电子和 O^-、OH^- 等活性粒子可与各种污染物（如 CO、HC、NO_x、SO_2 等）发生作用，转化为 CO_2、H_2O、N_2、SO_2 等无害或低害物质，从而使废气得到净化。它可促使一些在通常条件下不易进行的化学反应得以进行，甚至在极短时间内完成。

由于低温等离子体技术在经济和技术上所具有的优势，数十年来低温等离子体技术已成为 VOCs 治理研究领域的前沿热点课题。国内外的很多组织都在进行这方面的研究，并取得了一定的阶段性成果。

1. 低温等离子体法去除VOCs机理的研究

低温等离子体的特点是能量密度较低，重粒子温度接近室温而电子温度却很高，整个系统的宏观温度不高，其电子与离子有很高的反应活性。该方法去除污染物的机理为：在外加电场的作用下，介质放电产生大量的高能电子，并与 VOCs

分子发生非弹性碰撞，从而高能电子将能量传递给 VOCs 分子，导致其电离、激发，进而与活性基团发生一系列复杂的等离子体物理和化学反应，使污染物得以去除。电子在等离子体反应中起至关重要的作用，因此，等离子体反应中电子的平均能量十分重要，因为它直接决定了产生活性基团的种类和为产生这些活性基团外界所需施加的能量。图 5-2-8 反映了干燥气体放电中输入能量的分布情况。

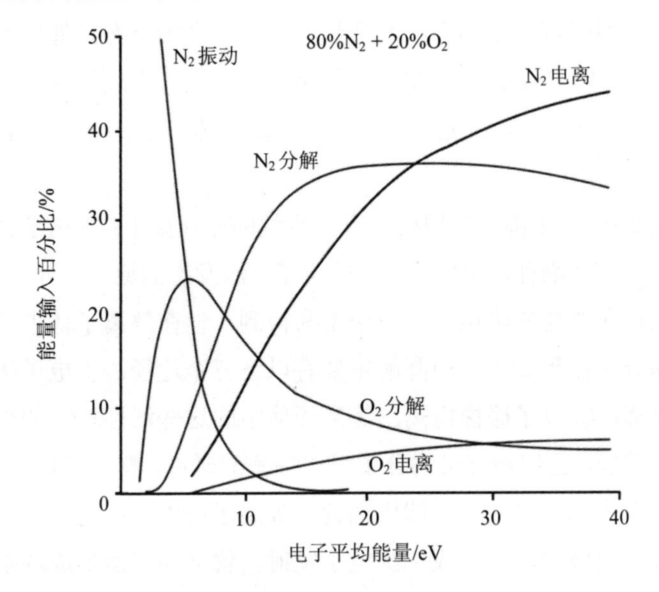

图 5-2-8　干燥空气中 N_2、O_2 分解与输入能量关系图

电子在放电过程中获得的能量为 2～20 eV，最大的能量分布概率在 2～12 eV，VOCs 分子合成和分解所需要的能量均在自由电子能量分布概率最大的区域内。

低温等离子体技术适合对于各类挥发性有机物的治理，处理效率高，特别适用于对大气量低浓度的有机废气的处理。今后需进一步研究的方向是：①等离子体反应器的设计和研制，包括放电形式、电极结构、输入电源性能等；②反应器长时间运行过程中如何保证其对 VOCs 处理效率恒定；③放电反应过程中的中间产物和终产物的分析，从而对未来工业应用提供理论依据；④对于 VOCs 治理的研究还仅局限于实验室阶段，如何在实验室研究的基础上实现工业化应用；⑤工业中产生的有机废气往往是多种有机污染物的混合物，开发能够同时去除多种污染物的等离子体技术。

2．低温等离子体-催化协同净化

利用单一的等离子体技术处理某些VOCs，目前还存在一些有待解决的问题，如能量的利用效率低、最终产物的种类复杂，有些VOCs的降解过程会产生有机副产品，造成二次污染等。利用催化剂可以降低反应物的活化能，促进反应进行，提高能量效率，同时可以增加产物的选择性，控制产物分布。催化剂协同等离子体处理VOCs，可以有效地提高VOCs的降解率，还可有选择性地降解反应中所产生的副产物。近年来许多研究者开始了对等离子体-催化协同作用处理有机污染物的研究。

低温等离子体-催化协同作用处理有机废气的原理如下：等离子体空间富集了大量极活泼的高活性物种，如离子、高能电子、激发态的原子、分子和自由基等。这些高活性物种在普通的热化学反应中不易得到，但在等离子体中可源源不断地产生。有机物分子在等离子体中降解主要有以下三个途径：①电子碰撞电离；②自由基碰撞电离；③离子碰撞电离。等离子体中的这些活性粒子的平均能量高于有机物分子的键能，它们和有机物分子发生频繁的碰撞，打开气体分子的化学键，与有机物分子发生化学反应。当催化剂置入等离子场中，高能粒子轰击催化剂表面，催化剂颗粒被极化，并形成二次电子发射，就会在表面形成场强加强区。另外，由于催化剂对VOCs有一定的吸附能力，在表面形成VOCs的富集区，这样就会在等离子体和催化作用下迅速发生各种化学反应，从而将VOCs脱除。并且等离子体中的活性物种含有巨大能量，可以引发位于等离子体附近的催化剂，并可降低反应的活化能。同时，催化剂还可选择性地与等离子体产生的副产物反应，得到无污染的物质。因此，低温等离子体-催化剂协同作用时，较直接催化剂法或单纯等离子体法具有更高的脱除效率，能更有效地减少副产物的产生，提高二氧化碳的选择性，并由于吸附作用能进一步降低反应能耗。

低温等离子体-催化技术降解废气作为近年发展起来的新研究领域，在处理VOCs，尤其对工业废气中低浓度大风量的挥发性有机物具有独特的去除作用。采用与催化剂结合、改进等离子体反应器结构等手段，能量效率可达到实用化水平，在治理环境污染中有着广阔的应用前景，但目前基本上还停留在实验研究阶段。今后还需进一步研究的方向是：①开发能与催化剂进行最佳配置的等离子体反应器；②探索能促进化学反应，提高能量效率的最佳催化剂；③研究如何实现用物理参数控制其化学反应方向、反应速率和反应产物；④定性和定量研究等离子体-催化反应过程中的中间产物或最终产物：⑤对低温等离子体催化过程中的机理及其反应动力学研究。总之，相信通过对低温等离子体-催化降解有机废气反应机理以及应用技术的不断创新与开发，低温等离子体-催化处理气态污染物技术将走进使用化行列。

六、生物法

生物净化技术处理有机废气是近年来发展起来的一项净化低浓度有机废气的新型技术，目前在国内外已受到广泛关注。最早将生物法应用到处理工业废气的是美国的 Pomeroy RD，1957 年他申请专利，利用土壤处理硫化氢，原理是将恶臭气体以 0.5～1.2 cm/s 的缓慢速度导入 40～60 cm 深度的土壤里，在气体通过土壤时使废气浓度得到降低。在 20 世纪 80 年代后期，德国应用这一技术处理 VOCs 废气取得了成功，到 1994 年德国利用生物净化技术处理恶臭废气的比例已经达到 78%，生物净化法在美国、荷兰、日本、瑞士等国也都有相当规模的工业应用。

目前开发和应用的生物处理设备——生物过滤池、生物滴滤塔和生物洗涤器，实际上也是一种活性污泥处理工艺。生物净化技术具有设备简单、运行费用低、较少形成二次污染等优点，尤其在处理低浓度、生物可降解性好的有机废气如酯类、醇类具有明显的去除效果，对于含苯、甲苯、二甲苯等有机废气，微生物经过驯化也可达到较高的处理效率，而对于一些有生物毒性的有机废气如卤代烃类，生物化法并不是特别适合。生物净化有机废气技术的基本原理是通过附着于填料或其支撑载体上的微生物在适宜的环境条件（pH、温度等）下，以有机废气中的有机污染物作为碳源和能源，同时将有机污染物氧化降解为二氧化碳和水的过程。

关于生物净化法处理有机废气的基本过程，国内外学者做了大量的研究工作，但目前为止，还没有形成统一的理论。目前普遍公认影响最大的是荷兰学者 Ottengraf S PP 的生物膜理论，其过程是有机废气首先通过气液传质进入液相或者被多孔性材料所吸附，然后再通过扩散和对流传质过程，有机污染物扩散到生物膜中，然后通过微生物的降解作用将有机污染物转化为其微生物本身的生物量，同时将其转化为无污染的二氧化碳和水等。

对于净化处理低浓度有机废气的装置，根据微生物的存在方式及营养添加、水分添加的方式一般分为生物洗涤器、生物滤池和生物滴滤塔，表 5-2-1 为三类工艺的特点。

表 5-2-1 三类生物净化工艺的特点

生物净化工艺	微生物生存方式	液相形式	优点	缺点
生物洗涤器	类似于活性污泥法，微生物存在于水相中，悬浮于反应器中	持续进行喷洒，处于流动状态	过程方便控制，操作稳定性高，补充营养物方便	投资及运行成本高，产生废水处理问题
生物滤池	附着于滤床材料上	喷洒在滤床上，循环使用	投资及运行成本低，成能降解水中有机污染物	占地较大，过程不易控制，过滤床使用时间较短且易堵塞，生物量较小
生物滴滤塔	附着于滤床材料上	定时补充营养液	投资成本低，运行成本低，方便调节 pH 及投加营养物质	过滤床使用时间较短且易堵塞，生物量较小

在研究生物滴滤池处理二氯甲烷废气时，结果表明，滴滤池中 pH 对二氯甲烷降解会有影响，存在最优的 pH 范围 5.0～9.0，此时二氯甲烷的去除率可以达到 80%以上，进气流速、废气浓度对二氯甲烷的去除率也有较大影响。华素兰等研究了应用生物滴滤塔处理含甲苯和乙酸乙酯的印刷工艺废气，填料采用改良型瓷质拉西环，采用白天运行、夜间停运、生产线挺开时每天 10 h 维护系统运行模式，生物滴滤塔的处理气量为 10～15 m^3/h，有机废气浓度范围为 450～1 000 mg/m^3，停留时间为 16.9～25.4 s，有机废气中平均去除率可以稳定在 80%以上，甲苯的去除效率在 95%以上。

近年来，生物膜法净化低浓度挥发性有机废气作为一种废气处理的新技术，由于具有明显的技术和经济优势，在国内外已受到广泛关注。针对成分复杂的低浓度有机废气既无回收价值又严重污染环境的特点，采用生物膜法处理具有稳定性好、运行费用低、无二次污染等优点。国内已有相关研究和工业应用表明，生物膜法净化低浓度有机废气和恶臭气体是行之有效的，但是该方法在石油化工行业的应用仍然不广泛，缺少实例。广州环发环保工程有限公司项目组对广州石化厂化工区污水池产生的低浓度挥发性有机废气进行了生物膜法净化处理的可行性试验，并研究确定适宜该污水池有机废气处理的工艺流程和设计参数。该污水池是汇集广州石化厂各种化工废水的排污集水池，在集水过程中主要挥发出苯、甲苯、二甲苯以及其他烃类等化工废气，也可能含有一定的无机气体。结果发现，生物膜法处理石油化工类复杂成分挥发性有机废气是行之有效的。微生物能较快适应环境，大约需 20 d 就能成功挂膜，达到稳定的净化效果，并能保持净化效率：苯＞85%、甲苯＞90%、二甲苯＞95%。但同时发现，碱性气体、循环液 pH 及流量、气体浓度及流量对生物膜填料塔的净化效率有较大的影响，应保持循环液 pH 为中性，控制好循环液的流量和气体流量。另外，定期往循环液中加入一定的无机营养物质，对微生物的生长起到促进作用。严格控制好以上各影响因素，将有助于生物膜的生长，提高生物膜填料塔的净化性能。

工业有机废气的生物净化过程实质上是利用微生物的生命活动将废气中的有害物质转变成为简单无机物及细胞质等的过程。在一定的润湿环境下，微生物以废气中的有机物为能源，通过捕捉、吸收、降解并转化为无毒无害的 CO_2 和 H_2O。在吸收降解的过程中，附着在固体填料表面的微生物自身得以生长繁殖并逐步形成一定厚度的生物膜。图 5-2-9 为生物膜填料塔装置流程。

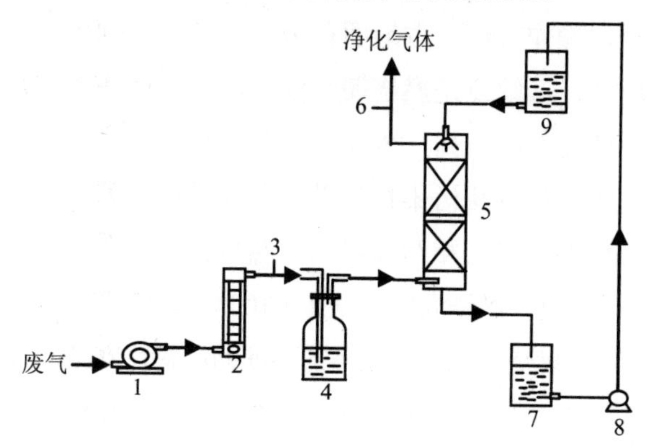

1. 风机；2. 气体流量剂；3. 进口气体取样口；4. 洗涤瓶（稀硫酸）；5. 生物膜填料塔；

6. 出口气体取样口；7. 循环液低位槽；8. 循环水泵；9. 循环液高位槽

图 5-2-9　生物膜填料塔装置流程图

生物法已经逐渐成为净化有机废气和恶臭物质的主要方法及具有前景的应用技术之一，越来越引起人们的关注。但仍有许多方面需要进一步深入研究，例如，①多组分复杂 VOCs 混合废气的去除，特别是高负荷或难生物降解 VOCs 的处理；②复杂的微生物生态研究，包括微生物菌落分布及特征、微观结构及特性、生物量定量等；③污染物、营养物质（如氮）和氧气的利用与平衡循环；④处理实际废气过程中填料的寿命（酸化、压实、营养缺乏等)、最佳工艺运行参数的筛选与确定；⑤生物降解机制及动力学研究，尤其是微观动力学方面的研究。

第三节　催化净化技术

一、催化燃烧技术

热破坏法是目前应用比较广泛也是研究较多的 VOCs 处理方法，可以分为直接燃烧法、催化燃烧法和浓缩燃烧法。其破坏性机理是氧化、热裂解和热分解，从而达到治理 VOCs 的目的，适合小风量，高浓度，连续排放的场合。其优点是设备简单，投资少，操作方便，占地面积少，可以回收利用热能，净化彻底，催化燃烧，起燃温度低；其缺点是燃烧爆炸危险，热力燃烧需消耗燃料，不能回收利用，催化燃烧的催化剂成本高，还存在中毒和寿命问题。

直接燃烧是利用有机气相污染物的易燃烧性质进行处理的一种方法，又称火焰燃烧。它是把可燃的有机气相污染物当作燃料来燃烧的一种方法。该法适合处理高浓度有机气相污染物，燃烧温度控制在 1 100℃以上，去除效率达 95%以上。对于低浓度有机废气采用燃烧法来处理还需加以辅助燃料，其处理效率可达到 99%。

催化燃烧法是一种类似热氧化的方式来处理有机气相污染物的，处理有机物是用铂、钯等贵重金属催化剂及过渡金属氧化物催化剂来代替火焰，操作温度较热氧化低一半，通常为 250～400℃，催化剂在催化燃烧系统中起着重要作用，图 5-3-1 为催化燃烧法的工艺流程图。目前使用的金属催化剂主要有 Pt、Pd，非金属催化剂有过渡族元素钴、稀土等。近年来，无论是国外还是国内，催化剂的研制均进行得较多，而且多集中于非贵金属催化剂。相关的金属氧化物-贵金属、金属氧化物、非贵金属三种类型的催化剂陆续被制备处理，并应用于催化燃烧净化含丙烯腈废气中，初步评价了其对丙烯腈的催化氧化效果，并与现有的国产负载贵金属催化剂进行了比较，实验结果表明，所制备的催化剂对丙烯腈废气净化具有较好的催化氧化性能。

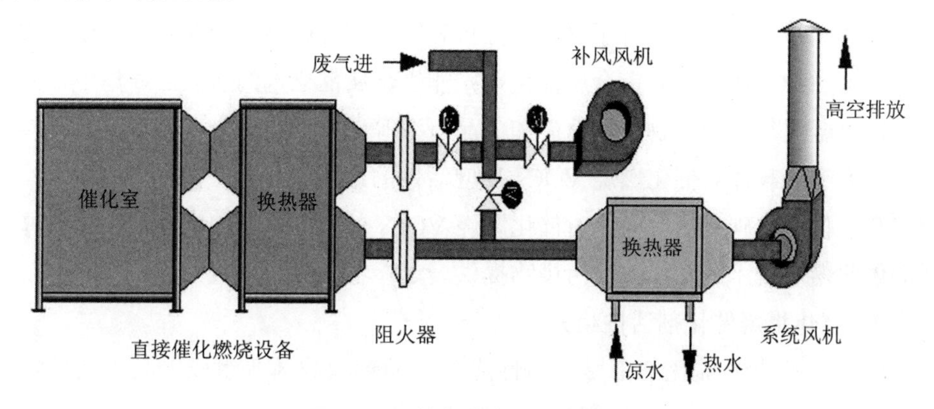

图 5-3-1　催化燃烧工艺流程图

浓缩燃烧法是先用吸附法净化有机废气，再将脱吸的有机物用燃烧法处理。近年来研制的纤维状活性炭具有吸附速度快、再生容易等特点，用它制成的旋转式蜂轮吸附器，一般可将废气浓缩到 1/20～1/10。此方法适用于低浓度、大风量有机废气的净化。

直接燃烧法和浓缩燃烧法虽然装置简单、工艺流程短，但是消耗大量燃料并且产生大量 NO_x 污染，因此这两种工艺不环保、不经济，不能满足人们的需求。催化燃烧技术是绿色清洁技术，无二次污染，具有能耗低，热量可以循环利用；工艺简单，处理效率高，对可燃组分浓度和热值限制少；无火焰燃烧，安全性好等特点。但缺点是催化剂成本较高，有一定的寿命。催化燃烧技术已成了 VOCs 控制的主流技术，关键在于如何提高催化剂的活性和稳定性，提高催化剂的适用性，以及降低催化剂的成本。

1．催化燃烧技术进展

催化燃烧可以在远低于直接燃烧温度条件下处理低浓度的 VOCs 气体，具有净化效率高、无二次污染、能耗低的特点，是商业上处理 VOCs 应用最有效的处理方法之一。因而，国内外研究者对催化燃烧催化剂进行了大量相关研究，相关问题是近年来环境催化领域的一个热点问题。20 多年前 Spivey 曾撰写了有关催化燃烧研究方面的非常好的评述，近来也有一些篇幅较短的英文评述，但很少见到较深入的中文评述。另有相关研究人员从催化剂活性组分、催化剂载体、有效组分颗粒大小、水蒸气的影响及催化燃烧反应中的积碳等几个方面，对近年来催化燃烧处理 VOCs 的研究进行了总结。分析表明：贵金属催化剂的研究主要着重于选择有效的载体和双组分贵金属催化剂；非贵金属催化剂的研究主要集中在高活性的过渡金属复合氧化物、钙钛矿和尖晶石型等催化剂的研制，还有这些活性组分粒径大小及载体对催化燃烧 VOCs 反应活性的影响；此外，在实际应用中，水蒸气和催化剂积碳失活等问题对催化燃烧 VOCs 的反应也有很大影响。为选择合适的催化燃烧技术处理 VOCs 污染物提供一定参考。

2. 催化燃烧催化剂活性组分

通常工业上的催化剂都是由活性成分、助剂和载体等组成，其中活性组分及其分布、颗粒大小、催化剂载体对催化效果和寿命有很大的影响。用于催化燃烧 VOCs 的催化剂的活性成分可分为贵金属、非贵金属氧化物，贵金属是低温催化燃烧最常用的催化剂，其优点是具有较高的活性、良好的抗硫性，缺点是活性组分容易挥发和烧结，容易引起氯中毒、价格昂贵、资源短缺；非贵金属氧化物催化剂主要有钙钛矿型、尖晶石型以及复合氧化物催化剂等，价格相对较低，也表现出很好的催化性能，例如，钙钛矿型催化剂高温热稳定性较好，尖晶石型催化剂具有优良的低温活性，但其不足之处在于催化活性相对较低，起燃温度较高。

（1）贵金属催化剂。催化燃烧中常见的贵金属催化剂是负载型的 Pd、Pt 催化剂，如 Pd/Al_2O_3、Pd/ZrO_2、Pt/Al_2O_3 等。有关贵金属催化燃烧催化剂的研究，一方面在于非常见的催化剂载体的研制，着重于通过制备技术有效提高贵金属在载体上的分散状态，从而提高负载催化剂的催化燃烧性能。另一方面在于催化剂助剂以及催化剂的还原预处理。另外，双组分贵金属催化剂的研究报道也引起了极大关注。

（2）过渡金属氧化物催化剂。近年来，探索用过渡金属氧化物材料催化燃烧

VOCs 的研究一直是环境催化领域的研究热点，其中 Cu、Mn、Cr、V、Ce、Zr 等金属氧化物对 VOC 的催化燃烧都具有很好的活性，一些催化剂的活性甚至超过了贵金属催化剂。例如，对于氯代 VOCs，Cr 负载于 Al_2O_3、TiO_2、分子筛等载体上的催化剂具有很高的催化燃烧的活性。

（3）钙钛矿型催化剂。钙钛矿型复合氧化物因具有天然钙钛矿（$CaTiO_3$）结构而命名，是一类对 VOCs 催化燃烧有很好活性的催化材料，其典型结构式为 ABO_3，属于立方晶型，其结构中一般 A 为四面体型结构，多为稀土离子和碱土金属，B 为八面体型结构，多为过渡元素离子，A 位和 B 位形成交替立体结构，易于取代而产生晶格缺陷（如图 5-3-2 所示）。常见的化合物有 $LaCoO_3$、$LaMnO_3$、$LaFeO_3$ 等；A 位和 B 位离子可被其他化合价态和离子结构等相似的金属离子部分取代，如部分 B 可以被 B′（通式为 $AB_yB'_{1-y}O_3$）替代，形成多种替代结构缺陷和更多的氧空位，以提升催化剂稳定性和氧化还原能力。

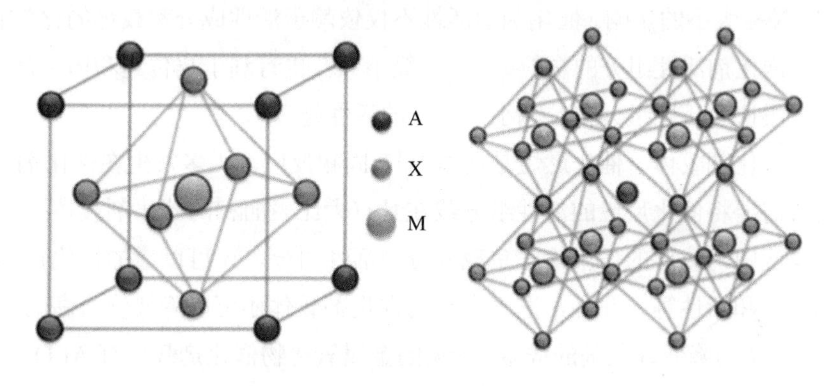

图 5-3-2　钙钛矿的空间结构示意图

（4）尖晶石型复合氧化物。尖晶石型复合氧化物，结构通式为 AB_2O_4，属面心立方结构，结构中 A 原子与氧的关系为正四面体，B 原子和氧原子的关系是 B 在正八面体的中心，上下、前后、左右共有 6 个氧原子与其配位。其中的 A、B 离子被半径相近的其他金属离子所取代可形成混合尖晶石（如图 5-3-3 所示）。主要的尖晶石型催化燃烧体系是以 Cu、Cr、Mn、Co、Fe 为主要活性组分的催化剂。

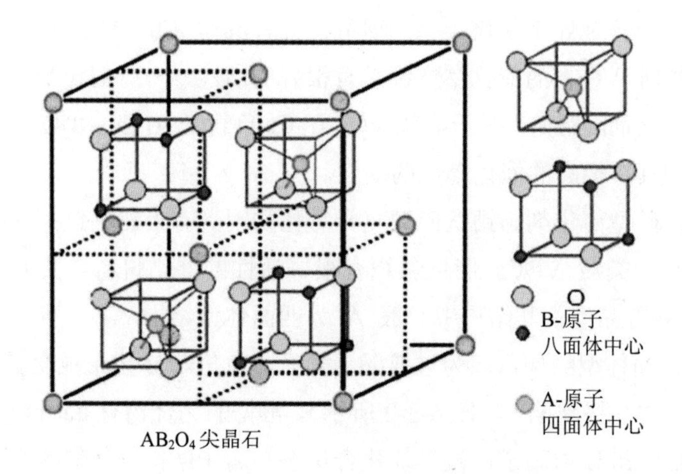

图 5-3-3 尖晶石的空间结构示意图

（5）颗粒大小的影响。催化剂的活性不仅依赖于活性成分和载体的化学状态，还依赖于催化剂活性组分的颗粒大小，一般小颗粒更有利于热传递和内扩散效果。所以，一般认为活性组分颗粒越小，反应的活性越大。

（6）催化剂载体。催化燃烧是典型的气-固相反应，大多发生在催化剂表面，因此通常需要将催化反应的活性组分载在具有大比表面积的催化剂载体上。在催化燃烧反应中，载体的作用除了负载并分散活性组分，还可以增加催化剂的稳定性、选择性和活性等。此外，选择合适的催化剂载体还可以降低价格高的活性组分使用量，从而降低催化剂的成本。常见的金属氧化物催化剂载体有 Al_2O_3、TiO_2、SiO_2、ZrO_2 或其复合物等具有大的比表面积的多孔材料，通常认为载体对于反应是惰性的，但有时一些载体也会表现出一定的催化活性。

3．水蒸气对催化燃烧反应的影响

一般认为，水蒸气在催化燃烧反应中有特殊的作用。首先，大部分的工业尾气中都含有水蒸气；其次，水蒸气还是催化燃烧反应的产物。因此，从实际工艺考虑，水对 VOCs 废气处理过程的影响确实不容忽视。水蒸气对催化剂活性影响通常有几种：减少活性成分，有助于去掉产生的氯气，减少催化剂表面的 VOCs 吸附位。针对不同催化剂，水蒸气产生的影响也不相同。

如何减小水蒸气的影响是目前的研究重点之一。曾经见报将 Cr-Cu 负载在四氯化硅修饰的 H-ZSM-5［n(Si)/n(Al)=240］催化剂对二氯甲烷、三氯甲烷和三氯乙烯的催化燃烧活性，四氯化硅改性的H-ZSM-5提升了催化剂对于HCl的抗毒性。在三氯乙烯浓度为 2 500 μl/L，反应空速 320 000 h^{-1}，催化温度为 400℃的条件下，加入浓度为 9 000 μl/L 的水蒸气，反应中三氯乙烯转化率由 94.2%降到 88.5%，但是 CO_2 的生成率由 47.5%升到 68.4%，因为水蒸气作为氢供应者抑制了氯转移反应。另有人将 Pt 担载于氟化物改性的 MCM-41 的 Pt/MCM-41 介孔材料催化燃烧甲苯的研究。在甲苯浓度为 4 340 μl/L，空速 15 000 h^{-1}，反应温度为 200℃条件下，加入 21 000 μl/L 的水蒸气，该催化剂反应 15 d 后表现出显著的抗水蒸气的稳定性，他们认为原因在于氟化物提高了催化剂的疏水性。

显然，在 VOCs 催化燃烧过程中，尤其是低温催化燃烧，水蒸气所起的作用是个复杂的过程。因此，在工业应用的 VOCs 催化燃烧处理设计中，水蒸气是不能被忽视的。

4．催化燃烧中的积碳问题以及反应条件的影响

VOCs 催化燃烧过程中有时会产生大量含碳、硫、氯的副产物，在催化剂表面堆积或者与催化剂活性成分发生化学反应，导致催化剂中毒失活。解决催化剂中毒问题的方法通常是通过改变催化剂活性成分，选择合适的催化剂载体等方法来提高抗毒性。

催化剂表面堆积大量的碳物质（积碳）会导致催化剂的活性下降，在相同的催化剂载体上负载不同的活性成分也会有不同的积碳生成。据报道，将 Cr 浸渍膨润土的催化剂具有很好的氯苯和二甲苯的催化燃烧活性，但经 600℃反应几小时后，表面呈现黑颜色，进一步的热重分析（TGA）分析表明，Cr 浸渍膨润土催化剂表面上有积碳生成，因而他们解释失活机理是因为积碳和 Cr 反应生成了挥发性的 CrO_2Cl_2。Li 等报道了通过选择适合的催化剂载体，可有效降低积碳的生成。

此外，对于实际工艺，反应条件对于催化燃烧反应的影响很大，应该加以考虑和重视。科研人员制备了一系列 Cu-Mn/MCM-41 催化剂，反应温度为 320℃时甲苯转化率为 95.4%，且该催化剂具有相对较高的热稳定性，进一步考察了焙烧温度以及进料浓度、反应温度、空速等操作条件对甲苯催化燃烧活性的影响。实验表明，焙烧温度对催化活性影响很大。800℃焙烧后，活性急剧下降。操作条件对催化剂的催化活性也有很大影响。甲苯浓度增大导致活性下降，氧气浓度增大使甲苯燃烧活性上升，空速在一定范围内对活性影响不大，继续增大会使甲苯转化率下降。

5．催化燃烧技术的总结与展望

典型高活性催化组分的制备与评价是目前催化燃烧研究的主要热点，而有效地提高贵金属催化材料的稳定性和抗中毒性能，以及提高过渡金属催化材料的活性和高温稳定性是这些催化体系的研究重点；对于一定的催化材料，活性组分颗粒的大小，催化剂载体的结构和比表面积，有效活性组分在载体上的有效分布等对催化燃烧反应有很大影响；水蒸气对于催化燃烧反应的影响相对比较复杂，依据具体的 VOCs 物种以及所用的催化材料的不同，存在着促进效应与抑制效应，实际应用中应综合考虑这种影响；克服催化反应过程中碳、硫、氯等元素引起的积炭与中毒，从而导致的催化材料失活仍是催化燃烧研究中的主要挑战。

VOCs 引起的健康与环境问题已引起普遍关注，对 VOCs 的净化处理已迫在眉睫，因而，作为一种处理 VOCs 的有效方法，催化燃烧技术具有广阔的应用前景。催化燃烧技术涉及催化材料制备、化工反应工艺以及污染物性能分析等多方面，所以今后的研究方向是结合实际应用中的工艺条件以及反应机理的研究，研制与开发用于催化燃烧的高活性、高稳定性、抗中毒性以及低廉的催化材料及相关工艺。提高催化材料的抗中毒与积碳能力、降低过渡金属催化剂的起燃温度并提高其催化活性是该研究领域今后的研究重点。

二、光催化分解技术

1．光催化

光催化是基于光催化剂在光照条件下促进反应物进行的催化氧化还原反应。光电化学过程如图 5-3-4 所示，半导体受到能量大于其禁带宽度的光辐照时，价带（VB）中的电子会吸收光子的能量，跃迁到导带（CB），从而在导带产生自由电子（e^-），同时在价带产生空穴（h^+，也称正孔，电子空位），这种使半导体吸收光、电化学系统进入激发态的过程就叫光电化学过程。

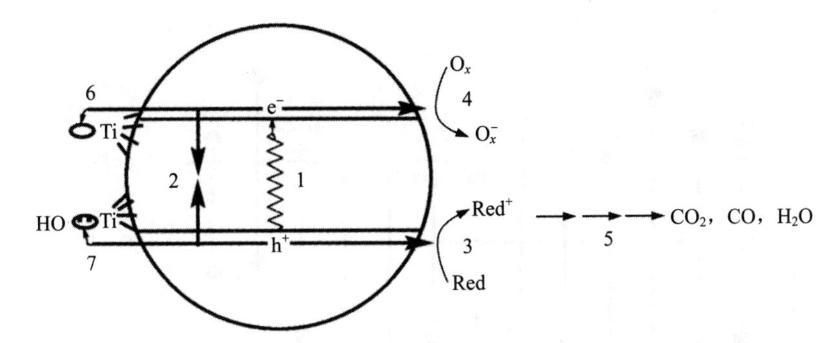

1. 光激发电子跃迁；2. 电子和空穴重组；3. 价带空穴氧化吸附物的过程；4. 导带电子还原表面吸附物；5. 进一步的热反应或光催化反应；6. 半导体表面悬挂空键对导带电子的捕集；7. 半导体表面钛羟基对价带空穴的捕集

图 5-3-4　光催化空气净化作用机理示意图

禁带宽度：半导体材料的能带结构一般是由填满电子的低能价带（valence band，VB）和空的高能导带（conduction band，CB）构成，价带和导带之间存在禁带。由量子化学计量可知，在分子或离子分散的能级中每两个电子形成一个电子对，在高于某一能量值的能级上是空的。充满电子的最高能级叫作最高占据（highest occupied，HO）能级，空着的能量最低的能级叫作最低未占（lowest unoccupied，LU）能级。分子被氧化时从 HO 能级释放电子，被还原时在 LU 上接受电子。半导体分子的 HO 能级和 LU 能级分别构成能带结构中的价带顶和导带底，价带顶和导带底之间的能量差值就是禁带宽度。不同半导体材料的不同的禁带宽度如图 5-3-5 所示。

吸收边是考察半导体光吸收性能的一个常用参数。禁带越宽，吸收边越靠近短波方向，激发半导体所需要的辐照能量越高；禁带越窄，吸收边越靠近长波方向，激发半导体所需要的辐照能量越低。此外，吸收边的位置还与半导体的粒径有关，与块体材料相比，纳米粒子的吸收边普遍有“蓝移”现象。

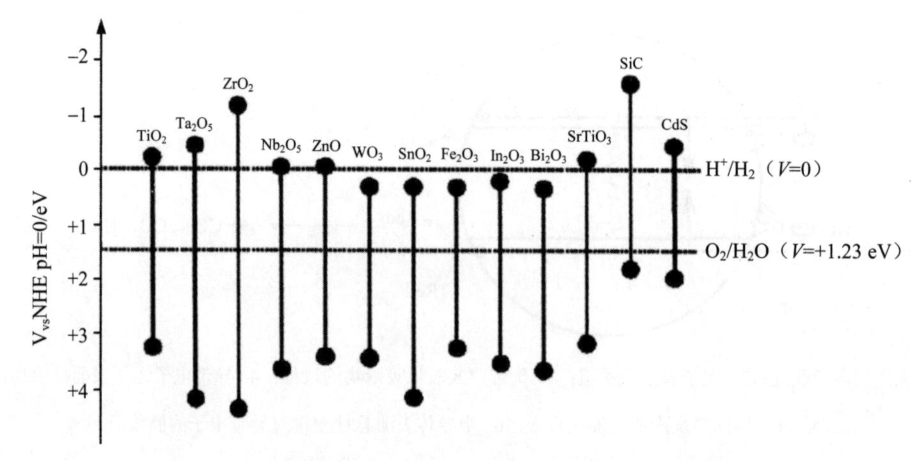

图 5-3-5 部分半导体化合物的能带结构（pH=0，禁带宽度）

量子产率和光利用率：光催化的反应效率以量子产率来表示，其定义为参与光催化反应的光子占被吸收光子的比例。

量子产率（ψ）=参与光催化反应的光子数/被吸收的总光子数

光的利用效率（α）=光吸收效率（η）×量子产率（ψ）

光分解气态有机物主要有两种形式：一种是直接光照（用合适波长）使有机物分解；另一种是在催化剂存在下，光照气态有机物使之分解。其基本原理就是有机废气在特定波长的光照下，辅以光催化剂（如 TiO_2）的作用，使 H_2O 生成—OH，然后将有机物氧化成 CO_2、H_2O。光催化氧化法能将 VOCs 较为彻底无机化，副产物少，但是其存在着催化剂失活、催化剂难以固定且催化剂固定化后催化效率降低的特点，因此该技术目前尚未商业化。

光催化反应机理：当光催化剂受到能量相当于或者高于其禁带宽度的光辐照时，产生电子跃迁，价带电子被激发到导带，形成电子-空穴对，并激活吸附在其表面的 O_2 和 H_2O，形成活性很高的自由基和超氧离子等活性氧化物种，进而实现对目标污染物的氧化降解。反应机理如下：

$$H_2O + h^+ \longrightarrow \cdot OH + H^+$$

$$h^+ + OH^- \longrightarrow \cdot OH$$

$$O_2 + e^- \longrightarrow O_2^-$$

$$O_2^- + H^+ \longrightarrow \cdot OOH$$

$$2 \cdot OOH \longrightarrow H_2O_2 + O_2$$

$$2H_2O_2 + O_2^- \longrightarrow 2 \cdot OH + 2OH^- + O_2$$

电子和空穴与水及氧反应的产物是O_2^-（过氧离子）及反应活性很高的·OOH或·OH（氢氧自由基）。生成的自由基具有很强的氧化能力（如·OH 具有402.8MJ/mol 的反应能），可以破坏有机物中的 C—C═、C—H、C—N、C—O、N—H 等键，对光催化氧化起决定性作用。氧化作用可以通过表面羟基的间接氧化，即粒子表面捕获的空穴氧化；也可以在粒子内部或颗粒表面经价带空穴直接氧化；或由两种氧化直接起作用。基于以上原理，为了实现污染物光催化降解，一方面，要满足光的量子能量大于光催化剂的禁带宽度以产生电子-空穴对；另一方面，光激发产生的空穴或 OH 自由基等氧化剂也要有足够高的电势电位将污染物分子氧化、分解。

2．光催化剂

光催化氧化还原反应多以 n 型半导体为催化剂，其中包括 TiO_2、ZnO、CdS、Fe_2O_3、SnO_2、WO_3 等。TiO_2 的化学性质和光化学性质均十分稳定，且无毒价廉，资源充分，以 TiO_2 为光催化剂的光催化反应技术也扩展到很多领域。

光催化剂的制备方法：水热法、水解法、溶胶-凝胶法、微乳液法、共沉淀法、燃烧法、电化学法、机械混合法、化学气相沉积法、物理气相沉积法以及等离子法等。选择制备方法应考虑的因素：①光催化剂的晶体组成；②尺寸效应；③缺陷、杂质和结晶度。

TiO_2 复合光催化剂：在 TiO_2 表面沉积适量的 Pt、Ag 等贵金属，有利于光生电子和空穴有效分离并降低还原反应的超电位，提高催化剂的活性；掺杂过渡金属可在半导体表面引入缺陷位置，成为电子或空穴的陷阱而延长其寿命；掺杂非金属离子，如 N、S、C、F 等，可以显著提高光催化剂对可见光的吸收。

TiO_2 颗粒极为细小，存在难以回收、易中毒和当溶液中存在高价阳离子时催化剂不易分离等缺点，因此对 TiO_2 光催化剂的固定化是实现光催化技术广泛应用的有效途径。TiO_2 固定的载体主要为下述无机或惰性有机材料：①硅氧化物（玻璃纤维等）。载体具有较好的透光性，对光的利用率高，但玻璃表面比较光滑，使得附着性能相对较差。②金属或金属氧化物（Fe、Cu 等）。此类载体可塑性好，但价格比较昂贵，且 Fe^{3+}、Cu^{2+}等金属离子在热处理时会进入 TiO_2 层，破坏 TiO_2 晶格降低催化活性。③吸附剂类载体。主要有活性炭、沸石等，此类载体具有较大的比表面积和良好的吸附性能，使反应物在液相或气相环境中与催化剂能够充分的接触，可将有机物吸附到 TiO_2 粒子周围，增加局部浓度，避免反应物的中间产物挥发或游离，加速光催化反应速度。④高分子聚合物。此类载体具有良好的可塑性、价格低廉、易回收用。

在选择光催化载体时，应考虑如下因素：①在能够激发表面活性组分的光谱范围内没有明显的光吸收，具有良好透光效果更佳。②有较大的比表面积和良好的孔结构。③有较好的热稳定性、化学稳定性和机械强度。④能够分散负载组分并赋予其一定的稳定性。⑤在不影响光催化活性的前提下与催化剂颗粒有较强的结合力。

光催化剂的表征方法包括：X 射线衍射法（XRD）、透射电子显微镜法（TEM）、扫描电子显微镜法（SEM）、比表面积测定法（BET）、紫外-可见吸收/漫反射光谱（UV-VIS/DRS）、表面光电压谱（SPS）、X 射线光电子能谱（XPS）、红外光谱（IR）、扫描隧道电子显微镜（STM）、原子力显微镜（AFM）、热分析法等。

3. 光催化活性的影响因素

在气态有机污染物处理中，光催化剂的晶型结构、粒径、比表面积和助催化剂，光源和光强，污染物的结构和浓度对光催化的处理效果均有较大影响。

1）催化剂晶型结构

锐钛矿型二氧化钛的光催化活性高于金红石二氧化钛。锐钛矿型二氧化钛较易吸附氧气，使表面聚积较多的 O_2^-和 OH·自由基，有利于有机物的氧化。而金红石表面缺陷较少，不利于氧气的吸附，产生的光生电子和空穴较易复合，光催化活性相对较低。

锐钛矿比金红石导带略高，金红石型二氧化钛的禁带宽度为 3.1eV，导带电位为−0.3V（vsNHE），而 O_2/O_2^-的标准氧化还原电位为−0.33V（vsNHE），导带电子不可能被二氧化钛表面的 O_2 捕获，加速导带电子与价带空穴复合，降低光催化活性。

锐钛矿型二氧化钛的禁带宽度为 3.2eV，导带电位−0.5V（vsNHE），O_2 很容易得到导带电子使导带电子和价带空穴有效分离，从而提高催化活性。

2）催化剂粒径

二氧化钛的粒径小到一定程度时，它的禁带宽度以及氧化还原电势变大，呈现出量子尺寸效应。所谓量子尺寸效应是指当粒子的尺寸小到 10～100Å（Q-particle），即与 de Broglie 波长相当时，电子和空穴被限制在一个很小的空间势阱里而不再离域化，从而产生量子化的精细电子态，并使半导体的带隙增大，使氧化还原能力增强，提高光催化活性。实验结果表明，当二氧化钛粒径小于 10 nm 时，显示量子尺寸效应，如锐钛矿型二氧化钛粒径为 3.8 nm 时，其量子产率是粒径为 53 nm 的 27.2 倍。

3）有机物污染物分子结构

在同一催化剂和其他相同的条件下，不同有机物的光催化降解速率是不一样的。除它们的氧化还原电位不同以外，在催化剂表面的吸附也会大有差别。

4）其他因素

比表面积越大、酸性越强和结晶度越高，则二氧化钛的光催化活性越高。光强度和反应温度对二氧化钛的光催化活性的影响不明显。

在废水处理中，常有各种无机离子如 Cl^-、CO_3^{2-}、NO_3^-、SO_4^{2-}、O_4^{3-}等阴离子和 Na^+、Ca^{2+}、Fe^{3+}等金属阳离子，它们的存在对二氧化钛光催化有影响。结果表明 Cl^-、SO_4^{2-}和 PO_4^{3-}的存在降低了 CO_2 的生成速率，尤其是 PO_4^{3-}的影响最大。ClO_4^-和 NO_3^-离子的存在则未发现有影响。对于金属阳离子的影响，目前还缺乏较系统的研究。

水溶液的 pH 也是影响光催化反应的一个重要因素。pH 变化时催化剂的表面性质和污染物本身的氧化还原电位也会随之发生相应的变化，从而影响目标污染物在催化剂表面的吸附。

4．光催化的研究现状

1）TiO_2 紫外光催化

目前，在 TiO_2 光催化降解水和空气中有机、无机污染物的研究中，综观文献，提高 TiO_2 的光催化效率主要从以下两个方面着手：一是抑制光生电子和光生空穴的复合来提高电荷分离的效率，进而提高光催化效率；二是通过拓宽催化剂的光谱响应范围，以提高可见光的利用效率。

有研究表明，催化剂表面可通过负载 Pt、Ag、Au、Cu 等金属来提高紫外光催化的效率。其中，负载金属以原子簇形态沉积在 TiO_2 表面，光生电子很容易流向金属并聚集在金属上，使电子和空穴的复合受到抑制（如图 5-3-6 所示）。机理：半导体表面沉积贵金属对其光催化性质的影响是通过改变体系中电子的分布实现的，当金属与半导体接触时，由于 Fermi 能级的持平使电子从半导体导带流向金属，而高度分散的金属微粒在光催化过程中起着活性中心的作用。Linsebigler 等认为金属-半导体界面形成的 Schottky 势垒有效地充当了电子陷阱，阻止了光生电子和空穴的复合，从而提高其光催化活性。但是金属的沉积量应控制在一个适宜的范围，优化催化剂表面金属粒子数量可更好地提高催化剂的活性。

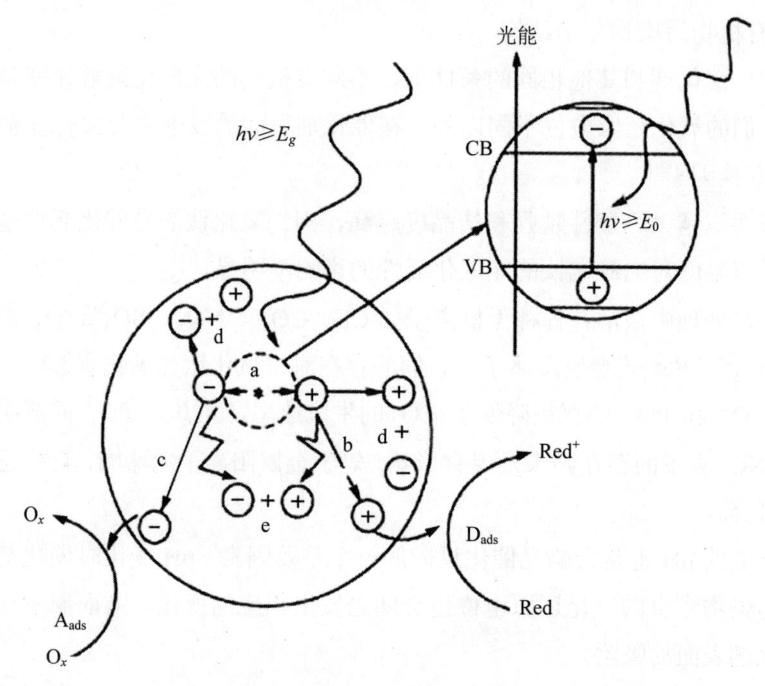

图 5-3-6　金属负载型 TiO_2 表面光催化反应历程

研究人员曾将 21 种金属离子掺入纳米 TiO_2 中，对其光催化氧化氯仿和光还原四氯化碳的量子效率进行了测定，发现掺入量为 0.5%（原子比）时，Fe、Mo、Ru、Os、Re、V 和 Rh 的掺杂使 TiO_2 的光催化活性得到提高，原因是掺杂后的光生载流子的寿命延长。继续研究发现，如果掺杂的金属离子的价态比 Ti^{4+} 高，金

属离子掺杂有利于 TiO_2 光解水活性的提高，反之，则光解水的活性降低。掺杂的金属离子通过改变 TiO_2 的体相电子结构而影响光生电子-空穴的生成及分离，从而影响 TiO_2 的光催化活性。此外，采用金属离子（Co、Cr、Cu、Fe、Mo、V、W）对 TiO_2 进行掺杂，瞬态漫反射测试显示，除了 W 掺杂，其余掺杂样品的光生电子、空穴的复合速率比纯 TiO_2 高，光催化降解 4-硝基苯酚的活性比纯 TiO_2 低。掺杂的离子一方面可作为光生载流子的捕获陷阱来提高载流子的分离效率，促进光催化活性的提高；另一方面也可作为光生电子和空穴的复合中心，降低其光催化活性。

2）TiO_2 可见光催化

TiO_2 的禁带宽度为 3.2 eV，对应的激发波长为 387.5 nm（紫外光区）。紫外光在太阳能中占比不足 5%，如何利用可见光作为 TiO_2 的激发光源成为目前光催化最具挑战性的课题。

一些过渡金属离子掺杂可以扩展 TiO_2 的光谱响应范围，使 TiO_2 具有可见光催化活性，Fe^{3+}、Cr^{3+} 和 Cu^{2+} 掺杂体系。金属离子掺杂能扩展 TiO_2 的光吸收范围的机理，目前主要有以下两种观点：①掺杂的金属离子与 TiO_2 形成一种类似固溶体的物种，该物种的能级位于 TiO_2 的禁带之内，它的带隙宽度可吸收可见光以产生光生电子和空穴，如图 5-3-6 所示。掺杂杂质在能带结构中形成的亚能级，一方面使光激发需要的能量小于 TiO_2 带隙激发所需的能量，从而使吸收谱带红移，同时，亚能级也作为光生电子和空穴的复合中心，降低了电荷分离效率。这两个过程相互竞争，如果量子效率的减小过度补偿了扩展光响应范围到可见光区所得到的光电转换效率，则整体的量子效率减小，则催化活性得不到明显的提高，反之，量子效率将增加。②在晶格内掺杂具有可变氧化态的金属离子，如 Pt^{4+}/Pt^{3+}、Cr^{6+}/Cr^{5+}，该金属离子的氧化还原电位在 TiO_2 禁带之内，吸收可见光后电子可在不同的氧化态之间转移也可将光生载流子与附近的 Ti^{4+} 离子以及吸附在表面的其他基团进行交换。

TiO_2 紫外光和可见光催化机理不同（如图 5-3-7 所示）。紫外光催化降解机理：在小于 387 nm 的紫外光照射下，光激发半导体产生导带电子和价带空穴，导带电子被表面吸附氧捕获，而价带空穴氧化羟基或表面水分子生成羟基自由基，羟基自由基再进一步氧化其他有机污染物。

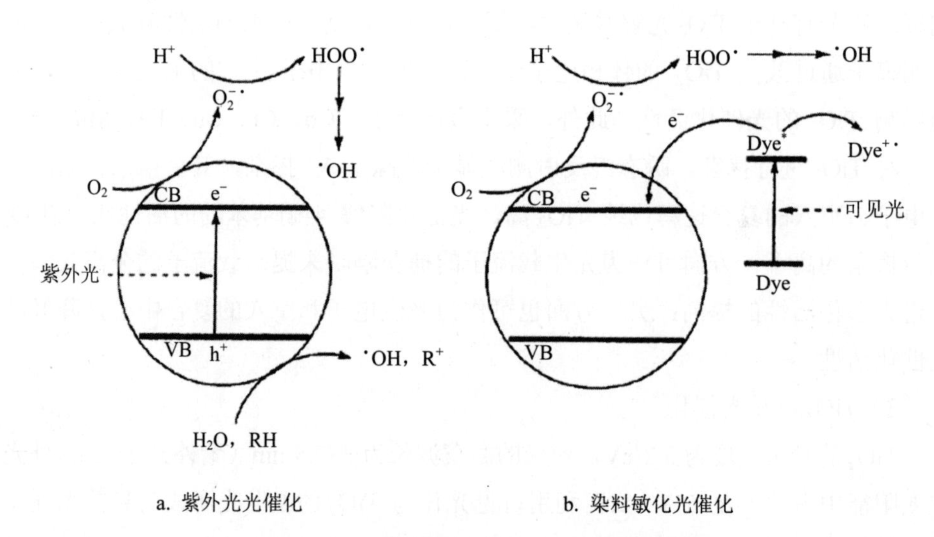

图 5-3-7 不同光源条件下的光催化降解机理

染料敏化降解机理：染料激发态敏化实现电子转移是反应的第一步，染料底物吸收可见辐射至激发态，将电子注入 TiO_2 的导带，失去电子的染料本身发生降解，或者与体系产生的活性氧自由基发生反应而降解，直至褪色。

光催化氧化法耗能低、不产生二次污染，可以在常温、常压下分解 VOCs，引起了人们极大的兴趣，成了挥发性有机污染物净化的研究热点。只要能在太阳光下完成光催化反应，即可以达到自净效应。可见，这一技术具有较高的开发价值和广阔的应用前景。为了提高光催化氧化方法的适用性，使其真正得以商业化，需要在以下几方面开展深入研究：①减少光催化剂的失活，提高其活性和失活后的再生能力；②拓宽光导体催化剂激发光源的波长范围，最终实现以太阳光作激发光源；③提高吸附能力和光催化效率，开发具有吸附与光降解双重功能的空气净化器；④光催化反应器的设计；⑤制备大孔径、高比表面积、固载量多、抗冲击性能好，又不影响催化剂活性的载体；⑥掺入其他金属元素，构成二元或多元复合半导体催化剂。

三、选择性催化氧化技术

前述的催化燃烧和光催化氧化技术均是将挥发性有机污染物完全氧化成 CO_2 和 H_2O。选择性催化氧化技术是指在催化剂的作用下，将有机污染物部分氧化成各种高附加值的化工产品，因该技术不仅能消除环境污染，而且能变废为宝，深受环保和化工行业的重视，而制备高效的催化剂是该技术的关键。

目前研究较多的是苯系有机污染物的选择性氧化脱除，生成高附加值的侧链氧化产物：芳香醇、芳香醛和芳香酸等，或生成高附加值的环羟基化产物：各种酚。已见于文献报道的催化剂多为各种金属或金属氧化物催化剂，虽然对单一污染物的选择性催化氧化效率较高，但对于混合污染物脱除效果有限。由于实际中大气污染物成分复杂、浓度低，该项技术仍处于实验室研究阶段。

思考题

1．浅析有机污染物的来源及其危害。
2．简述 VOCs 净化技术的方法和优缺点。
3．比较直接燃烧法、催化燃烧法和浓缩燃烧法三者的异同点。
4．在催化燃烧技术中常用的催化剂有哪几种？
5．论述光催化原理。
6．试分析光催化活性的影响因素。
7．分析光催化的研究现状。
8．为了进一步推动光催化氧化方法的工业化，需要在哪些方面开展深入研究？

第六章　汽车排气的净化与催化技术

第一节　概　述

汽车工业已经走过了 120 个年头，在现代文明的发展中起到了举足轻重的作用。汽车工业发源于欧洲，首先出现的是蒸汽机汽车，到 19 世纪末，才出现了内燃机汽车。但现代汽车工业的形成，则始自美国。

在中国，1956 年第一汽车制造厂成批生产解放牌载重汽车，是中国汽车工业的开端。60 多年来中国的汽车工业有了很大发展，相继建立了不少主机厂、改装厂以及零配件厂，通过与国际品牌合资建立大量的合资品牌并消化吸收发展创造了大量自主汽车品牌。目前，中国已能生产载重汽车、越野汽车、自卸汽车、牵引车、大客车、小轿车等各种类型的汽车。

随着社会经济的快速发展，我国的汽车工业发展迅速，汽车保有量也增加显著。2014 年年末，我国民用汽车保有量达到 15 447 万辆（包括三轮汽车和低速货车 972 万辆），比上年末增长 12.4%，其中私人汽车保有量 12 584 万辆，增长 15.5%。民用轿车保有量 8 307 万辆，增长 16.6%，其中私人轿车 7 590 万辆，增长 18.4%。图 6-1-1 给出了我国 2003 年到 2012 年 6 月的汽车保有量数据，数据显示，我国的汽车保有量及私人汽车保有量都呈现高速增长。2016 年年末，我国民用汽车保有量达到 19 400 万辆，比上年末增长了 12.79%（如图 6-1-2 所示）。

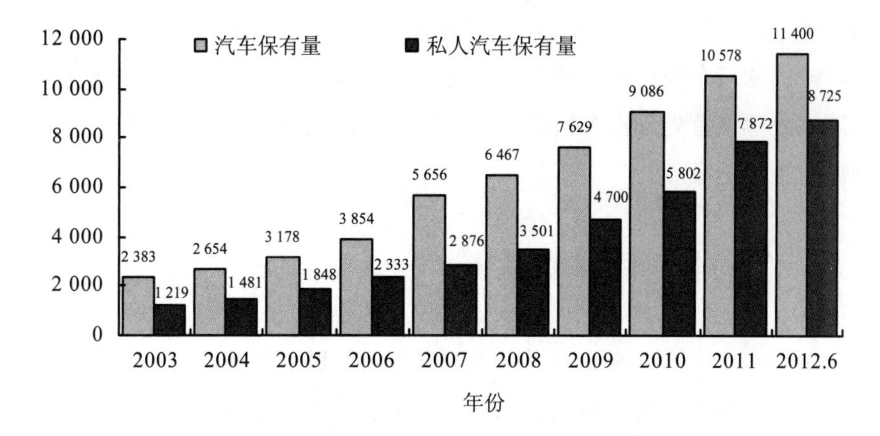

图 6-1-1　我国汽车保有量数据（2003—2012.6）

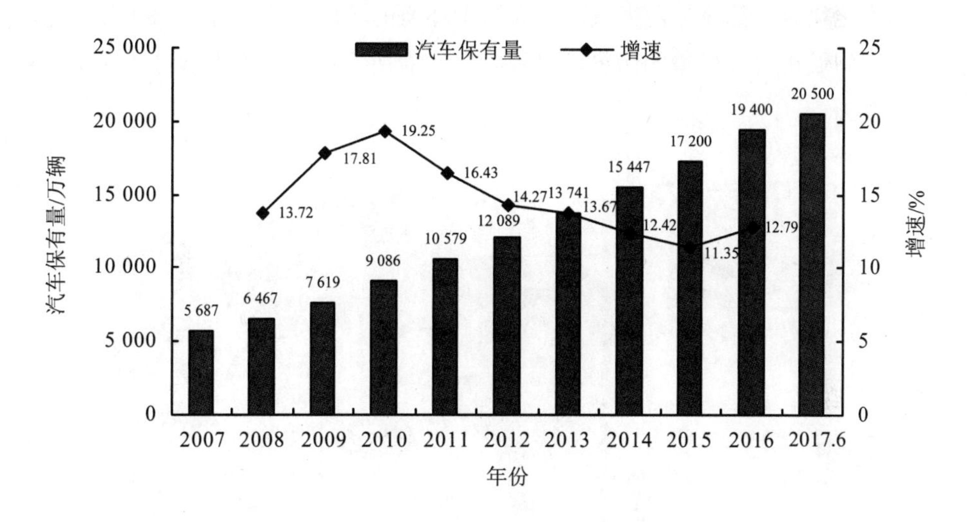

图 6-1-2　我国汽车保有量数据（2007—2017.6）

如此多的汽车造成的尾气排放污染给我国带来了空前的压力，尾气排放的治理一直也是空气污染治理的重点课题。目前治理汽车尾气污染的方法和手段很多，主要有开发新能源汽车替代目前的化石能源燃料汽车、采用清洁燃料及燃油添加剂、安装尾气处理装置等。开发新能源汽车是目前的研究热点，但由于新能源汽车目前技术还不够成熟，汽车的制造成本太高等原因，使新能源汽车还没有大规模的使用；使用替代燃料和燃油添加剂不能从根本上解决尾气污染问题，且替代燃料对成熟的汽车发动机行业来说也是一种挑战，汽车尾气污染问题仍然存在；采用尾气处理装置处理汽车发动机产生的尾气，使其达标排放是目前控制汽车尾气污染的主要手段。

一、汽车排气污染物的危害

汽车是一个流动的污染源。因为汽车采用内燃机作为动力，而燃料在内燃机中不可能完全燃烧，未燃烧的燃料或燃烧不完全的生成物，如一氧化碳（CO）、碳氢化合物（CH）和碳烟，还有一部分燃烧过程中生成的物质，如图 6-1-3 所示：氮氧化物（NO_x）、二氧化碳（CO_2）、二氧化硫（SO_2）、铅氧化物等重金属氧化物、烟灰和硫化物等，都将排向大气，成为污染环境的隐患。从 20 世纪 80 年代起，汽车对各国城市大气环境的污染，已被各国政府所重视，成为影响可持续发展的一个重要因素。

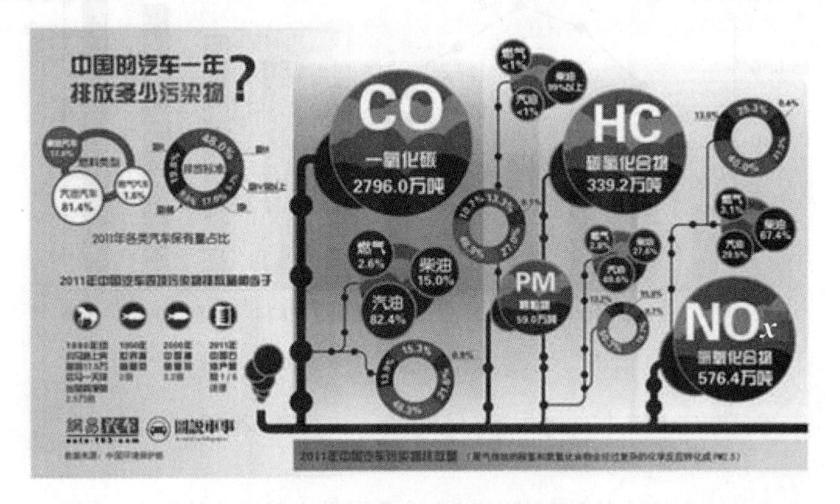

图 6-1-3　汽车排气污染物示意图

大气污染是以大气中污染物的浓度作为衡量标准，即污染物的浓度超过一定比例，则会影响人类的健康和生物的成长。反之，则处于可接受的水平。因此，每个地区的汽车保有量是汽车对该地区大气环境的污染程度的重要因素。世界各国的汽车排放法规的宽严程度，以汽车对该国大气污染程度为依据，往往是以汽车排放的污染物在大城市的大气污染物中的分担率现状和趋势作为依据。

科学分析表明，汽车尾气中含有上百种不同的化合物，其中的污染物有固体悬浮物、一氧化碳、二氧化碳、碳氢化合物、氮氧化合物、铅及硫氧化合物等。据统计，一辆轿车一年排出的有害废气比自身重量大 3 倍，每千辆汽车每天排出一氧化碳约 3 000 kg，碳氢化合物 200～400 kg，氮氧化合物 50～150 kg。下面，让我们看一下汽车尾气中主要的污染物。

1．固体悬浮颗粒（PM）

固体悬浮颗粒的成分很复杂，并具有较强的吸附能力，可以吸附各种金属粉尘、强致癌物苯并芘和病原微生物等。固体悬浮颗粒随呼吸进入人体肺部以碰撞、扩散、沉积等方式滞留在呼吸道的不同部位，引起呼吸系统疾病。当悬浮颗粒沉积到临界浓度时，便会激发形成恶性肿瘤。此外，悬浮颗粒物还能直接接触皮肤和眼睛，阻塞皮肤毛囊和汗腺，引起皮肤炎，甚至造成角膜损伤。

2．一氧化碳（CO）

一氧化碳与血液中的血红蛋白结合的速度比氧气快。一氧化碳经呼吸道进入血液循环，与血红蛋白亲合后生成碳氧血红蛋白，从而削弱血液向各组织输送氧的功能，危害中枢神经系统，造成人的感觉、反应、理解、记忆力等机能障碍，重者危害血液循环系统，导致生命危险。所以，即使微量吸入一氧化碳，也可能给人造成可怕的缺氧性伤害。

3．氮氧化物（NO_x）

氮氧化物（nitrogen oxides）包括多种化合物，如一氧化二氮（N_2O）、一氧化氮（NO）、二氧化氮（NO_2）、三氧化二氮（N_2O_3）、四氧化二氮（N_2O_4）和五氧化二氮（N_2O_5）等。在常温常压的自然环境下，除二氧化氮以外，其他氮氧化物均极不稳定，遇光、湿或热变成二氧化氮及一氧化氮，一氧化氮又变为二氧化氮。因此，职业环境中接触的是几种气体混合物常称为硝烟（气），主要为一氧化氮和二氧化氮，并以二氧化氮为主。氮氧化物都具有不同程度的毒性。

一氧化氮（NO）为无色气体，分子量 30.01，熔点–163.6℃，沸点–151.5℃，蒸气压 101.3l kPa（–151.7℃）。溶于乙醇、二硫化碳，微溶于水和硫酸，水中溶解度 4.7%（20℃）。性质不稳定，在空气中易氧化成二氧化氮（$2NO+O_2 \longrightarrow 2NO_2$）。

一氧化氮结合血红蛋白的能力比一氧化碳还强，更容易造成人体缺氧。不过，人们也发现了它在生物学方面的独特作用。一氧化氮分子作为一种传递神经信息的信使分子，在使血管扩张、免疫、增强记忆力等方面有着极其重要的作用。

二氧化氮（NO_2）在 21.1℃温度时为红棕色刺鼻气体；在 21.1℃以下时呈暗褐色液体。在-11℃以下温度时为无色固体，加压液体为四氧化二氮。分子量 46.01，熔点-11.2℃，沸点 21.2℃，蒸气压 101.3l kPa（2l℃），溶于碱、二硫化碳和氯仿，微溶于水，性质较稳定。二氧化氮溶于水时生成硝酸和一氧化氮。工业上利用这一原理制取硝酸。二氧化氮能使多种织物褪色，损坏多种织物和尼龙制品，对金属和非金属材料也有腐蚀作用。

4．碳氢化合物（HC）

碳氢化合物是产生光化学烟雾的重要成分，它与 NO_x 在紫外线的照射下会发生化学反应，形成光化学烟雾。当光化学烟雾中的光化学氧化剂超过一定浓度时，具有明显的刺激性。它能刺激眼结膜，引起流泪并导致红眼症，同时对鼻、咽、喉等器官均有刺激作用，能引起急性喘息症。光化学烟雾还具有损害植物、降低大气能见度、损坏橡胶制品等危害。

二、汽车主要污染物生成机理

汽车排放的尾气中有水蒸气、O_2、H_2、N_2、CO_2、CO、HC、NO_x、SO_2 及微粒物质等，其中对人体有害和污染环境的污染物有 CO_2、CO、HC、NO、SO_2 及微粒物质。还有一些排放法规尚未限制的有害成分，如甲醛、乙醛、乙酸甲醛、丁二烯等。汽油机在燃烧过程中产生的有害成分主要是 CO、HC、NO_x。

1．CO的生成机理

CO 是一种不完全燃烧的产物。若以 R 代表碳氢根，则燃料分子 RH 在燃烧过程中生成 CO 反应过程如下：

$$RH \longrightarrow R \longrightarrow RO_2 \longrightarrow RCHC \longrightarrow RCO \longrightarrow CO \qquad (6.1.1)$$

CO 的生成主要受混合气浓度的影响。在过量空气系数 $\alpha<1$ 的浓混合气工况时，由于缺氧使燃料中的碳不能完全氧化成 CO_2，CO 作为其中间产物产生。在

$\alpha>1$ 的稀混合气工况时，理论上不应有 CO 产生，但实际燃烧过程中，由于混合不均匀造成局部区域$\alpha<1$ 而产生 CO；或者已成为燃烧产物的 CO_2 和 H_2O 在高温时吸热，产生热离解反应生成 CO。另外，在排气过程中，未燃碳氢化合物 HC 的不完全氧化也会产生少量 CO。

2. HC的生成机理

汽车排放的 HC 的成分极其复杂，估计有 100～200 种，其中包括芳香烃、烯烃、烷烃和醛类等，它们主要来自燃油的不完全燃烧以及挥发出来的汽油成分。不同排放法规对 HC 排放的定义有所不同，中国、日本和欧洲各国在内的大部分国家，都将总碳氢化合物（THC）作为 HC 排放的评价指标。HC 与 CO 一样，也是一种不完全燃烧的产物，与过量空气系数α有密切关系。但即使$\alpha>1$ 的条件下，也会产生很高的 HC 排放，这是因为 HC 化合物还有淬熄和吸附等生成原因。

1）不完全燃烧

怠速及高负荷工况时，可燃混合气浓度处于$\alpha<1$ 的过浓状态，加之怠速时残余废气系数较大，造成不完全燃烧。另外，汽车在加速或减速时，会造成暂时的混合气过浓或过稀现象，也会产生不完全燃烧或失火。当然，即使在$\alpha>1$ 时，由于油气混合不均匀，也会因不完全燃烧产生 HC。

2）壁面淬熄效应

燃烧过程中，燃气温度高达 2 000℃以上，而汽缸壁面温度在 300℃以下，所谓壁面淬熄效应是指温度较低的燃烧室壁面对火焰的迅速冷却，使活化分子的能量被吸收，链式反应中断，在壁面形成厚 0.1～0.2 mm 的不燃烧或不完全燃烧的火焰淬熄层，产生大量未燃 HC。特别是冷启动和怠速时，燃烧室壁温较低，会形成很厚的淬熄层。

另外，燃烧室中各种狭窄的缝隙，包括活塞与汽缸壁之间形成的窄缝，火花塞中心电极周围，进、排气门头部周围等处，由于面容比很大，淬熄效应十分强烈。而在做功和排气过程中，缸内压力下降，缝隙中未燃混合气返回汽缸，并随排气一起排出，HC 的浓度极高。壁面淬熄效应产生的 HC 可占 HC 排放的 30%～50%。

3）壁面油膜和积炭的吸附

在进气和压缩过程中，汽缸壁面上的润滑油膜，以及沉积在活塞顶部、燃烧室壁面和进排气门上的积炭，会吸附未燃混合气及燃料蒸气，在做功和排气过程中逐步脱附释放出来。像淬熄层一样，这些 HC 的少部分被氧化，大部分则随已燃气体排出气缸。这种由油膜和积炭吸附产生的 HC 排放占总量的 35%～50%。

3. NO_x的生成机理

汽油机燃烧过程中主要生成 NO，另有少量 NO_2，统称 NO_x，其中 NO 占绝大部分，约占 NO_x 总排放量的 95%。在经排气管排入大气后，缓慢地与 O_2 反应，最终生成 NO_2。

NO 的产生途径包括高温 NO、激发 NO 和燃料 NO。燃料 NO 的生成量极小，激发 NO 的生成量也较少，高温 NO 是主要来源。根据高温 NO 反应机理，产生 NO 的三要素是温度、氧浓度和反应时间，即在足够的氧浓度的条件下，温度越高、反应时间越长，则 NO 的生成量越大。目前被广泛认可的 NO 形成理论是捷尔杜维奇链反应机理，产生机理见表 6-1-1。

表 6-1-1 NO 生成机理

生成途径	高温 NO	激发 NO
反应过程	（$O_2 \longrightarrow 2O$） $N_2 + O \longrightarrow N + NO$ $N + O_2 \longrightarrow O + NO$ $N + OH \longrightarrow H + OH$	$C_nH_{2n} \longrightarrow CH，CH_2$ $CH_2 + N_2 \longrightarrow HCN + NH$ $CH + N_2 \longrightarrow HCN + N$ $HCN \longrightarrow CN + NO$ $NH \longrightarrow N \longrightarrow NO$
反应温度/℃	＞1 600	＞900

三、汽车尾气排放控制标准

随着人们对环境污染问题的认识和对空气质量要求的发展，汽车尾气排放控制的要求越来越高。关于汽车尾气的控制，各个国家都有自己的标准，本章以美国、欧洲以及中国为代表，分别介绍其汽车尾气排放控制标准及其变迁。

1. 美国排放标准

美国是世界上最早执行排放法规的国家，也是排放控制指标种类最多、排放法规最严格的国家。美国的汽车排放法规分为联邦排放法规，即环境保护局（EPA）排放法规和加利福尼亚州（以下简称加州）空气资源局（CARB）排放法规。美国加州最早控制汽车排放，而且标准也最严。联邦排放法规落后加利福尼亚州排放法规 1～2 年。

美国加州 1960 年立法控制汽车排气污染物。在 1963 年美国政府颁布《大气净化法》当年，加州开始控制曲轴箱燃油蒸发物排放；1966 年加州颁布实施“7 工况法”汽车排放法规，1968 年联邦采用“7 工况法”控制汽车排放；1970 年加州开始控制轿车燃油蒸发物排放，美国联邦政府从 1970 年开始制定一系列车辆排放控制法规，1972 年采用 LA-4C（FPT-72）测试循环，并增加对 NO_x 的控制。1975 年改用 LA-4CH（FPT-75）测试循环；1975 年起到 20 世纪 80 年代，美国排放法规大幅度加严，特别强化对 NO 的限值，同时再提高对 HC 和 CO 的控制。1990 年美国国会对《大气净化法》做了重大修订，对汽车排放提出了更高的要求。表 6-1-2 是联邦轿车排放标准。联邦分两阶段加严排放标准，对日 HC 的排放限制不仅指总碳氢（THC），而且要限制非甲烷碳氢化合物（NMHC）。另外，新标准增加对排放稳定性（使用寿命）的考核，提出 8 万英里和 16 万英里（1 英里=1.609 344 km）两个排放限值（见表 6-1-3）。

表 6-1-2　美国联邦轿车排放标准　　单位：g/mile

实施年份	测试循环	CO	HC	NO_x
1960	—	84	10.6	4.1
1966	7 工况法	51	6.3	—
1970	7 工况法	34	4.1	—
1972	FTP-72	28	3	3.1
1975	FTP-75	15	1.5	3.1
1980	FTP-75	7	0.41	2
1983	FTP-75	3.4	0.41	1
1994	FTP-75	3.4	0.25	0.4

表 6-1-3 美国轻型汽车排放限值（FTP-75 测试循环） 单位：g/mile

标准名称	实施年份	保证里程/km	CO	HC	NO_x	PM
Tier 1	1994	80 000	2.11	0.16	0.25	0.05
		160 000	2.61	0.19	0.37	0.05
Tier 2	2004	8 000	1.06	0.08	0.124	0.05
		160 000	1.06	0.08	0.124	0.05

1994 年加利福尼亚州制定的低污染汽车排放法规，将轻型车分为过渡低排放车（TLEV）、低排放车（LEV）、超低排放车（ULEV）和零排放车（ZEV），并且规定从 1998 年起销售到加州的轻型车应有 2%为无污染排放（零排放），2001 年为 5%，2003 年达到 10%。在 2004 年进一步强化汽车排放法规（SULEV），限值为 ULEV 的 1/4。

1994 年加州颁布了清洁燃料和低排放汽车计划 CF/LEV，规定从 1995 年起实施严格的低污染汽车标准（LEV）。分四阶段进行，即过渡低排放车（TLEV）、低排放车（LEV）、超低排放车（ULEV）和零污染车（ZEV）。

1990 年的清洁空气法案修正案针对轻型车规定了两套标准。第一阶段（Tier 1）和第二阶段（Tier 2）。第一阶段法规 1991 年 6 月 5 日最终定稿发布，并于 1997 年开始全面执行。第二阶段标准 1999 年 12 月 21 日采纳，于 2004 年开始执行。

第一阶段轻型车标准适用于所有轻型机动车（LDV），如乘用车、轻型卡车、运动型多功能越野车（SUV）、小型货车和皮卡。轻型车包括所有毛车重量（GVWR）低于 8 500 磅（约 3 856 kg）的车辆；毛车重量指机动车重量加上评估的货物重量。轻型车进一步分为如下子类：①乘用车；②毛车重量低于 6 000 磅（约 2 722 kg）的较轻轻型卡车（LLDT）；③毛车重量超过 6 000 磅的较重轻型卡车（HLDT）。

第一阶段的标准在 1994—1997 年逐渐引入，应用于机动车整个寿命过程（10 万英里，约 6 万 km，1996 年有效）。法规还规定了一个中期标准，也就是当机动车行驶里程超过 5 万英里（约 8 万 km）时需要达到的标准。汽油车和柴油车标准的不同体现在柴油车 NO_x 排放限制更松一些，这个规定适用于 2003 年生产的机动车。

乘用车和轻型卡车排放按照 FTP-75 程序测量，用 g/mile 来表示。除了 FTP-75

程序，2000—2004 年 SFTP 程序将逐渐引入。SFTP 包括另外的测试工况来测量大量高速道路行驶状况下的排放（US06 工况）和城市中开空调状况下行驶的排放（SC03 工况）。

2. 欧洲汽车排放标准

欧洲标准是由欧洲经济委员会的排放法规和欧共体的排放指令共同加以实现的。欧共体即是现在的欧盟排放法规，由欧洲经济委员会参与国自愿认可，排放指令是欧共体或欧盟参与国强制实施的。汽车排放的欧洲法规（指令）标准 1992 年前已实施若干阶段。欧洲从 1992 年起开始实施欧 I（欧 I 型式认证和生产一致性排放限值）、1996 年起开始实施欧 II（欧 II 型式认证和生产一致性排放限值）、2000 年起开始实施欧III（欧III型式认证和生产一致性排放限值）、2005 年起开始实施欧IV（欧IV型式认证和生产一致性排放限值）（见表 6-1-4～表 6-1-7）、2008 年起开始实施欧 V 标准（欧 V 型式认证和生产一致性排放限值）。

表 6-1-4　欧 I 型式认证和生产一致性排放限值　　单位：g/km

车辆类别		基准质量（RM）kg	CO	HC+NO_x	PM
第一类车		全部	2.72	0.97（1.36）	0.14（0.20）
第二类车	1 级	RM≤1 250	2.72	0.14（0.20）	0.14（0.20）
	2 级	1 250<RM≤1 700	5.17	0.19（0.27）	0.19（0.27）
	3 级	RM>1 700	6.9	0.25（0.35）	0.25（0.35）

表 6-1-5　欧 II 型式认证和生产一致性排放限值　　单位：g/km

车辆类别		基准质量（RM）kg	CO		HC+NO_x			PM	
			汽油机	柴油机	汽油机	非直喷柴油机	直喷柴油机	非直喷柴油机	直喷柴油机
第一类车		全部	2.2	1	0.5	0.7	0.9	0.08	0.1
第二类车	1 级	RM≤1 250	2.2	1	0.7	0.7	0.9	0.08	0.1
	2 级	1 250<RM≤1 700	4	1.25	1	1	1.3	0.12	0.14
	3 级	RM>1 700	5	1.5	1.2	1.2	1.6	0.17	0.2

表 6-1-6 欧 III 型式认证和生产一致性排放限值 单位：g/km

车辆类别		基准质量（RM）kg	CO		HC	NO_x		$HC+NO_x$	PM
			汽油机	柴油机	汽油机	汽油机	柴油机	柴油机	柴油机
第一类车		全部	2.3	0.64	0.2	0.15	0.5	0.56	0.05
第二类车	1 级	RM≤1 305	2.3	0.64	0.2	0.15	0.5	0.56	0.05
	2 级	1 305<RM≤1 760	4.17	0.8	0.25	0.18	0.65	0.72	0.07
	3 级	RM>1 760	5.22	0.95	0.29	0.21	0.78	0.78	0.1

表 6-1-7 欧 IV 型式认证和生产一致性排放限值 单位：g/km

车辆类别		基准质量（RM）kg	CO		HC	NO_x		$HC+NO_x$	PM
			汽油机	柴油机	汽油机	汽油机	柴油机	柴油机	柴油机
第一类车		全部	1	0.5	0.1	0.08	0.25	0.3	0.025
第二类车	1 级	RM≤1 305	1	0.5	0.1	0.08	0.25	0.3	0.025
	2 级	1 305<RM≤1 760	1.81	0.63	0.13	0.1	0.33	0.39	0.04
	3 级	RM>1 760	2.27	0.74	0.16	0.11	0.39	0.46	0.06

3．我国汽车排放标准

1）我国汽车排放标准发展历史

我国汽车排放控制始于 20 世纪 80 年代初。80 年代末，我国的轻型汽车、重型柴油车和摩托车的排放控制移植和采用了欧洲排放标准体系。1993 年，我国发布七项汽车排放国家标准《轻型汽车排气污染物限值及测试方法》(GB 14761.1—93)、《车用汽油机排气污染物排放标准》（GB 14761.2—93)、《汽油车燃油蒸发污染物排放标准》（GB 14761.3—93)、《汽车曲轴箱污染物排放标准》（GB 14761.4—93)、《汽油车怠速污染物排放标准》（GB 14761.5—93)、《柴油车自由加速烟度排放标准》（GB 14761.6—93)、《汽车柴油机全负荷烟度排放标准》（GB 14761.7—93)。1999 年，我国发布四项汽车排放国家标准 GB 14761—1999、GB 17691—1999、GB 3847—1999，GMW692—1999 于 2000 年 1 月 1 日起实施。至此，我国新车排放达到欧洲 90 年代初期水平。2001 年 4 月 16 日我国发布了 GB 18352.1—2001 与 GB 18352.2—2001，分别于 2001 年 4 月 16 日与 2004 年 7 月 1 日起实施。我国于 2002 年 11 月 27 颁布了 GB 14762—2002 从 2003 年 1 月 1 日起实施。

我国按照《轻型汽车污染物排放限值及测量方法（III、IV）》（GB 18352.3—2005）于 2008 年 1 月 1 日与 2013 年 1 月 1 日分别实施第III阶段与第IV阶段排放限值。表 6-1-8 为我国轻型汽车国 II 与国III、国IV排放标准实验排放限值对比。

表 6-1-8　我国轻型汽车国 II 与国 III、国 IV 排放标准实验排放限值对比

			基准质量（RM）/kg	限值/（g/km）								
				CO		HC		NO_x		$HC+NO_x$		PM
				L_1		L_2		L_3		L_2+L_3		L_4
阶段	类别	级别		汽油	柴油	汽油	柴油	汽油	柴油	汽油	柴油（非直喷/直喷）	柴油（非直喷/直喷）
II	第一类车	—	全部	2.2	1.0	—	—	—	—	0.5	0.7/0.9	0.08/0.10
II	第二类车	I	RM≤1 250	2.2	1.0	—	—	—	—	0.5	0.70/0.9	0.08/0.10
II	第二类车	II	1 250＜RM≤1 700	4.0	1.25	—	—	—	—	0.6	1.0/1.3	0.12/0.14
II	第二类车	III	RM＞1 700	5.0	1.5	—	—	—	—	0.7	1.2/1.6	0.17/0.20
III	第一类车	—	全部	2.30	0.64	0.20	—	0.15	0.50	—	0.56	0.050
III	第二类车	I	RM≤1 305	2.30	0.64	0.20	—	0.15	0.50	—	0.56	0.050
III	第二类车	II	1 305＜RM≤1 760	4.17	0.80	0.25	—	0.18	0.65	—	0.72	0.070
III	第二类车	III	RM＞1 760	5.22	0.95	0.29	—	0.21	0.78	—	0.86	0.100
IV	第一类车	—	全部	1.00	0.50	0.10	—	0.08	0.25	—	0.30	0.025
IV	第二类车	I	RM≤1 305	1.00	0.50	0.10	—	0.08	0.25	—	0.30	0.025
IV	第二类车	II	1 305＜RM≤1 760	1.81	0.63	0.13	—	0.10	0.33	—	0.39	0.040
IV	第二类车	III	RM＞1 760	2.27	0.74	0.16	—	0.11	0.39	—	0.46	0.060

类别中，第一类车是指包括驾驶员座位在内，座位数不超过 6 座，且最大总质量不超过 2 500 kg 的 M1 类汽车。第二类车是指除第一类车以外的其他所有汽车。

2）国Ⅴ排放标准

2013年9月，由原环境保护部和国家市场监督管理总局共同发布了更为严格的《轻型汽车污染物排放限值及测量方法（中国第五阶段）》（GB 18352.3—2013），新标准取代了之前的GB 18352.3—2005，并于2018年1月1日正式施行。新标准的实施意味着我国汽车排放的标准进入第五阶段，即国Ⅴ排放标准。

国Ⅴ排放标准规定了装有点燃式发动机的轻型汽车，在常温和低温下排气污染物、双怠速排气污染物、曲轴箱污染物、蒸发污染物的排放限值和测量方法，污染控制装置耐久性、车载诊断系统（OBD系统）的技术要求和测量方法；装有压燃式发动机的轻型汽车，在常温下排气污染物、自由加速烟度的排放限值和测量方法，污染控制装置耐久性、OBD的技术要求和测量方法；轻型汽车型式核准的要求，生产一致性和在用符合性的检查与判定方法；燃用液化石油气（LPG）或天然气（NG）轻型汽车的特殊要求；作为独立技术总成、拟安装在轻型汽车上的替代用污染控制装置，在污染物排放方面的型式核准规程；排气后处理系统使用反应剂的汽车技术要求，以及装有周期性再生系统汽车的排放试验规程。

国Ⅴ适用于以点燃式发动机或压燃式发动机为动力、最大设计车速大于或等于50 km/h的轻型汽车[包括混合动力电动汽车（HEV）]；最大总质量不超过3 500 kg的M1类、M2类和N1类汽车［按《机动车辆及挂车分类》（GB/T 15089—2001）规定：M1类车指包括驾驶员座位在内，座位数不超过九座的载客汽车；M2类车指包括驾驶员座位在内座位数超过九座，并且最大设计总质量不超过5 000 kg的载客汽车；N1类车指最大设计总质量不超过3 500 kg的载货汽车；N2类车指最大设计总质量超过3 500 kg，但不超过12 000 kg的载货汽车］。

在制造厂要求下，最大总质量超过3 500 kg，但基准总质量不超过2 610 kg的M1、M2和N2类汽车可按本标准进行型式核准；对已获得本标准型式核准的车型，在满足相应要求时可扩展至基准质量不超过2 840 kg的M1、M2、N1和N2类汽车。

本标准不适用于已根据《车用压燃式、气体燃料点燃式发动机与汽车排气污染物排放限值及测量方法（中国Ⅲ、Ⅳ、Ⅴ阶段）》（GB 17691—2005）的规定获得第Ⅴ阶段型式核准的汽车。

表6-1-9中：Ⅰ型试验是指常温下冷启动后排气污染物排放试验；Ⅲ型试验

是指曲轴箱污染物排放试验；Ⅳ型试验是指蒸发污染物排放试验；Ⅴ型试验是指污染控制装置耐久性试验；Ⅵ型试验是指低温下冷启动后排气中 CO 和 HC 排放试验；双怠速试验是指测定双怠速的 CO、HC 和高怠速的 λ 值（过量空气系数）。不同类型汽车在型式核准时要求进行的试验项目见表 6-1-9。

表 6-1-9　型式核准试验项目

型式核准试验类型	装点燃式发动机的轻型汽车包括 HEV			装压燃式发动机轻型汽车包括 HEV
	汽油车	两用燃料车	单一气体燃料车	
Ⅰ型-气态污染物	进行	进行（试验两种燃料）	进行	进行
Ⅰ型-颗粒物质量[1]	进行	进行（只试验汽油）	不进行	进行
Ⅲ型	进行	进行（只试验汽油）	进行	不进行
Ⅳ型	进行	进行（只试验汽油）	不进行	不进行
Ⅳ型	进行	进行（只试验汽油）	进行	进行
Ⅳ型	进行	进行（只试验汽油）	不进行	不进行
Ⅳ型	进行	进行（试验两种燃料）	进行	不进行
OBD 系统	进行	进行	进行	进行

注：[1]对于装点燃式发动机的轻型汽车，颗粒物质量仅适用于装缸内直喷发动机的汽车。

国Ⅴ于 2018 年在我国全面实施，它与目前还在执行的《轻型汽车污染物排放限值及测量方法（中国Ⅲ、Ⅳ阶段）》（GB 18352.3—2005）（以下简称“国Ⅳ”）相比，存在很多变化，也对机动车的排放提出了更高的要求。国Ⅴ标准中，Ⅰ型试验排放限值见表 6-1-10。与国Ⅳ标准中Ⅰ型试验排放限值相比，国Ⅴ排放标准主要在以下几方面存在实质性的区别。

（1）根据已经发布的国Ⅴ标准，3 种污染物当中，CO 的排放标准依然是 1 g/km，HC 化合物的排放标准依然为 0.1 g/km，而 NO_x 化合物的标准，则由国Ⅳ的 0.08 g/km 加严到 0.06 g/km。

（2）国Ⅴ中，HC 化合物的限值标准虽然还是 0.1 g/km，但是在 HC 化合物中，将非甲烷基碳氢化合物（NMHC）单独列了出来，并且限值规定为 0.068 g/km。NMHC 是指除甲烷以外的所有碳氢化合物，大气中的 NMHC 超过一定浓度，除直接对人体健康有害外，在一定条件下经日光照射还能产生光化学烟雾，对环境和人类造成危害。国Ⅳ中，对 NMHC 没有做出规定。实际上，国Ⅴ这一规定的提出，对汽车厂家而言并非是一件容易控制的事情。不过因为欧Ⅴ在欧洲一些国家很早就已经实施，所以国内的标定开发企业大多有能力解决，但还需要费一些周折。

表 6-1-10　国Ⅴ标准中Ⅰ型试验排放限值[1]

		基准质量（RM）/kg	限值													
			CO		THC		NMHC		NO_x		$HC+NO_x$		PM		PN	
			L_1/（g/km）		L_2/（g/km）		L_3/（g/km）		L_4/（g/km）		（L_2+ L_4）/（g/km）		L_5/（g/km）		L_6/（g/km）	
类别[3]	级别		PI	CI	PI	CI	PI	CI	PI	CI	PI	CI	PI[2]	CI	PI	CI
第一类车	—	全部	1.0	0.5	0.1	—	0.068	—	0.060	0.180	—	0.230	0.004 5	0.004 5	—	6.0×10^{11}
第二类车	Ⅰ	RM≤1 305	1.0	0.5	0.1	—	0.068	—	0.060	0.180	—	0.230	0.004 5	0.004 5	—	6.0×10^{11}
第二类车	Ⅱ	1 305＜RM≤1 760	1.81	0.63	0.13	—	0.090	—	0.075	0.235	—	0.295	0.004 5	0.004 5	—	6.0×10^{11}
第二类车	Ⅲ	RM＞1 760	2.27	0.74	0.16	—	0.108	—	0.082	0.280	—	0.350	0.004 5	0.004 5	—	6.0×10^{11}

注：PI=点燃式；CI=压燃式；L=污染物种类。

[1] Ⅰ型试验是指常温下冷启动后排气污染物排放试验。

[2] 仅适用于装缸内直喷发动机的汽车。

[3] 类别中，第一类车是指包括驾驶员座位在内，座位数不超过 6 座，且最大总质量不超过 2 500 kg 的 M1 类汽车。第二类车是指除第一类车以外的其他所有汽车。

（3）国Ⅴ中对 PM 值进行了规定，但仅限于缸内直喷式发动机。PM 的含义是可吸入颗粒物，与近期的热门 $PM_{2.5}$ 中的 PM 值是同一个意思，不过 $PM_{2.5}$ 是指环境空气中空气动力学当量直径小于等于 2.5 μm 的颗粒物。它能较长时间悬浮于空气中，其在空气中含量浓度越高，就代表空气污染越严重。根据了解，一般汽油发动机的 PM 值不高，缸内直喷汽油发动机和柴油发动机的 PM 值相对较高。国Ⅴ中规定，缸内直喷汽油发动机 PM 值限值为 4.5 mg/km，这也是之前的国Ⅳ中没有涉及的。

（4）国Ⅴ中的排放合格里程提升到16万km，相比较国Ⅳ的8万km，提升了一倍。相对于污染物的限制降低，在国Ⅴ中，这一里程的升级当时引起了更多的关注。因为欧洲排放标准ECER83《压燃发动机怠速排放》中长期以来是以10万英里（约为16万km）作为期限，所以在国Ⅴ中也开始施行更长的排放有效里程。这千米里程限值增加的含义是，合格的汽车产品，必须在16万km以内符合国Ⅴ中污染物排放限值的规定。

第二节　机动车排气催化控制技术

一、汽车排气污染物的净化

1. 前处理净化技术

前处理净化技术是指在混合气进入汽缸前，为控制排放对燃料和空气所采取的措施，主要是燃油处理技术通过改进燃油能迅速降低汽车排放。燃油处理技术是通过改善汽油品质或在汽油内加入添加剂，以及清洁能源（液化石油气、压缩天然气以及醇类燃料）的使用，使发动机燃烧更充分，减少污染物排放。在世界大部分国家汽油实现无铅化之后，都对汽油中影响排放的组分开展研究，通过提高汽油品质来减少排放。研究的趋势是进一步降低汽油中的硫、苯、芳烃和烯烃含量，在汽油中添加清净剂、含氧物以及清洁能源的使用。

2. 机内净化技术

随着排放法规的日益完善，燃油法规也会日益严格，要减少汽油对排放的影响，除提高汽油品质外，采用汽车电子新技术改善发动机燃烧性能是重要的途径。

机内净化技术主要是指通过改进发动机本身的设计和优化发动机燃烧过程来降低排放。主要措施有燃烧系统优化、电子控制技术、汽油机直喷技术（GDI）、可变进排气系统和废气再循环控制系统等。这些措施大部分通过发动机精确的电控系统来实现。

3. 机外净化技术

虽然发动机机内净化技术对排放控制作用显著，但是不能完全消除有害气体的排放，而且不同程度地影响动力性和经济性，而机外净化技术的应用，可以转化有害气体，减少排放。

目前应用最广泛的机外控制技术是三元催化转化器。三元催化转化器常用铂（Pt）、钯（Pd）、铑（Rh）三种贵金属作催化剂，将发动机排放的有害气体利用催化技术加速汽车废气中 CO、HC 和 NO_x 的氧化还原反应，使大部分污染物转化为 CO_2、H_2O 和 N_2，起到净化汽车尾气的作用。三元催化转化器在汽车中的位置如图 6-2-1 所示。

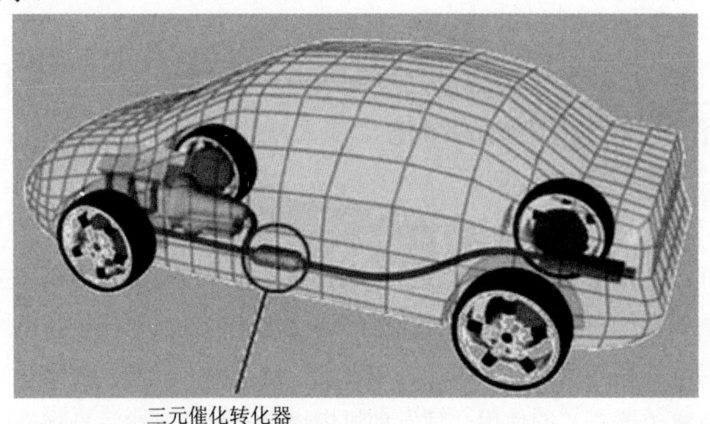

图 6-2-1　三元催化转化器安装位置

以三元催化转化器与发动机电控系统的组合，已成为当前和未来较长时期内汽油机排放控制的最有效和最主要的技术。

二、催化转化器

1. 催化转化器的结构

目前广泛使用的车用催化转化器一般由金属壳体、垫层、陶瓷载体、涂层和催化剂五部分组成，其中催化剂是催化活性组分和水洗涂层的合称，是整个催化转化器的核心部分，决定着催化转化器的主要性能指标。典型催化转化器结构如图 6-2-2 所示。

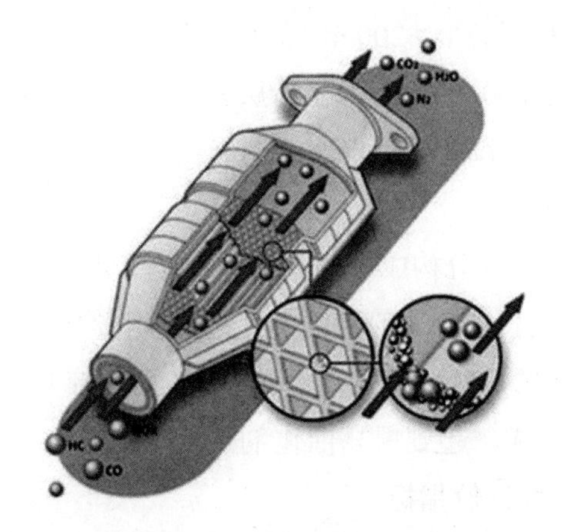

图 6-2-2　三元催化转化器结构图

1）壳体

催化转化器壳体材料和形状是影响催化转化器转化效率和使用寿命的重要因素。壳体多由含 Ni、Cr 的不锈钢板材制成，许多催化转化器壳体采用双层结构，两层壳体之间用隔热层来保证催化剂的反应温度。

2）垫层

垫层装在壳体和载体之间，由于发动机排气温度变化大，壳体和载体的热膨胀系数相差较大，为了缓解载体热应力，需要在壳体和载体之间安装垫层。垫层还起到减振、固定载体、保温和密封等作用。

3）载体

催化剂附着在载体上，尾气通过与在载体上的催化剂相互作用，加速污染物的化学反应。目前市场上的载体主要有陶瓷蜂窝载体和金属载体，据统计，世界上车用催化器载体的 90%是陶瓷蜂窝载体，其余的为金属载体。陶瓷蜂窝载体具有热膨胀系数小、结构紧凑、压力损失小、加热快、背压低，以及设计不受外形和安装位置的限制等优点，金属载体于 20 世纪 80 年代中后期在轿车上开始使用，突出的优点是加热速度快、阻力小、热容小、导热快，但成本高、可靠性较差，目前金属载体主要用作前置催化器，用来改善催化转化器的冷启动性能。

4）涂层

通常在载体孔道的壁面上涂有一层多孔的活性水洗层，涂层主要由 $\gamma\text{-}Al_2O_3$ 构成，具有较大的比表面积（>200 m^2/g），其粗糙多孔表面可使载体壁面实际催化反应的表面积扩大 7 000 倍左右。在涂层表面散布着作为活性材料的贵金属，以及用来提高催化剂活性和高温稳定性的助催化剂。

5）催化剂

汽车催化剂主要由两部分构成：主催化剂（活性组分）和助催化剂。主催化剂（活性组分）以贵金属为代表，一般为铂、钯、铑，将汽油车排放污染物中的 CO、HC、NO_x 快速转化为 CO_2、H_2O、N_2；助催化剂多由为铈（Ce）、钡（Ba）、镧（La）等稀土或碱金属材料组成，起到提高催化剂活性和高温稳定性的作用。

2. 催化转化器性能评价指标

催化转化器的性能评价指标主要有：转化效率、空燃比特性、起燃特性、空速特性、流动特性和耐久性等。

1）转化效率

汽车发动机排出的废气在催化器中进行催化反应后，其有害污染物得到不同程度的降低，转化效果用转化效率来评价，催化器的转化效率（η_i）定义为

$$\eta_i = \frac{c_{i1} - c_{i2}}{c_{i1}} \times 100\% \tag{6.2.1}$$

式中，η_i 为排气污染物 i 在催化器中的转化效率；c_{i1} 为排气污染物 i 在催化器入口处的浓度；c_{i2} 为排气污染物 i 在催化器出口处的浓度。

2）空燃比特性

空燃比，是混合气中空气与燃料之间的质量的比例。一般用每克燃料燃烧时所消耗的空气的克数来表示。催化转化器转化效率的高低与发动机的空燃比（或过量空气系数）有关，转化效率随空燃比的变化称为空燃比特性。发动机的混合气必须保持在过量空气系数α=1（或空燃比=14.7）附近区域内才能使催化转化器对 CO、HC、NO_x 的转化效率同时达到最高。这个区间被称为“窗口”，如图 6-2-3 所示。

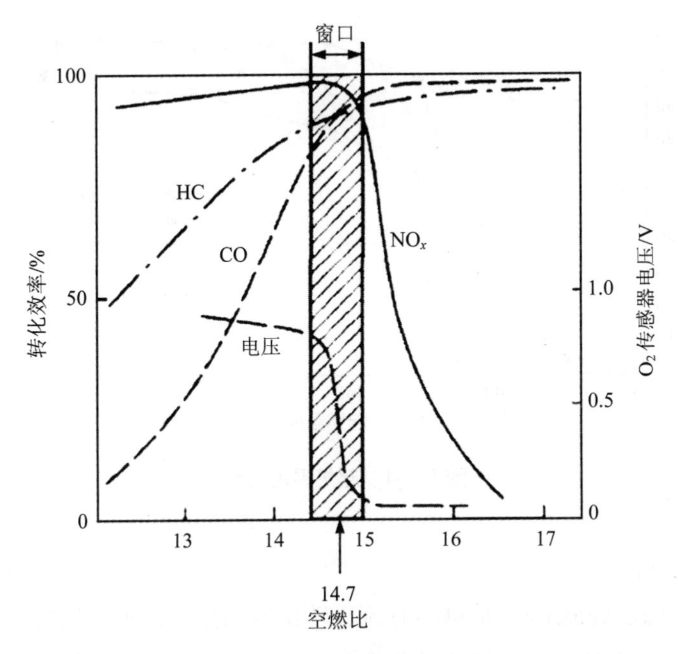

图 6-2-3　空燃比特性图

3）起燃特性

三元催化转化器转化效率的高低与温度有密切关系，催化器只有达到一定的温度或该温度以上才开始工作，此时温度叫作起燃温度，转化效率随着温度的变化曲线叫作起燃温度特性曲线，如图 6-2-4 所示，展示了起燃温度与催化剂催化率的关系。三元催化剂的催化效率达到 50%时所对应的温度称为起燃温度 T_{50}。显然，T_{50} 越低，三元催化转化器能更快地降低冷启动时的排放，起燃温度特性越好，所以 T_{50} 是三元催化剂一个重要的特征值。起燃温度特性曲线是在实验室测试发动机起燃温度特性台架上获取的，在一定条件下空速和空燃比不变，三元催化转化器入口温度的不断变化点 Ti，而且在测量 Ti 温度同时测量三元催化转化器的催化转化率。三元催化转化器起燃性能另一个测评参数为起燃时间特性，发动机在一定条件下工作，三元催化转化器的催化转化效率达到 50%，所需时间叫作起燃时间。这两种测评参数各有优势，起燃温度可以得到一个清晰的起燃温度指标，用途很广泛，起燃时间对三元催化转化器的起燃性能更直观表示。

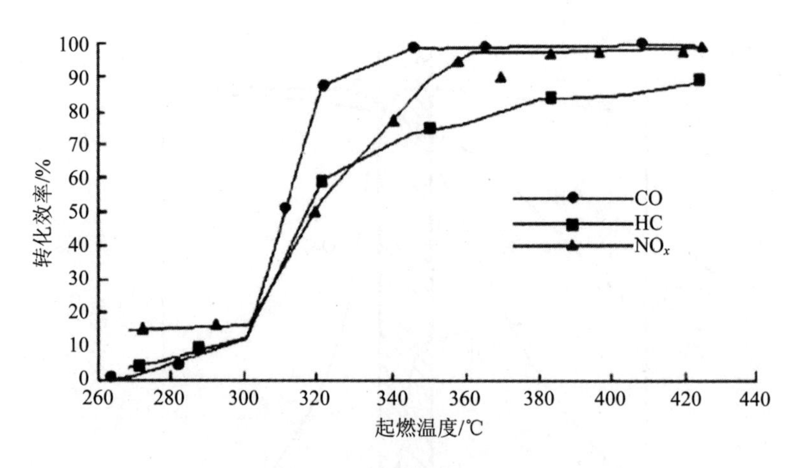

图 6-2-4 起燃温度特性

4）空速特性

空速（space velocity）是每小时流过转化器的排气体积流量与转化器容积之比，转化效率随空速的变化称为转化器的空速特性。即单位时间内，单位体积催化剂所处理的尾气体积量，单位为 min^{-1} 或 h^{-1}。

5）流动特性

催化转化器的流动特性包括转化器载体流动截面上的速度分布均匀性和压力损失。流速分布不均匀，不但影响流动阻力，而且造成载体中心区域的流速及温度过高，导致催化剂延径向的劣化程度不均匀，缩短了催化剂的整体寿命。转化器的流动阻力增加了发动机的排气背压，背压过大会使排气过程的功率消耗增加，降低发动机的充气效率，导致燃烧热效率下降，这些都将导致发动机的经济性和动力性降低，而试验表明催化转化器流动阻力 90%以上是尾气通过催化器载体时产生的。因此，在催化转化器载体设计和选择时，流动特性优化是非常重要的一个方面。

6）耐久性

催化剂耐久性指催化剂在长期使用中仍然具有较好转化效率的性质，耐久性是三元催化转化器的重要指标。各国对催化剂的耐久性都有一定的限制，现在国内外对催化剂的耐久性要求达到 8 万～10 万 km 行程。

三元催化转化器的耐久性性能受许多因素控制，诸如排气的温度、成分、流量、金属含量、催化剂的使用时间和工作环境，发动机工况的差异决定了三元催化转化器的不同失活形式。例如，汽油发动机火花塞的点火控制电路失效导致引擎失火，在排气管内可能产生 1 000℃以上的瞬态温度，导致载体和催化剂涂层烧结从而使三元催化转化器失活，甚至堵塞载体通道。又如，异常燃烧对 HC、CO 排放浓度变大，结果超出三元催化转化器的催化能力范围，催化效率急剧下降，而且还可能导致三元催化转化器 CO 中毒。

第三节　机动车排气催化剂

汽车尾气催化净化的目的就是将有害的 CO 和 HC 氧化为 CO_2 和 H_2O，将 NO_x 还原成 N_2。汽车尾气催化剂净化这项技术就是在发动机之后的尾气排气系统上安置净化尾气的催化剂装置。催化剂工作机理是：在汽车引擎后部装入贵金属三效催化剂或稀土催化剂制成净化装置，它可以将汽车排放中的三种有害气体 CO、HC、NO_x 实现同时转化。

一、催化反应机理

三效催化系统主要化学反应如下：

氧化反应：

$$C_xH_y + \left(1 + \frac{y}{4}\right)O_2 \longrightarrow xCO_2 + \frac{y}{2}H_2O \tag{6.3.1}$$

$$CO + \frac{1}{2}O_2 \longrightarrow CO_2 \tag{6.3.2}$$

还原反应：

$$NO(\text{or } NO_2) + CO \longrightarrow \frac{1}{2}N_2 + CO_2 \tag{6.3.3}$$

$$NO(\text{or } NO_2) + H_2 \longrightarrow \frac{1}{2}N_2 + H_2O \tag{6.3.4}$$

$$\left(2x+\frac{y}{2}\right)NO(or\ NO_2)+C_xH_y \longrightarrow \left(x+\frac{y}{4}\right)N_2+xCO_2+\frac{y}{2}H_2O \quad (6.3.5)$$

水煤气的迁移反应：

$$CO+H_2O \longrightarrow CO_2+H_2 \quad (6.3.6)$$

水煤气的重整反应：

$$C_yH_m+yH_2O \longrightarrow yCO+\left(y+\frac{n}{2}\right)H_2 \quad (6.3.7)$$

这些反应都发生在一定的温度范围之内，在发动机刚刚开始工作的冷启动过程中，汽车引擎和催化剂都处在比较低的温度下，尚未达到催化反应要求的温度，所以发动机冷启动阶段会排放较多的污染气体，发动机冷启动之后，引擎热度逐渐达到了催化反应发生要求的温度，此时催化剂组成决定反应发生的速率，为动力学控制；当温度继续上升，污染气体将被完全反应，此时扩散的速率将决定污染气体的反应速率，为扩散控制。

二、催化剂的化学组成

汽车尾气净化三效催化剂的主要组成部分为载体、助剂、活性组分。载体的作用主要是机械支撑活性组分和助剂，活性组分是催化反应的主要决定者，助剂在一定程度下改善催化剂在反应中的活性以及选择性。

催化活性组分要担载在高比表面积的载体上，才能很好地发挥作用，载体的选择对催化剂活性有很大影响。应用载体具有这些优点：

（1）降低催化剂成本，节约贵金属材料（Pt、Pa、Rh）等大量消耗，大大提高了活性组分的利用率。

（2）提高催化剂的比表面积，增加催化剂的活性中心。

（3）提高催化剂的机械强度，三效催化剂的活性组分只有负载在载体上才会使催化剂获得足够的几何构型和强度，适应传热传质条件和耐压强度等。

（4）提高催化剂抗毒性能，三效催化剂的毒源主要来自燃油、润滑和机油添加剂，中毒类型包括卤化物中毒、碳结焦、铅中毒、磷中毒、硫中毒、锰中毒等，使用载体后，载体会吸附一部分毒物，甚至会分解部分毒物。

（5）在大空速操作时，假如反应热在催化床层中积累，容易发生烧结反应导致催化剂的活性降低，同时也易发生副反应，进入不稳定的操作区域，发生操作性的危险，载体很好地解决了这一问题。

目前所用的汽车催化剂的载体95%为蜂窝堇青石陶瓷体，其原材易得、费用较低以及总体性能良好。另一种整体式载体是将Ni-Cr、Fe-Cr-Al或Fe-Mo-W等合金压成波纹状而制成的整体型合金载体，相比陶瓷蜂窝载体有更高的热稳定性，降低尾气排放阻力，提高排气动力性能，机械性能良好，提高载体使用寿命等。但是同时金属载体也具有许多的缺点，比如金属载体表而较为光滑，缺少毛细孔道，催化剂的活性组分负载困难，制备催化剂后续工艺复杂，成本较高，以及金属有较大的热膨胀系数等，这导致金属载体的应用不及蜂窝堇青石陶瓷载体。

尾气催化剂的活性组分是三效催化剂中最重要的成分，可分为贵金属和非贵金属两种类型。贵金属类以Pt、Rh、Pa最为常用。其优点是起燃温度低、寿命长，对CO、HC、NO_x同时具有较高的催化转化效率；缺点是贵金属价格昂贵，资源稀少，易发生Pb、S中毒。目前，非贵金属催化剂以Mn、Co、Fe、Sr、Cu、Ni、Bi等过渡金属与碱金属氧化物为主要活性组分，非贵金属氧化物添加物中常见的是稀土氧化物。

此外，钙钛矿（ABO_3）型三效催化剂具有多种优秀的物理化学性质与催化性能，其催化组分可变，能通过选择合适替代物来控制金属离子价态，从而增强反应活性，因此用来处理汽车尾气。

助催化剂的作用是负责调变主要组分的催化性能，本身并没有活性或只有很低的活性，加入一定量至催化剂中，与活性组分产生某种化学或物理作用，对催化剂的结构以及活性等性能起到大大改善的作用。常用作助剂的为一些稀土元素和碱金属氧化物。如铈具有强储放氧能力，可提高贵金属催化剂的热稳定性，延缓γ-Al_2O_3向α-Al_2O_3的高温相变，增强Al_2O_3的热稳定性。此外，CeO_2也是汽车尾气净化催化剂主要的助剂，La也是常用的汽车尾气催化助剂，主要以La_2O_3的形式存在。稀土复合氧化物催化剂La-Co/γ-$A1_2O_3$有优良的CO氧化性能并有一定的NO还原活性。另外还有一些其他的助剂如Zr、Ti、Sm及碱金属氧化物MgO、BaO、CaO、SnO等。

有研究表明，贵金属-非贵金属混合催化剂的活性、耐热性和寿命更强，如在非贵金属汽车三效催化剂中加入微量 Pd，能改善其三效初活性和耐热性。而在其中加入稀土氧化物（La_2O_3、CeO_2 等）后，不仅能增强贵金属汽车催化剂的活性，还能同时提高 CO、NO_x 和 HC 的转化率，提高贵金属分散度，减少贵金属用量。

目前，达到实用化的尾气净化催化剂主要有贵金属催化剂（氧化型和三元催化剂）和稀土催化剂。而贵金属催化剂在我国现阶段尚不具备推广使用条件，主要原因是价格昂贵，要求使用无铅汽油以及与之相适应的电控喷油系统等汽车技术改造。已经证明稀土催化剂对 CO 和 HC 都具有较好的净化效果，抗铅中毒能力强，能满足现有汽车排放标准。目前，稀土在很多方面用于汽车尾气净化催化剂：如在活性层中作为储氧材料，替代部分主催化剂以及作为催化助剂等；在分散层中，主要用于改善 γ-$A1_2O_3$ 的高温稳定性；在载体中，主要用于改善机械强度和热稳定性。随着稀土在催化剂发展中的应用，更多的是工业方面的应用，稀土已经成为汽车尾气催化剂中必备的成分，并成功应用于汽车工业，其持续的改进必将带动催化剂的发展，低贵金属含量、高活性、高选择性、高机械性能的稀土催化剂将成为汽车尾气催化剂的主要工业发展方向。我国稀土资源丰富，开发纳米稀土材料催化剂可有效利用稀土资源，把我国的资源优势转变成经济优势。

现代催化技术迅速发展，已从最初昂贵的化学催化剂向催化活性高、专一高效的生物催化剂发展。目前广大研究人员已经研究和正在研究的技术有贵金属催化技术、贵金属-非贵金属混合催化技术、纳米稀土材料催化技术、低温等离子体技术、超临界技术等汽车尾气净化处理技术，应用前景还是很广阔的。

三、催化剂失活

前面已经提到，现在国内外对催化剂的耐久性要求达到 8 万～10 万 km 行程。三元催化转化器的耐久性性能受许多因素控制，诸如排气的温度、成分、流量、金属含量、催化剂的使用时间和工作环境，发动机工况的差异决定了三元催化转化器的不同失活形式。在使用过程中，三元催化剂主要的失活方式包括：高温失活、化学中毒、结焦和机械损伤 4 类。化学中毒是催化剂主要的失活形式，由于热效应和排气中的铅、硫、磷等有毒物质，与催化剂的活性成分发生不可逆反应，造成化学中毒。不同形式的失活机理介绍如下。

1. 高温失活

高温失活是三元催化转化器在高温条件下工作，催化剂的载体由于受到高温而造成老化，使其催化转化率降低。通常，导致高温失活的原因如下：汽车连续高速和大负荷运转，并可能导致不正常燃烧；发动机失火，比如突然制动；点火系统不良，导致未完全燃烧的混合气在三元催化转化器中发生强烈的燃烧；三元催化剂的安装位置距发动机很近，这将导致催化剂的温度不断增高，造成严重的高温老化。

三元催化转化器的高温失活方式主要是活性成分的烧结，在高温条件下，催化剂表面的活性成分晶粒变大，比表面积变小，从而降低了催化剂的活性。催化剂烧结是催化剂内部物理热运动的过程，当排气温度超过 850℃，催化剂长期在此高温环境下，催化剂的活性成分铂、钯和锗等贵金属容易挥发剥落，贵金属的晶粒和添加剂氧化铈颗粒变大。另外，载体上的贵金属，由于受化学吸附的热效应的作用，也会推动贵金属晶粒生长，导致贵金属催化剂烧结。氧化铝载体持续处在高温的条件下可能发生相变，从大比表面积的 γ-$A1_2O_3$ 相变成较小的表面积 α-$A1_2O_3$，从而加剧了添加剂氧化铈晶粒和贵金属晶粒的生长，导致催化剂载体烧结和聚集，比表面积迅速下降，催化活性降低。此外，添加剂氧化铈在高温下，还导致较低的储氧能力，随着尾气温度的升高，添加剂氧化铈储氧能力连续下降，对有害污染物的净化产生不利影响。温度过高，导致载体上的贵金属晶体颗粒移动，颗粒逐渐积累，比表面积下降，三元催化转化器的催化活性降低。

2. 化学中毒

化学中毒是指在催化剂表面上的活性成分与催化剂载体吸附的有毒物质发生化学反应，减少催化剂的催化活性的现象。三元催化转化器的主要失活途径就是催化剂的化学中毒，引起催化剂中毒的物质主要来自燃油、润滑油和添加剂。中毒的类型包括硫中毒、磷中毒、锰中毒、铅中毒和卤化物中毒，实验研究发现，中毒的顺序为磷＞铅＞锌＞钙＞硫，这些异物通过化学吸附被吸附在催化剂表面上的活性部位，物质被吸附能力越强，越阻碍催化反应进行，导致催化器释放出的尾气中污染物排放量增加。

1）磷中毒

磷中毒是催化剂化学中毒的主要形式，通常条件下，润滑油中的磷含量大约为 1.2 g/L，汽车尾气中的磷主要来自于此。据统计，汽车行驶 8 万 km 后，催化剂上的磷有 13 g，其中 93%来自润滑油，其余的来自燃料。三元催化器的磷通常分布在载体轴向靠近发动机排气口的位置，催化剂中毒程度从此位置轴向后逐渐变轻，P_2O_5、H_3PO_4 等磷化物通过孔隙扩散，与载体上的催化剂活性成分发生化学反应，形成沉积物，很容易附着催化剂入口处，覆盖催化剂活性成分和阻塞载体，导致催化剂起燃时间延长，有害气体排放大大增加。

2）铅中毒

发动机尾气中的铅主要来自汽油添加抗爆剂四乙基铅，四乙基铅在催化剂表面会形成一个密集的铅化合物，阻碍尾气进入多孔催化剂发生催化反应，致使催化剂的性能不能正常发挥，汽车污染物排放量变大。无铅汽油的使用已减少铅中毒的危险，然而，标准的无铅汽油，其实还含有微量的铅，这些铅以氧化铅、氯化铅或硫化铅的形式含在汽油里。铅中毒在两个不同的机制下存在：在低于 550℃时，反应生成硫酸铅和其他化合物抑制气体扩散；在 700～800℃时，反应生成氧化铅导致催化剂中毒。铅在催化剂保留量高达 13%～30%，催化剂含 0.4 g/L 的铅与 HC 催化的关系。在 750℃时，催化剂 HC 转换效率随温度和时间的关系改变而改变，50 h 后 HC 的转化率已经下降到 65%；在 550℃时，100 h 内 HC 转换率基本维持在 90%，在 450℃时，150 h 后 HC 转换率维持在 95%左右。铅在最初的 50 h 内，催化剂上的增重量积累速度较快，为 2.2 g/h，在 150 h 时铅积累率已经下降到 0.6 g/h。根据对汽车尾气的研究，三元催化剂的铅中毒是均匀中毒，铅中毒对催化剂的性能造成严重影响。我国规定的汽油铅含量要在 5 mg/L 以下，但由于运输过程等因素影响，汽油的实际铅含量高于此值。这种含铅量高的汽油，容易引起催化剂中毒，降低催化活性，缩短催化剂的使用寿命。

3）硫中毒

催化剂中的硫主要以硫醇、硫醚等硫化物形式存在，燃油内存在的硫化合物通常是很难避免的。硫化物反应后生成 SO_2，SO_2 和金属氧化物发生化学反应，导致 CeO_2 失效，催化剂的转化效率降低。在充足的氧气条件下，在催化剂表面吸附等硫化合物，阻碍了 HC、CO 和 NO_x 的吸附和脱附反应，从而导致催化剂起燃温度提高，在稳定的条件下转化效率降低。发动机尾气中的 SO_2 抑制催化剂的催化活性，在铂、钯和铑贵重金属催化剂里，铑可以更好地抵御 SO_2 对 NO 还原的影响，但铂受 SO_2 影响较大。因此，汽车催化器受燃料的硫影响，对其催化性能影响很大。表 6-3-1 表示燃油的硫含量与污染物转换率的关系，从表中的数据分析得知，三元催化剂对 HC、CO 和 NO_x 的转换率都受到硫含量的影响；另外，SO_2 对催化剂活性的抑制效果受温度的影响。

表 6-3-1　三元催化剂的催化效率与燃油含硫量的关系

燃油含硫量质量分数/%	催化剂寿命/km	平均转化效率/%		
		HC	CO	NO_x
0.01	8 000	83.30	64.50	72.40
0.03	8 000	83.90	61.80	71.40
0.09	8 000	81.40	56.20	67.40
0.01	80 000	80.30	51.00	66.60
0.03	80 000	79.70	44.00	64.60
0.09	80 000	76.90	44.00	62.80

4）氯中毒

催化剂中的氯主要来源是含氯的贵金属化合物，如 H_2PtCl_6 是贵金属催化剂的原料，制备催化剂时带来氯的成分。氯会降低三元催化剂的高温性能，缩短三元转化催化器的使用寿命，催化剂的含氯量对其催化性能的影响，见表 6-3-2，括号中的数值是在 850℃时催化剂 16 h 工作后测得的数据。从数据比较表明，无论新催化剂还是经热老化后的催化剂，不含氯的催化剂原料比含氯的材料有害气体排放少，无氯材料是制备高活性催化剂的理想材料。

表 6-3-2　催化剂的含氯量对其性能的影响

催化剂原料	起燃温度/℃			400℃转化效率/%		
	NO_x	HC	CO	NO_x	HC	CO
不含氯	300	280	270	98	100	99
含氯 H_2PtCl_6	315	285	275	100	100	99

5）锰中毒

锰主要源于一些汽油的添加剂，如MMT（甲基环戊二烯基三轻基锰），用于提高汽油抗爆性。锰通过燃烧生成的燃烧产物沉积在发动机燃烧室和三元催化转化器内，造成发动机失火，增加了有害气体的排放。在三元催化剂中锰的沉积量越多，越可能引起阻塞，导致三元催化剂的起燃特性和转化效率降低，MMT 的燃烧产物还会有储存氧气的功能，使停留在三元催化转化器内的氧气含量增加导致氧传感器测得的数据不准确，使车载诊断系统做出错误诊断，造成在空燃比不能在理论空燃比左右波动，导致排放增加。

3. 结焦

结焦是一种简单的物理覆盖现象，由催化剂中的碳沉积阻塞载体微孔，并没有破坏载体相体的结构，发动机润滑油燃烧或发动机异常燃烧都会产生油烟，油烟中的碳会沉积在载体上，导致活性成分被沉积碳覆盖，催化活性降低。结焦失活通常是可逆的失活过程，结焦可以通过化学吸附消除沉积物，使催化剂的催化活性恢复。

4. 机械损伤

机械损伤是载体及催化剂在受到冲击、振动或外载荷的共振作用造成其损坏或破碎的现象，其主要形式为：催化器漏气、载体松动、焊缝裂纹、催化剂活性成分脱落等。致使三元催化器机械损伤的原因有以下 4 点：

（1）载体自身的缺陷，比如壁厚强度低、不均匀等。

（2）在三元催化转化器的外壳封装过程中，不合理的封装过程导致不当预紧力，造成应力集中的问题。

（3）在三元催化转化器的组装焊接加工过程中，不均匀的焊接缺陷、龟裂、夹渣。

（4）三元催化转化器内部流场分布不均匀，使载体加热不均匀造成载体的机械损伤。

四、催化剂运行中的一些问题

催化剂在正常使用中，需要合适的温度和合适的反应物浓度等条件，当条件不宜时会出现一些运行上的问题。

1．催化剂冷启动

20 世纪 90 年代以来，对于冷启动问题的关注始终没有减弱，经过不断努力，主要在三方面有了很大的进展。在载体上，对堇青石的蜂窝制造工艺的不断改进，几何面积的增加不仅提高了载体的传热速度，还可以使压力损失减小，大大提高了净化效率。除了对载体的几何结构改进，还可以采用紧耦合式或辅助加热方法来实现。

1）紧耦合式催化转换器

通过缩短转换器与发动机排气口的距离来实现提高冷启动的转化效率。在靠近发动机歧管排气口处，温度可以在瞬间达到 1 000℃以上，三元催化剂可在短时间内起燃，达到减少排放的目的。由于这时的催化剂在近千度的高温条件下工作，容易引起表面积收缩、烧结和晶粒长大等现象，导致催化活性大幅度下降。因此，在高温操作条件下，如何更好地稳定催化剂的活性组分，是当前研究的重点问题之一。据报道，加入锆、镧、钕、钇可以减缓高温时活性组分的增大和催化剂比表面积的减小，从而提高反应的活性。目前，耐高温性能最好的催化剂，能经受 1 050℃的老化实验，活性没有明显衰退，比商品催化剂的耐热性有了很大的提高。

2）冷启动阶段加热

在冷启动时还可以采用前置小体积的催化剂、电加热和点燃尾气等手段直接电加热以促使三元催化剂快速起燃，使金属载体的催化剂在 5～10 s 内就达到催化剂的起燃温度，从而控制冷启动阶段的有害物质排放量。但其缺点是需用到金属载体，增加了加热系统的部件，使总体成本比较高。现在达到实用阶段的方法有车载诊断系统（On-Board Diagnostics，OBD）方法监控催化转的工作效率等复杂和昂贵的电路控制系统，一般有双氧传感器法、双碳氢传感器法和双温度传感器法 3 种类型。

Bernnat 等将化工业的“热集成”概念引入，并在转换器上设计了一个逆热交换件，这个部分需要额外供热，在转换器的右端设置一个燃料燃烧器，这部分热量提供给三元催化转化器的载体加热，发动机的尾气从左端的入口进入转换器，先后经过逆流热交换段，再经过柴油油烟过滤器过滤，然后再经过氧化催化剂和 NO_x 存储催化剂，在载体的通道内转换一圈，最后从排气口排出，如图 6-3-1 所示。

这样可以比较快地给转化器加热，延长尾气与催化剂表层接触的时间，从而达到改善发动机的冷启动状态的尾气净化效率。实验测得其用于加热的辅助燃料用量远远小于发动机的用量，但这一设计的缺点是对排气压力的影响较大。

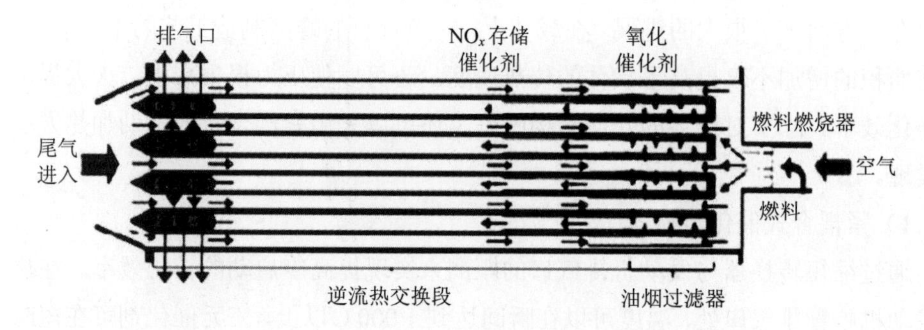

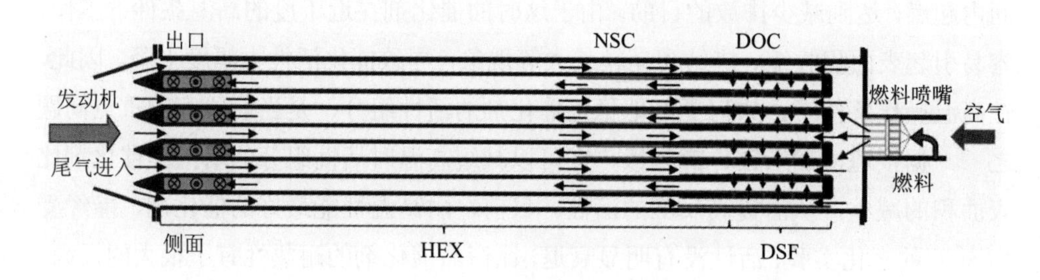

图 6-3-1 热集成单元催化转化器

2．稀薄燃烧的催化转化

为了在发动机体内尽量消除 HC 和 CO，稀薄燃烧技术已经得到了广泛的认可，空燃比可以高到 17～22，在富氧环境下 HC 和 CO 得到最大限度地燃烧，充分提高了燃油的利用率，也降低了尾气污染物，但稀薄燃烧带来的最大问题是 NO_x 生成量的增加。所以，如何很好地控制 NO_x 的量成为推广稀薄燃烧的关键问题。目前国外的研究主要集中在 NO_x 吸附和还原催化剂，提高三元催化剂在氧化性气氛中对 NO_x 催化还原的选择性，两段式催化剂以及氨循环-还原法等。

1）NO_x 吸附和还原催化剂（NO_x storage and reduction，NSR）

NO_x 吸附和还原催化剂是目前治理稀燃 NO_x 比较有效的方法。它含有贵金属和碱土金属两部分，目前研究得最多的 NSR 催化剂为贵金属 Pt 和碱土金属 Ba，以及大比表面积的载体（如 γ-Al_2O_3）组成。

Sara 等研究了使用二甲醚为替代燃料的尾气中对 NO_x 的吸附和净化效果，试验表征净化效果良好。Naoto 等对 NSR 的工作过程进行了阐述，在富氧条件下，NO_x 被贵金属氧化成 NO_2，然后与 NO_x 存储物形成硝酸盐，以硝酸根离子状态暂时被吸收在 Ba 等储存材料中，在稀氧条件时 HC、CO 和 H_2 在 Pt 的作用下被直接氧化成 CO_2、H_2O 和 N_2，从而实现对 NO_x 的净化。催化剂的碱性越强，NO_x 储存量越大。

但是 NSR 也有它的缺点，该催化剂虽然储存性能好，但抗硫性能差，易生成稳定的 $BaSO_4$ 而失活。因此，提高 NSR 催化剂的抗硫性能，完善 NSR 吸附和还原催化剂是研究热点。

2）尿素水溶液选择性还原技术（Selective Catalytic Reduction，SCR）

当尿素水溶液进入高温的尾气系统后立即分解为一分子 NH_3 和一分子异氰酸，异氰酸再和尾气中的 H_2O 作用后又将提供一分子的 NH_3，生成的 NH_3 将 NO_2 还原为 N_2 放出。经过测试，其 NO_x 平均转化率达到 70%。

Tennison 等设置了一套以尿素水溶液作为还原剂的选择性催化还原系统，如图 6-3-2 所示，系统上游由发动机排出的 HC 和 CO 通过氧化催化器来转化，尿素水溶液由 Ford 公司开发的空气辅助喷射系统喷入废气流中，添加的尿素还原剂用作 SCR 金属沸石基的催化剂，在稀燃状态下将 NO_x 还原为 N_2。实验表明在有快速升温程序时测得的排气管中的 NO_x 比无快速升温程序时约低 50%。

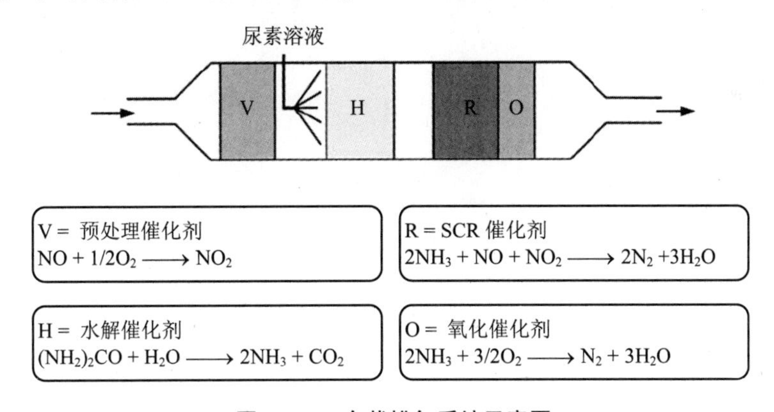

图 6-3-2　车载排气系统示意图

稀 NO_x 捕集器（LNT）通过氧化催化器、尿素水溶液 SCR 系统及柴油机颗粒催化过滤器（CDPF）的综合利用，在 Ford Focus 柴油车上论证的排放与到超低排放（即 ULEVII，NO_x 为 0.05 g/mile）水平相差无几。NO_x 的转化率在冷启动（FTP-75）循环时为 90%以上。快速升温策略和最具活性的 SCR 系统及尿素喷射量的有效控制，使 NO_x 的高效转化成为可能。从 SCR 中逸出的氨完全被转化成 NO_x，未发现有氨排放到大气中，实现了对 NO_x 的良好转化。

思考题

1．汽车尾气排放的污染物主要有哪些，有哪些危害？

2．国Ⅴ排放标准在Ⅰ型试验排放限值上与国Ⅳ排放标准有哪些区别？

3．汽车排气污染物的净化的途径主要有哪些？

4．汽车排气污染物催化转化器主要由哪些部分组成，每部分的功能是什么？

5．催化转化器的性能评价指标主要有哪些？

6．三元催化剂的主要反应机理是什么？

7．三元催化剂的化学组成是什么？

8．尾气催化剂的活性组分是三元催化剂中最重要的成分，一般由哪些物质组成？

第七章　室内空气净化与催化技术

第一节　概　述

近年来，我国城市空气污染问题日益严峻，同时由于人们的生活和工作需求使得待在室内的时间不断增加，数据表明在城市中人们 80%～90%的时间是在室内度过的，因此室内空气质量对人体健康的影响非常大，尤其引人注意。

所谓的室内空气污染是指由于室内引入能释放有害物质的污染源或室内环境通风不佳，使得室内空气中有害物质不断聚集增加，对人体健康造成直接或间接的危害，导致室内空气质量下降的一种现象。

大量研究表明，室内空气的污染具有污染来源复杂多变、污染物种类繁多、受空气流通能力影响不易扩散等特点，导致室内空气污染比室外空气污染更为严重，甚至可以达到室外空气污染的 5～10 倍。

室内空气污染的来源包括家居装修、煤气燃气的使用、室内吸烟以及室外的大气污染等。此外，造成室内空气污染的气体种类繁多，其中主要包括可吸入颗粒物、灰尘烟尘、氮氧化物、挥发性有机物（VOCs）、臭氧等。

一、室内空气污染的来源与污染物

室内空气污染源按其性质可以分为三类：化学性污染源、物理性污染源与生物性污染源。

1．化学性污染源

化学性污染源主要包括挥发性有机物污染源和无机化合物污染源。其中挥发性有机物污染源主要来自建筑材料及日用化学品中的 VOCs，如室内建筑与装修材料所使用的有机溶剂能够挥发出甲醛、苯、甲苯、二甲苯等有机物，厨房油烟及高温食用油氧化分解的产物等严重影响人体的健康。无机化合物污染源主要来自厨房中燃料的燃烧产物，人类活动如吸烟、新陈代谢所产生的排放物，复印机等办公用品工作时产生的高浓度臭氧等。

2．物理性污染源

物理性污染源主要来自三个方面。

（1）地基、井水、建材、砖、混凝土、水泥中释放出放射性氡及其子体。美国国家环境保护局的一项调查显示，对 50 000 户居室进行检测发现近 20%的居室内氡浓度超过 148×10^3 Bq/L（物质的放射量的计量单位）。

（2）噪声及振动。

（3）家用电器、照明设备产生的电磁污染。

3．生物性污染源

生物性污染源主要来自垃圾与湿霉墙体产生的细菌、真菌类孢子、花粉、藻类植物呼吸放出的 CO_2 及人为活动所携带的细菌、病毒、头发及皮屑等。

室内空气污染主要是人为污染，以化学性污染与生物性污染最为突出。污染物按照其状态的不同可分为悬浮固体污染物与气态污染物。

悬浮固体污染物主要包括粉尘、微生物污染物（细菌、病毒、霉菌、尘螨）、植物花粉、烟雾等。直径较大的粉尘颗粒、棉絮等可以被鼻子、喉咙过滤掉，而微生物污染物中的致病病原体如金黄色葡萄球菌、肺炎球菌、大肠杆菌等浓度高、尺寸小，极易与空气中的细微粉尘颗粒结合形成微生物气溶胶，随人体呼吸进入肺泡，影响呼吸系统健康，导致支气管炎、慢性肺炎、慢性呼吸障碍、过敏性鼻炎、哮喘等呼吸道疾病的发生。

气态污染物主要含有 CO、NO_x、甲醛、VOCs、氨等。

在通风较差的环境下，厨房燃具产生的 CO 和 NO_x 浓度较高，远远超过空气质量标准规定的极限值。已有研究表明，当厨房中使用天然气燃具时，室内无论厨房还是卧式内 NO_2 浓度均比较高。CO 与 NO_x 主要通过呼吸系统对人体健康产生影响，对心肺与神经系统均有严重危害。

（1）甲醛是无色、有较强刺激性的气体，易溶于水、醇和醚。甲醛溶液在室温下易挥发。它有凝固蛋白质的作用。含 35%～40%甲醛的水溶液通常被称为福尔马林，常作为浸渍标本的溶液。甲醛主要来自室内装修和装饰材料。用作室内装饰的胶合板、细木工板、中密度纤维板和刨花板等，在加工生产中使用脲醛树脂和酚醛树脂等为黏合剂，其主要原料为甲醛、尿素、苯酚和其他辅料。板材中残留的未完全反应的甲醛逐渐向周围环境释放，成为室内空气中甲醛的主体，从而造成室内空气污染（如图 7-1-1 所示）。长期接触低浓度的甲醛会引发慢性呼吸道疾病，引起细胞核的基因突变、新生儿染色体异常以及白血病，导致记忆力和智力下降，同时甲醛还具有强烈的促癌和致癌作用（如图 7-1-2 所示）。实验研究表明，随着新家具和房子使用年限的增加，室内甲醛的释放率不断下降，但是在使用 20 年以上的住宅中依然能够检测到甲醛，而且甲醛含量与使用 20 年的住宅释放含量相似。

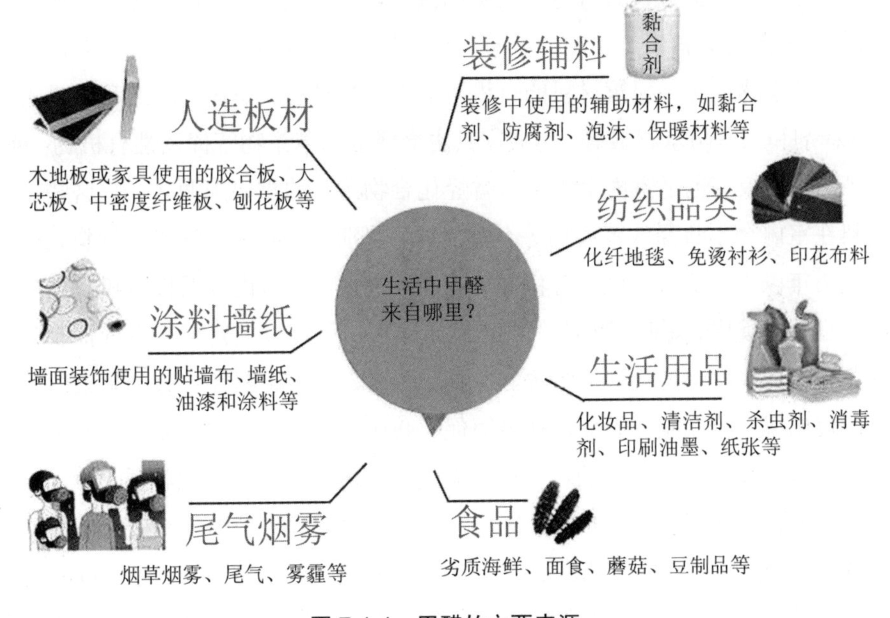

图 7-1-1　甲醛的主要来源

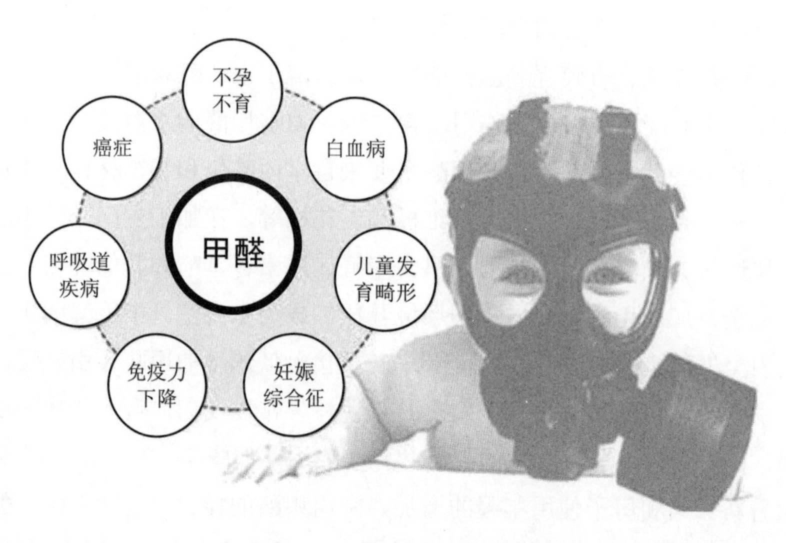

图 7-1-2　甲醛对人体的危害

（2）苯是一种无色，具有芳香气味的液体，毒性很大，所以专家把它称为“芳香杀手”。苯具有易挥发、易燃，其蒸气具有爆炸性的特点，沸点为 80℃，常温下是液态。苯系物在各种建筑材料的有机溶剂中大量存在，如各种油漆和涂料的添加剂、稀释剂和一些防水材料等；劣质家具也会释放出苯系物等挥发性有机物；壁纸、地板革、胶合板等也是室内空气中芳香烃化合物污染的重要来源之一。这些建筑装饰材料在室内会不断释放苯系物等有害气体，特别是一些水包油类的涂料，释放时间可达 1 年以上。苯为无色具有特殊芳香味的液体，是室内挥发性有机物之一。在通风不良的环境中，短时间内吸入高浓度苯蒸气可引起以中枢神经系统抑制为主的急性苯中毒。轻度中毒会造成嗜睡、头痛、头晕、恶心、呕吐、胸部紧束感等；重度中毒可出现视物模糊、震颤、呼吸短促、心律不齐、抽搐和昏迷等，严重的可出现呼吸和循环衰竭，心室颤动。苯已被有关专家确认为严重致癌物质。

（3）挥发性有机物（VOCs）是重要的室内空气污染物，室内空气中可检出 900 多种 VOCs，如乙醇、乙醛、环己酮、苯系物（见表 7-1-1）等，目前的研究认为室内 VOCs 来源于装修时所用的油漆、涂料、黏结剂。VOCs 对人体健康的危害主要表现为对眼、鼻、咽喉以及皮肤等的刺激作用，浓度高时会引起头痛、头晕以及中枢神经系统、肝脏、肾脏等的严重损害。

表 7-1-1　苯系物的种类、性质及其对人体的危害

英文名称	名称	英文缩写	分子量	分子式	结构式	熔点/℃	沸点/℃	致癌性
Benzene	苯	BNZ	78.12	C_6H_6		5.5	80.1	1
Toluene	甲苯	TOL	92.15	C_7H_8	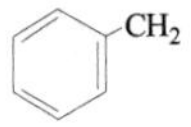	–95	110.6	2
Ethylbenzene	乙苯	EBZ	106.18	C_8H_{10}	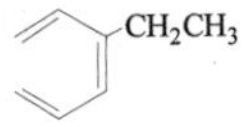	–95	136.2	3
p-Xylene	对二甲苯	PXY	106.18	C_8H_{10}		13.2	138.4	2
m-Xylene	间二甲苯	MXY	106.17	C_8H_{10}	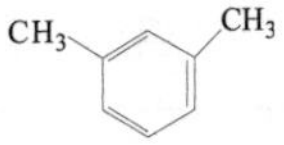	–47.9	139.1	2
o-Xylene	邻二甲苯	OXY	106.18	C_8H_{10}	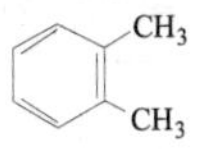	–25.2	144.4	2
1,3,5-Trimethylbenzene	均三甲苯	[a]TMB	120.19	C_9H_{12}	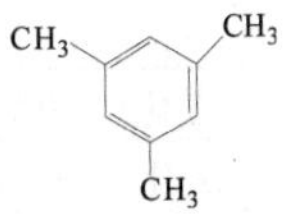	–44.7	164.7	2
1,2,4-Trimethylbenzene	偏三甲苯	[b]TMB	120.19	C_9H_{12}	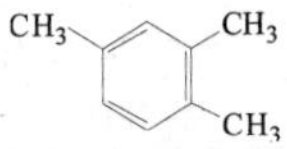	–44	168	2
1,2,3-Trimethylbenzene	联三甲苯	[c]TMB	120.19	C_9H_{12}	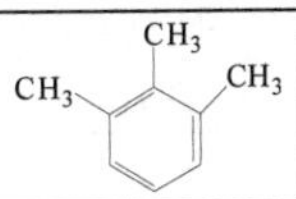	–25	175	2
Styrene	苯乙烯	STR	104.16	C_8H_8	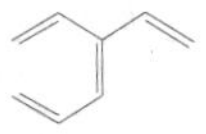	–30.6	146	3

注：*USEPA 优先控制污染物；1 人体致癌剂（强致癌）；2 尚无对人体或动物致癌的证据：3 疑为人体致癌剂。

（4）氨是无色气体，具有强烈的刺激性气味，室内空气中的氨主要来自建筑施工中的混凝土防冻剂和高碱混凝土膨胀剂和早强剂；同时，氨作为良好的增白剂，也可来自装饰材料。长期接触低浓度的氨会造成眼睛与皮肤的烧灼感，以及

头痛、厌食、呼吸道黏膜的刺激症状。氨浓度过高时，除腐蚀作用外，还可通过三叉神经末梢的反射作用而引起心脏停搏和呼吸停止。

（5）氡和镭主要来自建筑施工材料中的某些混凝土和某些天然石材。氡和镭是放射性元素，这些混凝土和天然石材中含有的氡和镭会在衰变中产生放射性物质。这些放射性物质对人体的危害，主要是通过体内辐射和体外辐射的形式，使人体神经、生殖、心血管、免疫系统及眼睛等产生危害。氡还被国际癌症研究机构确认为人体致癌物。

表 7-1-2 列出了室内空气质量的各项标准。

表 7-1-2 室内空气质量标准

序号	参数类别	参数	单位	标准值	备注
1	物理性	温度	℃	22～28	夏季空调
				16～24	冬季采暖
2		相对湿度	%	40～80	夏季空调
				30～60	冬季采暖
3		空气流速	m/s	0.3	夏季空调
				0.2	冬季采暖
4		新风量	$m^3/h·p$	30[a]	
5	化学性	二氧化硫 SO_2	mg/m^3	0.50	1 h 均值
6		二氧化氮 NO_2	mg/m^3	0.24	1 h 均值
7		一氧化碳 CO	mg/m^3	10	1 h 均值
8		二氧化碳 CO_2	%	0.10	日平均值
9		氨 NH_3	mg/m^3	0.20	1 h 均值
10		臭氧 O_3	mg/m^3	0.16	1 h 均值
11		甲醛 HCHO	mg/m^3	0.10	1 h 均值
12		苯 C_6H_6	mg/m^3	0.11	1 h 均值
13		甲苯 C_7H_8	mg/m^3	0.20	1 h 均值
14		二甲苯 C_8H_{10}	mg/m^3	0.20	1 h 均值
15		苯并[*a*]芘 B(a)P	mg/m^3	1.0	日平均值
16		可吸入颗粒 PM_{10}	mg/m^3	0.15	日平均值
17		总挥发性有机物 TVOC	mg/m^3	0.60	8 h 均值
18	生物性	氡 ^{222}Rn	cfu/m^3	2 500	依据仪器定
19	放射性	菌落总数	Bq/m^3	400	年平均值（行动水平[b]）

[a] 新风量要求≥标准值，除温度、相对湿度外其他参数要求≤标准值

[b] 达到此水平建议采取干预行动以降低室内氡浓度

二、室内空气污染物的控制措施

控制室内空气污染物的三种主要措施：减少污染源、改善室内通风与净化污染物。

室内污染源数量多，以现有技术手段还无法从根源上消除室内污染源，应做到尽量避免不必要的室内空气污染源，同时减少室外污染对室内空气的重复污染，并且及时对学校、办公楼、居民住宅区等人口密集的地方进行室内空气质量的跟踪监测与评价，深入研究室内空气质量对人体健康的影响程度。

改善室内通风环境更易于实现，研究表明良好的通风能够极大地降低室内空气污染物浓度，因此在外界大气环境较好且房间通风不受限制的环境能够通过增加室内通风换气提高室内空气质量。但是在一些外界大气污染较严重的地区，通风换气所带来的外界大气污染物反而会造成室内空气质量的下降，采取一定的净化技术可以改善室内空气环境。

室内空气净化技术主要包括吸附过滤、催化净化、静电以及负离子等技术，随着空气净化技术的研究与发展产生了如冷触媒、微生物技术等新型净化技术。

1. 空气过滤

空气过滤就是空气中的尘埃物质受到某种力的作用，利用相当多孔体从气体中除去分散粉尘颗粒的净化过程。上面说的某种力是指惯性力、范德华力、静电力这三种。大粒子在气流中做惯性运动，气流遇障绕行，粒子因惯性偏离气流方向并撞到障碍物上，由于直径较大，惯性力强，撞击障碍物的可能性越大，于是粉尘不能通过滤材，因此过滤效果好。小粒子做无规则运动，虽然具有一定方向，但主要作扩散运动，由于滤材纤维纤细，两微分子间的范德华力使它们黏结在一起，于是粉尘不能通过滤材，这时过滤效果好。当我们使滤材带上并保持静电作用时，由于静电能留住粉尘，使尘埃不能通过滤材，这时过滤效果好。

空气过滤时，由于空气中的尘埃物质与过滤材料发生以下五种效应，从而被移沉下来，五种效应的机理图如图 7-1-3 所示。

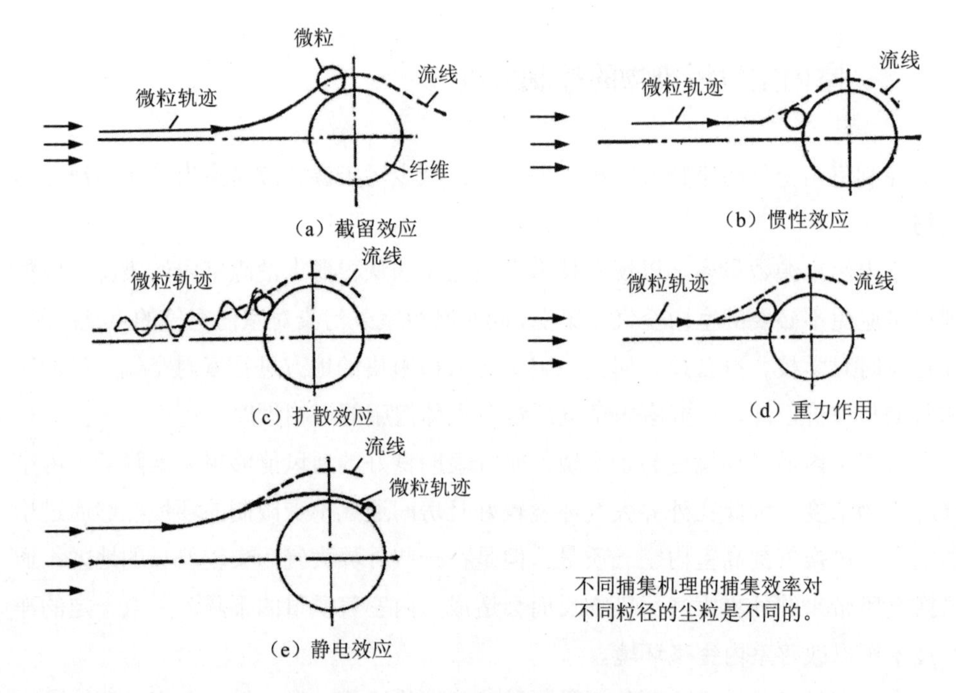

图 7-1-3　空气过滤的机理示意图

（1）截留效应：粒径小的粒子惯性小，粒子不脱离流线。在沿流线运动时，可能接触到纤维表面而被截留。

（2）惯性效应：粒子在惯性作用下，脱离流线而碰到纤维表面。

（3）扩散效应：随主气流掠过纤维表面的小粒子，可能在类似布朗运动的位移时与纤维表面接触。

（4）重力作用：尘粒在重力作用下，产生脱离流线的位移而沉降到纤维表面上。

（5）静电效应：由于气体摩擦和其他原因，可能使纤维带电。

图 7-1-4 显示出以上五种效应（果）对不同粒径的尘埃的去除效率是不同的。粒径小于 0.5 μm 的粒子主要依靠扩散效应去除，粒径大于 0.5 μm 的粒子则主要通过惯性效应和中途碰撞效应（重力作用、截留效应和静电效应）去除。

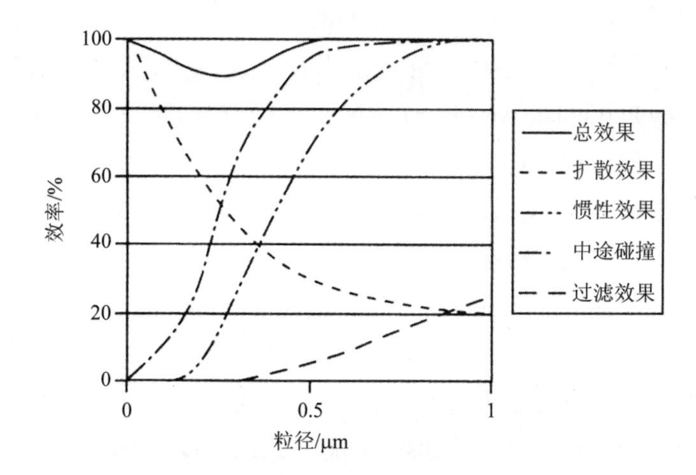

图 7-1-4　过滤器总效率和某种作用的效果和粒径的关系曲线

2. 物理吸附法

吸附法具有脱除效率高、选择性好、富集功能强、能耗低、工艺成熟、易于推广及良好的环境效益等优点，适用于对低浓度气态污染物的深度处理，成为治理甲醛等污染物比较常用的有效方法。目前常用的吸附剂有活性炭、分子筛、膨润土、粉末硅、珍珠岩、方英石、硅胶等。

活性炭由于具有巨大的比表面积和孔体积，吸附容量大，常用作气体净化的吸附剂。Tanada 等利用硫酸和硝酸对活性炭进行处理使其表面引入硝基，再利用铁粉和盐酸使硝基还原成氨基，制得一种表面胺化的活性炭吸附剂，并对其吸附甲醛的性能进行了研究，结果表明甲醛的吸附量随着活性炭表面氨基数量的增多而增多。有研究从咖啡残留物中制备了六种利用氯化锌、氮、二氧化碳和水蒸气等不同基团进行改性的活性炭吸附剂，并对其吸附甲醛的性能进行了研究，结果发现用氯化锌和氮同时改性的吸附剂对甲醛具有最高的吸附量，同时证明改性后的活性炭吸附剂的表面化学组成对甲醛吸附的影响相比于表面结构及孔体积的影响更大。

利用活性炭虽然可吸附室内空气中部分有机物，但这仅仅是对污染物的简单转移，并未将污染物彻底去除，并且污染物吸附达到一定量后需要对活性炭进行再生处理才能重复使用，而再生溶剂的使用会给环境带来二次污染问题，二次污染问题也是目前市场上广泛推广的过滤吸附式空气净化器的主要问题。

目前，多层滤网和活性炭吸附是应用最为广泛的技术，其中多层滤网中HEPA（High Efficiency Particulate Air Filter）承担了最主要的作用。HEPA对于0.1 μm和0.3 μm颗粒的去除效率达到99.7%，对直径为0.3 μm以上的微粒去除效率可达到99.99%以上，是烟雾、灰尘以及细菌等污染物最有效的过滤媒介。活性炭滤网（如图7-1-5所示）则是利用活性炭对苯、甲苯、二甲苯、甲酸、氧气、二氧化硫等高效的吸附性能，使通过滤网的空气得到净化。在日常生活中，HEPA和活性炭组件结合，可以十分有效地去除粉尘、有害气体和细菌微生物，从而达到净化空气的要求。但是由于高效滤网和活性炭的作用方式都是将污染物截留在材料上，当达到饱和吸附后，将发生脱附现象。因此，这两种技术的最大缺点就是净化效果会随着时间的延长而降低，而想要取得较好的空气净化效果需要室内空气净化器24 h持续运行，必然导致滤网的频繁更换，而替换下来的滤网若无法妥善处理将导致二次污染。

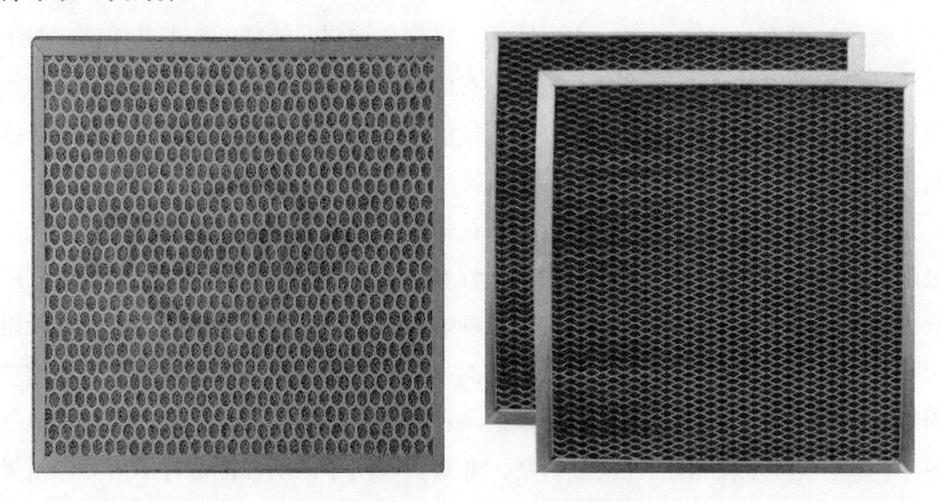

图7-1-5 活性炭滤网实物图片

此外，活性炭纤维是20世纪60年代发展起来的一种活性炭新品种，含大量微孔，其体积占了总孔体积的90%左右，因此有较大的比表面积：多数为500～800 m^2/g。与粒状活性炭相比，活性炭纤维吸附容量大，吸附或脱附速度快，再生容易，不易粉化，不会造成粉尘二次污染。

对无机气体如 SO_2、H_2S、NO_x 等和有机气体如（VOCs）都有很强的吸附能力，特别适用于吸附去除 $10^{-9}\sim10^{-6}$ g/m^3 量级的有机气体，在室内空气净化方面有广阔的应用前景。

3. 静电除尘技术

静电除尘技术是指通过高压电源所产生的强电场使气体电离、产生电晕放电。带电离子附着在颗粒物上使之荷电，荷电颗粒在电场力的作用下定向移动，从气体中分离出来并被收集。静电除尘技术的净化效率高、技术发展成熟，早期已经被广泛应用于工业废气净化，随着电力电子技术的发展，逐渐被应用到室内空气净化中。但是静电技术在室内空气净化领域依然存在一些问题，首先需要消耗较多的能量来获得高压，如图 7-1-6 所示，在 7 000V 的直流电压下，激化纤维具有较好的除尘效果。

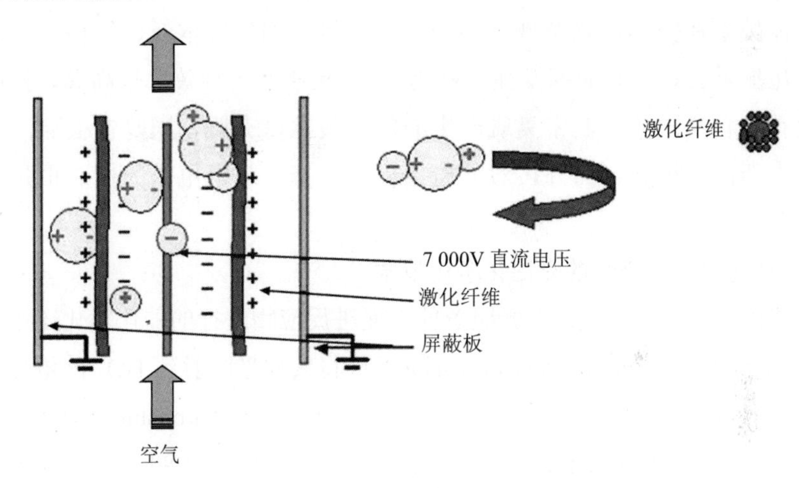

图 7-1-6　高压下激化纤维的除尘过程图

4. 催化净化技术

催化技术是一种新兴的降解挥发性有机物特别是降解甲醛的方法，经过不断发展，因其独特的优势而逐渐成为一种应用广泛的方法。催化技术主要包含光催化技术以及热催化氧化。

本书将在第二节重点介绍该部分内容。

5. 等离子体净化技术

等离子体技术在20世纪80年代开始应用于空气污染治理领域，现在已经发展成为一种较为成熟的空气净化技术。

等离子体是指含有大量高能的电子、激发态的原子、光子、自由基、离子和分子等，被称为物质的第四种状态。其正负电荷总和在区域内相等，因此宏观上保持为电中性，但具有很高的化学活性。运用等离子体技术去除挥发性有机物，首先通过电晕放电或介质阻挡放电等方式得到等离子体，然后等离子体主要通过两种方式降解甲醛等挥发性有机物：等离子体内的各类活性物质（如羟基自由基）直接将甲醛等挥发性有机物氧化；此外，放电产生的高能电子直接碰撞甲醛等挥发性有机物的化学键，使其产生电离、解离和激发，等离子体内的活性物质再对其进行氧化分解，从而达到去除空气中挥发性有机物的目的。等离子体技术在空气净化领域具备一定的优势，例如成本低、能耗小、适用范围广（几乎可去除所有的挥发性有机物）、反应速度快且效率较高等。然而，该方法也有其自身缺陷，其中臭氧产生的问题最难以克服，同时在去除污染物的同时产生新的污染物；另外，对放电电极的选择、放电电压的控制也是亟待解决的问题。

6. 室内空气污染物的光催化净化技术

光催化是基于光催化剂在光照条件下促进反应物进行的催化氧化还原反应。1972年日本研究人员Fujishima和Honda发现将紫外光照射到TiO_2-Pt电极对上会持续发生水的氧化还原反应生成氧气和氢气。从“Honda-Fujishima效应”被发现后，人们对光催化反应过程进行了大量的研究，到20世纪80年代，光催化技术在环境净化和有机合成反应领域得到迅猛发展，据报道，光催化氧化过程可以在常温、常压下对多种气相有机污染物以及微生物进行分解和杀灭，是具有广泛应用潜力的室内空气净化技术。

随着人们对室内空气质量的关注，针对室内有机污染物甲醛、乙醛、苯系物的光催化净化技术研究逐渐增多。

本书将在第三节重点介绍该部分内容。

7. 臭氧杀菌消毒

臭氧，一种刺激性气体，是已知的最强的氧化剂之一，其强氧化性、高效的消毒作用使其在室内空气净化方面有着积极的贡献。臭氧的主要应用在于灭菌消毒，它可即刻氧化细胞壁，直至穿透细胞壁与其体内的不饱和键化合而杀死细菌，这种强的灭菌能力来源于其高的还原电位，表 7-1-3 列出了常见的灭菌消毒物质的还原电位，其中臭氧具有最高的还原电位。

表 7-1-3　常见的灭菌消毒物质的还原电位

名称	分子式	标准电极电位
臭氧	O_3	2.07
双氧水	H_2O_2	1.78
高锰酸离子	MnO_2	1.67
二氧化氯	ClO_2	1.50
氯气	Cl_2	1.36

室内的电视机、复印机、激光印刷机、负离子发生器等在使用过程中会产生臭氧。臭氧对眼睛、黏膜和肺组织都具有刺激作用，能破坏肺的表面活性物质，并能引起肺水肿、哮喘等。因此，臭氧杀菌使用方式应特别注意。

8．利用植物净化空气

绿色植物除了能够美化室内环境，还能改善室内空气品质。美国宇航局科学家 William 发现绿色植物对居室和办公室的污染空气有很好的净化作用：24 h 照明条件下，芦荟吸收了 $1m^3$ 空气中 90%的醛；90%的苯在常青藤中消失；龙舌兰则可吞食 70%的苯、50%的甲醛和 24%的三氯乙烯；吊兰能吞食 96%的一氧化碳、86%的甲醛。William 又做了大量的实验证实绿色植物吸入化学物质的能力来自盆栽土壤中的微生物，而不主要是叶子。与植物同时生长在土壤中的微生物在经历代代遗传后，其吸收化学物质的能力还会加强。可以说绿色植物是普通家庭都能用得起的“空气净化器”。

第二节　常温下室内空气催化净化技术

室内空气污染物质包含一氧化碳、氮氧化物等无机物质，以及甲醛、乙醛、苯系物等 VOCs，如何在常温或低温下进行催化净化是目前室内污染物净化方面的重要研究方向。

一、常温催化净化室内一氧化碳

一氧化碳（CO）是一种无色、无味的气体。一氧化碳进入人体后会和血液中的血红蛋白结合，削弱血红蛋白的输氧能力，从而使人体出现缺氧，导致中毒甚至死亡。当空气中一氧化碳含量超过 100×10^{-6} 时，人就会感觉到头晕乏力；当空气中一氧化碳含量继续增加时，人就会呕吐、头痛甚至昏迷。当一氧化碳在空气中的含量大于 600×10^{-6} 时，短时间内便可导致窒息死亡。催化氧化一氧化碳为二氧化碳是消除一氧化碳污染的重要途径，在一般条件下，一氧化碳氧化脱除需要的温度高，能耗大，而且还会发生爆炸事故。因此，研究低（常）温一氧化碳催化氧化对消除一氧化碳污染更具有实际意义。研究开发高性能、低成本的一氧化碳氧化催化剂也成为目前众多研究的目标。

随着科技的进步，常温甚至零度以下可催化氧化 CO 的材料被不断开发出来，可以更加方便地进行室内环境下 CO 的净化。目前，可室温催化氧化 CO 的催化剂有以下四类：Au 为代表的负载型贵金属催化剂、Co_3O_4 为代表的金属氧化物催化剂、分子筛催化剂及合金催化剂。

1．贵金属催化剂低温催化氧化CO技术

1）Pt、Pd 催化剂

早期 Schryer 等和 Sheintuch 等分别将 Pt、Pd 负载在 SnO_2 上，制备了一系列的 Pt/SnO_2 和 Pd/SnO_2 催化剂，发现由于 Pt、Pd 的分散度较高以及载体上 CO、O_2 的溢流作用，其催化活性明显高于金属 Pt 和 Pd。但这类简单负载贵金属催化剂需在较高的温度（＞200℃）下才具有理想的催化 CO 氧化活性，且 Pt、Pd 价

格较高，储量有限，因此有必要通过添加少量过渡金属或稀土金属来降低贵金属含量，并提高催化剂活性。

Thormahlen 等发现在 Pt/Al_2O_3 中添加一定量 CoO_x 助剂可明显提高催化剂的活性和稳定性，在−73℃时，预氧化的 $Pt/CoO_x/Al_2O_3$ 即具有极高的 CO 氧化活性（如图 7-2-1 所示）。王建国等研究发现，Pd/CeO_2-TiO_2 催化剂在室温下即表现出高催化活性，同条件下其活性高于 Pd/CeO_2、Pd/SnO_2-TiO_2、Pd/ZrO_2-TiO_2、Pd/CeO_2-Al_2O_3 和 Pd/TiO_2。Pd 负载量≥1.0%时，Pd/CeO_2-TiO_2 催化剂活性最高，TiO_2 与 CeO_2 的摩尔比为 1∶7～1∶5。

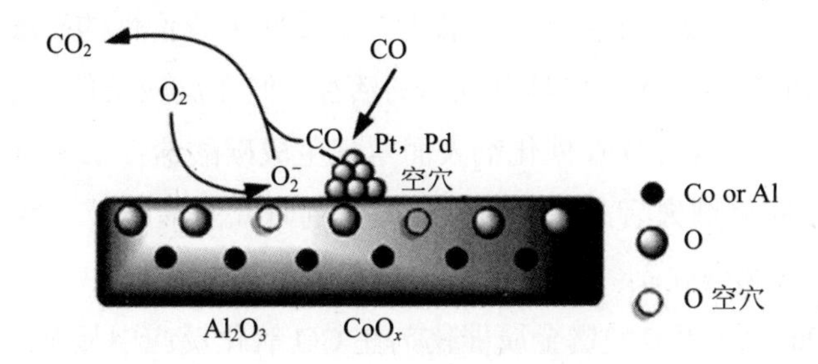

图 7-2-1　$Pt/CoO_x/Al_2O_3$ 表面上 CO 氧化的过程图

当然，以 Pt、Pd 贵金属为基础的负载催化剂存在诸多问题，如催化剂使用寿命短、抗水性能差，并且易被硫化物及卤化物毒化等。

2）Au 催化剂

自 20 世纪 80 年代，Haruta 等发现负载在过渡金属氧化物上的纳米 Au 催化剂对 CO 低温氧化具有很高的催化活性，从而引起广泛关注，有关 Au 催化剂的催化原理、催化活性等方面的研究也逐渐增多。

尤其是近年来，金作为一种新型的 CO 氧化催化材料已经受到人们的普遍重视，Au 催化剂对 CO 氧化具有极高的催化活性，在室温甚至室温以下仍具有很好的效果。尽管 Au 仍属于贵金属，但与通常使用的贵金属催化材料 Pt、Pd 相比，其价格相对便宜，储量较为丰富。此外，Au 的回收技术也比较成熟。因此，以 Au 作为催化材料可大大降低成本，具有诱人的开发和应用前景。

如东京都立大学的项目教授 Toru Murayama 领导的团队采用不同的沉积法制备了氧化铌（Nb_2O_5）负载的金纳米粒子催化剂（1 wt% Au/Nb_2O_5），该催化剂在温度为 73℃时，CO 转化率为 50%。

负载型 Au 催化条件下 CO 的氧化反应中，主体依然是反应物 CO 与 O_2 的吸附与活化过程。多数研究认为，Au 催化 CO 氧化反应遵循 Langmuir-Hinshelwood 机理，CO 吸附发生在 Au 粒子上，O_2 在 Au 粒子上或在载体上发生解离吸附或被活化成 O_2^-，而吸附态 CO 与活化态氧的催化反应则发生在金属载体的接触边界上。关于接触边界上发生的催化反应，Kung 等研究学者进行了深入探讨，吸附在 Au 粒上的 CO 插入接触边界处的 Au-OH 键中形成羧基，然后羧基进一步氧化为碳酸氢盐，最后分解生成 CO_2，同时 Au-OH 键恢复。另外，伴随反应的进行，催化剂会逐渐失活，因为碳酸氢盐会同时与邻近羟基反应生成惰性的碳酸盐和水。

Au 催化剂虽然对 CO 氧化具有很高的活性，但在反应条件下容易失活。失活原因可能有两个：一是 CO 在催化剂表面累积生成碳酸盐；二是 Au 颗粒的聚集。因此，防止 Au 催化剂失活，就成为该类催化剂研究面临的最大挑战。

3）其他贵金属催化剂

虽然 Pt、Pd、Au 等典型贵金属催化剂在 CO 氧化反应中显示了较优的催化性能，人们并没有遗忘其他贵金属的存在，以及它们可能显现出来的良好的 CO 催化氧化活性，如 Rh、Ir、Ag 等。

Tanaka 等研究 K 对 Rh/USY 和 Rh/SiO_2 催化剂的作用时发现，K 的加入使 Rh/SiO_2 和 Rh/USY 催化剂对 CO 氧化效果提高，CO 可降到 10×10^{-6} 以下。Guldur 等将 Ag 催化剂用于富氢气氛中 CO 氧化反应，研究发现，在 160～200℃范围内，摩尔比均为 1∶1 的 Ag/Co 催化氧化 CO 的选择性和转化率远高于同条件下的 Ag/Mn 催化剂。

2. 非贵金属氧化物催化氧化CO技术

鉴于贵金属催化剂成本较高且贵金属储量有限，近年来人们试图用过渡非贵金属元素、稀土元素为主体的催化剂来替代贵金属催化剂，并取得了很大进展。目前，用于 CO 氧化反应的非贵金属催化剂主要包括简单氧化物和复合氧化物催化剂两大类。

1）简单氧化物

Huang 等认为氧化钴物种的催化活性可根据相变和转移晶格氧的能力来阐述。Cu_2O 有改变化合价态的倾向，并具备夺取或释放表面晶格氧的能力，催化活性比 Cu 或 Cu_2O 高。还原过程中生成非化学计量比的 Cu 物种具有优良的转移表面晶格氧的能力，催化活性高于 Cu_2O。贾明君等采用溶胶沉淀法制备了一系列 CoO 纳米粒子，并考察了其催化 CO 氧化性能。研究发现，以十二烷基苯磺酸钠（DBS）作为表面活性剂可制备出高催化活性 CoO 催化剂。

最初，$CoMn_2O_4$ 作为替代贵金属的催化剂之一被广泛应用于 CO 净化领域，随着大量非贵金属催化材料的研究，性能优异的 Co_3O_4 逐渐成为研究的焦点。

CO 在 Co_3O_4 上的催化氧化反应主要是通过 Co 的氧化还原过程来实现的。首先是 CO 吸附在氧化态的 Co^{2+} 或 Co^{3+} 上，然后与高活性的晶格氧反应生成中间产物碳酸盐，碳酸盐在表面活性氧的参与下分解脱附生成 CO_2；最后，部分还原活性位、晶格空位与气相中氧气发生反应重新被活化（如图 7-2-2 所示）。

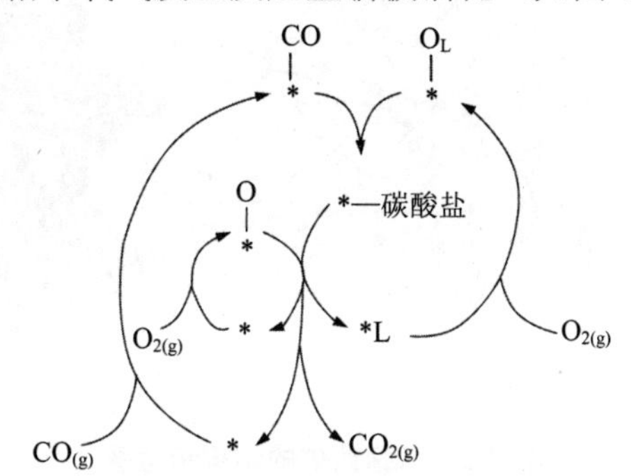

图 7-2-2　Co_3O_4 低温催化 CO 氧化反应机理

注：Co^{2+} 或 Co^{3+} 位；*L—晶格空位；O_L：晶格氧。

在反应气体干燥的情况下，Co_3O_4 展现了可以与 Au/Co_3O_4 相媲美的催化活性，即使在−50℃条件下依然可以将 CO 完全氧化。但是许多研究发现，Co_3O_4 催化剂受反应体系中水汽的影响较大，Co_3O_4 催化活性随体系湿度的增加而显著降低。目前普遍认同该现象的产生是由于水分子在钴催化剂表面与 CO 反应可促进碳酸盐的形成，而形成的碳酸盐即使在 300℃的高温下都很难脱附，从而导致钴催化剂的快速失活。

2）复合氧化物

自从 1971 年 Libby 等提出有可能利用镧、钴等的氧化物作为控制汽车废气的催化剂以来，许多学者在利用过渡金属元素氧化物作为 CO 氧化催化剂方面进行了大量的研究工作。近年来，钙钛矿型复合氧化物催化剂的研究已越来越受到重视。

在钙钛矿型复合氧化物 ABO_3 中，A、B 离子分别有 12 个和 6 个氧离子与其配位（如图 7-2-3 所示），生成 AO_{12} 和 BO_6 配位多面体。钙钛矿型复合氧化物具有非常稳定的结构，当其 A 位或 B 位金属离子被其他金属离子取代后，其催化活性会发生很大变化，特别是 B 位含 Co 或 Mn 的钙钛矿复合氧化物具有很高的完全氧化性能，它因有希望代替 Au、Pt、Pd 等贵金属而成为汽车尾气净化、接触燃烧、固态电解质燃料电池电极等用途的新型催化剂，已经成为催化领域极为活跃的研究课题。

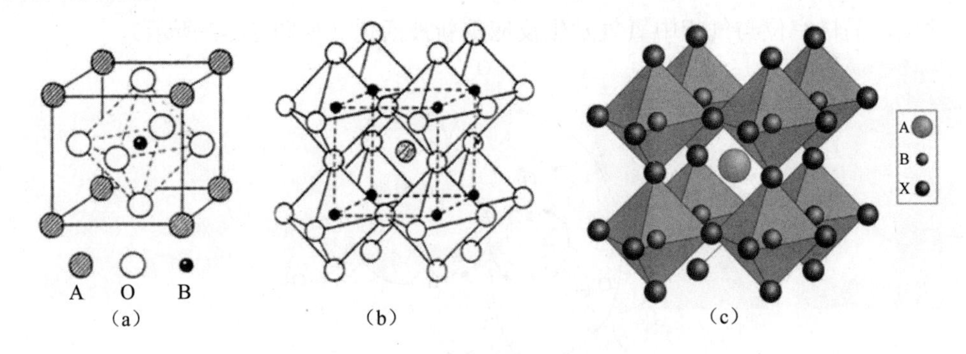

图 7-2-3 钙钛矿的结构示意图

3. 分子筛催化剂

分子筛以其独特的结构特点（如规整的孔道排列、均匀的孔径分布以及较大的比表面积等）、较好的热稳定性以及抗水、抗铅、抗硫化物中毒能力而广泛地应用于多相催化领域。最初人们利用组装技术将 Au、Pd 等贵金属植入分子筛孔道中，其应用主要集中于 F-T 合成、CO 还原 NO 和烷烃芳构化等催化领域，但是由于受到诸多因素的限制，一段时间内并没有受到足够的重视。目前被用作 CO 氧化反应催化剂载体的分子筛主要有：NaX、NaY、NaZSM-5、MCM-41 和 SBA-15 等。

4. 合金催化剂

合金催化剂（如 Pt-Pd/CeO、Pt-Au/CeO_2、Au-Ag/MCM-41 等）的出现，有利于克服不同催化剂体系的缺点，为开发可实际应用的催化剂奠定了基础。

二、常温催化净化室内甲醛和 VOCs

甲醛会使人出现头晕、头痛、呕吐、胸闷等，如果家中有孕妇且长期呼吸甲醛，容易引起胎儿畸形或者死亡。同时，会使人免疫力下降，特别是对小孩和老人、孕妇伤害更大。

根据《居室空气中甲醛的卫生标准》（最高容许浓度）为 0.08 mg/m^3，超过 0.08 mg/m^3 就超标了，主要表现为：室内空气中达到 0.1 mg/m^3 时，就有异味和不适感；达到 0.5 mg/m^3 时，可刺激眼睛，引起流泪；达到 0.6 mg/m^3，可引起咽喉不适或疼痛；达到 12～24 mg/m^3 时，引起呼吸困难、咳嗽和头痛。

随着新闻媒体不断报道，如幼儿园装修房、新出租房诱发白血病，学校甲醛房中毒事件，以及刚装修好的办公室甲醛超标事件等，再加上各大网站的介绍，甲醛的危害已经众所周知。同时，甲醛还被世界卫生组织上升为一类致癌物质。

现代科学的研究结果显示，室温下氧气吸附在许多过渡金属和一些贵金属表面时，可以解离成吸附状态的氧原子或带电荷的过氧或超氧自由基，所以从原理上讲，完全有可能利用空气中丰富的氧，通过催化活化实现甲醛的室温完全氧化。

1．贵金属催化剂

贵金属以其优良的催化氧化活性常作为催化氧化有机物的催化剂，已广泛应用于很多工业领域，故可通过贵金属活性组分与载体的匹配来设计氧化催化剂，以期达到无须特定光源而室温条件催化完全氧化甲醛的目的，并最终筛选出了能常温催化分解甲醛的 Pt/TiO_2 催化剂。

图 7-2-4 给出了 TiO_2 负载的 4 种贵金属（Pt、Rh、Pd、Au）催化剂和纯 TiO_2 载体对甲醛的催化氧化活性随温度的变化趋势，可以看出 5 种催化剂对甲醛的氧化活性由高到低的排列顺序为 $Pt/TiO_2 \geq Rh/TiO_2 > Pd/TiO_2 > Au/TiO_2 \geq TiO_2$。$Pt/TiO_2$ 展示了极佳的催化氧化甲醛活性，在 50 000 h^{-1} 室温条件下就能完全催化氧化 100×10^{-6} 的甲醛。与 Pt/TiO_2 相比，在室温条件下 Rh/TiO_2 对甲醛的转化率仅为 20%左右，而 Pd/TiO_2、Au/TiO_2 几乎没有催化氧化甲醛的能力。

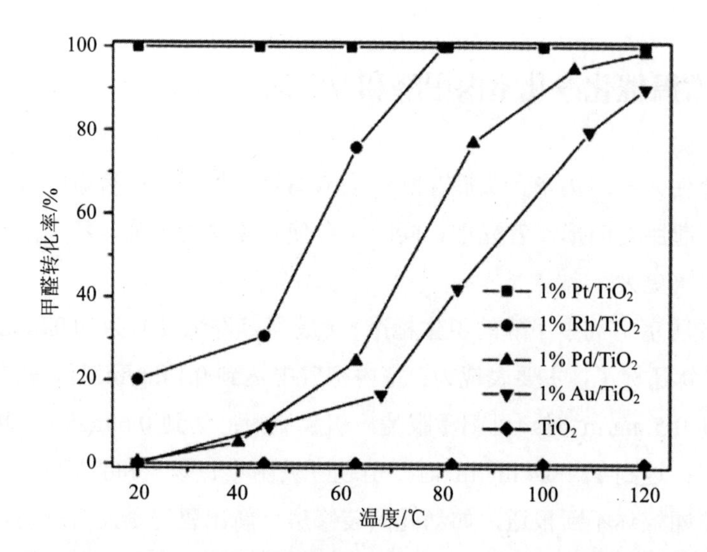

图 7-2-4 TiO_2 负载的贵金属催化剂对 HCHO 的催化氧化活性

贵金属作为氧化活性较高的催化剂，也被广泛应用于 HCHO 氧化的研究中，Pt/TiO_2 催化剂是在室温条件下催化氧化 HCHO 效果最优的负载催化剂。

HCHO 催化氧化反应过程中会产生二甲酰、甲酸盐和 CO 三个反应中间体（如图 7-2-5 所示），HCHO 首先在催化剂表面被氧化为表面二甲酰物种，然后进一步氧化为甲酸盐物种，接着甲酸盐物种分解为表面 CO 吸附物种，随后表面 CO 吸附物种迅速与氧气反应生成最终产物 CO_2，同时空出活性位置。在 Pt/TiO_2 催化剂上，甲酸盐物种很容易形成，而且甲酸盐可以分解形成 CO 吸附物种，然后被氧化生成 CO_2，所以 Pt/TiO_2 显示了优异的室温催化氧化 HCHO 的活性。

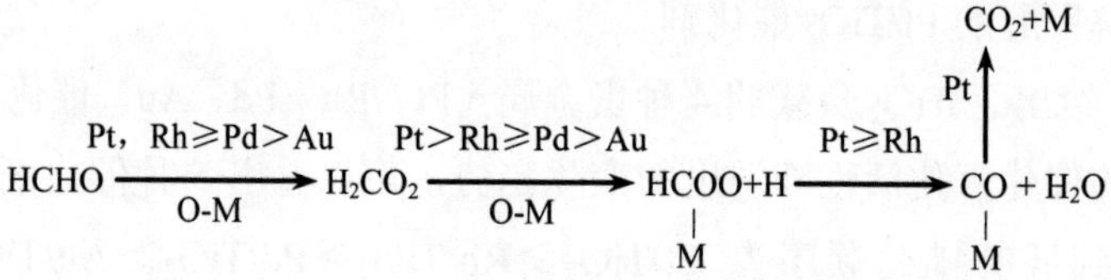

$$HCHO \xrightarrow[\text{O-M}]{\text{Pt, Rh}\geqslant\text{Pd}>\text{Au}} H_2CO_2 \xrightarrow[\text{O-M}]{\text{Pt}>\text{Rh}\geqslant\text{Pd}>\text{Au}} \underset{\text{M}}{HCOO}+H \xrightarrow{\text{Pt}\geqslant\text{Rh}} \underset{\text{M}}{CO}+H_2O \xrightarrow{\text{Pt}} CO_2+M$$

图 7-2-5 室温下 TiO_2 负载贵金属催化剂催化完全氧化 HCHO 反应机理

在 Rh/TiO_2 催化剂上，甲酸盐物种虽然很容易形成，但甲酸盐难以分解形成 CO 吸附物种，因此 Rh/TiO_2 的活性远低于 Pt/TiO_2；而对于 Pd/TiO_2 和 Au/TiO_2 来说，二甲酰容易在催化剂表面形成，但甲酸盐物种难以生成，而且甲酸盐也不能分解为 CO 吸附物种，所以二者的活性又远低于 Rh/TiO_2（如图 7-2-5 所示）。

2．廉价金属催化剂

目前用于甲醛热催化氧化的催化剂主要集中于负载型贵金属催化剂，如 Pt、Au、Ag 和 Pd 等，尽管它们对甲醛几乎都表现出优良的催化活性和选择性，但昂贵的价格限制了其普遍推广，因此开发过渡金属催化剂具有一定的实际意义。

近年来，过渡金属氧化物 Co_3O_4 的研究主要集中在 CO 低温催化氧化方面，应用于甲醛氧化方面的研究相对较少。Co_3O_4 对甲醛催化氧化体现出较高的催化活性，但是 CO 含量偏高。虽然 Co_3O_4 是高活性的 CO 低温氧化催化剂，但是研究表明催化剂表面被甲酸盐和表面羟基所占据，阻碍了对 CO 进一步的吸附和活化。因此，提高甲酸盐的分解和表面羟基的脱除速率，进一步降低 CO 的生成还需进一步研究。

Sekine 等对 Ag_2O、PdO、Fe_2O_3、ZnO、CeO_2、CuO、MnO_2、Mn_3O_4、CoO、TiO_2、WO_3、La_2O_3、V_2O_5 等金属氧化物室温下对密闭体系中甲醛的分解进行了研究，发现 MnO_2 室温下可氧化分解甲醛为 CO_2 和 H_2O，有望作为净化室内甲醛材料的活性组分。

到 2018 年为止，利用催化氧化技术仅仅实现了对甲醛的室温催化氧化，而针对室内其他主要 VOCs，如乙醛、环己酮及苯系物等的催化氧化在室温下还难以实现，在众多应用于醛酮类和苯系物催化氧化的贵金属、过渡金属氧化物催化剂中，完全分解上述污染物的最低反应温度分别要在 200℃和 150℃以上。

另外，从研究现状和发展趋势看，开发可室温催化氧化室内其他有机污染物的催化材料也具有很大难度。

在现实生活中，由于场合的不同，空气中甲醛等污染物的含量各不相同，而且污染物种类复杂，各种脱附技术均有其应用场合。对空气中污染物种类多、污染程度重的室内场所可以采用吸附技术来先行处理；对于木材工业等高浓度甲醛废气的场所，可以采用等离子体技术来处理；室内甲醛浓度较低的场所可以采用光催化氧化技术或利用植物的吸收来处理；负离子对人体健康有很好的作用，可以将其应用到空调系统或内墙涂料中。催化氧化技术被认为是去除 VOCs 的最有效方法，相对于非催化氧化过程，其操作温度低，所需的氧浓度低，系统简单容易维护，催化剂更换的周期很长。同时根据现场空气中甲醛浓度，可以通过控制活性组分的负载量以及催化剂的形式来达到不同的目的。对甲醛浓度较高的情况，就可以多负载一些活性组分；而相对于浓度较低的情况，从经济的角度出发，则应该负载少量的活性组分；在这里活性成分的精细分散很关键。此外，还可以采用不同的催化剂层来实现不同的功能，如吸附、反应以及脱附等。

从现有的研究可以看出，一般负载贵金属催化剂在脱除效果上优于常规金属及其氧化物催化剂，但采用贵金属催化剂，成本就随之提高，最终限制其在实际中的应用。本书作者认为寻找更为合适的粒径控制和分散手段，将更少量的超细贵金属颗粒均匀地分散到载体上，以及寻找能够代替贵金属的非贵金属作活性组分，是解决成本问题和进一步提高其催化效果的可行途径。此外寻找多种净化技术的融合，彼此取长补短也是提高脱除效率的一个研究方向。

三、常温催化净化室内氨气

氨是一种无色而具有强烈刺激性臭味的气体，比空气轻（比重为 0.5），可感觉最低浓度为 5.3×10^{-6}。氨是一种碱性物质，它对接触的皮肤组织都有腐蚀和刺激作用，可以吸收皮肤组织中的水分，使组织蛋白变性，并使组织脂肪皂化，破坏细胞膜结构。氨的溶解度极高，所以主要对动物或人体的上呼吸道有刺激和腐蚀作用，减弱人体对疾病的抵抗力。浓度过高时除腐蚀作用外，其还可通过三叉神经末梢的反射作用而引起心脏停搏和呼吸停止。氨通常以气体形式吸入人体，进入肺泡内的氨，少部分为二氧化碳所中和，余下被吸收至血液，少量的氨可随汗液、尿或呼吸排出体外。

氨气被吸入肺后容易通过肺泡进入血液，与血红蛋白结合，破坏运氧功能。短期内吸入大量氨气后可出现流泪、咽痛、声音嘶哑、咳嗽、痰带血丝、胸闷、呼吸困难，可伴有头晕、头痛、恶心、呕吐、乏力等，严重者可发生肺水肿、成人呼吸窘迫综合征，同时可能发生呼吸道刺激症状。所以碱性物质对组织的损害比酸性物质深而且严重。

日本东京都立大学的研究人员表明，一种由金纳米粒子负载在金属氧化物骨架上的新设计的催化剂显示出空气中氨杂质的分解，具有极好的转化为氮气的选择性。重要的是，它在室温下有效，使其适用于日常空气净化系统。

该催化剂与仅捕获有害物质的过滤器不同，催化过滤器可以帮助将氨分解成无害的产品，如氮气和水。它不仅更安全，可防止有毒化学物质的积聚，而且还无须定期更换。然而，常见的氨催化剂仅在超过 200℃的温度下起作用，使得它们效率低并且不适用于家庭环境。

东京都立大学 Toru Murayama 教授设计了一种可在室温下发挥作用的催化过滤器。新设计的过滤器由黏附在 Nb_2O_5 骨架上的 Au 纳米粒子组成（Au/Nb_2O_5），在将氨转化为氮气的过程中具有高选择性，几乎所有的氨气都转化为无害的氮气和水，没有 NO_x 副产物（如图 7-2-6 所示），这被称为选择性催化氧化（SCO）。过滤器已经应用于将氨污染的气体减少到可不检测的水平。

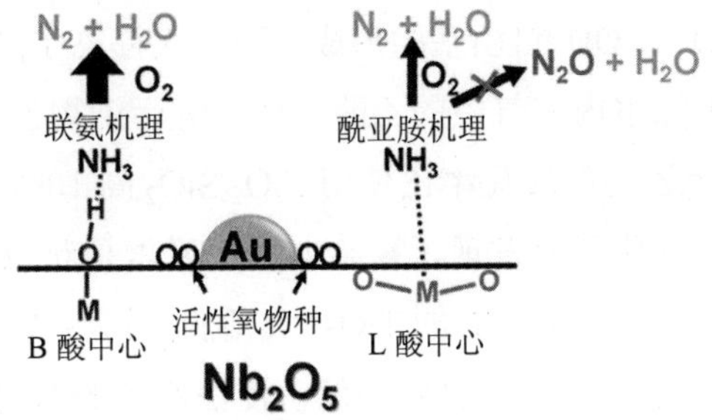

图 7-2-6 Au/Nb_2O_5 上催化净化氨气的示意图

重要的是，该团队还成功地发现了材料的工作机制，实验表明，负载 Au 纳米粒子导致催化活性增加；他们还发现，Nb_2O_5 框架的选择非常重要，实验表明，在 Nb_2O_5 骨架上称为 B 酸性点的化学位点在材料的选择性方面发挥了重要作用。

第三节 室内空气的光催化净化技术

光催化技术相对于过滤、吸附等其他技术具有显著的优点：反应条件温和，可以在常温常压下进行；反应速率快，所需时间短；能将大部分有机污染物降解为小分子物质。

大量研究表明，光催化技术在甲酸、苯系物等有机污染物的降解方面具有巨大的应用潜力。纳米 TiO_2 材料的光催化作用可以有效地清除室内由建材、电器、家具等散发出的有害气体，且氧化速率与污染物浓度成正比，因此有非常优越的去除性能，已广泛应用到室内甲醛等污染气体的净化治理中。另有研究将支撑体、活性炭和 TiO_2 光催化剂制成具有直通孔的多层蜂窝状净化网，该净化网对甲苯净化率为 98.8%、甲酸净化率为 98.5%、氨的净化率为 96.5%。

TiO_2 作为高活性催化剂，广泛应用于室内空气净化领域，其中以 TiO_2 膜光催化净化甲醛与乙醛的方式居多。在室温、紫外光或者近紫外光照射条件下，甲醛能够被完全分解为 CO_2 和 H_2O，但是由于甲醛在催化剂表面的吸附强度高于乙醛，导致乙醛的催化氧化速率远远低于甲醛。为提高 TiO_2 的催化活性，向反应体系中添加 Pt 等贵金属作为助催化剂，特别是在湿度较高的反应条件下，Pt/TiO_2 的体系中水分子能够促进 O^{2-}、OH 自由基的形成，而大大提高了 TiO_2 的光催化活性。负载贵金属 Pt，对去除室内空气中的乙醛、甲苯等污染物也有较好的效果，如在 $Pt-TiO_2/SiO_2$ 催化剂上乙醛的转化率比使用 TiO_2/SiO_2 高 10%。

可见光范围内光催化研究发现，掺杂非金属元素是获得可见光活性的 TiO_2/基催化剂的有效途径。掺杂 N 元素的 $TiO_{2-x}N_x$ 薄膜在可见光区域，与 TiO_2 薄膜对比表现出较高的光催化分解乙醛活性；水解沉淀法制备的 N 掺杂 TiO_2 纳米光催化剂，在可见光下对甲醛的净化率达到 92%，远远高于相同条件下纯 TiO_2 样品的净化率。

光催化对室内微生物的净化效果非常突出，室内微生物污染主要是一些致病菌，而细菌都是由基本元素 C、H、O、N、P 等组成的有机物，构成这些有机物的化学键主要为 O-H、C-H、N-H 及 O-P 键等。因此，只要光催化产生的自由基的氧化能力大于这些化学键的键能，就可以起到杀菌的目的，与光催化氧化 VOCs 机理相同。光催化体系中利用紫外光产生的·OH 具有极强的氧化能力，且氧化作用几乎无选择性，能够穿透细胞膜破坏细胞结构，阻止成膜物质的传输，阻断其呼吸系统和电子传输系统，在室温条件下可以杀死病毒、细菌等微生物，甚至导致细胞完全矿化。

自日本学者 Matsunaga 等首次发现 TiO_2 在紫外光照射下有杀菌作用后，学者们对 TiO_2 光催化杀菌进行了大量的研究，其中研究对象涉及细菌、病毒、藻类、癌细胞等。实验表明，TiO_2 不仅具有高效的杀菌功能，还能充分地将细菌裂解后释放的细菌内毒素完全分解，避免人体感染内毒素而引起发热、微循环障碍等毒性反应，从根本上消除了室内微生物污染对人体健康的危害，防止二次污染。

光催化研究成为热点与新材料研究的不断推进息息相关。然而相比于极大的研究投入，当下真正的光催化产品却寥寥无几，目前光催化领域多数的科研产出仍旧停留在论文这单一层面。究其原因，笔者认为这是由光催化反应中极高的载流子复合率导致的，虽然已有大量的工作在探索降低载流子复合的可能，但是由于光催化体系中没有像太阳能电池那种可以将正负载流子通过器件和电路进行彻底分离的机制，因此，即使光生载流子的寿命暂时性地得以延长，在其未反应之前仍有较大的概率发生复合。而光催化剂这一本质性的缺陷无疑极大地限制了其效率的提高，也因此难以高效地进行反应，而低下的效率自然也使其与产业化渐行渐远。

思考题

1. 简述空气过滤的 5 种机理。
2. 室内空气污染的来源主要是什么，污染物的种类有哪些？
3. 低温催化氧化 CO 技术中主要用到哪些催化剂？
4. 低温催化氧化甲醛技术主要用到哪些催化剂？
5. 催化氧化技术的不足之处体现在哪些方面？
6. 光催化的优势有哪些，不足之处有哪些？
7. 苯系物的去除未来应采用哪种方法较合适，试论述之。
8. 选择性催化氧化（SCO）有何优势？

第八章　水中有机污染物的催化治理技术

第一节　概　述

一、水体污染

水体是江、河、湖、海、地下水、冰川等的总称，是被水覆盖地段的自然综合体，不仅包括水，还包括水中的溶解物质、悬浮物、底泥、水生生物等。因某种物质的介入，超出水体的自净能力，导致其物理、化学和生物等方面特征的改变，从而影响到水的利用价值，造成水质恶化和水生态环境的破坏的现象被称为水体污染。

二、造成水体污染的主要污染源

1．工业废水

企业排放生产过程中产生的废水是世界范围内水体污染的主要污染物，其中污染较为严重的工业废水包括冶金、电镀、造纸、制药、印染和制革废水等。根据污染物的种类和物理化学性质，工业废水可分为有机物废水、无机物废水、重金属、病原体工业废水、放射性物质废水和工业循环冷却水。

2．生活污水

生活污水指居民在日常生活中排放各种污水，如洗涤衣物、沐浴、烹调用水，冲洗大小便器等的污水。生活污水呈灰色，透明度低，有特殊的臭味，含有有机物、洗涤剂、氯离子、磷、钾和硫酸盐等杂质。

3．农业污水

农业污水主要指农业生产中产生的含有农药、化肥和其他污染物的废水。农业污水含有大量的氮、磷、钾、农药、人畜肠道病原体、无机盐等，污染地表水，使鱼、虾、蟹、贝类等水生生物体内有较高的农药残留，并逐渐在生物体内富集，危害生物和人类的生命健康。

4．其他

工业生产过程中产生的固体废物含有大量的易溶于水的无机和有机物，受雨水冲淋造成水体污染。油轮漏油或由事故泄漏的石油对海洋的污染，油膜覆盖水面使水生生物大量死亡，死亡的残体分解可造成水体污染。

图 8-1-1 是几种典型的污水来源示意图，在现实中，水体往往同时受到一种或多种污染源的污染，且各种污染源互相影响，不断发生着分解、化合或生物沉淀作用。

图 8-1-1 几种典型的污水来源示意图

三、水体污染物分类和危害

从环境科学角度，污染源分为病原体、植物营养物质、需氧物质、酸碱盐等无机物、石油、放射性物质及热能等。

（1）病原体污染物主要是指病毒、病菌、寄生虫等。危害主要表现为传播疾病，病菌引起痢疾、伤寒、霍乱等传染疾病。病毒可引起病毒性肝炎、小儿麻痹等。寄生虫可引起血吸虫病等。

1988 年春节期间，上海市有 30 万人得了“甲型肝炎”，甲肝病毒是通过人的口和手传播的，各种蔬菜食品上有病毒，消毒不彻底，人吃了就会得病；家里的锅碗瓢盆染有这种病毒也会因为消毒不彻底而使人得病；包括外出乘公交车，也有可能从扶手上沾染上病毒，整个春节期间，上海市民都陷入了对疾病的恐慌中，亲戚朋友不敢串门，商店里冷冷清清，一些计划到上海出差或在上海召开的国际会议也纷纷取消。这种病毒到底最开始是怎么传染给人的呢？经过医务人员的调查，发现是由于上海人爱吃的一种贝类——毛蚶上带有甲肝病毒，人们吃的时候，没有煮烂炒熟，结果造成了甲肝的大流行。而这些毛蚶又怎么会带有甲肝病毒呢？原来是生活污水中带有甲肝病毒，污水流到了海里，病毒也随之到了海水里，在毛蚶体内寄生，人们又把毛蚶当作美味佳肴，所以人们自己又被传染了。

（2）植物营养物质包括氮、磷、钾、腐殖酸等，造成水体富营养化，藻类大量繁殖，消耗水中溶解氧，造成水中鱼类窒息死亡，水产资源遭到毁灭性破坏。亚硝酸盐与生物体内的血红蛋白反应，生成高铁血红蛋白，使血红蛋白丧失输氧能力，使生物中毒，并且亚硝酸盐和硝酸盐形成亚硝胺，诱发食道癌和胃癌等。水华又称水花、藻花，是淡水水体中某些蓝藻类过度生长的现象。大量发生时，水面形成一层很厚的绿色藻层（如图 8-1-2 所示），能释放毒素，对鱼类有毒杀作用。它不仅破坏水产资源，也影响水体美学与游乐。

图 8-1-2　生长着大量藻类的水面

（3）需氧物质主要指有机污染物，包括酚类、芳烃及其衍生物、有机氧化物、有机氯化物和农药等。有机化合物可以损伤神经系统、消化道系统、造血器官、生殖系统和中枢神经系统，引起慢性和急性中毒，导致动物窒息死亡。多氯联苯和有机氯农药等具有高毒性、致畸和致癌作用，并且难以降解，对人类和生态环境危害较大。

（4）酸碱盐等无机物包括非金属无机毒性物质如氰化物、砷（As），金属毒性物质如汞（Hg）、铬（Cr）、镉（Cd）、铜和镍等。长期饮用含有汞、铬、铅、砷等离子污染的水，会使人发生急、慢性中毒，导致机体癌变，严重危害人类健康。

日本九州岛熊本县的南端，有一个风景秀丽的海湾，叫水俣湾，那里本是一个鱼米之乡。1953 年，水俣镇有人得了一种怪病，症状是走路摇摇晃晃，说话吐字不清，常常傻笑不止，继而就是面部痴呆，耳聋眼瞎，全身麻木，精神失常，最后就不治而亡了。当地的一些猫吃了海鱼也发疯般乱蹦乱跳，并跳到海里死掉了。水俣湾周围患病的渔民越来越多。这就是 1956 年被确认的水俣病。它像一个可怕的幽灵，在社会上引起了巨大的社会恐慌。医生和科学工作者解剖化验了死者的尸体，证明是汞中毒。哪来的汞呢？经过调查，发现根源就是一家氮肥厂排放出来的污水中含有一种有毒的金属物质“甲基汞”。医生们不仅从死者和鱼虾的身体中化验出了甲基汞，还从这家工厂排放污水的管道口附近检验出了大量的甲基汞（如图 8-1-3 所示）。

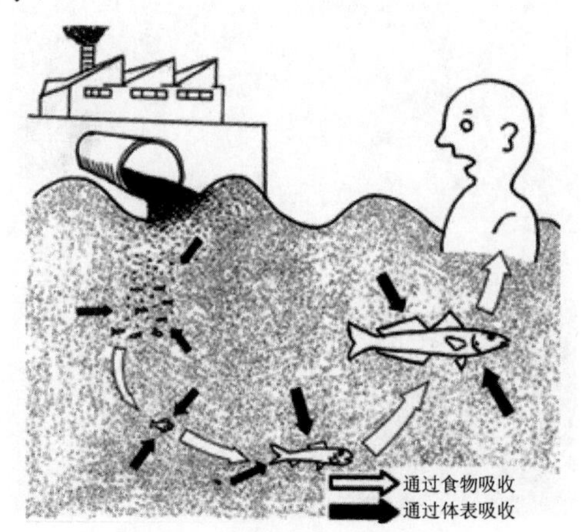

图 8-1-3 感染水俣病的过程图

日本环境厅发布的公告说，此次事件的汞中毒者共 283 人，其中 60 人死亡。这就是曾震惊世界的八大公害事件之——水俣病事件。以后政府勒令工厂关闭，经过彻底治理，才制止了水俣病的蔓延。

（5）石油污染指在开发、炼制、储运和使用过程中，原油或石油制品因泄漏、渗透而进入水体，在水面形成油膜，隔绝氧气与水体的气体交换，在氧化分解过程中会消耗大量的水中溶解氧，堵塞鱼类等动物的呼吸器官，黏附在水生植物或浮游生物上，导致水鸟和水生生物的死亡，甚至造成水面火灾。

（6）放射性物质主要指含有放射性同位素原子的化学物质，具有放射性，超出一定的浓度限值，将严重危害生物和人类健康。

（7）热电厂等的冷却水是热能污染的主要来源，如果直接排入天然水体，可引起水温上升，由此使水中溶解氧减少，甚至减小到零。水温的升高对鱼类的影响最大，热能污染过大，甚至引起鱼的死亡或水生物种群的改变。

四、水中有机物的处理技术

含有高浓度和难降解有机污染物的废水的 BOD 值较小，可生化性能差，不能用传统的生物污泥法来处理，因此，需要针对性研发高浓度有机污染物的降解处理技术，而高级氧化法是专门用来降解有机污染物的新技术，包括湿式催化氧化法、光催化氧化法、臭氧化法、光催化-臭氧化法和超临界催化氧化法等。本章介绍高级氧化技术处理有机废水的原理、影响因素、技术方法和应用范围。

第二节　臭氧化和非均相催化臭氧化

臭氧（Ozone）是地球大气中一种微量气体，是一种淡蓝色有特殊气味的气体，稳定性差，在常温下可自行分解为氧气。在酸性介质中，臭氧的标准氧化还原电位为 2.07 V，是自然界中最强的氧化剂之一，有很高的氧化能力，可把大分子有机物氧化为小分子有机物，产物为氧气，没有二次污染，应用于水中有机物、无机物的氧化去除。

1886 年法国最早进行臭氧技术研究，20 世纪 60 年代末，开始用于原水的预氧化，主要用于改善水的感官指标、助凝、初步去除或转化污染物等。90 年代，应用臭氧技术的水厂为 2 000 家左右，主要用于原水消毒，并降低生物耗氧量和化学耗氧量（COD），去除亚硝酸盐、悬浮固体及脱色。臭氧可迅速破坏染料的共轭体系或发色基团，具有较强的脱色能力，用于染料废水的降解处理。

但是，臭氧化工艺也有明显的缺点：①臭氧水中溶解度低，稳定性差，利用效率较低；②臭氧与有机物反应具有较强的选择性，氧化产物是一元醛、一元酸、二元羧酸等难以氧化的小分子羧酸类有机物，不能将水体中的有机物彻底氧化为 CO_2 和 H_2O，反而使水的可生化性能降低；③臭氧发生器的造价较高、电耗高，还需配备相应的空气或氧气净化装置，运行费用较高。

一、催化臭氧化法

利用溶液中过渡金属离子、固态金属、金属氧化物、负载在载体上的金属或金属氧化物等作为催化剂，促进臭氧分子的分解，产生更多的羟基自由基，被称为催化臭氧化。相对于只使用臭氧，催化臭氧化的反应速率常数达 10^6～10^9 mol/（L·S），反应速率常数提高 10^7 倍。

催化臭氧化分为均相催化臭氧化和非均相催化臭氧化两类。均相催化臭氧化利用溶液中的过渡金属离子和臭氧形成不稳定的配合物，并通过提供适宜的反应表面起到接触催化作用。使用非均相催化剂来催化臭氧化反应被称为非均相催化臭氧化。

（一）均相催化臭氧化的机理

利用 Fe^{2+}、Fe^{3+}、Mn^{2+}、Ni^{2+}、Ag^{+}、Co^{2+}、Cu^{2+}、Cr^{3+}、Zn^{2+}等过渡金属作为催化剂，催化臭氧的分解时，产生羟基自由基。机理包括 3 步反应：①臭氧分解生成$\cdot O_2^-$；②$\cdot O_2^-$转移一个电子和另一个臭氧分子，生成$\cdot O_3^-$；③$\cdot O_3^-$分解为 HO•。

均相催化臭氧化用来处理难降解有机羧酸、氯苯类衍生物、氯酚、除草剂、环境激素和染料中间体等有机化合物，投加少量的过渡金属离子可减少臭氧的用量，并且促进有机污染物的降解和矿化。在酸性和中性条件下，催化效果较好，但存在催化剂和臭氧的最佳使用浓度。对同一种有机物，不同金属离子具有不同的催化活性。但是，均相催化剂为金属离子溶于水，不能回收利用，存在二次污染，限制了均相催化臭氧化的实际应用。

（二）非均相催化臭氧化

以金属、金属氧化物、负载的金属或金属氧化物、含有金属成分的多孔材料等非均相材料作为催化剂，进行的臭氧化反应被称为非均相催化臭氧化。研究集中于金属和金属氧化物催化臭氧化，尤其是过渡金属氧化物。非均相催化剂以固态形式存在，催化剂便于和废水分离，反应条件温和、氧化活性高、工艺流程简单，既避免了催化剂的流失，也降低了水的处理成本。在工业废水和地表水的处理方面有广阔的应用前景。

1. 多相催化剂的作用

对于催化臭氧化技术，固体催化剂的选择是该技术是否具有高效氧化效能的关键。研究发现，多相催化剂主要有三种作用。

一是吸附有机物。对那些吸附容量比较大的催化剂，当水与催化剂接触时，水中的有机物首先被吸附在这些催化剂表面，形成有亲和性的表面螯合物，使臭氧氧化更高效。

二是催化活化臭氧分子。这类催化剂具有高效催化活性，能有效催化活化臭氧分子，臭氧分子在这类催化剂的作用下易于分解产生如羟基自由基之类有高氧化性的自由基，从而提高臭氧的氧化效率。

三是吸附和活化协同作用。这类催化剂既能高效吸附水中有机污染物，同时又能催化活化臭氧分子，产生高氧化性的自由基。在这类催化剂表面，有机污染物的吸附和氧化剂的活化协同作用，可以取得更好的催化臭氧氧化效果。在多相催化臭氧化技术中涉及的催化剂主要是金属氧化物（Al_2O_3、TiO_2、MnO_2等）、负载于载体上的金属或金属氧化物（Cu/TiO_2、Cu/Al_2O_3、TiO_2/Al_2O_3等）以及具有较大比表面积的孔材料。这些催化剂的催化活性主要表现对臭氧的催化分解和促进羟基自由基的产生。臭氧催化氧化过程的效率主要取决于催化剂及其表面性质、溶液的pH，这些因素能影响催化剂表面活性位的性质和溶液中臭氧分解反应。

2. 多相催化剂活性的影响因素

负载型非均相催化剂催化活性很大程度上取决于催化剂的制备方法、表面属性、载体种类、载体上活性组分的种类、负载量及催化剂配比等影响因素。

1）催化剂制备方法的影响

非均相催化剂的制备方法包括浸渍法、沉淀法、交换法、溶胶-凝胶法等。不同的制备方法对催化剂的物理化学性能，如粒径、形态、表面积、表面荷电、碱性基团含量和化学组成等有重要影响，从而影响到催化剂的催化性能。

Delanoë 等用浸渍法和交换法制备了两种不同类型的Ru/CeO_2，并用于催化琥珀酸的臭氧化，结果表明：用浸渍法制备的催化剂，Ru 分布于CeO_2的外表面，催化活性不高，只能催化臭氧化琥珀酸的稀溶液。而采用离子交换法制备的Ru/CeO_2，Ru 分布均匀，有利于 Ru 和载体之间的电子交换，催化活性强，可以有效地催化氧化高浓度的琥珀酸溶液。Jung 等分别采用热分解法、生物法和电化学法制备纳米级的铁氧化物，结果表明：热分解法制备的纳米氧化铁的粒径小且均匀，在催化臭氧降解对氯苯甲酸的实验中，纳米氧化铁能促进臭氧分解为羟基自由基（HO•），从而提高对氯苯甲酸的去除率。热分解法制备的纳米氧化铁分解臭氧产生羟基自由基的能力最强，这与其较高的比表面积和表面的碱性官能团有关。

即使是同一种制备方法，所用反应的试剂不同，催化剂活性也不同。研究表明，分别采用氨水、NaOH 和 Na_2CO_3 与 $SnCl_4$ 发生沉淀而制备的 SnO_2 催化剂处理糖蜜酒精废水时，其催化臭氧化产生了不同程度的催化效应，其中以氨水为沉淀剂制得的 SnO_2 催化效率最高，以 NaOH 为沉淀剂制得的 SnO_2 催化效率最低。

2）载体表面属性的影响

载体的比表面积、孔径和孔径分布、表面形貌都是影响催化剂活性的重要因素。载体可利用巨大表面积和对化学物质的选择吸附性，将污染物和氧化剂同时吸附到催化剂表面，形成高浓度有机物和氧化剂，使液相催化氧化反应转化为固相表面上的催化氧化反应，加快反应速度，提高氧化选择性，使难降解的有机物更大程度地氧化或降解。氧化铝、氧化锆、沸石、活性炭等比表面积较大的多孔材料是常用的载体。

催化剂载体的体相特征，特别是孔径大小对催化活性有较大的影响。分别以中孔氧化锆和商业氧化锆为载体制备锰氧化物和钴氧化物，催化臭氧化 2,4-D 的活性存在显著的差异，对 2,4-二氨苯氧乙酸矿化能力，中孔氧化锆为载体制备的催化剂比商业用氧化锆分别高出 40%和 50%。载体表面的孔结构越丰富、孔径越大，则催化剂活性越高。介孔分子筛具有较大的孔径和比表面积，孔径分布为 2～50 nm，解决小孔径催化剂一些大分子很难接近其孔道中活性位的缺陷，极大地提高了催化剂的活性，沸石分子筛被广泛应用于催化臭氧化领域。

3）载体类型及载体上活性组分种类的影响

非均相臭氧催化剂一般采用金属或金属氧化物作为活性组分，载体则采用 Al_2O_3、TiO_2、SiO_2、沸石、陶瓷、硅胶、石墨、活性炭或复合成分。研究表明，金属催化剂催化臭氧活性不如金属氧化物的催化性能好。

顾玉林等把 MnO_2、Co_3O_4、NiO、Fe_2O_3、CuO 等氧化物或复合氧化物负载于活性炭，在催化臭氧分解活性试验，结果发现 MnO_2 是臭氧分解非常有效的活性组分；Mn、Cu 系催化剂的活性高、寿命长，MnO-Fe_2O_3 和 MnO_2-CuO 的催化臭氧分解效果分别可以达到 93%和 92%，MnO_2-CuO-活性炭可以使臭氧分解率稳定保持在 90%以上。

Shiraga 制备 Mg-Al 复合氧化物负载的 Fe、Co、Ni、Cu 氧化物，研究了苯酚和草酸的催化臭氧化。Cu-Mg-Al 表现出最高的催化活性，Ni-Mg-Al 次之，Fe-Mg-Al 和 Co-Mg-Al 无催化活性。另外，催化剂的焙烧温度对其催化活性和稳定性影响较大，600℃焙烧时，Cu-Mg-Al/O_3体系矿化草酸的效果最佳，且反应过程中溶出金属的量最少。

4）负载量和催化剂配比的影响

杨庆良等考察了一系列Mn_x-Al_2O_3催化剂对O_3分解的催化性能，随着锰负载量的增加，催化剂活性略有增加，Mn和Al较佳的物质的量之比为1∶3。Reed 等以不同Mn负载量（3%、10%、15%和20%）的MnO_x/SiO_2催化臭氧化丙酮时发现，催化剂的存在使得丙酮氧化的温度和活化大幅降低，随着Mn负载量的增加，催化剂中Mn的价态从Mn_2O_3（+3价）降低至Mn_3O_4（+8/3）。对10%和3%的MnO_x/SiO_2反应活性研究表明，前者反应活性高于后者，后者较少的反应活性位和较高的Mn氧化态均不利于丙酮氧化反应的发生。

3．多相催化臭化机理

目前，已有大量文献叙述了多相催化臭氧化的机理。一般认为有三种可能的机理：

（1）认为有机物被化学吸附在催化剂的表面，形成具有一定亲核性的表面螯合物，然后臭氧或者羟基自由基与之发生氧化反应，形成的中间产物进而能在表面进一步被氧化，也可能脱附到溶液中被进一步氧化，如图8-2-1所示。一些吸附容量比较大的催化剂的催化氧化体系往往遵循这种机理。

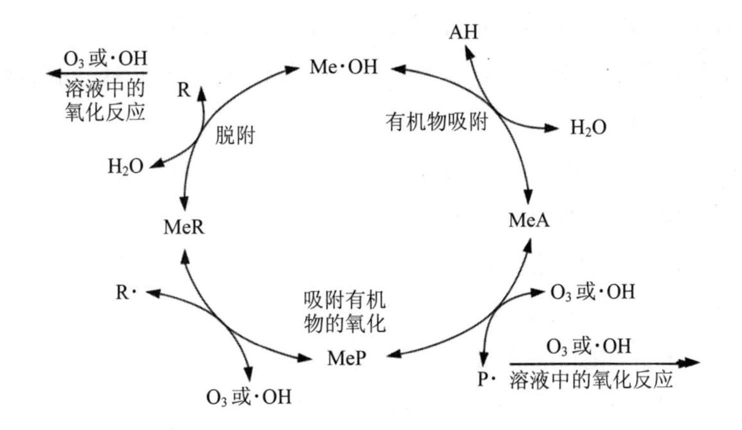

图8-2-1　金属催化臭氧化机理Ⅰ

（2）催化剂不但可以吸附有机物，而且还直接与臭氧发生氧化还原反应，产生的氧化态金属和羟基自由基可以直接氧化有机物，如图 8-2-2 所示。

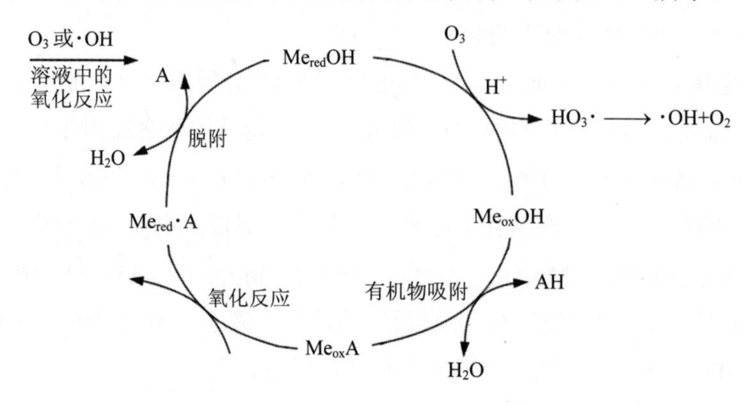

图 8-2-2 金属催化臭氧化机理 II

二、光催化臭氧化法和反应机理

光催化臭氧化（O_3-UV）是将臭氧与紫外光辐射（波长在 180～300 nm）相结合的一种高级氧化过程，它始于 20 世纪 70 年代，主要用于解决有毒害且无法生物降解物质的废水处理问题。80 年代以来，研究范围扩大到饮用水的深度处理。这种方法由 Garrison 等在治理含复杂铁氰盐废水中开发出来，他们发现该法对处理难氧化的物质十分有效，试验表明，将紫外光辐射与臭氧相结合，能使氧化速度提高 10～10^4 倍。

在紫外或可见光的催化下进行的臭氧化反应称为光催化臭氧化法。反应机理为：①臭氧在紫外光的辐照下和水分子反应生成过氧化氢；②过氧化氢发生分子内均裂反应生成羟基自由基；③羟基自由基和有机物进行链式自由基反应，生成有机自由基（R•）；④有机自由基（R•）和分子氧结合产生有机过氧化自由基（ROO•），有机过氧化自由基和有机分子进行下一步的自由基链式反应。

$$O_3 + H_2O + h\nu \longrightarrow O_2 + H_2O_2$$

$$H_2O_2 + h\nu \longrightarrow 2HO\bullet$$

$$RH + HO\bullet \longrightarrow H_2O + R\bullet \longrightarrow \text{进一步氧化降解}$$

$$R\bullet + O_2 \longrightarrow ROO\bullet \longrightarrow \text{进一步氧化降解}$$

光催化臭氧化（O_3-UV）作用机理为：①紫外光辐射下，有机物的键发生断裂而直接分解；②紫外光辐射下，水中臭氧分解成更强氧化能力的自由基，增加了对水中有机物的氧化能力和速度；③紫外光辐射使有机物外层电子处于激发态，提高分子的自由能，使有机物分子活化，从而易于在氧化剂臭氧的作用下氧化分解。紫外光的辐照提供了高能量的输入，有利于臭氧在水中产生更多的羟基自由基、激发态的离子和有机自由基，醇、醛、羧酸和酚等难以被臭氧单独氧化的小分子有机物，都可被光催化臭氧化完全分解为二氧化碳和水，氧化速率大大提高。

光催化臭氧化法是利用臭氧化水处理方法与光催化手段联用来提高水处理效率的废水处理技术。在均相臭氧化机理的基础上加上紫外光辐射，当把紫外光用于 O_3^-金属体系时，催化臭氧化的效率可以大大提高。光催化臭氧化可以对多氯联苯、不饱和氯代烃、造纸工业漂白废水、染料工业的有机染料等难降解的有机物进行有效氧化和分解。

Piera 等在 pH 为 3 的条件下，采用 Fe^{2+}-O_3 体系和 Fe^{2+}-UV 体系降解处理 2,4-二氯苯氧基乙酸（2,4-D），发现降解效果显著，但只有采用 UV-O_3-Fe^{2+}的体系才能使水中的 2,4-D 完全降解。UV-O_3-Fe^{2+}体系对于水中的苯胺和 2,4-二氯苯酚的去除也是有效的。起氧化作用的主要是 O_3 和 HO·。

Keiji Abe 等研究了 UV-O_3-Fe^{3+}体系用于氯酚类合物的处理。加入 Fe^{3+}以后，对氯酚的降解速率比 UV-O_3 体系要快 1.4～3.8 倍，产物中存在脂肪族化合物也说明了该体系能使芳香族化合物开环。Fe^{3+}通过 Fe^{2+}使臭氧分解从而增加了羟基自由基的产生，该反应的机理类似于光-Fenton 反应的机理。Fe^{3+}的催化作用还取决于 Fe^{3+}的浓度和体系的 pH。

Kazuaki 等采用 UV-O_3-H_2O_2 组合方式处理三氯甲烷废水，在臭氧投量 2.86 mg/L，H_2O_2 投加量 25 mg/L，UV 强度 2.6×10^{-6} Einstein S^{-1} 的条件下，反应 30 min，三氯甲烷由 150 mg/L 降低至 1 mg/L 以下。Somich 等采用 UV-O_3-H_2O_2 强化处理纸浆漂白废水，对碱性废液色度去除率可达 85%，对酸性废液色度去除率可达 94%，大大好于采用 UV/O^3 技术处理的效果。表 8-2-1 列举了光催化臭氧化的应用实例。

表 8-2-1 光催化臭氧化处理废水的实验条件和处理效果

有机物	光源	O_3浓度/（mg/L）	温度/℃	pH	初始浓度/（mg/L）	光照时间/min	TOC 去除率/%
腐殖酸	低压汞灯	10	20	7	500	20	87
2-硝基甲苯	低压汞灯	10	40	8	216	90	42
甲酸	低压汞灯	12	40	8	210	60	95
苯酚	低压汞灯	15	20	6.7	1.76	180	95

光氧化臭氧化技术是一种新型的、很有潜力的废水处理技术，具有自身的优势，在处理难降解有机物污水中有着广泛的应用前景，越来越受到人们的广泛关注。尽管对光氧化臭氧化技术已经有了一定的实验研究，但是，目前应用于实践中的技术还比较少，特别是紫外光设备费用较高、能耗大，加上部分有机物降解的反应机理不完善。因此，需要对光氧化臭氧化进行进一步的研究，如何在保证处理效率的前提下，减少设备投资和运行费用，研发高活性的催化剂和高效光催化反应器是解决臭氧在水中溶解度低和传质问题的关键。

第三节　多相光催化氧化技术

1976 年，Coley 研究出在紫外光照射下，二氧化钛可有效分解水中的多氯联苯。几乎所有的有机物都可以被多相光催化氧化法进行降解，因此，多相光催化氧化技术成为一种重要的具有应用前景的水处理方法。

一、水中污染物处理常用光催化剂

光催化剂的催化原理在第五章我们已经介绍过了，这里不再赘述，下面介绍水中污染物处理常用的光催化剂——TiO_2。二氧化钛具有价廉、无毒、稳定性好和易于回收等优点，是一种性能良好的光催化剂；但是，二氧化钛仅可以吸收波长小于 400 nm 的光，对太阳光的吸收效率低，还存在电子空穴-电子复合和光波长限值等问题，因此，有必要对二氧化钛进行表面修饰，以提高催化活性，增加其对太阳光的利用率。

1. 贵金属沉积修饰

沉积适量的 Ag、Ir、Pt、Pd、Rh 等贵金属到二氧化钛的表面，有利于防止光生电子和空穴的简单复合，并降低质子或溶解氧的还原反应的超电压，从而提高光催化活性。通过光催化还原氯铂酸、六羟基铂酸、二硝基二氨基铂的水溶液，把 Pt 沉积在二氧化钛表面，当负载贵金属的 TiO_2 受到光源的激发时，电子由费米能级高的 TiO_2 转移到费米能级低的贵金属 Pt，直到二者的费米能级相同，形成能捕获激发电子的肖特基势垒，使更多的空穴扩散到 TiO_2 表面，从而抑制电子-空穴的复合，提高量子效率，促进有机污染物的氧化分解（如图 8-3-1 所示）。研究表明：Pt/TiO_2 能将光降解有机磷杀虫剂的反应速率提高 4～6 倍。但是，铂的负载量过大可能会加速电子-空穴的复合速度，降低光催化反应速率，因此存在一个最佳的铂负载量。

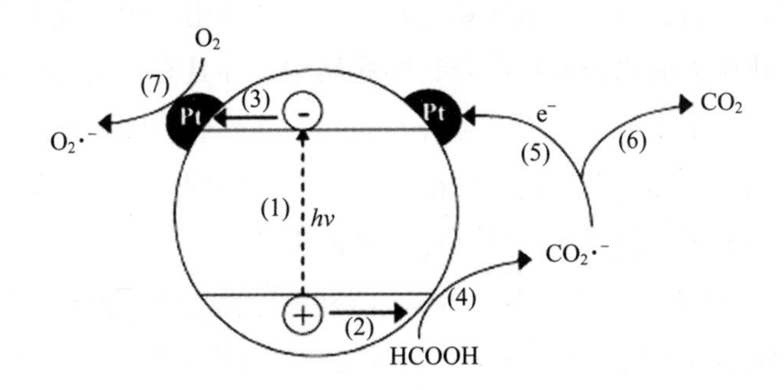

图 8-3-1　负载 Pt 的 TiO_2 在光催化过程中光激发过程示意图

2. 过渡金属的掺杂修饰

过渡金属的电荷状态和离子半径与钛原子相近，把过渡金属离子掺杂到 TiO_2 中，实现对 TiO_2 电子结构的调控，从而抑制光生电子-空穴对的复合速率，提高界面电荷的迁移速率，可以提高 TiO_2 的光催化活性，某些过渡金属的掺杂使 TiO_2 产生可见光的催化活性。金属离子修饰的 TiO_2 的光催化活性与金属元素的电子构型、掺杂物质的分布、掺杂物浓度、电子受体浓度和光强等因素有关。

在溶胶-凝胶体系中，添加金属盐或金属有机化合物形成凝胶体系，并对凝胶进行热处理实现过渡金属的掺杂。Choi 等系统研究了多种过渡金属元素掺杂 TiO_2

的光催化活性，发现掺杂 Fe^{3+}、Mo^{5+}、Ru^{3+}、Os^{3+}、Re^{2+}、V^{4+}、Rh^{3+}能明显提高 TiO_2 的光催化氧化及还原活性，而掺杂 Co^{3+}和 Al^{3+}则使得 TiO_2 的光催化活性有所降低。

Jing 等制备镧掺杂的 TiO_2 光催化，镧的引入能抑制 TiO_2 纳米晶的生长，使催化剂表面缺陷和氧空位的浓度增加，氧空位和缺陷能成为光生电子的捕获中心，有效抑制光生电子和空穴的复合。另外，氧空位能促进催化剂对氧气的吸附，吸附氧和光生电子之间存在强的相互作用，有利于光生电子的捕获和超氧自由基的形成，加速对有机污染物的光催化氧化。研究发现 La 以 La_2O_3 团簇形式均匀分布在 TiO_2 纳米粒子中，铈、铜、锌等金属离子的掺杂可以提高 TiO_2 的光催化活性。

3．复合半导体

复合半导体包括半导体-绝缘体复合和半导体-半导体复合。其中，绝缘体包括三氧化二铝、二氧化硅、二氧化锆等，起到载体作用。把二氧化钛分散负载于载体上，可以获得大的比表面积和合适的孔结构，并具有一定的机械强度，可以应用于移动床或固定床反应器中。另外，载体和活性组分间相互作用也可能产生一些特殊的性质。例如，金属离子的配位和电负性不同而产生过剩电荷，增加半导体吸引质子或电子的能力等，从而提高光催化活性。

在半导体-半导体二元复合半导体中，两种半导体之间的能级差别使电荷有效分离。例如，TiO_2-CdS 复合半导体中，CdS 的激发波长大于 TiO_2，当入射光能量只能使 CdS 发生带间跃迁，但不足以使 TiO_2 发生带间跃迁时，CdS 中的激发电子能被传输到 TiO_2 的导带，而空穴停留在 CdS 的价带，电子-空穴得以有效分离，对于 TiO_2 而言，CdS 的复合，使其激发波长延伸到可见光区。TiO_2-CdS、TiO_2-CdSe、TiO_2-ZnO、TiO_2-SnO_2、TiO_2-PbS、TiO_2-WO_3 等半导体复合体系具有更高的光催化活性。

4．二氧化钛的表面光敏化

将光活性物质化学吸附或物理吸附在光催化剂的表面，从而扩大激发波长的范围，增加光催化反应的效率，这一过程被称为表面光敏化作用。常用的光敏化剂包括赤藓红 B、硫堇、荧光素衍生物、$Ru(byp)_3^{2+}$等，这些光活性物质在可见光下具有较大的激发因子，只要活性物质的激发态电势比半导体导带电势更负，就可能产生光生电子输送到半导体材料的导带，从而扩大激发波长范围，电荷传输过程如图 8-3-2 所示。

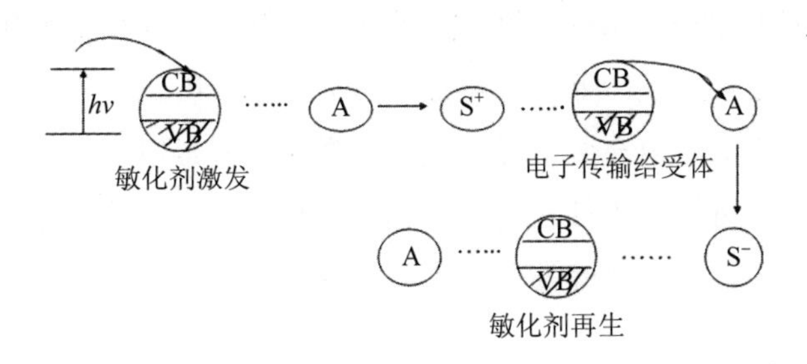

图 8-3-2　光敏化中电荷传输过程

二、光反应器的类型

光催化反应器是光催化处理废水的反应场所，高效光催化反应器的设计和制造是太阳能光催化降解污染物大规模推广的重要环节。按照光源的不同，光催化反应器可分为紫外灯和太阳能光催化反应器，汞灯、黑灯、氙灯等作为紫外光源，由于紫外光源具有寿命短和易于被灯管周围的粒子吸收等缺点，一般只用于实验室研究。而太阳能光源没有以上缺点，并且价廉节能，得到了广泛应用。

根据流通池中光催化剂所处的物理状态不同，太阳能光催化反应器可分为悬浮型光催化反应器和固定式光催化反应器。早期多采用悬浮型光催化反应器，该反应器结构简单，采用机械搅拌的方式，使催化剂和废水充分混合，有利于保持催化剂的活性，但是，悬浮颗粒对光线的吸收阻挡了光的辐照深度，且存在催化剂回收困难、活性成分损失较大等缺点，必须通过过滤、离心等操作分离污水和催化剂，回收催化剂，限制了悬浮型光催化器的实际应用。

固定式光催化反应器将二氧化钛等半导体材料喷涂于多孔玻璃、玻璃纤维、玻璃板或钢丝网上，使污水流过固定的催化剂，并与催化剂作用，以这种形式存在的二氧化钛不易流失；但催化剂处于固定状态，导致催化活性有所降低，运行时需提高进入反应器的水的压力，催化剂易淤塞并难以再生的问题。目前，催化剂的选择和催化剂的固定问题已成为光催化处理废水的一个十分关键的方面。

根据光催化剂的固定方式不同，可分为两种不同的反应器：①非填充式固定床光催化反应器，以烧结或沉淀的方法直接将光催化剂沉积在反应器内壁，但仅有部分光催化剂表面与液相相接触，其反应速率低于悬浮型光催化反应器。②填充式固定床型光催化剂反应器，将半烧结石英砂、硅胶、玻璃珠、纤维板等载体表面，然后将上述颗粒填充到反应器里，这类反应器可以省去光催化剂分离、回收的烦琐步骤，又可增加光催化剂与液相的接触面积，其反应速率比悬浮型光催化反应器高，太阳能填充式光催化固定床光催化器在光催化水处理工业化方面具有广阔的应用前景。

三、二氧化钛光催化剂的固定化

TiO_2使用主要有悬浮液式和固定式。光催化剂以粉末形态悬浮于反应体系中，接触面大、传质效果好，因此，悬浮液式光催化剂降解有机废水具有效率高，处理彻底等优点。但是，悬浮式光催化体系存在一个显著的缺点，即粉末状的催化剂在使用过程中回收困难，在光催化工艺后需要附加催化剂分离工序，增加了建设运行成本。因此，很难进行规模化、商业化推广应用。而将催化剂固定在一定载体上，可以有效地解决催化剂分离、回收困难的问题，降低回收处理成本，因此，制备性能优异的固定化光催化剂成为光催化技术实用化需解决的关键问题之一，也是目前研究的一个热点。

光催化剂的固定化方法主要有溶胶-凝胶法、化学气相沉积法、黏结剂法、溅射法、粉末烧结法、液相沉积法、电沉积法等。

1. 溶胶-凝胶法

溶胶-凝胶法是最常用的催化剂固定方法，以四氯化钛或钛酸四丁酯为原料，加入少量水、酸、有机添加剂，经搅拌、陈化制得TiO_2溶胶，在室温或100℃陈化一定时间形成凝胶。在溶胶到凝胶的转化过程中，通过浸渍涂层、旋转涂层或喷涂法等，获得负载型TiO_2前驱体，在一定温度下干燥和热处理后得到负载型的TiO_2光催化剂。溶胶-凝胶法具有工艺简单、制备条件温和、过程容易控制、重复性好、膜厚可控等优点，可通过调整原料配比和制备工艺参数控制TiO_2颗粒大小、晶体结构和比表面积，但是，钛酸四丁酯的价格较高。

2. 化学气相沉积法

以钛酸盐或钛的无机盐为原料，加热使其气化，在惰性气体的携带下，在载体表面进行化学反应形成一层 TiO_2 薄膜。制备的负载型膜催化剂具有纯度高、粒度细和结晶好的优点，但是，基材的温度和气体的流动状态决定了基材附近温度、反应气体浓度和速度分布，影响膜的生长速率、均匀性和结晶性。

3. 黏结剂法

黏结剂法就是用有机硅、环氧黏合剂、氟树脂等黏合剂将高活性 TiO_2 粉末通过黏合作用负载到各种载体上，研究较多的是市售 P_{25} 的固定化，实现 TiO_2 的固定化的同时基本保持了催化剂的活性，适用于不能高温灼烧的载体，是开发 TiO_2 光催化剂大气净化类涂料的基础，但存在有机黏结剂的光催化分解、老化、剥落等问题。

4. 溅射法

利用直流或高频电场使惰性气体发生电离，产生辉光放电等离子体，电离产生的正离子高速轰击靶材，使靶材上的原子或分子溅射出来，然后沉积到基片上形成薄膜。与溶胶-凝胶法相比，溅射法很容易调整制备条件，因而易于控制薄膜的结构和性质。溅射法制备的薄膜成膜牢固，基片温度较低，但存在生长速率慢的缺点，而且成本较高。

5. 粉末烧结法

粉末烧结法是以粉末状的 TiO_2 为原料，与水、有机溶剂等混合制成悬浮液，浸涂到载体材料上，经干燥和热处理后制成负载的 TiO_2 光催化剂。该法工艺简单，但是制备的负载型催化剂分布不均匀，而且催化剂和载体间结合不牢固，容易脱落。

四、光催化氧化法在有机废水中的应用

光催化反应能有效地将染料废水，农药废水，表面活性剂、氯化物、含油废水中的有机物降解为水、二氧化碳和卤素离子、酸根离子，达到完全无机化的目的。至今已发现有 30 多种难降解的有机化合物可利用光催化技术迅速降解。

农药废水的处理，一般物质降解较为迅速，但是并非所有物质都可顺利降解，

如 5-三嗪类物质可以顺利降解为毒性很小的氰尿酸，具有稳定的六元环结构，很难再被降解。但是经过光氧化后，废水的毒性下降很多，部分矿化也有意义。对于有机磷农药的光降解实验也非常有效，在 TiO_2 的催化下，COD_{Cr} 的去除率达到 90%。

目前，使用的表面活性剂结构多，化学性质也不同，光催化降解的性能也具有较大的差异。对于含有苯环的表面活性剂，光催化降解更容易实现无机化，对于直链烷烃，则难以实现无机化；但是随着苯环的破坏，表面活性剂的毒性大大降低，光催化降解表面活性剂的技术具有较大的研究价值和应用前景。

Takita 研究了 TiO_2 为基质的金属和金属氧化物催化 CCl_2FCClF_2（CFC-13）的转化，具有较佳的光催化活性，TiO_2 中加入 WO_3 后，催化剂的表面酸性部位增加，可长时间保持较高的催化活性，TiO_2-WO_3 体系降解 CFC-13，在 100 h 内可保持 99.6%的催化效率。

毒性很高的汞和致癌的铬的光还原，可使金属汞吸附在催化剂表面，而 Cr^{6+} 转换为毒性较低的 Cr^{3+} 减少其危害。刘森等利用 ZnO/TiO_2 光催化原理来处理含六价铬的电镀废液，以太阳光为光源，对电镀含铬废水进行多次处理，使六价铬还原为三价铬，再以氢氧化铬形式除去三价铬，达到治理电镀含铬废液的目的。

随着石油工业的发展，每年都有大量的含油废水产生，对水体和环境造成严重污染，对于这种不溶于水且漂浮于水面的油类污染物的处理，也是一个值得关注的课题。TiO_2 的密度大于水，为了使其漂浮于水面与油类进行光催化反应，必须寻找一种密度小于水，能被二氧化钛良好附着而又不被 TiO_2 光催化氧化的载体。Berry 报道了用环氧树脂将 TiO_2 黏于木屑上。方佑龄等用硅烷偶联剂将纳米 TiO_2 偶联在硅铝空心微球上，以辛烷为代表，研究了水面油膜污染物的光催化氧化，取得较好的祛除效果。还通过浸渍-热处理的方法在空心微球上制备了漂浮型的 TiO_2 薄膜光催化剂，可以控制 TiO_2 的负载量和晶型。

五、二氧化钛光催化氧化-生物工艺联用法处理有机废水

由于废水中污染物比较复杂，只使用单一的技术效果有很多局限性，优化组合多种技术，是一种新的有效途径。生物处理具有成本低、技术成熟等特点，相

对于高级化学氧化，它的运转费用很低。但是，很多致癌有机物，如氯酚类、除草剂类、纺织染料和表面活性剂都不能被这种技术有效地处理。光催化处理则对污染物无选择性，可处理各类难降解有机污染物，但完全矿化时间长，且成本高。若将光催化技术与生物处理两种工艺有机地结合用于处理难降解有机物废水，可实现二者的互补，提高降解效率和降低运行成本。

在废水处理中，用 BOD_5/COD 的比值表示废水的可生化性。当 BOD_5/COD 大于 0.4 时，废水具有较高的可生化性；而 BOD_5/COD 小于 0.4 时，废水难以生化处理。Parra 等采用光催化-生物联合法处理含有异丙隆的废水，在光催化预处理前，异丙隆的 BOD_5/COD 为零，不能被生物法降解；经光催化预处理后，BOD_5/COD 比值增至 0.65，说明光催化处理后的溶液具有可生化性，采用光催化-生物联合法处理后，DOC 的去除率达到 95%。Chan 等采用光催化-生化联合法处理具有二嗪结构的除草剂阿特拉津，直接生物降解阿特拉津需数周至数月时间，研究结果表明，光催化生物法联合处理可以将阿特拉津降解、脱毒以及矿化。阿特拉津经光催化预处理后，转化为结构稳定的二聚氰酸。光催化预处理后的阿特拉津溶液经由 *Sphingomonas capsulata* 细菌生物降解 9 天后，二聚氰酸完全降解，生物处理后的溶液无毒。

染料废水具有色度深、毒性大的特点，传统水处理工艺中采用的吸附、絮凝及生物氧化技术通常不能达到净化的目的。利用多相光催化技术与生物处理法结合处理染料废水是有效的选择。胡春等研究活性黄 KD-3G、活性艳红 K-2G、活性艳红 K-2BP、阳离子蓝 X-GRL 和甲基橙 5 种生物致毒的偶氮染料的光催化反应，当染料脱色 90%时，BOD_5/COD 值都小于 0.4，说明起始染料化合物有很强的生物致毒性，即使很低的浓度仍然对菌种有抑制作用，随着光催化处理时间的增加，溶液的 BOD_5/COD 出现上升的趋势，随着起始染料结构的不同，在不同光反应时间内，反应样品的 BOD_5/COD 的值从起始的 0 变化到 0.75，结果表明：光催化处理工艺将难生物降解的有机物结构转化为可生化的结构，提高了反应物的可生化性。

六、多相光催化技术的未来发展方向

尽管光催化氧化技术得到了较快发展，掺杂过渡金属离子和固定化技术有效地提高了 TiO_2 光催化活性和反应效率，提高了其处理多种有机物及制浆造纸废水的能力，在有机污染物处理上具有较大的优势。但光催化技术对有机污染物处理等研究仍处于实验室和理论探索阶段，未达到实用化规模，现有光催化体系的太阳能利用率较低，总反应速率较慢，纳米催化剂粒子不稳定以及光源的要求都是其中需解决的关键，还需要开展的后续研究包括：

（1）制备具有高量子产率、可以被可见光激发的半导体高效稳定光催化材料仍是今后研究的重点。

（2）提高固定化催化剂的活性和稳定性。在实际的废水处理中，粉末催化剂如何与净化的水体分离是一个很难解决的问题。近几年已开始研究催化剂固定化，但大多数固定化的催化剂活性较低，稳定性有待研究。

（3）由于对单一组分的降解与实际多组分复杂情况相距较远，因此应该进行多组分物质的降解研究。

（4）多项单元技术的优化组合是当今水处理领域的发展方向。加深对光催化技术的认识，使其与其他技术相结合，将会开拓更为广阔的应用前景。

第四节　芬顿催化氧化技术

1894 年，法国化学家芬顿（Fenton）发现 Fe^{2+} 与 H_2O_2 的混合溶液具有强氧化性，可以氧化有机污染物，因此将 Fe^{2+}-H_2O_2 命名为芬顿试剂（Fenton regent），使用芬顿试剂的反应称为芬顿反应。芬顿氧化技术使用环境友好的过氧化氢，将有毒或难降解的有机污染物矿化为无污染的二氧化碳和水，符合绿色化学理念，是一种环境友好的绿色催化新工艺。

一、均相芬顿反应

1934年，Haber-Weiss提出Fe^{2+}/Fe^{3+}的电子转移使过氧化氢分解，产生强氧化性的羟基自由基，羟基自由基的氧化电位高达2.8 V，没有反应选择性，催化机理如下：

链引发

$$Fe^{2+} + H_2O_2 \longrightarrow Fe^{3+} + HO\bullet + HO^-$$

链传递

$$RH + HO\bullet \longrightarrow R\bullet + H_2O$$

$$R\bullet + Fe^{3+} \longrightarrow R^+ + Fe^{2+}$$

$$R\bullet + H_2O \longrightarrow ROH + H^+$$

链终止

$$Fe^{2+} + HO\bullet \longrightarrow Fe^{3+} + OH$$

$$R\bullet + R\bullet \longrightarrow R - R$$

二价铁离子（Fe^{2+}）起到催化剂作用，Fe^{2+}和H_2O_2快速反应生成氧化能力极强的羟基自由基，此外，三价铁可以和H_2O_2缓慢地形成Fe^{2+}，Fe^{2+}再和H_2O_2反应生成羟基自由基，因此三价铁也具有一定的催化活性。羟基自由基和有机物反应生成有机自由基（R•），有机自由基进一步降解，最终生成二氧化碳和水，从而降解有机污染物。芬顿试剂的最佳pH为2～4，在中性和酸性下不利于羟基自由基的生成，催化活性不高。

芬顿试剂可有效地降解氯苯、酸性溶液中的除草剂2,4-二氯苯氧基乙酸（2,4-D）和2,4,5-三氯苯氧基乙酸（2,4,5-T），对pH很敏感，甲醇和氯化物可与活性氧优先反应而抑制有机物的降解。

芬顿氧化法具有操作简单、费用低廉、不需要复杂的设备、对环境友好等优点，作为生物氧化处理的预处理能够明显提高废水的可生化性，广泛应用于来自化工、炼油、机械加工及印染等行业的有毒有害难生物降解的废水处理中，并具有很好的应用前景（如图8-4-1所示）。

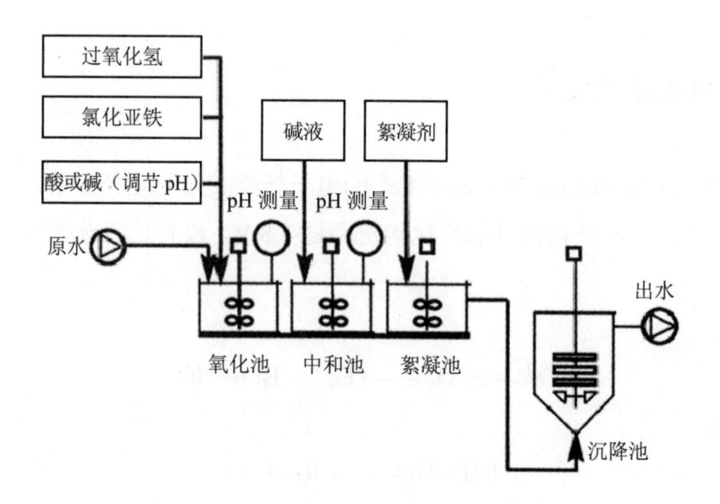

图 8-4-1 芬顿氧化法的水处理工艺图

均相芬顿法的氧化效率受到反应体系 pH、反应温度、H_2O_2 的投料方式、反应时间、催化剂用量的影响，且不能充分矿化有机物，有机物转化为中间产物或与 Fe^{3+}形成络合物，可能对环境的危害更大，H_2O_2 的利用效率不高也是普通芬顿氧化法的一个明显缺点。

二、非均相催化氧化

均相芬顿体系的反应效率受溶液中 Fe^{2+}离子浓度和 Fe^{3+}离子再生能力的影响很大，而且在反应过程中产生的大量含铁污泥，处理成本较高、很容易造成二次污染，成为制约其实际应用的一个重要因素。以过渡金属、过渡金属氧化物或金属有机络合物为活性组分的非均相芬顿催化具有氧化效率高、稳定性好、不引入二次污染、催化剂与反应体系容易分离和可循环使用等优点，能够有效降低废水的处理成本，具有更好的应用前景。

1．过渡金属或过渡金属氧化物

零价铁粉在酸性条件下可以与过氧化氢反应产生 Fe^{2+}离子和促进 Fe^{3+}离子再生，而且反应后催化剂可以回收再利用，降低废水处理成本，用零价铁粉取代无机铁盐的多相芬顿体系能够克服均相芬顿体系的缺点，铁粉大多来自切削工业的废料，也具有以废治废的重要意义。

$$H_2O_2 + Fe^0 \longrightarrow Fe^{2+} + 2HO^-$$

$$Fe^0 + Fe^{3+} \longrightarrow 2Fe^{2+}$$

可以使用镀铜铁屑取代硫酸亚铁作为催化剂，明显提高对油田钻井水中难处理有机物的降解效果。使用 Fe-Cu 体系能够将废水的化学需氧量（COD）从 1 900 mg/L 降低到 426 mg/L，而使用 Fe^{2+}与 H_2O_2 体系氧化时，出水 COD 为 726 mg/L，与单独铁屑相比，表面铜的存在有效提高了 Fe-Cu 催化剂对 H_2O_2 的利用效率。

过渡金属氧化物可催化过氧化氢产生羟基自由基，用于降解水中的有机污染物，以铁氧化物为例，铁是一种多价态金属，存在针铁矿（α-FeOOH）、纤铁矿（γ-FeOOH）、赤铁矿（Fe_2O_3）、磁铁矿（Fe_3O_4）、磁赤铁矿（γ- Fe_2O_3）和水铁矿（$Fe_5HO_8 \cdot H_2O$）等，在降解有机污染物中表现出很好的催化活性，其中，针铁矿作为自然界中丰度最高的铁氧化物，具有很高的催化分解过氧化氢的活性，而且微溶于水、易于回收，不会对水体造成二次污染。

2．多孔载体负载Fenton非均相催化剂

多孔载体负载的 Fenton 催化剂具有多孔载体的吸附性能和催化剂的催化性能，有利于有机物的降解。有机物降解的机理包括：反应物向催化剂表面的扩散、在反应位点的吸附、反应中电子的转移、产物的脱附、活性位点的再生等过程。因此，反应体系的 pH、温度、催化剂用量、过氧化氢的浓度、污染物浓度、载体种类和粒径大小、活性组分的种类和形态等是影响催化性能的重要因素。

黏土是一种表面带有负电荷、具有和阳离子交换能力的小粒径的微孔材料，具有优良的物理吸附性和表面化学活性。但是，黏土的铝硅酸盐与阳离子间的静电排斥作用，使有机物难以进入黏土孔道。利用天然黏土分散在水溶液中时会发生膨胀这一性质，将粒径较大的阳离子通过离子交换引入黏土的孔道中，在高温下煅烧，把金属阳离子转化为热稳定性的金属氧化物，制得过渡金属掺杂的柱撑黏土。柱撑黏土具有较大的层间距，比表面积和微孔率可增至原来的 4 倍，吸附和催化性能大大增强。经过高温煅烧，黏土与引入的阳离子之间形成共价键，有效地防止了活性组分的溶出，提高了材料的重复利用率和催化剂的活性和稳定性。

Carriazo 等制备了 Al-Ce-Fe 柱撑膨润土和 Al-膨润土，以过氧化氢作氧化剂，研究了催化降解苯酚的效率，催化活性依次为：Al-Ce-Fe 柱撑膨润土＞A1-膨润土＞天然膨润土。在室温下反应，Al-Ce-Fe 柱撑膨润土为催化剂，反应 1 h 后，苯酚全部被降解，反应 4 h，总有机碳（TOC）的去除率达 55%，而铁的溶出小于 0.3 mg/L。

沸石是一种具有笼状或曲折规整孔道、开放的结构、比表面积高达 400 m^2/g，沸石的孔径与反应物尺寸相似是一种理想的 Fenton 催化剂载体，常用的沸石有 ZSM-5（MFI）、HY-5（FAU）、X 沸石等。通过与金属阳离子进行交换制备金属/金属氧化物-沸石复合物，沸石作为 Fenton 催化剂载体，可吸附有机污染物，促进对污染物的去除。Ovejero 等采用不同的方法制备含铁沸石，用于催化 H_2O_2 降解苯酚，催化剂表现出很高的催化活性，苯酚去除率 100%，TOC 去除率达到了 50%～80%，材料重复使用后，催化活性仅略有降低，铁溶出率较低。

3. 介孔氧化硅

介孔氧化硅具有孔道结构有序、大的比表面积和孔容等优点，孔径为 2～10 nm，孔径可以在一定范围内调变。虽然所有的金属都可以进入孔道与 MCM-41 形成金属-MCM-41 复合物，但其水热稳定性较差，限制了其应用。与 MCM-41 相比，赵东元课题组合成的 SBA-15 具有较大的孔径、良好的力学性能和水热稳定性，以 SBA-15 为载体制备的负载型 Fenton 催化剂具有更好的催化氧化性能。Martinez 等采用固定床反应器，以 Fe_2O_3/SBA-15 催化 H_2O_2 分解降解苯酚，pH 为 5.5 时，苯酚及 TOC 去除率分别可达到 100%和 66%，连续反应 34 h，TOC 去除率只有微小下降，铁的溶出率仅为 1.3%，稳定性良好。

非均相 Fenton 催化氧化法具有 pH 适用范围大、不产生含铁污泥、Fe^{2+}还原为 Fe^{3+}速率快、有机污染物去除率高、催化剂重复利用率高等优点，是降解低浓度有机污染物的一种重要方法。开发具有高催化活性和催化稳定性的催化剂是非均相 Fenton 催化氧化技术的关键，因此，今后负载型 Fenton 催化剂的研究方向主要集中在以下几个方面。

（1）提高催化剂的稳定性。添加某种金属或其他物质，增强活性组分颗粒与载体间的作用力，选择合适的载体，使活性组分和载体更好地相互作用，降低活性组分的溶出率。

（2）提高催化剂在中性条件下的活性。可通过改变反应的外在条件，如使用紫外、超声、可见光等手段，提高体系产生羟基自由基的产率，增强其催化活性。

（3）延长催化剂的使用寿命。制备孔径较大的复合材料，如有序介孔材料，可在一定程度上避免碳沉积引起孔道堵塞。通过在材料表面嫁接官能团，使材料具有选择性吸附能力，可防止短链脂肪酸类物质的吸附而造成催化剂的中毒。

（4）开发新型多孔材料载体。通过选用性能更好的新型催化剂载体，提高催化剂的活性，增强活性组分与载体间的作用力，提高其稳定性。

第五节　湿式催化氧化技术

湿式催化氧化技术始于20世纪70年代，传统的湿式氧化工艺需要很高的反应温度和压力，为了在更温和、更短的反应时间内降解有机污染物，使用催化剂来降低反应温度和压力，提高催化氧化性能，缩短反应时间。

湿式催化氧化的催化剂体系有：过渡金属和其氧化物、复合氧化物和其盐类。根据所用催化剂的状态分为均相催化剂和非均相催化剂。因此，湿式催化氧化技术也分为均相湿式催化氧化和非均相湿式催化氧化。

一、均相湿式催化氧化

均相湿式催化剂的活性和选择性可以通过选择合适的配体和反应溶剂、合适的反应助剂，进行催化氧化体系的设计，包括芬顿试剂、二氯化钯、三氯化钌、三氯化铑、四氯化铱、硝酸银、K_2PtO_4、$NaAuCl_4$、$NaCr_2O_7$、$Cu(NO_3)_2$、$Cu(OH)_2$、$CuSO_4$、CuCl、$FeSO_4$、$NiSO_4$、$ZnSO_4$和$SnCl_2$等，其中，铜盐的催化效果最好。村上幸夫等以甲醇和甲醛为反应物，对铜、钴、镍、铁、钒的催化活性进行研究，发现在230℃，氧气分压2MP时，铜盐的催化效果最好。张秋波对含有苯酚7 866 mg/L，COD_{Cr}为22 928 mg/L的煤气化产生的废水展开湿式氧化研究，结果表明：硝酸铜和氯化亚铁的混合物具有很高的催化活性，苯酚、氰、硫化物的去除率接近100%，COD_{Cr}去除率为65%～90%，并且该体系对多环芳烃的去除效果明显。

二、非均相湿式催化氧化技术

均相湿式催化氧化系统中，催化剂溶于水中，造成催化剂流失，污染环境，需要采用后续工艺回收催化剂，流程复杂，提高了运行成本。非均相催化剂具有催化剂和废水分离简单、活性高、稳定性好、易分离等优点，研究的重点逐渐转移到非均相湿式催化氧化技术。

1. 非均相湿式催化氧化的机理

非均相湿式催化氧化的反应机理为自由基反应，包括链引发、链传递和链终止三个步骤。

链引发：在引发期，氧气进攻有机物形成有机物自由基（R•）

$$RH + O_2 \longrightarrow R\bullet + HOO\bullet$$

$$2RH + O_2 \longrightarrow 2R\bullet + H_2O_2$$

$$H_2O_2 + M^{n+} \longrightarrow \bullet OH + HO^- + M^{(n+1)+}$$

链传递：有机物自由基（R•）与氧结合形成过氧化物自由基（ROO•），它使有机物脱氢生成新的自由基（R•）和过氧化物，这是催化氧化的速决步骤，过氧化物分解生成低分子的醇、醛、羧酸和二氧化碳。反应如下：

$$RH + HO\bullet \longrightarrow R\bullet + H_2O$$

$$R\bullet + O_2 \longrightarrow ROO\bullet$$

$$ROO\bullet + R'H \longrightarrow ROOH + R'\bullet$$

链终止：两个过氧化物自由基相遇产生链终止

$$R\bullet + R\bullet \longrightarrow R - R$$

$$ROO\bullet + R_1\bullet \longrightarrow ROOR_1$$

非均相催化剂的组分 $M^{(n-1)+}$和 M^{n+}通过下式实现氧化还原循环，引起过氧化物的分解。

还原：　$$ROOH + M^{(n-1)+} \longrightarrow RO\bullet + M^{n+} + OH^-$$

氧化：　$$ROOH + M^{n+} \longrightarrow ROO\bullet + M^{(n-1)+} + H^+$$

2. 非均相湿式催化氧化的催化剂

湿式催化氧化催化剂分为贵金属系列、铜系列和稀土系列三大类，采用贵金属作为催化剂的湿式催化氧化已经工业化，为了降低催化剂的价格，现在研究重点为廉价过渡金属催化剂。

1）贵金属系列催化剂

非均相催化氧化中，贵金属催化剂具有很高的活性和重复使用稳定性，大量应用于石油化工和汽车尾气治理等行业。以二氧化钛或二氧化锆为载体，负载一种或多种铁、钴、镍、钌、铑、钯、铱、铂、金、钍等过渡金属作为活性组分，催化剂制成球形或蜂窝形，用于处理制药、造纸、纤维、酒精和印染废水，以及悬浮物含量高的废水时，以减少堵塞。日本触媒化学株式会社采用共沉淀、焙烧等步骤制成 Ti-Zr、Ti-Si、Ti-Zn 等复合氧化物催化剂，掺加胶黏剂捏成蜂窝状载体，孔径为 2～20 nm，孔壁厚 0.5～3 mm，孔隙率 50%～80%。用浸渍法负载百分之几的锰、铁、钴、镍、铈、钨、铜、银、钌、铑、钯、铱、铂的一种或几种制成催化剂，对 COD_{Cr} 40 000 mg/L、总氮 2 500 mg/L、悬浮物含量 10 000 mg/L 的废水，在 240℃、5 MPa 的压力下，对 COD_{Cr}、总氮的去除率都大于 99%。

2）铜系列催化剂

由于贵金属价格昂贵、储量小，限制了其在工业上的应用，促使人们开发较为经济的催化剂，由于 Cu^{2+} 在均相氧化中表现出高的催化活性，因此人们对铜系列催化剂在非均相催化氧化进行了大量的研究，多相铜系列催化剂在废水的湿式氧化中表现出较佳的催化性能，但是，存在一个很大的缺点，即铜离子的溶出问题，导致活性组分流失，催化活性下降，至今没有实际的应用技术出现。

3）稀土催化剂

以铈为代表的稀土氧化物成功应用于气体的净化、汽车尾气治理、一氧化碳和碳氢化合物的氧化治理，具有良好的催化活性和稳定性，以乙酸为研究对象，以 CeO_2-ZrO_2-CuO_2 或 CeO_2-ZrO_2-MnO_2 为催化剂，发现铜或锰和铈之间的协同作用能提高催化活性，并且溶出量少，催化剂稳定性好。

3. 反应条件对湿式催化氧化的影响

1）温度

温度是湿式催化氧化的主要影响因素，温度越高，反应速率越快，反应进行得越彻底，并且温度的升高有助于减少液体的黏度，增加氧气的传质速度，但是，过高的温度是不经济的，操作温度一般为 150～280℃。

2）压力

总压不是氧化反应的直接影响因素，总压的下限为该温度下水的饱和蒸气压，以保持液相反应。氧气分压应保持在一定的范围之内，以保证液相中有足够的溶解氧浓度，氧气分压不足时，供氧过程就成为反应速率的决定步骤。

3）废水中有机物的性质

有机物氧化与其电荷性质和空间结构有关。研究表明，氰化物、脂肪族和卤代脂肪族化合物、甲苯类芳烃、芳香族和含有非卤代基团的卤代芳香族化合物易于氧化，不含有非卤代基团的卤代芳香族化合物，如多氯代苯和多氯联苯则难以被氧化。氧在有机物中的比越少，越易被氧化。碳在有机物中所占的比例越大，越易被氧化。

4. 湿式催化氧化技术的应用

在日本和美国等国，湿式催化氧化技术已获得工业化应用，美国的 Zimpro 公司设计开发了湿式催化氧化工业装置，分布于世界 160 多个国家，处理能力可以达到 0.20 L/h～200 t/h。

1）处理焦化废水

传统的焦化废水处理工艺为：脱酚—脱氨—活性污泥生化处理—絮凝沉淀—硝化反硝化脱氨—砂滤—活性炭过滤，工艺流程长，占地多，操作复杂，成本高。日本大阪瓦斯公司以二氧化钛或二氧化锆为载体，负载百分之几的铁、钴、镍、钌、铑、钯、铱、铂、金、钍等的一种或多种作为活性组分，制成蜂窝状催化剂，以减少堵塞，中试装置为 60 t/d，该装置连续运行 11 000 h，催化剂保持高的催化活性。表 8-5-1 是湿式催化氧化技术处理焦化废水的运行数据。

表 8-5-1 湿式催化氧化技术处理焦化废水的运行数据 单位：mg/L

项目	pH	铵态氮	COD_{Cr}	TOD	酚	TN	CN	SS
原水	10.5	3 080	5 870	17 500	1 700	3 750	15	60
出水	6.4	3	10	未检出	未检出	160	未检出	未检出
效率/%		99.9	99.9	99.8	99.9	95.7	99.9	99.9

注：处理条件为温度 250℃，压力 7 MPa，液量 200 L/h，空气量 144 m^3/h，液空流速 2.5 L/h，催化剂为贵金属；尾气组成为氮气 83%，氧气 10%，二氧化碳 7.0，NO_x 和 SO_2 未检出。

2）处理化工废水

日本触媒化学工业株式会社制得 Ti-Zr、Ti-Si、Ti-Zn 等复合氧化物催化剂，掺加胶黏剂捏成蜂窝状载体，用浸渍法负载百分之几的锰、铁、钴、镍、铈、钨、铜、银、钌、铑、钯、铱、铂的一种或几种制成催化剂。装置的主要设备包括：隔膜式除热型反应器、气液分离器、蒸汽发生器、压力与流量调节阀、自动控制系统。废水含量为低级脂肪酸、醛类的化工废水，化学需氧量（COD_{Cr}）为 25 000 mg/L，总有机碳（TOC）为 11 000 mg/L，在 250℃、7 MPa 的压力下，O_2 和 COD_{Cr} 的物质的量之比 1.05，COD_{Cr} 去除率都大于 99%，出水满足直接排放要求，建成以来，运行良好，效果稳定，与传统工艺相比，可以大大节省设备投资、废水处理成本。

第六节　超临界催化氧化技术

处于汽液平衡的流体升温升压时，热膨胀引起液体密度减小，压力的升高使汽液两相的相界面消失，成为均相体系，称为临界状态。当流体的温度、压力分别高于临界温度和临界压力时就称为处于超临界状态。超临界流体具有类似气体的良好流动性，但密度又远大于气体，因此具有许多独特的理化性质。

超临界催化氧化技术就是在温度、压力高于水的临界温度（374.2℃）、临界压力（22 MPa）的条件下，以超临界水为反应介质，水中的有机化合物与氧化剂发生强烈的氧化反应，最后彻底被氧化为二氧化碳和水。如在氧化过程中，使用催化剂，就称为超临界水催化氧化技术。

超临界催化氧化技术适用于有机污染物废液，如浓的有机液体、有机固体、有机化合物蒸气。超临界水氧化反应可以使有机碳完全转化为 CO_2，氢转化为 H_2O，卤素原子转化为卤离子，硫和磷分别转化为硫酸盐和磷酸盐，氮转化为硝酸根、亚硝酸根、氮气。在超临界水中，盐类以浓缩盐水溶液的形式存在或形成固体颗粒而析出，气体在随后的解压过程中排放或吸收，在氧化过程中释放出大量的热量。

为了进一步加快反应速度、减少反应时间和降低反应温度，使超临界水氧化技术能充分发挥出自身的优势，对催化超临界水氧化技术处理废水展开进一步研究是有意义的。

1. 超临界催化氧化技术的优点

（1）氧化效率高，处理彻底，有机污染物在适当的温度、压力和一定的反应时间内，能完全被氧化为二氧化碳、水、氮气以及盐类等无毒的小分子化合物，有毒物质的清除率大于99.99%，适用范围广，适用于各种有毒物质、废水废物的处理。

（2）由于在高温高压下进行的均相反应，反应速率快，停留时间短（可小于1 min），所以反应器结构简单，体积小。

（3）不形成二次污染，氧化产物不需要进一步处理，且无机盐可从水中分离出来，处理后的废水可完全回收利用。

（4）当有机物含量大于 2%时，依靠反应过程中自身氧化放热可以维持氧化反应，不需要额外供给热量。如果浓度更高，则放出更多的氧化热，这部分热能可以回收。

2. 超临界催化氧化技术的缺点

尽管超临界水氧化法具备很多优点，但需要高温高压的操作条件，对设备材质要求比较严格。另外，虽然在超临界水的性质和物质在其中的溶解度及超临界水化学反应的动力学和机理方面进行了一些研究，但是这些与开发、设计和控制超临界水氧化过程必需的知识和数据相比，还远不能满足要求。

在实际进行工程设计时，除了考虑体系的反应动力学特性以外，还必须注意一些工程方面的因素，例如，腐蚀、盐的沉淀、催化剂的使用、热量传递等。

思考题

1．简述 Fenton 试剂的组成及其作用机理。

2．Fe^{2+}可以和 H_2O_2 组成 Fenton 试剂，Co^{2+}、Mg^{2+}、Ni^{2+}等离子可以和 H_2O_2 组成 Fenton 试剂吗？分析原因。

3．Fenton 试剂的局限性在哪里？

4．臭氧催化氧化未来的发展方向是什么？

5．纳米催化剂粒子在光催化反应中有何不足之处，未来发展方向如何？

6．在非均相臭氧催化氧化过程中，多相催化剂有什么作用？

第九章　温室气体的催化转化

第一节　背景及其意义

一、温室气体的种类及其危害

温室效应气体或称 GHG（Greenhouse Gas，GHG）是指大气中那些吸收和重新放出红外辐射的自然和人为的气态成分，包括对太阳短波辐射透明（吸收极少）、对长波辐射有强烈吸收作用的二氧化碳、甲烷、一氧化碳、氟氯烃及臭氧等 30 余种气体。《联合国气候变化框架公约的京都议定书》中规定的六种温室气体包括二氧化碳（CO_2）、甲烷（CH_4）、氧化亚氮（N_2O）、氢氟碳化物（HFCs）、全氟化碳（PFCs）、六氟化硫（SF_6）。其中排放 1 t CH_4 相当于排放 21 t CO_2、排放 1 t N_2O 相当于 310 t CO_2，排放 1 t HFCs 相当于排放 140～11 700 t CO_2。

六种温室气体中，CO_2 在大气中的含量最高，所以它成为削减与控制的重点。但是，其他几种温室气体的作用也不可低估。为了评价各种温室气体对气候变化影响的相对能力，人们采用了一个被称为“全球变暖潜势”（Global Warming Potential，GWP）的参数。

全球变暖潜势是某一给定物质在一定时间积分范围内与二氧化碳相比而得到的相对辐射影响值，包括了新气体类型的有机氟化物分子，它们当中有许多是醚，它作为未来的碳氢化合物替代品。一些气体的全球变暖潜势比其他的不确定性更大，尤其是那些没有详细寿命测量值的气体。直接的全球变暖潜势是通过使用改进的二氧化碳辐射强迫的计算，SAR 中 CO_2 值脉冲的响应函数，以及许多卤化碳化合物“辐射强迫”及大气寿命的新数值而得到相对于 CO_2 的比值。某些气体来源于间接辐射反馈的间接全球变暖潜势也有估计值，其中包括 CO。具有准确大气寿命值的气体的直接全球变暖潜势的误差为±35%，而间接全球变暖潜势的则更加不确定。

所谓“辐射强迫”是指由于大气中某种因素（如温室气体浓度、气溶胶水平等）的改变引起的对流层顶向下的净辐射通量的变化（单位为 W/m^2）。如果有辐射强迫存在，地球—大气系统将通过调整温度来达到新的能量平衡，从而导致地球温度的上升或下降。表 9-1-1 列出了部分温室气体的全球变暖潜势。

表 9-1-1　部分温室气体的全球变暖潜势

种 类	大气寿命/a	GWP（时间尺度）		
		20a	100a	500a
CO_2	可变	1	1	1
CH_4	12±3	56	21	6.5
N_2O	120	280	310	170
CHF_3	264	9 100	11 700	9 800
HFC-152a	1.5	460	140	42
HFC-143a	48.3	5 000	3 800	1 400
SF_6	3 200	16 300	23 900	3 490

人为温室气体排放的主要来源是电力和供热，接下来是农业、交通、陆面改变和建筑。表 9-1-2 给出了人类活动对一些温室气体变化的影响。其中，供电供热、交通、建筑等都算作化石燃料的使用，占总数超过六成。所以就目前来说，改变能源结构是减少排放的主要措施。

表 9-1-2　人为活动对一些温室气体变化的影响

项目	CO_2	CH_4	N_2O	CFC-11	HCFC-22
1994 年体积分数	358×10^{-6}	$1\,720\times10^{-9}$	312×10^{-9}	268×10^{-12}	72×10^{-12}
浓度增长速率/（%/a）	0.4	0.6	0.25	0	5
大气寿命/a	50～200	12	120	50	12

注：CO_2、CH_4、N_2O 的增长速率是以 1984 年为基础计算的，而 CFC-11 和 HCFC-22 是以 1990 年为基础计算的。

二、CH_4-CO_2重整反应的意义

目前世界上最主要的基础能源仍是煤炭、石油、天然气类化石能源，化石能源在使用过程中会产生大量的温室气体——二氧化碳（CO_2），导致全球变暖等世界性环境问题，不容小觑。近年来，全球化石能源结构的短期调整与长期转型日趋明显。随着美国页岩气开采技术的飞跃发展，天然气替代煤炭、石油作为主要的能源已经成为人们关注的热点。天然气的主要成分是甲烷（CH_4），我国天然气储量也很多，列居世界第 10 位，天然气产量则居世界第 19 位。此外，近年来科学家发现甲烷的另外一个潜在来源——天然气水合物（可燃冰，如图 9-1-1 所示）。据估算，可燃冰中的甲烷资源占全球煤、石油、天然气甲烷资源的 53%，其总能量是所有其他化石燃料能量总和的 2～3 倍。作为过渡能源的首选之一，天然气的综合开发利用已引起各国化学工作者的广泛重视。甲烷除了直接燃烧，还可以通过直接法或间接法将其转化为化工产品，由于甲烷性质相对稳定，甲烷直接法转化产业化较难实现，所以人们对甲烷间接法转化进行了深入研究，主要有 CH_4-H_2O 重整、CH_4-CO_2 干气重整和部分氧化重整，其中 CH_4-H_2O 重整已是世界上大规模生产氢气的主流技术。

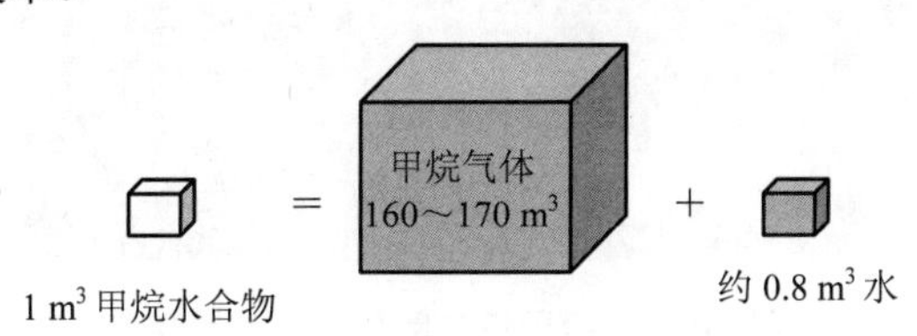

图 9-1-1　甲烷水合物的组成图

二氧化碳与甲烷是典型的温室气体，也是重要的含碳资源。CH_4-H_2O 重整过程中利用了大量的水和甲烷发生反应，虽然可以制备合成气，但同时也会产生二氧化碳。相比这一传统方法，CH_4-CO_2 干气重整几乎不消耗水，而是大量利用二氧化碳，降低能耗的同时缓解温室气体减排压力，因此受到全世界的广泛关注（如图 9-1-2 所示）。如我国科学家研制的全球首套万方级甲烷二氧化碳自热重整制合成气装置（如图 9-1-3 所示），在山西潞安集团煤制油基地实现稳定运行超过

1 000 h，日产合成气高达 20 多万标准立方，日转化利用二氧化碳高达 60 t。

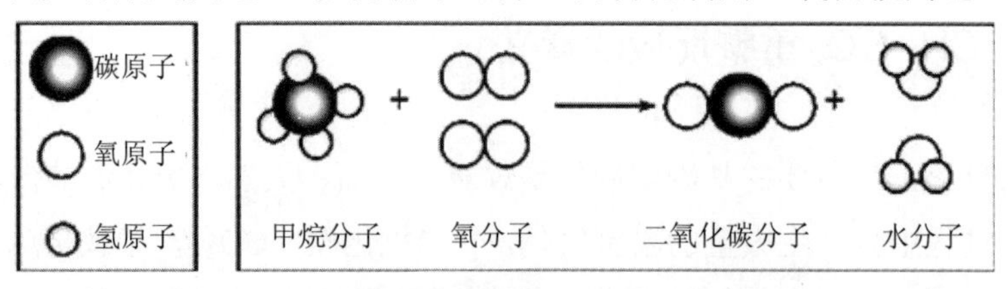

图 9-1-2 二氧化碳与甲烷重整反应结构示意图

图 9-1-3 全球首套万方级甲烷二氧化碳自热重整制合成气装置

CH_4-CO_2 干气重整技术具有很大的发展潜力，CH_4-CO_2 重整制合成气过程中产生的 H_2/CO 理论比约为 1∶1，是费托合成的理想原料。该反应利用了引起温室效应的二氧化碳和甲烷两种气体，对缓解全球气候变暖，实现低碳生活具有重大意义。与 CH_4-H_2O 重整和甲烷部分氧化相比，二氧化碳重整甲烷制合成气过程具有以下优点：

（1）CH_4-CO_2 重整过程产生的 H_2/CO 比约为 1∶1，可直接作为 F-T 合成的原料，弥补了水蒸气重整过程中合成气 H_2/CO 比例高的不足。

（2）CH_4-CO_2 重整过程是一个可逆的吸热反应（$\Delta H^{\theta}{}_{298\,K} = 247.3$ kJ/mol），因此该过程可以作为能量储存的介质。CH_4-CO_2 重整过程的正反应所需的能量可以从太阳能、核能或是矿物燃烧中获取。这些能量将以化学能的形式储存在产物的混合气中，然后通过管道输送到需要的地方，再在多相催化剂的作用下发生可逆反应，释放所储存的能量，所以该反应对太阳能及核能的开发利用是一个很好的途径。

甲烷二氧化碳重整中，主要有以下几个反应发生：

$CH_4+CO_2 \longrightarrow CO+H_2$（$\Delta H^{\theta}{}_{298\,K} = +\,247$ kJ/mol）

$CO_2+H_2 \longrightarrow CO+H_2O$（$\Delta H^{\theta}{}_{298\,K} = +\,41.0$ kJ/mol）

$CO \longrightarrow C+CO_2$（$\Delta H^{\theta}{}_{298\,K} = -172.4$ kJ/mol）

$CH_4 \longrightarrow C+2H_2$（$\Delta H^{\theta}{}_{298\,K} = +\,74.9$ kJ/mol）

$CO+H_2 \longrightarrow C+H_2O$（$\Delta H^{\theta}{}_{298\,K} = -131.0$ kJ/mol）

$CH_4+H_2O \longrightarrow CO+3H_2$（$\Delta H^{\theta}{}_{298\,K} = +\,206.0$ kJ/mol）

（3）从环境角度考虑，CH_4-CO_2 重整同时利用了 CH_4 和 CO_2 两种最主要的温室气体，改善了人类的生存环境。甲烷二氧化碳重整反应被认为是处理温室气体最直接的方法。由二氧化碳重整取代水蒸气重整甲烷制合成气不仅可以降低成本，而且以二氧化碳作为原料，对于实现低碳生活，改善生态环境的重要意义是不言而喻的。

对 CH_4-CO_2 重整反应催化剂的研究，主要集中在催化剂的构成、催化剂制备方法和反应器的设计等方面。

第二节　CH_4-CO_2 重整反应催化剂的构建

一、催化剂的活性组分

一般来说，CH_4-CO_2 重整制合成气反应的催化剂的活性组分是采用Ⅷ族过渡金属（除 Os），其中，因为 Ni 作为该反应催化剂的活性组分表现出很强的催化活性，并且其价格也相对低廉，故备受青睐，但其抗积碳性能相对较差。研究表明：对于该反应过程，贵金属催化剂具有较高的活性和抗积碳性能，其中，Ni 催化剂是应用最广泛的负载型贵金属催化剂之一，被认为是甲烷分解活性最高的催化剂。Tomsihige 等在 Al_2O_3 上分别负载 Pt 和 Ni，得到了 Pt/Al_2O_3 和 Ni/Al_2O_3 催化剂，结果表明：Pt/Al_2O_3 催化剂上甲烷二氧化碳重整活性明显高于催化剂 Pt/Al_2O_3。O'Connor 等制备了 Pt/Al_2O_3 催化剂并研究了甲烷二氧化碳重整反应机理，认为 Pt/Al_2O_3 催化剂上二氧化碳的解离是通过 H 的协助来完成的，同时在 Pt/Al_2O_3 催化剂上存在两种碳物种。Lercher 等制备了 Pt/ZrO_2 催化剂，该催化剂在甲烷二氧化碳重整中可以运行 500 h 而不失活。他们研究了不同载体负载 Pt 催化剂的甲烷二氧化碳重整反应的稳定性，得出 $Pt/ZrO_2 > Pt/TiO_2 > Pt/\gamma\text{-}Al_2O_3$，并且 Pt/ZrO_2 上积碳较少。图 9-2-1 是 Pt/ZrO_2 催化剂上甲烷二氧化碳重整机理的示意图。首先甲烷在颗粒上分解，生成 C 和 H；其次是二氧化碳吸附在载体上，产生吸附的碳酸根或是发生解离吸附，分解生成 CO 和 O，分解出的 O 则与甲烷分解出的 C 结合，生成一氧化碳；然后是甲烷分解出的 H 与二氧化碳分解出的 O 结合生成—OH，—OH 分解生成 H_2 或 H_2O。

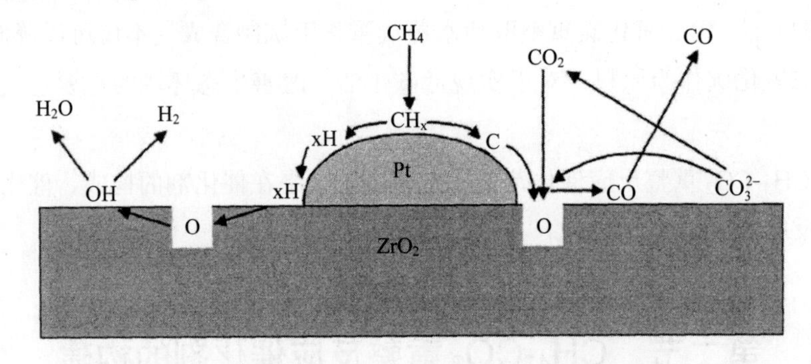

图 9-2-1　Pt/ZrO_2 催化剂上甲烷二氧化碳重整机理

Solymosi 等给出了贵金属催化剂在甲烷二氧化碳重整反应中的催化活性：Ru＞Pd＞Rh＞Pt＞Ir。在众多贵金属催化剂中，Rh 催化剂被认为是最稳定的甲烷二氧化碳重整催化剂，Rh 催化剂在甲烷二氧化碳重整反应中被认为是单功能催化剂，即催化剂的活性仅仅取决于 Rh 的分散度，与载体无关。

尽管贵金属作为活性组分的催化剂表现出良好的甲烷二氧化碳重整反应性能

和稳定性，但由于贵金属价格昂贵，催化剂成本较高，反应过后需要回收，因此，国内外对甲烷二氧化碳重整反应的基础研究主要集中在制备出价廉、活性高且抗积碳性能好的催化剂。

负载型非贵金属催化剂的研究大部分集中在以 Fe、Co、Ni、Cu 为活性中心，其活性大小一般认为：Ni＞Co＞Cu＞Fe。近年来，大量的研究学者们考察了负载型 Ni 基催化剂，一致认为，在重整反应中负载型 Ni 基催化剂具有与负载型贵金属催化剂相当的催化反应活性，而且其价格低廉，制备成本较低，具有重要的工业应用价值。

$MgAl_2O_4$ 载体上负载不同含量的 Ni 可制备出镍基催化剂，研究发现，其在甲烷二氧化碳重整反应中的催化活性，甲烷的转化率随着 Ni 负载量的提高而上升，当 $MgAl_2O_4$ 载体上 Ni 的负载量达到 7%时，该催化剂的比表面积较大，在甲烷二氧化碳重整反应中甲烷的转化率较高。

Ni/α-Al_2O_3 在甲烷二氧化碳重整反应中的活跃温度范围是 600～900℃。实验表明，5wt.% Ni/α-Al_2O_3 是最活跃的催化剂。Ni 加载量超过 5wt.%会导致 Ni 分散度降低，Ni 过量更容易造成催化剂的结焦失活。Atiyeh Ranjbar 等发现 7～8wt.%的镍含量的催化剂抗积碳性能最好，镍含量的增加会造成积碳增加。同样，镍基催化剂的制备方法也对催化剂活性有一定影响，因为不同的制备方法改变了 Ni 在载体上的分布方式，从而改变催化剂的性能。除以上两个因素以外，Ni 颗粒大小也对催化活性起着至关重要的作用。实验证明，较小粒径的镍有利于催化反应，因为 Ni 晶粒尺寸小能延缓结焦，抵抗烧结。

目前，还有文献报道了关于以复合金属氧化物为活性组分制备催化剂用于甲烷重整反应体系的研究。在载体分别制备了 Ni、Co 以及 Ni-Co 双金属催化剂用于甲烷干重整反应过程中，研究发现：Ni-Co 双金属催化剂在重整反应中具有更好的催化反应性能。

对于非贵金属催化剂在甲烷二氧化碳重整反应中的应用而言，因积炭等原因会导致催化剂失活速度比较快，所以非贵金属催化剂的稳定性较差。

此外，关于过渡金属碳化物、氮化物催化剂近年来也有相关的报道。这些催化剂因活性组分、载体以及制备方法的差异，催化剂在反应过程中所表现出的反应活性也显示出明显的差异。

过渡金属碳化物催化剂因其具有类贵金属性质而引起了广泛关注。碳化物是碳原子插入到金属原子的间隙中形成的一种间充型化合物，导致金属的晶格扩张，使其具有较高的表面碳化学键能，因此，碳化物催化剂与贵金属催化剂有着相似的吸附性能和催化性能。如 Ni-Mo_2C 双功能催化剂，常压条件下在甲烷二氧化碳重整制合成气反应中显示出较优的催化性能，同时建立了“氧化-碳化”循环过程（如图 9-2-2 所示）。Ni 和 Mo 的比值对催化剂的活性有一定的影响，当 Ni 的含量相对较高时，使催化剂表面积碳增多导致失活；当 Ni 的含量相对较低时，碳化钼氧化使催化剂失活；结果表明 Ni-Mo_2C 催化剂在甲烷二氧化碳重整反应中，甲烷被金属镍裂解，二氧化碳被碳化钼活化，当 Ni/Mo = 1∶2 时，甲烷的裂解速率和二氧化碳的活化速率相同，从而建立催化循环。

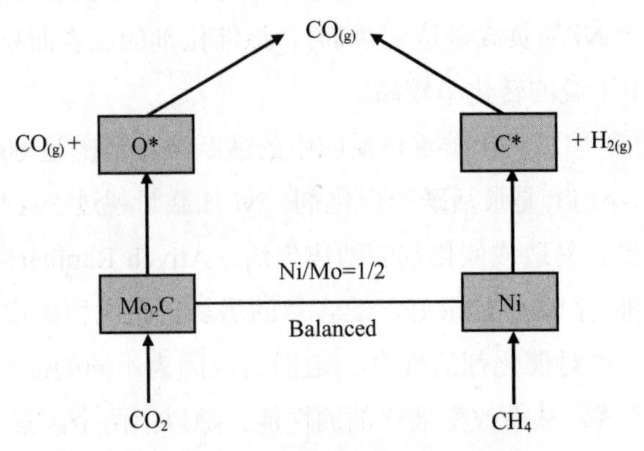

图 9-2-2 Ni-Mo_2C 催化循环示意图

由于 C、N 原子的插入，造成金属晶格的扩张，金属表面电子密度的增加，使得过渡金属碳化物、氮化物表面的物理化学性质以及其催化性能与一些贵金属催化剂类似，在某些催化反应中可以替代贵金属参与反应。有研究发现 Mo、W 的硫化物及其碳化物均具有较高的催化反应活性和良好的抗积碳性能。比表面积大的 Mo_2C、W_2C 在催化重整反应中显示出了较高的活性以及良好的稳定性，催化剂的催化活性和抗积碳能力可以与贵金属催化剂相抗衡。

二、催化剂载体

甲烷二氧化碳重整反应需要在较高温度下进行，这就要求用于重整反应催化剂的载体除了具有较大的比表面积外，还应该具有良好的热稳定性。目前，常用的载体有 Al_2O_3、SiO_2、TiO_2、MgO、ZrO_2，稀土金属氧化物以及复合氧化物 ZrO_2-Al_2O_3、MgO-Al_2O_3、ZrO_2-SiO_2、SiO_2-TiO_2 等。

载体作为催化剂中催化剂和助催化剂的支撑体、分散剂和黏合剂，在催化剂性能表征中占据重要地位。其起到增大比表面积、提高催化剂的耐热性和机械强度等作用。此外，它还能与活性组分发生相互作用从而影响催化剂结构、粒径、活性组分分散度等，进而影响催化剂的反应活性、稳定性和抗积碳性能，有的载体还有可能直接参与化学反应。

1．活性组分与载体之间的相互作用

活性组分与载体之间的相互作用是影响催化剂活性的一个重要因素。载体 γ-Al_2O_3 和 SiO_2 负载 Co 所得的催化剂在重整反应中显示出不同的催化活性。研究发现，Co/SiO_2 催化剂中金属-载体相互作用较弱，导致金属分散度低，活性较差，反应中易因 Co 晶粒的烧结而失活；Co/γ-Al_2O_3 催化剂中金属-载体相互作用较强，但 Co 负载量较低时，相当一部分 Co 物种与载体形成 $CoAl_2O_4$ 尖晶石，且在反应过程中部分 Co 会继续向 $CoAl_2O_4$ 转变，导致活性较低，稳定性降低。当 Ni 负载于 Al_2O_3、SiO_2、TiO_2、MgO、ZrO_2 以及活性炭等不同载体上时，结果表明同样的组分在不同的载体上，催化活性能够产生非常大的差别。对于甲烷的二氧化碳重整反应，Al_2O_3 被认为是一种较合适的载体。

2．活性组分在载体上的分散度和抗积碳性能

活性组分在载体上的分散度也是影响催化剂活性和抗积碳性能的一个重要因素。以介孔氧化铝为载体负载不同含量的钴金属，在甲烷的二氧化碳重整反应中研究发现，较低含量的 Co 有利于其在载体中的分散，随着金属 Co 负载量的降低，W_{Co}=5%的催化剂表现出最佳性能，当反应温度为 800℃、空速为 6 000 ml/（g·h）时，甲烷的转化率在 95%左右。

以 CeO_2、ZrO_2、6CeO_2-4ZrO_2、5CeO_2-10ZrO_2、$LaMnO_{3+\delta}$ 为载体制备了

Co 基甲烷重整催化剂，结果发现，其中铈锆固溶体具有独特的氧化还原性，活性组分的分散度最好，而且活性组分的还原温度有所降低，催化剂的抗积碳性能也增强；同时发现载体 $LaMnO_{3+\delta}$ 负载 Co 制备的催化剂具有较强的抗积碳性能，在所有载体制备的催化剂中活性和稳定性最佳。

表 9-2-1 以 Co 催化剂为例，不同载体负载 Co 金属制备的重整催化剂的催化性能。

表 9-2-1 不同载体上浸渍法负载 Co 金属制备的重整催化剂的催化性能

活性金属	载体	添加量（W_{Co}）/%	反应温度/℃	反应时间/h	X_{CH_4} /%	X_{CO_2} /%
Co	γ-Al_2O_3	9	700	1.66	85.1	86.2
Co	SiO_2	2	700	2	80.0	85.1
Co-Ni	AC	8	850	31.66	87.2	90.2
Co-ZrO_2	AC	8	850	31.66	92.1	92.1
Co-Ni-ZrO_2	AC	8	850	31.66	96.3	95.6
Co	MgO	12	894	—	91.9	93.9
Co	CaO	12	896	—	38.6	54.3
Co	SiO_2	12	898	—	24.0	36.7
Co	TiO_2-P2	5	700	6	83.7	83.3

3．载体酸碱性

载体的酸碱性会影响催化剂反应性能，主要是由于其对 CO_2 的吸附性能的改变。CO_2 是酸性气体，碱性载体更有利于 CO_2 的吸附和活化，并能抑制催化剂积碳。利用 MgO-Al_2O_3、MCM-41、MgO、Al_2O_3、ZrO_2、ZSM-5 6 种载体负载 Ni 催化剂，并采用 H_2-TPR、CO_2-TPD 和 BET 等技术对催化剂进行了表征。实验结果表明，所考察的催化剂的稳定性依次为：Ni/MgO-Al_2O_3＞Ni/MCM-41＞Ni/MgO＞Ni/Al_2O_3＞Ni/ZrO_2＞Ni/ZSM-5。载体的酸碱性对 Ni 基催化剂的 CH_4-CO_2 重整反应性能有显著影响，Ni/MgO-Al_2O_3 催化剂表现出较好催化活性，其反应产率也较高，且反应一段时间后该催化剂的失活率最小（4.65%）。由此可知，催化剂的反应性能直接受到载体的酸碱性和催化剂比表面积大小的影响。在 Al_2O_3 添加了碱土金属后，复合载体 MgO-Al_2O_3 的表面碱性增强，提高了吸附解离 CO_2 的能力，

在 CH_4-CO_2 重整反应中，该催化剂表现出较好的抗积碳能力。

除采用单组分为载体外，一些研究者还以多种组分制成复合载体。采用溶胶-凝胶法制备出了 Ni/CaO-ZrO_2 催化剂，在 CH_4-CO_2 重整反应中，Ni/CaO-ZrO_2 催化剂表现出较高的活性，其稳定性也较好。在经连续反应 2 天后，其催化活性几乎没有降低。这是由于在纳米催化剂中，Ni 颗粒尺寸在反应过程中没有明显变化，并且催化剂中的碱性组分 CaO 对 CO_2 的吸附和解离起到了很重要的作用。

图 9-2-3 考察了 Ni-CaO-ZrO_2 催化剂中 Ca 含量（碱性）对催化剂稳定性的影响。可以看出，Ca 含量对催化剂的稳定性有着显著的影响，没有 Ca 的 Ni-ZrO_2 催化剂在 50 h 内活性降低约 15%，0.2Ni-0.1CaO-ZrO_2 的活性降低约 5%，而 0.2Ni-0.2CaO-ZrO_2 活性几乎没有明显下降，显示出良好的稳定性。由此可见用于甲烷干重整的催化剂基体的碱性对于催化剂活性和寿命的关键作用。

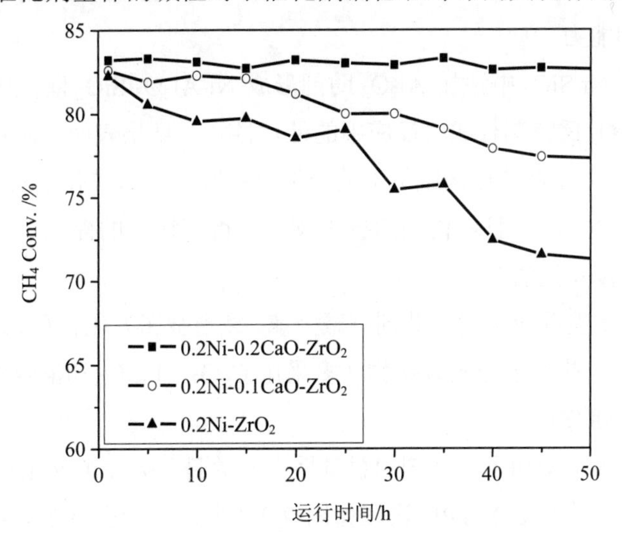

图 9-2-3 催化剂中碱性组分对其稳定性的影响

此外，对于在相同的反应条件下 Ni/SiO_2 和 Ni/Al_2O_3 催化剂而言，Ni/SiO_2 催化剂的抗积碳性能要强于 Ni/Al_2O_3 催化剂。研究者们认为载体 Al_2O_3 比载体 SiO_2 表面碱性强，所以 Al_2O_3 抗积碳性能较强。同样发现，催化剂 Ni/SiO_2 在用碱金属氧化物 CaO 和 MgO 进行改性后，其抗积碳性能得到了明显的改善。这说明在助催化剂增强载体的碱性后，催化剂的稳定性有所提升。

三、催化剂助剂

催化剂助剂的作用主要为：提高催化剂金属活性组分的分散度；调节催化剂表面酸碱性，改善催化剂对反应气体的吸附能力；抑制催化剂活性组分的烧结；改变催化剂活性组分与载体的相互作用；提高催化剂的还原能力，从而影响催化剂对 CH_4-CO_2 反应中分子解离性能等。

助催化剂添加 CH_4-CO_2 重整制合成气反应催化剂中，能提高催化剂的活性、选择性和稳定性：并且，助催化剂最大的作用是能抑制积碳。助催化剂抑制积碳的作用主要是与助剂本身的酸碱性质有关，另外也与助剂与活性组分的相互作用所引起的催化剂结构改变有关。助催化剂能抑制积碳的原因是其改变了催化剂表面吸附 CO_2 的能力。

例如，在 Ni/SiO_2 中添加 Al_2O_3 助剂形成 Ni-Al_2O_3/SiO_2 催化剂体系，考察催化剂对 CH_4-CO_2 重整制合成气反应中的催化性能。结果表明，添加了 Al_2O_3 作为助剂之后，金属 Ni 在催化剂载体上的分散度提高了，该催化剂对 CO_2 和 O_2 的吸附能力得到明显提高，且催化剂的抗积碳性能得到很大的提高，催化剂在长时间的反应过程中没有失活。

CH_4-CO_2 重整反应常用的助剂有碱金属、碱土金属氧化物（多采用 CaO、MgO 和 K_2O 等）和一些稀土金属氧化物（多采用 CeO_2、La_2O_3 和混合稀土等）。

1. 碱金属助剂

碱金属的掺杂增加了催化剂的总碱性中心数目，提高了催化剂对 CO_2 的吸附能力。几种催化剂的 CO_2-TPD 谱图如图 9-2-4 所示。由图 9-2-4 可知，掺杂碱金属或碱土金属的 NiO/γ-Al_2O_3 催化剂上，低温脱附峰面积比 NiO/γ-Al_2O_3 催化剂有不同程度的提高，其中掺杂碱金属 K 和 Li 的催化剂的低温脱附峰面积增加比较显著。除 K-NiO/γ-Al_2O_3 催化剂在 562℃处出现较强的 CO_2 高温脱附峰外，其余催化剂的高温脱附峰强度非常微弱，该峰对应于强碱性中心上吸附的 CO_2 的脱附。由此说明，碱金属或碱土金属的掺杂增加了催化剂对 CO_2 的吸附能力，有利于提高催化剂的总碱性中心的数目，其中钾的掺杂大大提高了催化剂上强碱中心的数量。

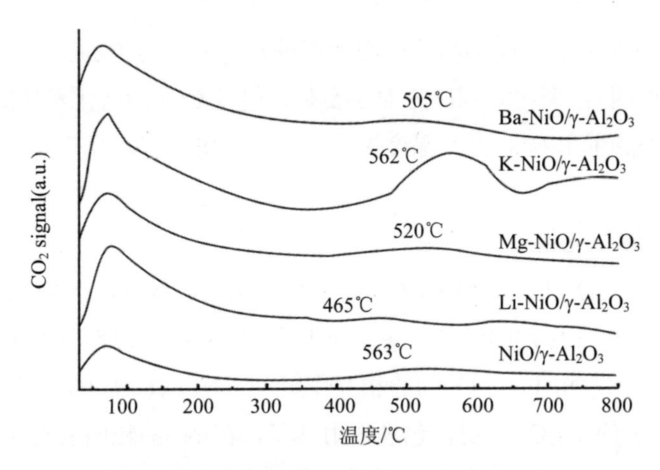

图 9-2-4　掺杂碱金属和碱土金属的 $NiO/\gamma\text{-}Al_2O_3$ 催化剂的 CO_2-TPD 谱图

研究发现，掺杂碱金属或碱土金属的 $NiO/\gamma\text{-}Al_2O_3$ 催化剂用于甲烷重整反应中，向镍催化剂中掺杂钾提高了 CH_4 和 CO_2 的转化率，而掺杂锂、镁和钡的 $NiO/\gamma\text{-}Al_2O_3$ 催化剂仅对 CO_2 的转化率有所提高。碱金属或碱土金属的掺杂增加了镍催化剂的总碱中心数目，而 $K\text{-}NiO/\gamma\text{-}Al_2O_3$ 催化剂上强碱中心的数量增加最多。添加镁的 $NiO/\gamma\text{-}Al_2O_3$ 催化剂可能生成了难还原的 MgO-NiO 固溶体，致使 NiO 物种的还原难度提高。钾的加入有利于提高 $NiO/\gamma\text{-}Al_2O_3$，催化剂中弱结合态的 NiO 物种的含量，稳定表面自由的 NiO 物种，同时增加了催化剂上的活性中心数目，对甲烷重整反应是有利的。

2．碱土金属氧化物

负载镍催化剂因其较高的重整活性和价廉易得等优点而具有广泛的应用前景，但缺点是容易积碳而导致活性下降和床层堵塞。一般认为，添加碱性助剂有助于提高催化剂的抗积碳能力。

将碱性助剂 K_2O、Li_2O、MgO、La_2O_3 和 CeO_2 添加到 $Ni/\gamma\text{-}Al_2O_3$ 催化剂上，考察其在 CH_4-CO_2 重整反应中的活性和抗积碳能力。结果表明，这些助剂对催化剂的抗积碳能力都有明显的改善作用，CH_4-CO_2 重整活性在不同温度范围内也有不同程度的提高，其中 MgO、La_2O_3 和 CeO_2 助剂的作用明显，但与添加顺序有关。先浸 Ni 后浸 Mg 制备的催化剂有较高的 CH_4 转化率，但抗积碳能力远不如先浸 Mg 来得强；La_2O_3 的两种添加次序则差别不大，其突出作用表现在维持 Ni 为低价还原态、削弱 Ni-Al_2O_3 间的相互作用和促进 CO_2 转化等方面。

MgO 助剂在防止催化剂积碳方面主要是以促进 CO_2 的活化实现的。从助剂对载体改性使催化剂抗积碳能力大幅度提高上可以看出，积碳反应比重整反应对载体性质更敏感。

3. 稀土金属氧化物

与碱性助剂 K_2O、Li_2O、MgO 相类似，稀土金属氧化物添加到 La_2O_3 和 CeO_2 中也对 Ni/γ-Al_2O_3 催化剂的性能产生了重要影响。La_2O_3 的作用效果更为明显，La_2O_3 的存在削弱了 Ni 与 Al_2O_3 间的相互作用，使 Ni 晶粒变小，数目增加，分散容量增大。Al 中的 La_2O_3 主要以包埋作用体现，在 Ni 晶粒四周形成壁垒而阻碍其迁移长大；与 NiO/γ-Al_2O_3 相比，镍晶粒的分散度增加明显。与其他助剂相比，La_2O_3 的突出作用在于它显著地促进了 CO_2 的转化。

La_2O_3 在 CO_2 消碳反应中所起的作用比在 CH_4 裂解积碳反应中更大。即 La_2O_3 的存在加速了表面吸附氧的生成和转移，加速了 CO_2 的解离活化。表面吸附氧物种的存在是 CH_4 转化为 CO 及抑制积碳所必不可少的。因此，La_2O_3 的加入既提高了 CH_4 和 CO_2 的转化率，又抑制了积碳反应，使催化剂的重整活性和对 CO 的选择性均显著提高。

第三节 CH_4-CO_2 重整反应性能的影响因素及其机理

一、催化剂的制备方法

甲烷二氧化碳重整反应的关键是催化剂，而除了催化剂的组分之外，催化剂的制备方法和条件会直接影响催化剂的结构。且催化剂的活性组分结构、分散度和可还原度对其重整活性和抗积碳性有很大影响，所以催化剂的制备方法将直接影响催化剂的活性、选择性和抗积碳性。

活性组分的负载过程是催化剂制备过程中最关键的一步。负载过程有很多种，一般有混合法、浸渍法、沉淀法、溶胶-凝胶法等。混合法的制造方法简单，是传统的催化剂制备方法，目前仍有部分催化剂采用混合法制备。在实验室催化剂制备过程中，浸渍法比较常见，催化剂工业上则较多采用沉淀法制备。甲烷二氧化碳重整反应催化剂用常规方法制备过程简单，但是很难具备高活性和高稳定性。目前制备催化剂的方法主要集中在浸渍法、沉淀法、溶胶-凝胶法。

二、催化剂的反应温度

由于 CH_4/CO_2 重整反应是强吸热反应，温度越高对反应越有利。因此，温度对反应体系的影响为对 CH_4 和 CO_2 重整反应的促进。在 600～800℃范围内，甲烷和二氧化碳的转化率随着反应温度的升高增加较快。但随着温度的升高，原料气转化率上升的幅度减缓。当大于 800℃时，随着温度增加，甲烷和二氧化碳的转化率上升的幅度较小。CH_4/CO_2 重整的主要反应是吸热反应，根据热力学原理，随着温度的升高，甲烷二氧化碳的转化率随之增大，且在 850℃左右各反应物的转化率趋于平衡，这与李建伟等对甲烷二氧化碳重整热力学分析相一致。其中，甲烷二氧化碳重整反应产物的选择性虽呈上升趋势，但上升幅度平缓，且在 900℃时趋于平衡，原因可能是在每个反应温度下保持恒温反应 30 min，热量的累积使反应中的吸热反应——水煤气反应 $CO_2+H_2 \longrightarrow H_2O+CO$ 和甲烷的裂解反应 $CH_4 \longrightarrow C+H_2$ 得到促进，进而使得产物的选择性逐渐升高直至达到平衡。另外，考虑到能量及设备的损耗，可以认为，800℃为该催化剂较佳的反应温度。

三、反应压力

在 CH_4-CO_2 重整反应过程中，催化剂表面积碳产生的主要途径为甲烷裂解和 CO 歧化等，有关的反应方程式为

$$CH_4 = C+2H_2 \tag{1}$$

$$2CO = CO_2+C \tag{2}$$

$$CO+H_2 = H_2O+C \tag{3}$$

从热力学角度考虑，提高反应压力会抑制甲烷的裂解反应（1），但实际上反应压力的提高会导致反应过程中甲烷的分压升高，甲烷分压升高会增加甲烷裂解导致积碳。除此之外，压力提高会促使副反应（2）和副反应（3）的发生，因此CO会反应生成C产生积碳。

总之，随反应压力提高，甲烷二氧化碳重整反应体系积碳可能性会增大，这将对催化剂的稳定性造成不利影响。但是在低压下反应，催化剂表面的积炭都不太显著，而且积碳主要来自CO_2。无论催化剂的组成如何，在高压下反应的积炭量都大于常压反应。因此，甲烷二氧化碳重整反应不适宜在高压条件下进行。

四、不同反应器对甲烷二氧化碳重整反应的影响

甲烷二氧化碳重整反应一般采用固定床反应器，采用其他类型反应器的研究也时有报道。Peabhu 发现，采用 Ni/La_2O_3 催化剂在膜反应器中进行活性评价，比用固定床反应器的效果要好。因为在膜反应器中评价催化剂时，反应过程中的产物氢能够被及时移出反应体系。还有研究表明以 NiO-MgO 为催化剂，在流化床反应器中进行活性评价，可使甲烷的转化率得到较大幅度的提高，因为活性物质镍可以在催化剂的反混过程中得到还原活化，而且采用流化床可以保证催化剂床层的等温性。

五、甲烷二氧化碳重整机理研究及其发展

催化剂的积炭作为影响催化剂寿命的最重要原因之一，也是甲烷重整反应工业化的最大阻碍。实验表明机理的不同会对积碳起选择作用，CH-X-O 活化重整机理避免了直接积碳的发生是比较理想的方案。随着我国近年来对天然气开发力度的加强，国内专家对非平衡等离子体、冷等离子体和介质阻挡放电条件对重整反应的影响进行了深入的研究，并取得了不错的成果。

表 9-3-1　不同机理下的优缺点

重整机理	优势	缺点
脱氢后重整	速度快、容易工业化	易积碳、所需活化能高
吸氢水蒸气重整	反应简单、容易工业化	难以控制温度
析氢活化重整	不易积碳、产物理想	反应困难、难以控制
CH-x-O 活化重整	不易积碳、产物理想	反应困难、难以控制

甲烷二氧化碳重整反应机理的研究一直是科学前沿研究是要点，至今可以从两方面去研究：

（1）先通过实验得出大量的可行性数据和催化剂的表征，后利用现代先进的微观表征技术分析可存在的基团加以推导和论证。

（2）使用量子化学分子模拟计算软件（如高斯）进行机理的优化研究，将其假设的途径和产物分别进行能量的优化计算比较 $\Delta_rH^\theta_m$ 和 $\Delta_rG^\theta_m$ 推测其可行性途径再进行实验验证。

CH_4-CO_2 重整制合成气反应虽然取得了较大的进展，但距离实现工业化还存在一段不小的距离，如催化剂的积炭和烧结等失活的影响。只有对甲烷二氧化碳反应机理随着科学研究的深入而更加的清晰，研究人员才能研制出高活性、高选择性及其稳定性的催化剂，才能真正地推动甲烷二氧化碳的工业化实用，提高天然气的利用效率。

第四节　等离子技术在 CH_4-CO_2 重整反应中的应用

一、等离子体技术重整

等离子体是由电子、离子、原子、分子或自由基等高活泼性粒子组成的电离气体，在等离子体的作用下，可以实现甲烷和二氧化碳的重整。如今等离子体重整 CH_4-CO_2 的技术日益成熟，可分为以下几种方法：冷等离子体重整 CH_4-CO_2 和热等离子体重整 CH_4-CO_2。

1. 冷等离子体重整CH_4-CO_2

热力学非平衡态等离子体中轻粒子的温度远高于重粒子的温度，而等离子体的温度接近室温，因而也称为冷等离子体。由于产生冷等离子体所需能量很少，并且气体温度与反应器温度上升也很低，避免了反应器材料选择和冷却问题，因此，冷等离子体在重整反应中应用比较广泛。早期用于CH_4-CO_2重整的冷等离子体主要有电晕放电、介质阻挡放电、微波放电、大气压辉光放电和滑动弧放电。从成本方面考虑，人们通常避免真空放电而选择大气压下的电晕放电等离子体和介质阻挡放电等离子体。但由于这些放电技术存在放电不均匀、平均电子密度低和反应器难以放大等问题，均没有实现工业化生产。

2. 热等离子体重整CH_4-CO_2

由电弧产生的热等离子体是一种持续均匀的等离子体，其高热焓值、高温度、高电子密度的特点使得其具有热效应和化学效应双重效应，因而有着广泛的工业应用。目前常用的热等离子体重整装置有直流电弧等离子体炬（DC）、交流电弧等离子体炬（AC）、射频等离子体炬（RF）和高频等离子体炬等，其中直流电弧炬应用最多。近年来，大量研究者运用多种装置对CH_4-CO_2重整反应进行了研究。例如，有相关研究者采用大功率双阳极热等离子体装置，对CH_4-CO_2重整制合成气进行了实验研究。实验采用两种不同的原料气输入方式：一种是使原料气（CH_4和CO_2的混合气体）作为等离子体放电气体全部通入第1阳极与第2阳极间的放电区，直接参与放电；另一种是保持前述状态，再附加另一部分原料气通入从等离子体发生器喷出的等离子体射流区；此外，相关研究者利用15 kW的实验室装置，进行了天然气和二氧化碳在氢等离子体射流作用下重整制合成气研究。实验中考察了输入功率、原料气流量和原料配比对反应转化率、产物选择性的影响。结果表明：转化率主要由输入功率和原料气流量决定，产品的选择性与原料气的配比密切相关；相关研究者还利用直流电弧等离子体进行了甲烷二氧化碳重整制合成气的实验研究。在直流电弧等离子体提供的高温环境中，同时得到了高的原料转化率和产物合成气的选择性，并且实验发现，增加输入功率可以提高原料的转化率。

当然，现今的等离子体技术重整甲烷二氧化碳还有待提高，在开发高效率等离子体发生器和合理设计反应器上，还需投入更多的研究，争取早日实现等离子体重整技术的工业化。

二、等离子体协同催化剂重整 CH_4-CO_2 技术

等离子体协同催化剂作用于甲烷和二氧化碳重整制合成气，不仅可以提高能量利用率，还可以提高催化剂的选择性活化以提高产物的分布。研究者们分别就冷等离子体催化耦合 CH_4-CO_2 和热等离子体催化耦合 CH_4-CO_2 做了部分研究。

1. 冷等离子体协同催化剂重整CH_4-CO_2

常压下，电晕等离子体与催化剂协同作用下的重整反应，主要是自由基在等离子体反应中起到了重要影响。使用这些催化剂时，有更多的烃和含氧化合物生成。当催化剂被放置在等离子体活性区域的不同位置时，重整效果有很大的差别。当催化剂被放置在等离子体活性区域的尾部和活性区域外时，等离子体和催化剂之间的协同作用很小，甚至重整效果比单独等离子体作用、单独催化剂作用时还要差。但是，当催化剂放置在等离子体活性区域中心时，等离子体和催化剂间的协同效应得到了明显体现。

2. 热等离子体协同催化剂重整CH_4-CO_2

冷等离子催化耦合重整存在处理量较小、能量利用率低的缺陷，而热等离子体具有高温热源和化学活性粒子源的双重作用，可为强吸热反应过程提供足够的能量并加速化学反应进程，所以相比较于冷等离子而言，更有利于 CH 和 CO_2 的重整反应。例如，相关研究者利用实验室制备的 Ni-Ce/Al_2O_3 催化剂，进行了热等离子单独重整与热等离子体催化耦合重整 CH_4-CO_2 制合成气的实验研究，结果表明：随原料气总流量的增加，CH_4 和 CO_2 转化率降低，H_2 和 CO 选择性无明显变化，C_2H_2 选择性和催化剂积碳速率增加。此外，相关研究人员进行了热等离子体协同催化剂重整甲烷二氧化碳方面的研究，结果表明：在等离子体与催化剂协同作用下，反应物转化率、产物选择性及能量利用效率都比单独等离子体作用提高10%～20%；与冷等离子体过程相比，用氮热等离子体重整 CH_4 和 CO_2 制合成气，处理量大、能量产率高，具有较好的应用前景。

尽管甲烷和二氧化碳在常温下均为十分稳定的分子，但热力学计算表明，当温度超过 1 300 K 时，两者将发生快速的化学反应，其转化率将达到 90%以上，

且其产物主要是合成气。如图 9-4-1 所示。

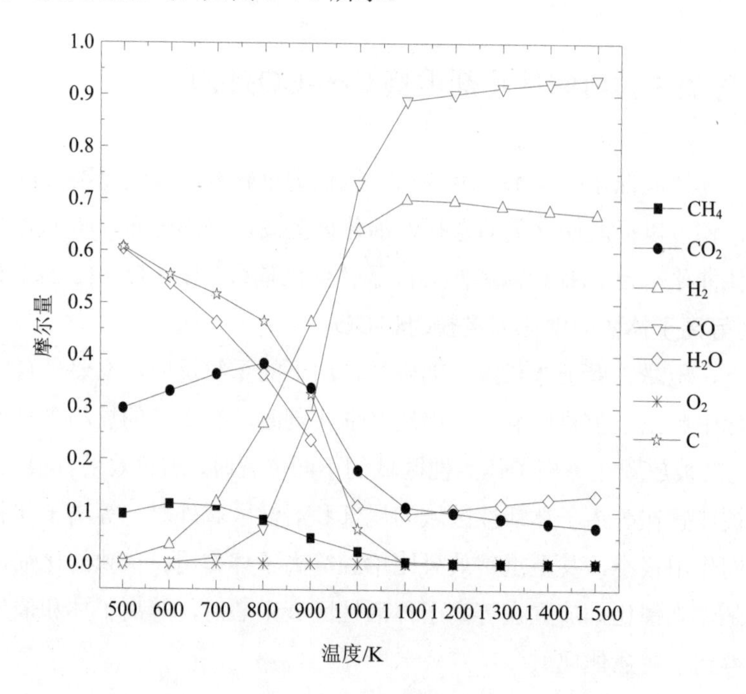

图 9-4-1 甲烷、二氧化碳体系的热力学平衡图

注：C/H/O=1∶1.6∶1.2（CH_4/CO_2=4∶6）。

第五节 N_2O 和氯氟烃的催化净化

一、N_2O 的催化净化

氧化亚氮（N_2O）是继 CO_2 和 CH_4 后，成为《联合国气候变化框架公约的京都议定书》限制排放的第三大温室气体，全球变暖潜势（Global Warming Potential，GWP）是 CO_2 的 310 倍，CH_4 的 24 倍。由于 N_2O 较为稳定的理化性质，在大气中能稳定存在长达 150 a，严重加剧了全球温室效应；同时 N_2O 可输送到平流层，破坏臭氧层，导致臭氧空洞，危害人类健康。N_2O 主要来源于自然界和人类生产活动的排放，其中人类活动产生的 N_2O 主要来源于工业废气（硝酸和己二酸厂等）。

随着全球变暖日趋严峻，人们环保意识增强，减少 N_2O 排放刻不容缓。减少 N_2O 排放的主要方法有热分解法、选择性催化还原法（SCR）、非选择性催化还原法（NSCR）和催化分解法。N_2O 热分解在较高温度（＞600℃）下进行，N_2O 分解反应是强放热反应，反应中释放大量热量，导致反应体系温度迅速上升，因此热分解法对反应器材质要求高。选择性催化还原法与非选择性催化还原法均需要还原剂（如 CH_4 和 NH_3 等），造成二次污染。催化分解法是在催化剂作用下将 N_2O 直接分解为无毒无害的 N_2 和 O_2，反应温度低于热分解法，无二次污染，是现今 N_2O 减排最有效、最经济和环保的方法。

催化分解 N_2O 的核心仍然是催化剂，目前主要采用的催化剂为贵金属、金属氧化物、离子交换的分子筛和半导体光催化剂。

例如，以钴铝类水滑石为载体，通过离子交换法制得钴铝复合氧化物负载 Au 催化剂，试验测得 $T_{50\%}$ = 380℃、$T_{100\%}$ = 450℃，并且在制备过程中加入 Na 明显提高了 Co^{3+} 的还原性和低温催化活性，使 $T_{50\%}$ 降至 330℃。贵金属催化剂具有优良的低温催化分解 N_2O 的反应活性。但是，因其高昂的成本，贵金属催化剂只适合实验室小规模使用，而不适应大规模工业应用。

用于 N_2O 催化净化过程中的金属氧化物催化剂主要包括 V_2O_5、WO_3、Fe_2O_3、CuO、CrO_x、MnO_x、MoO_3 和 NiO 等金属氧化物或其混合物，通常以 TiO_2、Al_2O_3、SiO_2、ZrO_2 和活性炭等作为载体。与单一的金属氧化物催化剂相比，复合金属氧化物对 N_2O 的分解有共同促进作用，所以复合金属氧化物催化剂是金属氧化物催化剂未来的发展方向。例如，用共沉淀法制备的钴铈复合金属氧化物催化剂 $CoCe_x$（x=0～0.2，x 为 Ce∶Co 摩尔比），在催化分解 N_2O 中的反应活性较佳。当 Co/Ce=1 时，催化剂的活性最佳。当环境中存在 H_2O 或 O_2 时，催化剂上 N_2O 的分解反应受到抑制，但这种影响是可逆的，可能是由于它们与 N_2O 在相同的活性位上存在竞争吸附。此外，用共同沉淀法制备了 Fe-Ce 复合金属氧化物催化剂在高温工作环境中表现出良好的催化分解 N_2O 性能和稳定性。研究发现 Fe-Ce 形成了类似于固溶体结构，从而产生了协同催化效应。此外，复合金属氧化物的高比表面积也是提升其催化净化 N_2O 活性的重要因素。

研究人员制备了一系列过渡金属离子交换的 ZSM-5 分子筛，并与载体 H-ZSM-5 催化分解 N_2O 的效果进行了比较。结果发现：Co-ZSM-5、Cu-ZSM-5、Pb-ZSM-5、Ag-ZSM-5、Ce-ZSM-5、La-ZSM-5 等催化分解 N_2O 的能力强于 H-ZSM-5，而 Ni-ZSM-5、Y-ZSM-5、Zn-ZSM-5、Mn-ZSM-5、Cd-ZSM-5 等催化分解 N_2O 的能力弱于 H-ZSM-5。主要原因是第一类催化剂具有高温还原能力。此外，试验还发现，单独改变活性位的数量或交换阳离子的数量，并不能显著地影响催化剂的活性。

光催化技术是一种节能环保的催化净化 N_2O 的方法，已成为近年来的研究热点。光催化技术主要是利用半导体特殊的能带结构特点，利用光能催化分解 N_2O 为 N_2 和 O_2，主要过程为：价电子（e^-）受光激发跃迁到导带上生成光生电子和光生空穴，与催化剂表面吸附物发生氧化还原反应。其中 TiO_2 和石墨相氮化碳（$g\text{-}C_3N_4$）以稳定的化学性质和优异的光催化性能等优点得到广泛研究。

总体而言，目前催化分解 N_2O 催化剂反应温度较高（$>400℃$），工业尾气含有 O_2、H_2O、氮氧化物（NO、NO_2、NH_3 等）和 SO_2 等气体，对催化分解 N_2O 催化剂活性具有一定的抑制和毒化作用。寻找低温催化分解 N_2O、较好的水热稳定性能和抗毒性能的催化剂为今后的发展方向。

二、氯氟烃的催化净化

烷烃中的氢原子全部被氟和氯取代的化合物，又称氟利昂。按照氟利昂为饱和烃（主要指甲烷、乙烷和丙烷）的卤代物的总称这一定义，氟利昂制冷剂大致分为以下四类：

（1）CFC（Chlorofluorocarbon，或写作 CFCs，氟氯烃）类，组成元素氟（F）、氯（Cl）、碳（C）。由于对臭氧层的破坏作用最大，被《关于消耗臭氧层物质的蒙特利尔议定书》列为一类受控物质。

（2）HCFC（Chlorodifuoromethane，或写作 HCFCs、HCF，氢氯氟烃）类物质组成元素氢（H）、氯（Cl）、氟（F）、碳（C），由于其臭氧层破坏系数仅仅是 R11（见表 9-5-1）的百分之几，因此被视为 CFC 类物质的最重要的过渡性替代物质。

（3）HFC（Hydrofluorocarbon，氢氟烃）类的组成元素氢（H）、氟（F）、碳（C），臭氧层破坏系数为 0，但是气候变暖潜能值很高。在《关于消耗臭氧层物质的蒙特利尔议定书》没有规定其使用期限，在《联合国气候变化框架公约的京都议定书》中定性为温室气体。

（4）最后一类是混合制冷剂，如 R401A，为 R22、R152a、R124 分别以 53、13、34 的质量比例混合。共沸混合是无数混合物中的特例，绝大部分的混合物都是非共沸混合物。

表 9-5-1 重要氟利昂的种类

商品名	化学名	沸点/℃	凝固点/℃	临界温度/℃	临界压力/MPa
R-11	一氟三氯甲烷	23.82	–111	198.0	4.41
R-12	二氟二氯甲烷	–29.78	–158	112.0	4.11
R-13	三氟一氯甲烷	–81.40	–181	28.9	3.87
R-21	一氟二氯甲烷	8.92	–135	178.5	5.17
R-22	二氟一氯甲烷	–40.75	–160	96.0	4.97
R-112	1,2-二氟四氯乙烷	92.80	26	278.0	3.44
R-113	1,1,2-三氟三氯乙烷	47.57	–35	214.1	3.41
R-114	1,1,2,2-四氟二氯乙烷	3.77	–94	145.7	3.26

国内外研究人员尝试了多种处理废弃氯氟烃的方法，如高温煅烧法、等离子体法、γ-射线辐照法、超声处理法、催化反应法，其中高温煅烧法曾被认为是大规模处理氯氟烃的可行方法，但在煅烧处理氯氟烃的副产物中，发现了二噁英等致癌物质。相比较而言，催化反应法（氯氟烃的加氢脱氯和催化分解）条件温和、无二次污染物产生、处理温度低，被认为是消除氯氟烃的有效方法。已见报道的氯氟烃加氢脱氯催化剂主要是负载型贵金属催化剂，而用于氯氟烃分解反应的催化剂有金属氧化物、SO_4^{2-}促进型金属氧化物、沸石分子筛、负载型贵金属、磷酸盐等。

催化剂的表面酸位是氯氟烃分解反应的活性位，因而高活性的催化剂应具有适宜的表面酸性，同时能抑制反应产物 HCl 和 HF 的侵蚀。金属氧化物、SO_4^{2-}促进型金属氧化物、贵金属（Pt 和 Pd）等催化剂易与氯氟烃的分解产物 HCl 和 HF

反应，生成挥发性高、催化活性低的金属卤化物。沸石分子筛催化剂的水热稳定性不佳，HCl 和 HF 存在时更易发生脱 Al 反应而破坏分子筛的骨架结构。相比较而言，$AlPO_4$ 等磷酸盐催化剂有很高的水热稳定性，又能抑制 HCl 和 HF 的侵蚀，有望成为催化活性高、稳定性好的氯氟烃分解催化剂。

思考题

1. 为什么要研究甲烷二氧化碳重整反应？它对人类的能源发展有何意义？
2. 甲烷二氧化碳重整反应的催化剂分为几类？目前的发展趋势是什么？
3. 如何提升甲烷二氧化碳重整反应催化剂抗积碳性能？
4. 谈谈固定床反应器的优缺点。
5. 助催化剂是如何提升甲烷二氧化碳重整反应性能的？
6. 等离子技术在甲烷二氧化碳重整反应中有哪些优势？

参考文献

[1] 蕾切尔. 寂静的春天. 韩正，译. 杭州：浙江文艺出版社，2018.

[2] 贺泓，李俊华，何洪，等. 环境催化：原理及应用. 北京：科学出版社，2008.

[3] 吴忠标. 环境催化原理及应用. 北京：化学工业出版社，2006.

[4] 郑小明，周仁贤. 环境保护中的催化治理技术. 北京：化学工业出版社，2003.

[5] 郝吉明，段雷，等. 燃烧源可吸入颗粒物的物理化学特征. 北京：科学出版社，2008.

[6] 甄开吉，等. 催化作用原理. 北京：科学出版社，2008.

[7] 吴越. 应用催化基础. 北京：化学工业出版社，2009.

[8] 陈诵英，等. 吸附与催化. 郑州：河南科学技术出版社，2001.

[9] 刘旦初. 多相催化原理. 上海：复旦大学出版社，1997.

[10] 辛勤，罗孟飞. 现代催化研究方法. 北京：科学出版社，2009.

[11] 黄开辉，万惠霖. 催化原理. 北京：科学出版社，1983.

[12] 尹元根，辛勤. 多相催化剂的研究方法. 北京：化学工业版社，1988：487-636.

[13] 朱洪法. 催化剂载体制备及应用技术. 北京：石油工业出版社，2002.

[14] 田部浩三，御园生诚，小野嘉夫. 新固体酸和碱及其催化作用. 北京：化学工业出版社，1992.

[15] 吴国庆. 无机化学（第四版）上册. 北京：高等教育出版社，2002.

[16] 邢其毅，等. 基础有机化学（第三版）上册. 北京：高等教育出版社，2005.

[17] 张祖德. 无机化学（修订版）. 北京：高等教育出版社，2010.

[18] 黄仲涛. 工业催化. 北京：化学工业出版社，2006.

[19] 安家驹. 实用精细化工词典. 北京：中国轻工业出版社，2000.

[20] Charles N. Satterfield. 实用多相催化. 庞礼，等译. 北京：北京大学出版社，1985.

[21] 陈晓珍. 催化剂的失活原因分析. 工业催化，2001（5）.

[22] 田丸谦二. 动态多相催化. 上海：上海科学技术出版社，1981.

[23] 大西孝治. 探索催化剂的奥秘. 李灿，译. 北京：化学工业出版社，1990.

[24] 向德辉，翁玉攀，等. 固体催化剂. 北京：化学工业出版社，1983.

[25] 史泰尔斯. 催化剂载体与负载型催化剂. 李大东，钟孝湘，译. 北京：中国石化出版社，1992.

[26] 小野嘉夫，服部英. 固体碱催化. 上海：复旦大学出版社，2013.

[27] 刘维桥，孙桂大. 固体催化剂实用研究方法. 北京：中国石化出版社，2000.

[28] 《环境科学大辞典》编委会. 环境科学大辞典（修订版）. 北京：中国环境科学出版社，2008.

[29] 刘培桐，薛纪渝，王华东. 环境学概论. 北京：高等教育出版社，1995.

[30] 李铁峰. 环境地质学. 北京：高等教育出版社，2003.

[31] 郭廷忠. 环境影响评价学. 北京：科学出版社，2007.

[32] 杨景辉. 土壤污染与防治. 北京：科学出版社，1995.

[33] 冷宝林. 环境保护基础. 北京：化学工业出版社，2001.

[34] Mackenzie L. Davis，David A. Cornwell. 环境工程导论（第 3 版）. 王建龙，译. 北京：清华大学出版社，2002.

[35] 吴越. 催化化学（上册、下册）. 北京：科学出版社，1998.

[36] 王幸宜. 催化剂表征. 上海：华东理工大学出版社，2008.

[37] 赵地顺. 催化剂评价与表征. 北京：化学工业出版社，2011.

[38] 孙锦宜. 工业催化剂的失活与再生. 北京：化学工业出版社，2006.

[39] 余刚. 持久性有机污染物：新的全球性环境问题. 北京：科学出版社，2006.

[40] 邓景发. 催化作用原理导论. 长春：吉林科学技术出版社，1981.

[41] M.B. McElroy. 能源展望、挑战与机遇. 王聿绚，郝吉明，鲁玺，译. 北京：科学出版社，2011.

[42] 贺克斌. 大气颗粒物与区域复合污染. 北京：科学出版社，2011.

附　录

附表 1　用于测表面酸性的 Hammett 指示剂

指示剂	颜色		pK_a
	碱型	酸型	
中性红	黄	红	+6.8
甲基红	黄	红	+4.8
苯偶氮基萘胺	黄	红	+ 4.0
对-二甲氨基偶氮苯（二甲黄）	黄	红	+3.3
2-氨基-5-偶氮甲苯	黄	红	+2.0
苯偶氮二苯胺	棕黄	紫	+1.5
4-二甲基胺偶氮-1-萘	黄	红	+1.2
结晶紫	蓝	黄	+0.8
对-硝基苯偶氮-（对'-硝基）-二苯胺	橙	紫	+0.43
二苯基壬四烯酮	橙黄	砖红	−3.0
亚苄基乙酰苯	无	黄	−5.6
蒽醌	无	黄	−8.2
2,4,6-三硝基苯胺	无	黄	−10.10
对-硝基甲苯	无	黄	−11.35
间-硝基甲苯	无	黄	−11.99
对-硝基氟苯	无	黄	−12.44
对-硝基氯苯	无	黄	−12.70
间-硝基氯苯	无	黄	−13.16
2,4-二硝基甲苯	无	黄	−13.75
2,4-二硝基氟苯	无	黄	−14.52
1,3,5-三硝基甲苯	无	黄	−16.04

附表 2 用于测表面碱性的指示剂

指示剂	颜色		pK_a
	酸型	碱型	
溴百里酚蓝	黄色	绿色	7.2
酚酞	无色	红色	9.3
2,4,6-三硝基苯胺	黄色	红橙色	12.2
2,4-二硝基苯胺	黄色	紫色	15.0
4-氯化-2-硝基苯胺	黄色	橙色	17.2
4-硝基苯胺	黄色	橙色	18.4
4-氯化苯胺	无色	粉红色	26.5
二苯基甲烷	无色	黄橙色	35.0
异丙苯	无色	粉红色	37.0

附表 3 常用酸碱指示剂变色范围

指示剂	变色范围 pH	颜色变化	pK_a	浓度（质量分数）	用量（滴/10 ml 试剂）
百里酚蓝	1.2～2.8	红～黄	1.7	0.1%的 20%乙醇溶液	1～2
甲基黄	2.9～4.0	红～黄	3.3	0.1%的 90%乙醇溶液	1
甲基橙	3.1～4.4	红～黄	3.4	0.05%的水溶液	1
溴酚蓝	3.0～4.6	黄～紫	4.1	0.1%的 20%乙醇溶液或其钠盐水溶液	1
溴甲酚绿	4.0～5.6	黄～蓝	4.9	0.1%的 20%乙醇溶液或其钠盐水溶液	1～3
甲基红	4.4～6.2	红～黄	5.0	0.1%的 60%乙醇溶液或其钠盐水溶液	1
溴百里酚蓝	6.2～7.6	黄～蓝	7.3	0.1%的 20%乙醇溶液或其钠盐水溶液	1
中性红	6.8～8.0	红～黄橙	7.4	0.1%的 60%乙醇溶液	1
苯酚红	6.8～8.4	黄～红	8.0	0.1%的 60%乙醇溶液或其钠盐水溶液	1
酚酞	8.0～9.6	无～红	9.1	0.5%的 90%乙醇溶液	1～3
百里酚蓝	8.0～9.6	黄～蓝	8.9	0.1%的 20%乙醇溶液	1～4
百里酚酞	9.4～10.6	无～蓝	10.0	0.1%的 90%乙醇溶液	1～2

附表 4 常用酸碱混合指示剂

指标剂溶液组成	变色点 pH	颜色		备注
		酸色	碱色	
1 份 0.1%甲基黄乙醇溶液 1 份 0.1%亚甲基蓝乙醇溶液	3.25	蓝紫	绿	pH=3.2，蓝紫色； pH=3.4，绿色
1 份 0.1%甲基橙水溶液 1 份 0.25%靛蓝二磺酸钠水溶液	4.1	紫	黄绿	pH=4.1，灰色
3 份 0.1%溴甲酚绿乙醇溶液 1 份 0.2%甲基红乙醇溶液	5.1	酒红	绿	pH=5.1，灰色 颜色变化很明显
1 份 0.1%溴甲酚绿钠盐水溶液 1 份 0.1%氯酚红钠盐水溶液	6.1	黄绿	蓝紫	pH=5.4，蓝绿色；pH=5.8，蓝色； pH=6.0，蓝带紫；pH=6.2，蓝紫色
1 份 0.1%酚红乙醇溶液 1 份 0.1%溴百里酚蓝乙醇溶液	7.5	黄	紫	
1 份 0.1%甲酚红钠盐水溶液 3 份 0.1%百里酚蓝钠盐水溶液	8.3	黄	紫	pH=8.2，粉色； pH=8.4，清晰的蓝色
1 份 0.1%酚酞乙醇溶液 2 份 0.1%甲基绿乙醇溶液	8.9	绿	紫	pH=8.8，浅蓝
1 份 0.1%酚酞乙醇溶液 1 份 0.1%百里酚酞乙醇溶液	9.9	无	紫	pH=9.6，玫瑰色；pH=10，紫色